U0342845

周乾　著

故　宫
古建筑结构分析
与保护

Structure
Analysis
and Protection
of Ancient
Buildings
in the
Forbidden
City

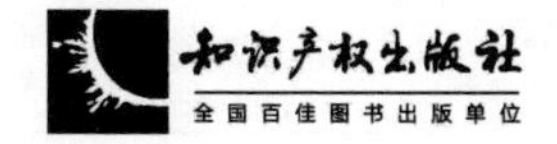

图书在版编目（CIP）数据

故宫古建筑结构分析与保护/周乾著. —北京：知识产权出版社，2019.1
ISBN 978-7-5130-5561-1

Ⅰ.①故… Ⅱ.①周… Ⅲ.①故宫—古建筑—建筑结构—结构分析②故宫—古建筑—保护 Ⅳ.①TU-092②TU-87

中国版本图书馆 CIP 数据核字（2018）第 096052 号

内容简介

本书以故宫古建筑为研究对象，对明清官式古建筑进行了评估和分析，主要内容包括：故宫太和殿静力稳定评价，故宫神武门抗震性能评价，故宫灵沼轩抗风性能评价，基于经验法的故宫古建筑健康现状评估，故宫古建筑变形构件的分析与保护，故宫古建筑开裂构件的分析与保护，故宫古建筑糟朽木构架的分析与保护，故宫古建筑榫卯节点残损及加固，故宫古建筑城墙的受力性能，故宫古建筑基础的构造及抗震性能，学者与故宫古建筑保护等。

本书适合从事古建筑研究、保护、维修、管理工作的人员使用，亦可供建筑专业师生、历史文化和文物保护工作者参考。

责任编辑：张雪梅　　**责任校对：**潘凤越
装帧设计：王　鹏　　**责任印制：**刘译文

故宫古建筑结构分析与保护
周　乾　著

出版发行：	知识产权出版社有限责任公司	**网　　址：**	http://www.ipph.cn http://www.laichushu.com
电　　话：	010-82004826		
社　　址：	北京市海淀区气象路 50 号院	**邮　　编：**	100081
责编电话：	010-82000860 转 8171	**责编邮箱：**	410746564@qq.com
发行电话：	010-82000860 转 8101/8102	**发行传真：**	010-82000893/82005070/82000270
印　　刷：	三河市国英印务有限公司	**经　　销：**	各大网上书店、新华书店及相关专业书店
开　　本：	720mm×1000mm　1/16	**印　　张：**	20.25
版　　次：	2019 年 1 月第 1 版	**印　　次：**	2019 年 1 月第 1 次印刷
字　　数：	395 千字	**定　　价：**	139.00 元

ISBN 978-7-5130-5561-1

致　谢

故宫学创始人郑欣淼先生在百忙中为本书作序，对青年学者关爱有加，作者特致以衷心的感谢。

作者现任职的故宫博物院故宫学研究所，各级领导及同仁对作者的学术研究提供了全力支持及帮助，作者特致以衷心的谢意。

本书开展的古建结构性能分析及评估，离不开作者在故宫博物院古建部任职期间领导和同事的帮助和支持，作者特致以衷心的感谢。

北京工业大学闫维明教授（作者的博士导师）、北京工业大学关宏志教授（作者的博士后合作导师）、北京交通大学杨娜教授（作者的博士后合作导师）在作者科研的道路上给予了诸多的指导和帮助，作者特致以衷心的谢意。

北京工业大学高级试验师纪金豹博士在作者开展理论和试验研究过程中提出了宝贵的意见和建议，作者特致以衷心的谢意。

作者的家人长期以来支持、鼓励作者开展科学研究，并提供了强大的后盾支持。对于他们的默默奉献和无私帮助，作者特致以衷心的谢意。

对其他帮助和支持作者从事科学研究的人士，作者一并致以衷心的谢意。

本书开展的相关研究工作亦得到了故宫博物院科研基金、北京市博士后基金、北京市自然科学基金、文化部科技创新基金等的资助，作者特致以衷心的谢意。

序

故宫学的研究对象包括故宫（紫禁城建筑）、故宫文物与故宫博物院三个方面；作为一门综合性学科，它又涉及建筑、器物、文献、典籍及历史、政治、艺术、宗教、民俗、科技等许多专业。但是故宫学最核心的层次是紫禁城建筑。紫禁城从 1420 年建成至今，虽经多次维修、重建、改建，但仍保持了始建时的基本格局并遗存了许多不同时代的建筑物。它作为中国古代宫殿建筑发展的集大成者，在建筑技术和建筑艺术上代表了中国古代官式建筑的最高水平。雄伟壮丽、千门万户的古老皇宫，每天吸引着数万中外游客驻足观赏，又以其深邃的文化底蕴和巨大的多方面价值成为人们深入研究的对象。

紫禁城建筑研究是一个大题目，包含着丰富的内容，其中对于紫禁城建筑本身的科学评估方法、保护技术的研究也具有重要的意义。《故宫古建筑结构分析与保护》就是一本关于明清官式木构古建筑力学性能及科学评估方法的著作。该书以故宫多个宫殿建筑为对象，基于现场调研、理论分析、数值模拟、静动力试验等手段，开展了静动力稳定性、抗震、抗风等科学分析，讨论了故宫官式木构古建普遍存在的开裂、变形、糟朽等问题的残损机制，提出了可行性保护和评估建议；本书还进一步探讨了故宫古城墙、故宫基础的科学保护方法。与已有成果相比，本书在研究对象、研究方法、研究内容、研究成果等方面多有创新，对故宫文化遗产保护具有积极的推动作用。此外，本书图文并茂，知识量丰富，体现了作者积累的专业研究功底和工程实践经验。

本书作者周乾博士目前就职于故宫博物院故宫学研究所。作者曾长期在故宫古建部工作，重视保护实践与理论探索的结合。特别是他以故宫古建筑为研究对象，着重开展明清官式木构古建的科学评估与保护方法研究，取得了不少成果。例如，在《土木工程学报》《建筑结构学报》《建筑材料学报》等专业期刊上发表的《故宫太和殿一层斗拱水平抗震性能试验》《罕遇地震作用下故宫太和殿抗震性能研究》《三种材料加固古建筑木构架榫卯节点的抗震性能》等多篇论文，以及《故宫古建筑的结构艺术》（收入《故宫学视野丛书》）专著的出版，反映了他的勤奋努力，也为《故宫古建筑结构分析与保护》一书打下了很好的基础。

从已有的明清木构古建研究的成果来看，与故宫古建筑的结构分析及科学评估相关的论著还比较少。本书的问世则是这方面的一个有益探索，是值得重视的一项成果。实践需要理论的指导，实践也是理论之源。本书的出版说明，随着故宫保护实践的发展，理论的总结与提升也在加强。学无止境。希望作者继续努力，为故宫遗产的保护、为故宫学的建设奉献新的成果。

郑欣淼

2018年11月25日

前　言

紫禁城（今故宫博物院）是我国明清官式木构古建筑的典型代表，现存古建筑9000余间，自建成以来已有近600年，这些古建筑历经各种灾害（地震、风等）并能完整保存下来，体现了良好的承载性能。然而，由于长期受荷、木构古建筑的构造特征以及木材材性缺陷等原因，这些古建筑不可避免地出现开裂、变形、拔榫等残损问题，并对结构安全构成了潜在威胁。科学分析这些残损问题对古建筑的影响，评价结构的安全现状，及时采取可靠、有效的维修和加固措施，是确保古建筑结构安全、使其延年益寿的重要前提。因此，开展故宫古建筑结构安全现状的科学分析是一项极其重要而又紧迫的任务。

本书主要创新之处有三个方面：

(1) 研究对象广泛。本书以故宫官式古建筑为研究对象，选取有代表性的木构古建筑开展分析和评估，研究对象不仅包括结构整体，还包括梁柱构件、榫卯节点等单体，并对故宫古建筑基础、古城墙的力学特性与保护方法开展研究，因而研究对象比其他同类书籍更加广泛。

(2) 研究内容全面。本书开展的研究既包括故宫古建筑结构整体的抗震、抗风、静力稳定性能研究，还包括构件单体开裂、变形以及节点拔榫等具体工程问题的分析，研究内容更全面。

(3) 研究成果丰富。本书以故宫古建筑构件、整体开展分析，基于科学建模手段和采集的可靠数据及工程资料获得了关于故宫明清官式木构古建筑结构特性及有效保护方法的多项成果，丰富了我国古建筑保护和研究的内容，并可为古建筑保护实践提供技术参考。

本书内容丰富翔实，研究内容大都源于作者承担并完成的故宫古建筑安全评估项目，相关成果亦是作者多年工程实践心血的汇总，可为古建筑保护、修缮和研究提供理论参考和技术指导。

限于作者的学识和技术手段，书中难免存在不足之处，敬请读者批评指正。

目录

第一章

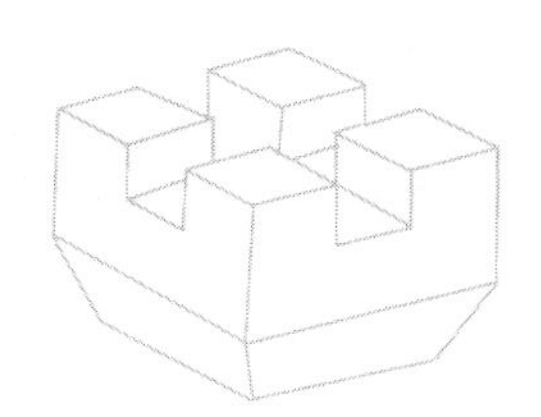

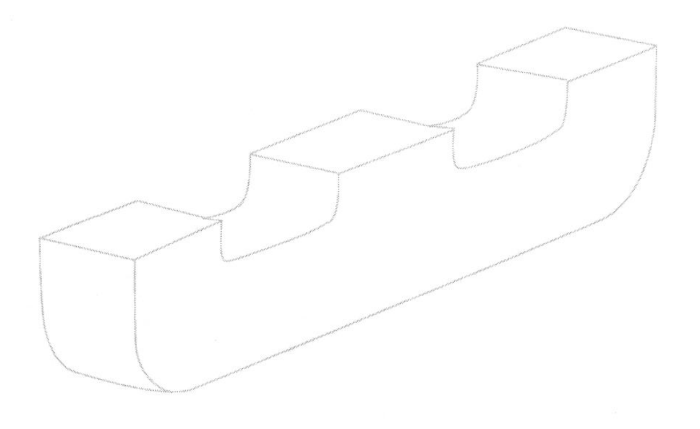

绪论

故宫古建筑群始建于1406年

1420年完工

至今已有近600年的历史

故宫拥有世界上规模最大、保存最完整的

木结构古代宫殿建筑群

是宝贵的文化遗产

开展故宫古建筑结构安全现状分析

与结构保护技术研究

是一项极其重要而又紧迫的工作

1·引言

故宫古建筑群始建于1406年，1420年完工，大部分建筑在明清时期历经不同程度的修缮或改建，现存古建筑构造及工艺大都遵循清《工程做法则例》相关规定。按屋顶（梁架）形式不同，故宫官式木构古建筑可分为以下五种类型：

1）硬山，两坡屋顶，山墙不露出木檩。

2）悬山，两坡屋顶，山墙露出木檩，又名“挑山”。

3）歇山，硬山或悬山建筑，取其山尖以上部分，再向四周伸出屋檐。

4）庑殿，四坡顶。

5）攒尖，无论几个坡面，最后都交汇于一处。

不同屋顶形式的古建筑如图1-1所示。

从构造上讲，故宫官式木构古建筑主要由基础、柱、斗拱、梁架和墙体组成，其中梁和柱采用榫卯节点形式连接。下文以故宫太和殿为例简要介绍故宫官式木构古建筑的构造特征。

（1）基础（图1-2）

太和殿基础包括台基和高台两部分。台基基身除有防潮隔湿作用外，对磉墩也有稳固作用。太和殿高台由三层重叠的须弥座组成，高达8.13m。

（2）柱子（图1-3）

基础之上即为柱子。太和殿柱子包括柱底平摆浮搁及柱身侧脚。柱底平摆浮搁使得柱根不落入地下，而是浮搁在表面平整的柱顶石上。柱顶石露明不但可以保护柱根的木材不腐朽，更重要的是可将上部的结构和下部基础断离开来，使柱根不会传递弯矩。侧脚是指檐部位置柱子的柱头微收向内，柱脚微出向外，以提高结构稳定性的做法。

（3）檩枋（图1-4）

檩枋是古建筑柱顶、屋顶的纵向连系构件，如太和殿柱顶之上的纵向连系构件为额枋，而屋顶内的纵向连系构件则称为檩三件（檩、垫板、枋）。檩三件根据在屋顶内的高度不同可分为檐檩三件、金檩三件、脊檩三件等。

（4）榫卯（图1-5）

太和殿内梁（枋）和柱采用榫卯形式连接，即梁端做成榫头形式，插入柱顶预留的卯口中。太和殿榫卯节点形式有多种，归纳起来可分为燕尾榫和直榫两种。燕尾榫又称大头榫、银锭榫，其端部宽、根部窄，与之相应的卯口里面大、外面小。它常用于拉扯连系构件，如檐枋、额枋、金枋、脊枋等水平构件与垂直构件相交部位。燕尾榫的安装通过上起下落进行，安装后与卯口有良好的拉结性能。直榫的形状特点是榫头端部和根部一样宽，主要用于需要拉结但无法用上起下落方法安装的部位，如穿插枋两端、抱头梁与金柱相交处、由戗与雷公柱相交

(a) 硬山(咸福宫西配殿)

(b) 悬山(英华殿西配殿)

(c) 单檐歇山(南三所)

(d) 重檐歇山(保和殿)

(e) 庑殿(太和殿)

(f) 攒尖(中和殿)

图 1-1　故宫官式木构古建筑形式

处、瓜柱与梁背相交处等，一般用拉结方法安装。

（5）斗拱（图 1-6）

斗拱（宋代称铺作）是我国古代建筑的特有形制，指安装在古建筑檐下或梁架间，由斗形构件、拱形构件和枋木组成的结构。斗拱种类很多，以清式斗拱为例，按所在建筑物位置可分为外檐斗拱和内檐斗拱。外檐斗拱位于建筑物外檐部位，包括平身科、柱头科、角科、溜金、平座等类型；内檐斗拱位于建筑物内檐部位，包括品字科、隔架斗拱等。斗拱内外侧一般都要向外挑出，称为“出踩”。斗拱向外挑出一拽架称为三踩，挑出二拽架称为五踩，挑出三拽架称为七踩，以

(a) 台基

(b) 高台

图 1-2　太和殿基础

(a) 柱底平摆浮搁

(b) 侧脚

图 1-3　太和殿柱子

(a) 太和殿额枋插入柱顶

(b) 太和殿下金檩三件(溜金斗拱后尾穿过)

图 1-4　太和殿檩枋

此类推。太和殿为重檐庑殿屋顶，其斗拱做法是明清斗拱的最高形制，上下两檐均用溜金斗拱。下檐为单翘重昂七踩斗拱，上檐为单翘三昂九踩斗拱，斗拱内檐做成秤杆形式，落在上层花台枋上。

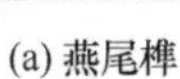

(a) 燕尾榫

(b) 直榫

图 1-5　太和殿典型榫卯节点

(a) 外立面

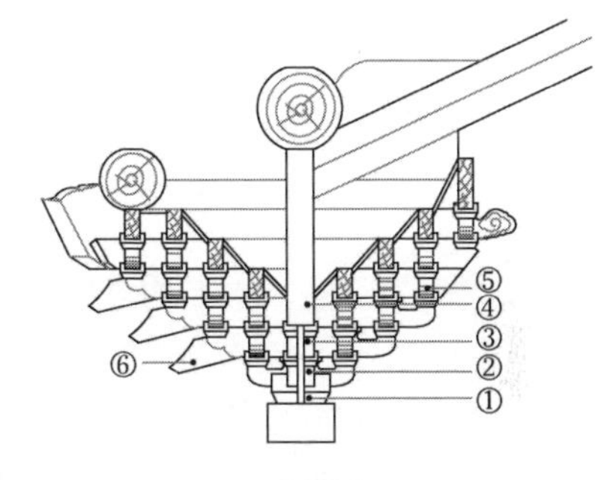

(b) 剖面

图 1-6　太和殿一层平身科斗拱

注：①坐斗；②正心瓜拱；③正心万拱；④正心枋；⑤槽升子；⑥昂

（6）梁架（图 1-7）

梁架主要是指古建筑屋顶内部的横向受力构件。太和殿重檐金柱柱顶以上的木构架可统称梁架部分，由七架梁及随梁、五架梁、三架梁、瓜柱、柁墩等构件组成。上下层梁主要用瓜柱、柁墩等构件连接固定。

(a) 梁架

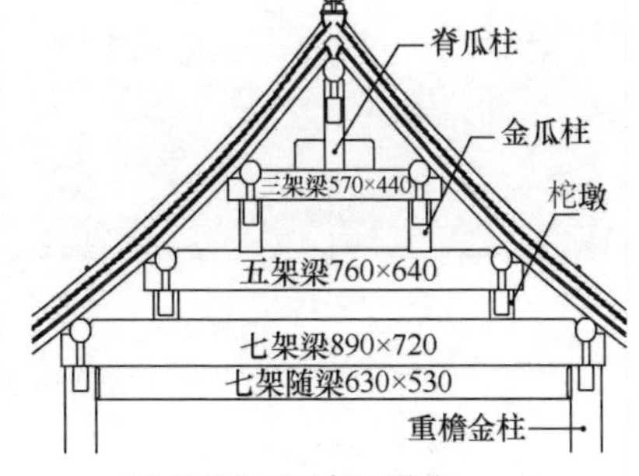

(b) 结构剖面示意图(单位：mm)

图 1-7　太和殿明间梁架

（7）墙体（图 1-8）

太和殿为木构架承重结构，前檐柱子露明，山面及后檐的柱子则被包砌在墙体中。太和殿墙体厚 1.45m，采用低标号灰浆及砖石砌筑而成，仅起维护作用。

(a) 山面与后檐墙体

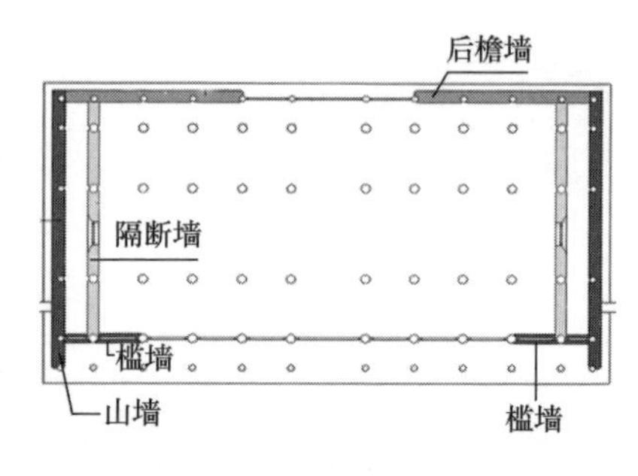

(b) 墙体平面布置

图 1-8　太和殿山面与后檐墙体

基于木材材性缺陷、木结构连接的构造特征以及古建筑长期承受外力作用等原因，故宫古建筑不可避免地出现残损问题，即不能正常地满足承载或使用要求。典型的残损问题包括开裂、拔榫、糟朽、墙体风化等，如图 1-9 所示。这些残损对结构整体稳定性构成一定威胁，若处理不及时，很可能导致古建筑及内设文物的严重破坏。科学分析这些残损问题对古建筑结构安全的影响，评价结构的安全现状，及时采取可靠、有效的维修和加固措施，是确保古建筑结构安全、延年益寿的重要前提。因此，开展故宫古建筑结构安全现状的科学分析是一项极其重要而又紧迫的工作。

(a) 梁开裂

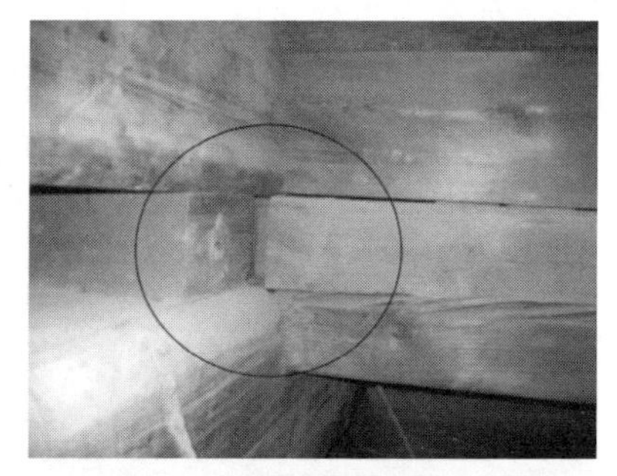

(b) 檩端拔榫

图 1-9　故宫古建筑部分残损问题

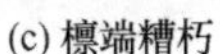

(c) 檩端糟朽

(d) 墙体风化

图 1-9　故宫古建筑部分残损问题（续）

2 · 本书主要内容

本书以故宫古建筑为研究对象，采用现场勘查与数值模拟为主要手段的研究方法，对故宫部分古建筑的安全现状开展了科学评估和分析，提出可行性保护方案或建议，具体内容如下：

1）故宫古建筑静力稳定评价——以太和殿为例。以太和殿为例，研究故宫古建筑的静力稳定构造。分别考虑太和殿结构的柱、雀替、斗拱、梁架、檩三件等构造特征，研究竖向静力荷载作用下其对提高太和殿结构整体稳定性能的影响，探讨相关力学稳定机理。

2）故宫古建筑抗震性能评价——以神武门为例。以神武门为例，探讨故宫古建筑的抗震构造。通过对神武门台基夯实、柱脚平搁、侧脚及生起、榫卯连接、斗拱分层、梁架稳定、屋顶厚大、平面对称等构造进行理论分析，论述上述构造对建筑结构整体抗震性能的有利影响，在此基础上建立神武门的有限元分析模型，分别进行模态分析和时程分析，获得神武门的振动特性，以及在 8 度罕遇地震作用下的响应特征，评价神武门的抗震性能。

3）故宫古建筑抗风性能评价——以灵沼轩为例。基于灵沼轩保护工程的相关研究基础，对其开展抗风性能研究。采用静力分析方法，考虑风荷载从 x 向及 y 向作用于结构，并考虑风荷载重现期为 $R=50$ 年及 $R=100$ 年，研究结构的变形及内力分布特点。采用时程分析方法，对结构施加 y 向脉动风荷载，研究重现期为 50 年时结构的风振特性，评价结构在风荷载作用下的安全现状。

4）基于经验法的古建筑木结构健康评估。对古建筑现有评估方法及相关成果分类汇总，指出其优缺点，提出改进建议。以故宫三友轩为对象，进行经验法为主的健康状态评估，归纳古建筑存在的典型残损问题及抗震构造问题，提出加固建议。

5）故宫古建筑变形构件的分析与保护。以太和殿为例，研究故宫古建筑的典型变形问题。科学分析太和殿西山挑檐檩大挠度问题、明间藻井下沉问题、三次间正身顺梁榫头下沉问题、山面扶柁木下沉及支顶问题等，归纳上述问题产生的主要原因，提出相应的加固方案，并应用于工程实践。

6）故宫古建筑开裂构件的分析与保护。采用XFEM数值模拟方法研究水平荷载作用下古建筑木梁的裂纹扩展特性。采用数值模拟方法研究故宫东华门某三架梁在开裂、糟朽等残损条件下的弯曲受力性能。基于故宫中和殿明间某中金檩在与上部爬梁相交位置出现局部断裂，造成下部中金枋产生较大挠度的问题，开展数值模拟研究，讨论中金檩产生断裂的根本原因，提出不同的加固方案，并进行对比分析。

7）故宫古建筑糟朽木构架的分析与保护。故宫古建筑木梁因开裂、糟朽转化成叠合梁，而加固后形成近似组合梁。基于材料力学的相关理论，讨论古建筑叠合梁与组合梁在竖向荷载作用下的内力、变形异同点。基于故宫古建筑糟朽梁头、糟朽角梁、局部糟朽叠合梁、糟朽柱根的工程实例，开展分析及评估，讨论糟朽构件造成的内力或变形过大的隐患，提出用传统及现代方法加固上述糟朽构件的方案，并进行论证。

8）故宫古建筑榫卯节点加固技术研究。基于故宫古建筑榫卯节点的构造和受力特征，对其典型残损问题归纳和汇总，分析问题产生的原因，提出加固建议，并通过典型实例进一步论证。在此基础上，基于试验手段，讨论CFRP（Carbon Fibre Reinforced Plastic，碳纤维增强复合材料）布加固榫卯节点后对其抗震性能的影响，对比分析节点加固前后的承载力、刚度、延性、耗能等力学参数，评价加固效果。

9）故宫古城墙的评价与保护。以故宫角楼位置的城墙为例，研究角楼内增设文物对城墙受力性能的影响。根据城墙砌体及城土的本构模型，建立角楼处城墙有限元模型，并进行静力分析。讨论角楼内增设文物后对下部城墙的变形和内力的影响，提出城墙保护建议。基于神武门附近城墙土出现下沉问题，开展数值模拟分析，讨论自重条件、活载条件及渗水条件下城墙及城土的变形、应力及应变状况，提出控制城墙土下沉的保护措施。

10）故宫古建筑基础的评价与保护。采取现场调查和理论分析相结合的方法，研究故宫古建基础的构造特征。选取故宫部分建筑遗址及古建筑基础，分析其构造组成、工艺特征，初步评价其承载能力。以太和殿为对象，研究古建筑三台基础对上部结构抗震性能的影响。建立太和殿考虑基座/不考虑基座的两种有限元模型，开展模态分析、谱分析和时程分析，讨论基座的存在对结构上部内力和变形的影响。

11）故宫学者与故宫古建筑结构保护研究。列举部分关注、从事故宫古建筑结构保护的学者及其主要工作。论述梁思成先生在故宫古建筑维修、保护和研究等方面的主要成果及对故宫古建筑的影响。对单士元、于倬云、蒋博光、茹競华等专家和学者在故宫古建筑结构保护方面的贡献进行归纳，提出故宫古建筑结构保护的研究展望。

3·研究意义

开展故宫古建筑的科学评价与结构保护技术研究，至少有以下两方面意义。

（1）故宫古建筑保护的需要

故宫拥有世界上现存规模最大、保存最完整的木结构古代宫殿建筑群，是宝贵的文化遗产。尽管木材有良好的弹性、抗震性能及抗弯性能，但也存在构造缺陷，如不耐腐蚀、怕虫蛀、易变形、易开裂、抗剪性能差等。对于古建筑木结构而言，其发挥良好承载性能的根本前提是结构现状完好。然而，近600年来，由于自然或人为因素的影响，这些古建筑不可避免地出现变形、开裂、拔榫等残损问题，且对其安全性能构成潜在威胁。开展故宫古建筑（构件）的安全现状评估，可分析古建筑在风、振、竖向静力荷载等外力作用下的内力和变形分布情况，并根据建筑本身的残损现状，从科学角度把握结构的安全（稳定）现状，分析产生安全隐患的主要原因及发展趋势，提出合理有效的加固或维修措施，从而对古建筑进行及时有效的保护。

（2）故宫学发展的需要

“故宫学”是2003年10月时任故宫博物院院长郑欣淼先生在庆祝南京博物院成立70周年举办的馆长论坛上提出的一门学科，其核心内容即故宫古建筑研究。故宫古建筑群从1420年建成至今，虽经多次维修、重建、改建，仍保持了始建时的基本格局，并遗存了许多不同时代的建筑物。故宫学之故宫古建筑研究，既包括建筑历史、建筑工艺、建筑技术方面的研究，也包括建筑结构、建筑科学保护方面的研究。开展故宫古建筑的科学评价与结构保护技术研究，是故宫学发展的重要组成部分。集材料力学、结构力学、地震工程学、测量学等学科应用于一体的古建筑科学分析及评估，深入探讨古建筑的残损机制，建立精细化力学分析模型，获得结构的安全现状，提高传统及新型材料在古建筑保护和维修中的合理应用，有利于推进不同学科之间的协同合作，有利于提高故宫古建筑保护水平，且对故宫学的发展起到重要的推动作用。

第二章

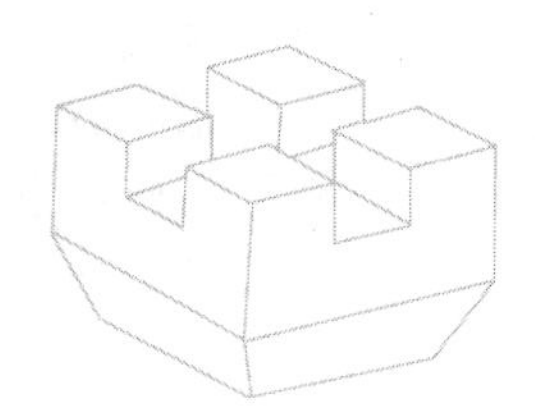

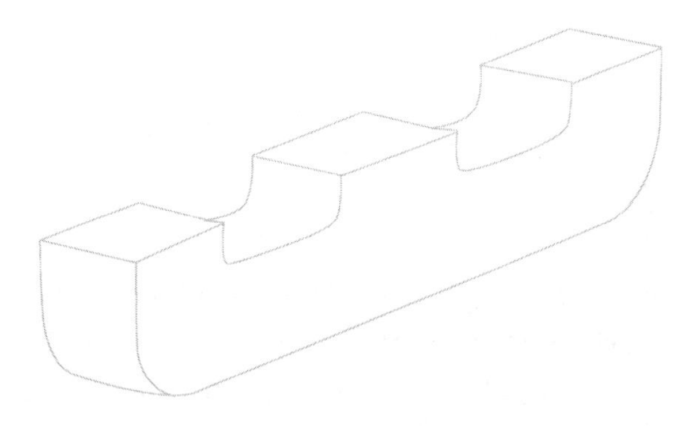

故宫太和殿静力稳定评价

故宫太和殿始建于1420年

随后屡遭焚毁并重建

现存建筑为1695年重建后形制

建筑长64m，宽37.2m，高26.92m

面阔11间，进深5间

重檐庑殿屋顶形式

一般情况下，古建筑主要承受

竖向静力为主的荷载，且能保持稳定状态

这与其构造特征存在必然联系

然而相关研究却很少

我国的古建筑以木结构为主，在构造上主要由基础、柱子、斗拱、梁架、屋顶等部分组成，其中梁与柱采用榫卯节点形式连接。千百年来，它们能历经各种自然灾害尤其是地震作用而保持完好，体现了其良好的受力性能。不少学者对古建筑的抗震性能亦开展了理论和试验研究[1-6]。一般情况下，古建筑主要承受竖向静力为主的荷载，且能保持稳定状态，这与其构造特征存在必然联系，然而相关研究却很少[7-9]。

故宫太和殿始建于1420年，随后屡遭焚毁并重建，现存建筑为1695年重建后形制。建筑长64m，宽37.2m，高26.92m，面阔11间，进深5间，重檐庑殿屋顶形式。本章以故宫太和殿为例，从静力角度探讨柱、雀替、斗拱、梁架、檩三件（檩、垫板、枋）等构造特征对结构整体稳定性能的有利影响，为古建筑的保护和维修提供理论参考。

1·柱

太和殿檐柱柱高 $h=7.73$m，柱径 $D=0.78$m。根据清代大木工艺特征，太和殿外檐周圈柱子的下脚向外侧移0.054m（檐柱高的7/1000），使柱子的上端略向内倾斜，以增加建筑物的稳定性，该做法称为侧脚[10]，见图2-1(a)。太和殿梁柱体系采用榫卯节点形式连接。外力作用下，由于节点拔榫，榫卯节点容易由半刚接转化为铰接。若不考虑侧脚，结构易成为图2-1(b)所示的瞬变体系；考虑侧脚后，结构则成为图2-1(c)所示的几何不变体系。由此可知，侧脚构造对太和殿结构整体的稳定性有利。

(a) 太和殿檐柱侧脚

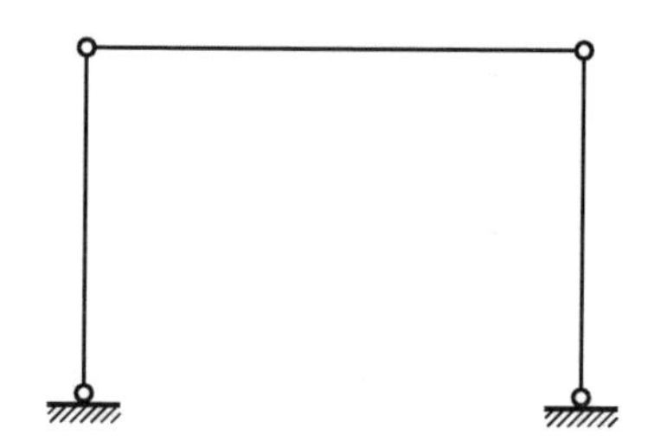
(b) 不考虑侧脚的结构体系

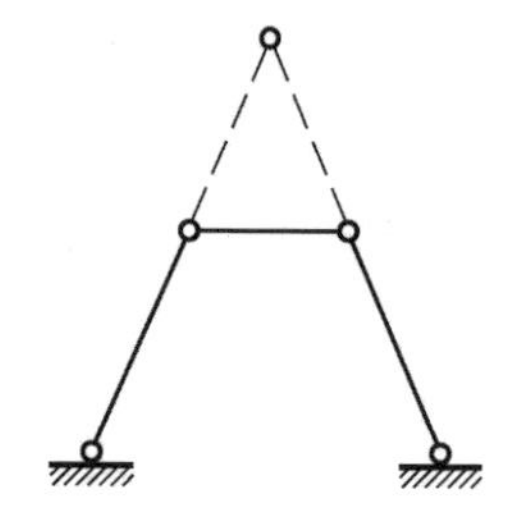
(c) 考虑侧脚后的结构体系

图2-1 侧脚示意图

2·雀替

1. 支撑作用

雀替常用于梁或额枋与柱相交处，从柱内伸出以支托梁。太和殿雀替的力学作用主要表现为[8]：

1）在梁柱节点处伸出雀替后，梁的跨度减小，跨中弯矩减小。

2）雀替限制了梁端榫头绕柱顶卯口的相对转动，提高了榫卯节点的刚度，减小了梁的挠度，有利于提高木构架的稳定性。

有文献认为清代雀替由于与柱顶拉结不牢固，因而仅为装饰构件[8]。古建筑实际保护工程中，部分松动的雀替均采用铁件等与柱顶固定。

为研究雀替对梁的支撑作用，现假设梁柱节点在外力作用下产生松动，而梁端部的雀替与柱子连接牢固，并支撑梁端，则梁端可考虑为铰接约束，雀替端部可考虑为固接约束。下面分析雀替构造对减小梁弯矩及挠度的影响。设图 2-2 中梁 AA'尺寸为 $B\times H\times L$，根据雀替尺寸特征[10]，雀替 AC 长为 $L/4$，截面宽为 $B/2$，截面高度变化范围为 $h=(0\sim1)H$。外力作用下，梁产生变形时，与雀替的接触点为 $C(C')$。

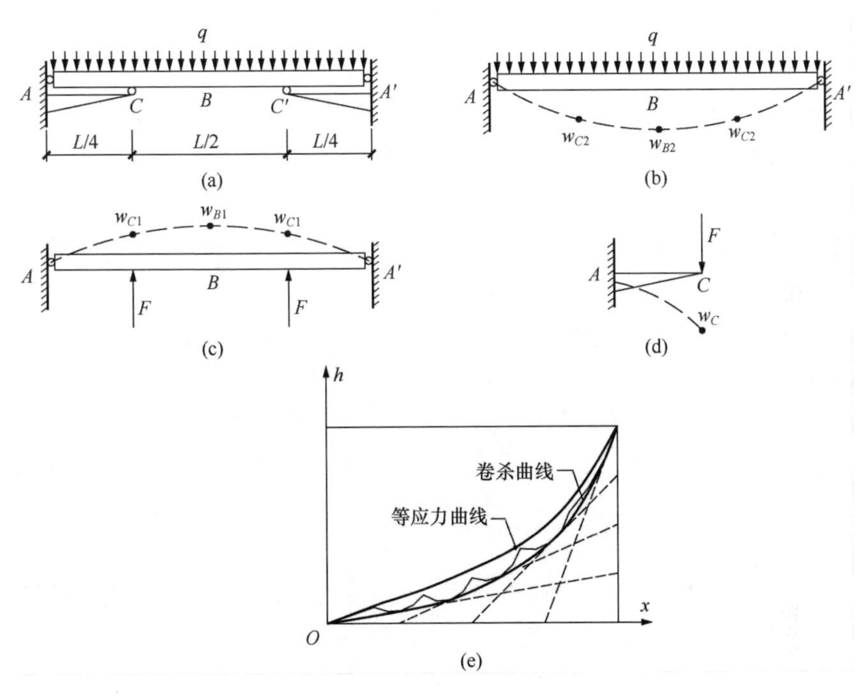

图 2-2　雀替支顶与卷杀

由材料力学可知图 2-2（c）中挠度曲线方程为

$$EIw_1 = Fx^3/6 - 3FL^2x/32 \quad (0 \leqslant x \leqslant L/4) \tag{2-1}$$

$$EIw_1 = FLx^2/8 - FL^2x/8 + FL^3/384 \quad (L/4 \leqslant x \leqslant 3L/4) \tag{2-2}$$

图 2-2（b）中挠度曲线方程为

$$EIw_2 = qx(x^3 - 2Lx^2 + L^3)/24 \tag{2-3}$$

图 2-2（d）中挠度曲线方程为

$$EI'w = Fx^2(3L/4 - x)/6 \tag{2-4}$$

将 $x=L/4$ 代入式（2-1）～式（2-4），得

$$w_{C1}=-FL^3/48EI,\ w_{C2}=19qL^4/2048EI,\ w_C=FL^3/192EI' \tag{2-5}$$

式（2-1）～式（2-5）中，E、I、I'分别为木材弹性模量、梁截面惯性矩、雀替截面惯性矩；q 为木梁承受的均布荷载；F 为雀替与梁相交位置的作用力；w_1、w_2、w 分别为 F 作用下木梁的挠度、q 作用下木梁的挠度、F 作用下雀替的挠度；w_{C1}、w_{C2}、w_C分别为 F 作用下木梁在 $C(C')$ 点的挠度、q 作用下木梁在 C 点的挠度、F 作用下雀替在 C 点的挠度。

又由

$$I'/I=h^3/2H^3 \tag{2-6}$$

$$w_C=w_{C1}+w_{C2} \tag{2-7}$$

联立式（2-5）～式（2-7），可得

$$F=57qLh^3/[64(H^3+2h^3)] \tag{2-8}$$

设未考虑雀替时梁的跨中挠度为 w_{B2}，F 作用下梁的跨中挠度为 w_{B1}，考虑雀替后梁的跨中挠度为 w_B，则

$$w_B=w_{B1}+w_{B2} \tag{2-9}$$

将 $x=L/2$ 代入式（2-2）和式（2-3），联立式（2-8）和式（2-9），得

$$\lambda_w=w_B/w_{B2}=1-627h^3/[320(H^3+2h^3)] \tag{2-10}$$

另设未设置雀替时梁的跨中弯矩为 M_{B2}，设置雀替后梁的跨中弯矩为 M_B，由材料力学解得

$$\lambda_M=M_B/M_{B2}=1-57h^3/[32(H^3+2h^3)] \tag{2-11}$$

求解式（2-10）和式（2-11），可得梁端增设雀替后，h 增大至 H 时梁跨中挠度及弯矩均有不同程度的减小，最大幅度可达到 $\lambda_w=0.35$，$\lambda_M=0.41$。

2. 卷杀

太和殿部分雀替的下侧有卷杀做法，即砍刨去部分尺寸，并刻出连续的花纹，见图 2-2（e）。卷杀曲线可表示为[8]

$$h=105\times(60-x)/[4\times(75-x)] \tag{2-12}$$

式中，x 为曲线上任一点至柱边的距离。

下面证明该曲线与雀替的等应力曲线接近。图 2-2（d）中，设雀替长为 L'，宽为 B'，厚度为 h，其上任一点的弯矩为

$$M=F(L'-x) \tag{2-13}$$

雀替任一截面的弯曲截面系数

$$W=B'h^2/6 \tag{2-14}$$

任一截面应力

$$\sigma=M/W \tag{2-15}$$

根据雀替做法[8]，雀替长 $L'=60$ 单位时，h 最大值为 21 单位，此时应力为

$$\sigma = 60F/(21^2 \times B'/6) \tag{2-16}$$

根据等应力梁的定义，式（2-15）与式（2-16）相等。联立式（2-14）～式（2-16），解得

$$h = 2.71 \times (60 - x)^{1/2} \tag{2-17}$$

绘出式（2-12）、式（2-17）的曲线，见图 2-2（e），易知两条曲线很接近，且卷杀线包含等应力线。由此可知，卷杀对雀替的受力影响很小。

3·檩三件

1. 工字形截面

檩三件一般是指桁檩、垫板、枋三种木构件由上至下组成的工字形截面体系。下面以太和殿明间脊檩三件截面为例分析其合理性。

当脊檩三件组成叠合梁时，有

$$M = M_1 + M_2 + M_3 \tag{2-18}$$

式中，M 为脊三件承受的总弯矩，M_1、M_2、M_3分别代表脊檩、脊垫板和脊枋承受的弯矩。假设三个构件的曲率半径相等，则

$$1/\rho_1 = M_1/EI_1 = 1/\rho_2 = M_2/EI_2 = 1/\rho_3 = M_3/EI_3 \tag{2-19}$$

式中，ρ_1、ρ_2、ρ_3分别为檩、垫板、枋的曲率，I_1、I_2、I_3分别为檩、垫板、枋的截面惯性矩。三个构件的截面惯性矩分别为

$$檩,I_1 \approx \pi D^4/64；垫板,I_2 = B_2 H_2{}^3/12；枋,I_3 = B_3 H_3{}^3/12 \tag{2-20}$$

其中，D 为檩径，B_2、H_2分别为垫板的宽和高，B_3、H_3分别为枋的宽和高。太和殿脊檩三件相关尺寸为：$D = 0.45\text{m}$，$H_2 = 0.31\text{m}$，$B_2 = 0.15\text{m}$，$H_3 = 0.47\text{m}$，$B_3 = 0.32\text{m}$。

由式（2-18）～式（2-20）可得叠合梁条件下垫板承受的弯矩为

$$M_2 = MB_2 H_2^3/(3\pi D^4/16 + B_2 H_2{}^3 + B_3 H_3{}^3) \tag{2-21}$$

将 D、H_2、H_3、B_3的值代入式（2-21）并求解，结果表明：当 $B_2 = 0.15 \sim 0.32\text{m}$（即檩垫板宽度由原尺寸增大到檩枋宽度）时，垫板承受的弯矩 M_2 在（$0.05 \sim 0.1$）M 之间且呈线性变化，该值非常小。也就是说，外力弯矩主要由檩和枋承担，且垫板的截面宽度适当缩小时，对垫板本身受弯承载性能影响不大。因此，上述工字形截面是合理的[11]。

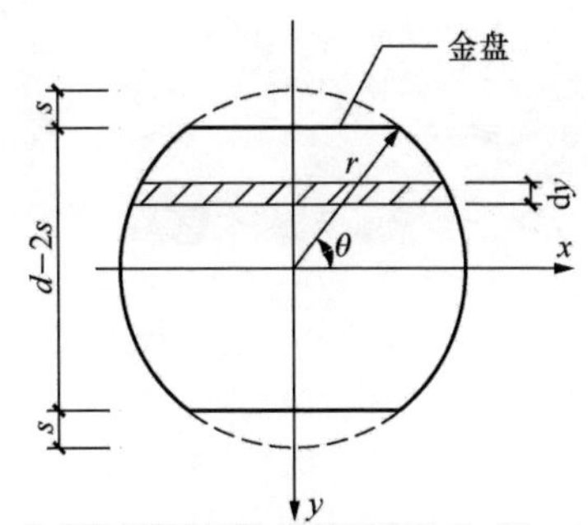

图 2-3　檩截面弯曲系数计算示意图

2. 金盘

金盘指古建筑檩构件的顶部、底部砍刨出的平面[10]，见图 2-3。金盘可使檩与其他构件上下叠置时保持稳定，且可增大檩弯曲截面系数 W。根据

实测资料，太和殿金盘的宽度一般为（0.15～0.3）d，相应的砍刨深度为（0.006～0.013）d，均值约为 0.01d，d 为檩径。下面分析该砍刨尺寸对檩截面弯曲系数的影响。

对于图 2-3 所示的檩截面，假设檩半径为 r，砍刨深度为 s，则檩惯性矩 I 的表达式为

$$I=\int y^2\mathrm{d}A=4\int_0^{r\sin\theta}y^2\ \sqrt{r^2-y^2}\mathrm{d}y=\frac{r^4}{8}(4\theta-\sin4\theta) \tag{2-22}$$

檩截面弯曲系数为

$$W=\frac{I}{r\sin\theta}=\frac{d^3(4\theta-\sin4\theta)}{64\sin\theta} \tag{2-23}$$

又

$$s=\frac{d(1-\sin\theta)}{2}\rightarrow\theta=\arcsin\left(1-\frac{2s}{d}\right) \tag{2-24}$$

联立式（2-23）和式（2-24），可绘出 $s=0\sim d/2$ 条件下 s-W 关系曲线。结果表明：金盘砍刨深度 $s=0.01d$ 时 W 最大，截面使用率最高，即太和殿檩截面的金盘尺寸有利于结构整体静力承载。

4 · 斗拱

斗拱是位于柱顶与屋架之间的过渡部分，由重叠的木构件组成，主要用于将屋架的荷载传给柱子。太和殿采用的是溜金斗拱做法。这种斗拱的特点为：每层斗拱构件以坐斗所在的竖向轴线为分界线，分界线前侧的每层构件水平叠落，后尾构件沿步架向斜上方延伸，并压在后上方的两根梁（花台枋与承椽枋）之间，见图 2-4。

(a) 正立面

(b) 背立面

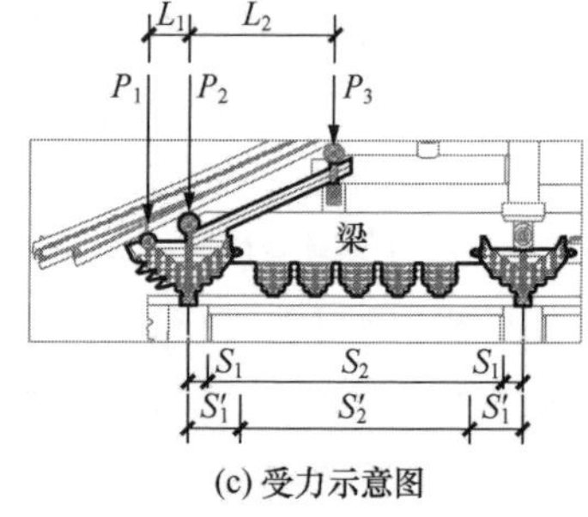

(c) 受力示意图

图 2-4　太和殿斗拱

太和殿斗拱的静力稳定构造表现在以下方面：

1）从传力角度讲，溜金斗拱做法巧妙地利用不等臂杠杆平衡原理，使斗拱支撑前檐屋顶并保证斗拱自身稳定性。溜金斗拱的传力方式见图 2-4(c)，图中

P_1为前檐屋顶传至挑檐檩的重力，P_2为前檐屋顶传至正心檩的重力，P_3为花台枋对斗拱的反作用力，坐斗为杠杆支点。由杠杆平衡原理：

$$P_1 \times L_1 = P_3 \times L_2 \qquad (2\text{-}25)$$

由于$L_2 \gg L_1$，尽管P_1较大，只需较小的P_3作用力，斗拱即可保持平衡状态，且满足支撑挑檐屋顶重量的要求。另P_2通过正心檩直接传给下部构件，对斗拱产生轴压作用，有利于斗拱构件的密实。

2）斗拱后尾层层叠合，采用伏莲销拉结上下层斗拱构件，增大了后尾受剪截面，减小了斗拱产生剪切破坏的可能性。

3）斗拱的里拽杆件属悬挑结构，弯矩最大值在坐斗处，而坐斗位置的截面尺寸恰恰是最大的，后尾撑杆截面尺寸最小，反映溜金斗拱截面的合理性。

4）斗拱构造增大了梁支座截面[12]，减小梁的计算跨度。如图 2-4(c)中，不考虑斗拱连接时，梁端部与柱的搭接长度为 $2S_1$，考虑斗拱后则为 $2S_1'$，这使得梁计算跨度 $S_2'<S_2$，因而有利于减小梁的内力与变形。

此外，梁下侧设置斗拱后，相当于增加了若干个弹性支座，可改善梁的受力状态，减小梁的弯矩及变形峰值。

5·梁架

承担不同高度的檩传来荷载的梁的组合称为梁架[13]。太和殿的梁架为抬梁式构架，主要特点为：在斗拱层上，沿构架进深方向叠加数层梁，梁逐层缩短，层间垫短柱（瓜柱）或木块（柁墩），最上层梁立小柱（脊瓜柱），形成三角形屋架。

从梁的抗弯承载力角度讲，屋顶荷载传递给梁，若梁不做成梁架形式，则所需梁的抗弯截面高度可达 2m[8]。采取梁架构造后，梁的受力方式发生改变，有利于减小所需梁的截面尺寸，并增大梁的跨度。图 2-5 为太和殿明间梁架抗弯分析的计算简图及弯矩分布图，其中图（a）为屋面荷载直接作用在梁上，图（b）为屋面荷载通过梁架形式作用在梁上。需要说明的是，为简化分析，假设屋架梁、柱为铰接连接方式。易知：

1）采用梁架后，传到底部梁的弯矩值几乎减小一半，梁截面可考虑减小，满足较小截面木材建造较大空间房屋的要求。

2）梁架的静力学机理在于将屋顶荷载的作用位置由梁跨中移至端部，因而降低了梁承受的弯矩峰值。

6·结论

本章分析了太和殿静力稳定构造，得出如下结论：

1）柱侧脚构造有利于结构从瞬变体系转化为不变体系。

2）雀替构造可减小额枋及梁的弯矩和变形，卷杀做法对雀替受力影响很小。

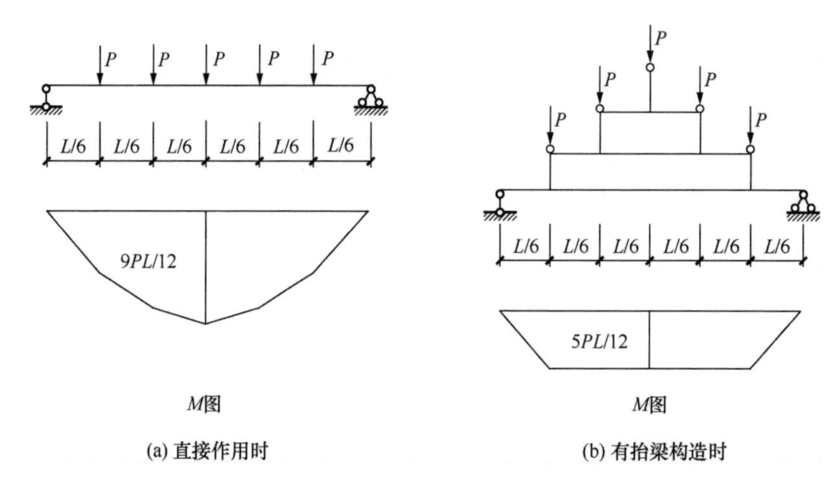

图 2-5　梁架受力简图及弯矩分布图

3）檩三件采用工字形截面有利于构件的合理受力，檩金盘构造有利于檩截面的有效利用。

4）溜金斗拱构造可减小梁的内力和变形，并有利于斗拱承受上部荷载。

5）梁架构造可减小梁承受的弯矩，扩大建筑空间。

当然，太和殿在构造上也存在与其他古建筑类似的不足之处，如梁柱截面尺寸普遍偏大，造成木材用料富余；装修构件较多，在外力作用下容易产生掉落等。因此，在实际工程中，应根据太和殿构造的具体情况采取合理有效的保护措施。

参考文献

[1] Zhou Q，Yan W M. Aseismic analysis on a strengthened Chinese ancient building by simulation [J]. Advanced Materials Research，2011 (163)：2152-2156.

[2] Zhou Q，Yan W M，Zhang B. Aseismic characters of tenon-mortise joints of Chinese ancient wooden construction by numerical analysis [G] // Li J，Wu B，Wu Z，et al. ISISS '2009：Innovation & Sustainability of Structures. Guangzhou：South China University of Technology Press，2009：1379-1384.

[3] 谢启芳，赵鸿铁，薛建阳，等．中国古建筑木结构榫卯节点加固的试验研究 [J]. 土木工程学报，2008，41 (1)：28-34.

[4] 周乾，闫维明，张博．CFRP 布加固古建筑木构架抗震试验 [J]. 山东建筑大学学报，2011，26 (4)：327-333.

[5] 周乾，闫维明，周锡元，等．中国古建筑动力特性及地震反应 [J]. 北京工业大学学报，2010，36 (1)：13-17.

[6] 周乾，闫维明，周宏宇．中国古建筑木结构随机地震响应分析 [J]. 武汉理工大学学报，

2010，32 (9)：115-118.
[7] 周乾，闫维明，纪金豹．古建残损木梁受弯性能数值模拟研究 [J]. 山东建筑大学学报，2012，27 (6)：570-574.
[8] 王天．古代大木作静力初探 [M]. 北京：文物出版社，1992.
[9] 杜拱辰，陈明达．从《营造法式》看北宋的力学成就 [J]. 建筑学报，1977 (1)：42-46.
[10] 马炳坚．中国古建筑木作营造技术 [M]. 2版．北京：科学出版社，2003.
[11] 周乾，闫维明．古建筑木结构叠合梁和组合梁弯曲受力研究 [J]. 建筑结构，2012，42 (4)：157-161.
[12] 于倬云．斗拱的运用是我国古代建筑技术的重要贡献 [G] // 于倬云．中国宫殿建筑论文集．北京：紫禁城出版社，2002：165-193.
[13] 梁思成．清式营造则例 [M]. 北京：中国建筑工业出版社，1981.

第三章

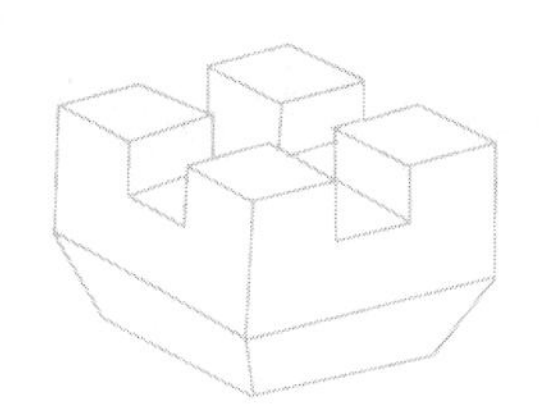

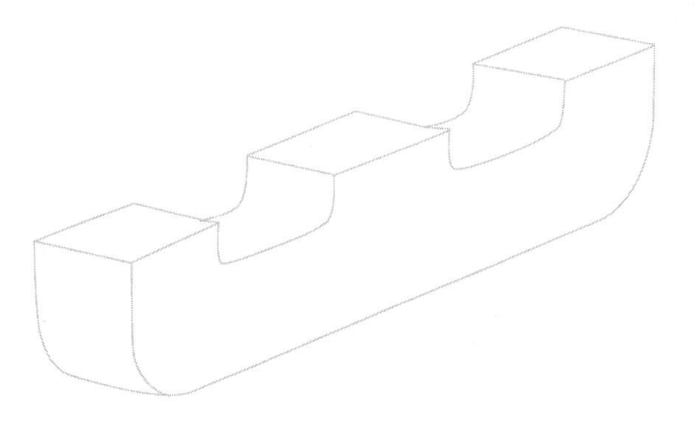

故宫神武门抗震性能评价

神武门建成于明永乐十八年（1420年）

通面宽41.74m，通进深12.28m

建筑物从室内地面到屋顶正吻上皮总高21.9m

四边带廊，面宽五间，进深一间

属重檐庑殿屋顶建筑

据相关记载

1976年唐山大地震，故宫北门神武门

城楼地震烈度达7度

但受影响不大

仅个别檐柱发生轻微错动

足见神武门防震构造之严密

本章以故宫神武门为例，讨论故宫古建筑的抗震性能，具体内容包括：

1）神武门防震构造研究。通过对神武门台基夯实、柱脚平搁、侧脚及生起、榫卯连接、斗拱分层、梁架稳定、屋顶厚大、平面对称等构造进行理论分析，探讨其抗震构造。

2）神武门动力特性及地震反应研究。以故宫神武门为例，通过引入反映古建筑榫卯及斗拱连接的半刚性节点单元，建立有限元模型；通过模态分析，获得神武门的主要频率和振型；通过输入三向 1940 年 El-Centro 波（加速度峰值 400gal）研究典型节点的地震响应曲线，并讨论斗拱、榫卯节点、侧脚及基底约束等构造对神武门抗震性能的影响。

第 1 节　神武门的防震构造

1·引言

我国是一个地震多发的国家，很多古建筑位于高烈度区。长期以来，经历多次地震和其他自然灾害的侵袭，不少古建筑仍能保留至今，说明它们具有一定的抗震防灾能力。故宫古建筑群自明永乐四年（1406 年）开始修建，至今已有 600 多年，经历有记载的大大小小的地震共 222 次，其中明代 130 次，清代 78 次，清代以后至新中国成立前 8 次，新中国成立后 6 次，至今仍保持整体完好。据相关记载，1976 年唐山大地震，故宫北门神武门城楼地震烈度达 7 度，但受影响不大，仅个别檐柱发生轻微错动，足见神武门防震构造之严密[1]。故宫神武门是我国典型的古建筑木结构，对它进行防震机理的构造分析，不仅对文物保护具有重要意义，而且可为震后古建筑的加固和维修提供借鉴资料。

神武门建成于明永乐十八年（1420 年），通面宽 41.74m，通进深 12.28m，建筑物从室内地面到屋顶正吻上皮总高 21.9m，四边带廊，面宽五间，进深一间，属重檐庑殿屋顶建筑（图 3-1）。其平面柱网布置由 4 行 8 列共 32 根直径分别为 690mm（檐柱）和 750mm（内柱）的柱子组成，柱高分别为 6.18m（檐柱）和 11.99m（内柱）。神武门下檐为单翘重昂五踩溜金斗拱，上檐为单翘重昂七踩溜金斗拱，石须弥座台基，环以汉白玉石栏杆，建筑面积 874.91m^2。其平面图、纵剖面图如图 3-2、图 3-3 所示。

2·防震构造

为研究神武门的防震构造，本节将由基础至屋顶分析神武门基础、柱子、榫卯、斗拱、梁架、屋顶、墙体等各个部分的防震构造措施。

1. 基础

隔震结构的主要目的是降低建筑物的输入加速度，保证上部结构的安全。就

图 3-1　神武门北立面图

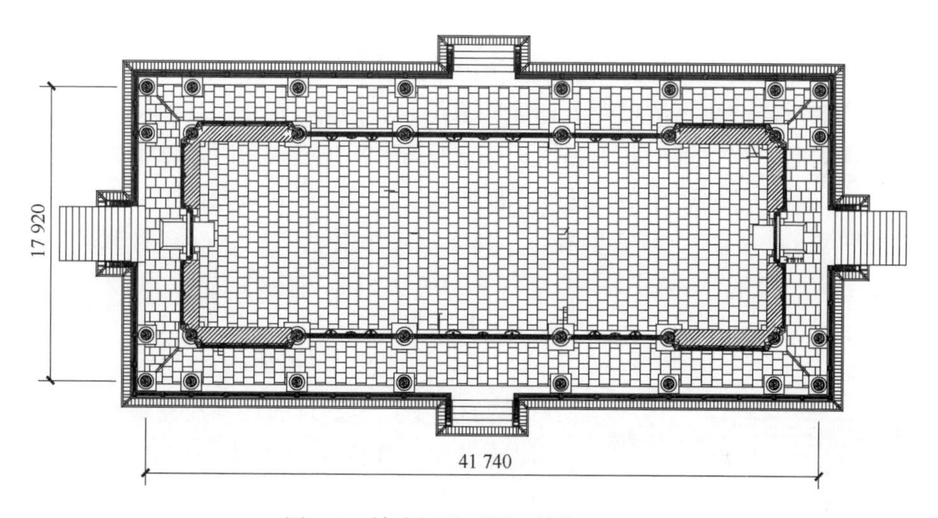

图 3-2　神武门平面图（单位：mm）

隔震结构而言，上部结构与地基之间如果设置刚性很小的隔震装置，就会延长整个结构的周期，使地震时的变形集中在隔震装置上。神武门基础的特殊构造可以看作设置了一道柔性隔震层，在地震作用下，隔震层产生相对侧移，耗散了部分地震能量，保证了上部梁架结构的整体性，有效地减小了地震作用。

由于神武门在建造时期和形式上同故宫东华门类似，其基础构造可从东华门基础构造推断。根据东西华门城台的基础可绘出神武门城台基础，如图 3-4 所示[2]。粗大的桩木往往是与排木筏即承台基础同时出现的。在碎砖黏土层下有圆木铺的筏形基础，圆木下为桩基础，很清楚地表明城门城台基础是由桩和承台两部分构成的。木桩的长度在 2.1m 以上，直径 20cm 左右。神武门采用桩基础对

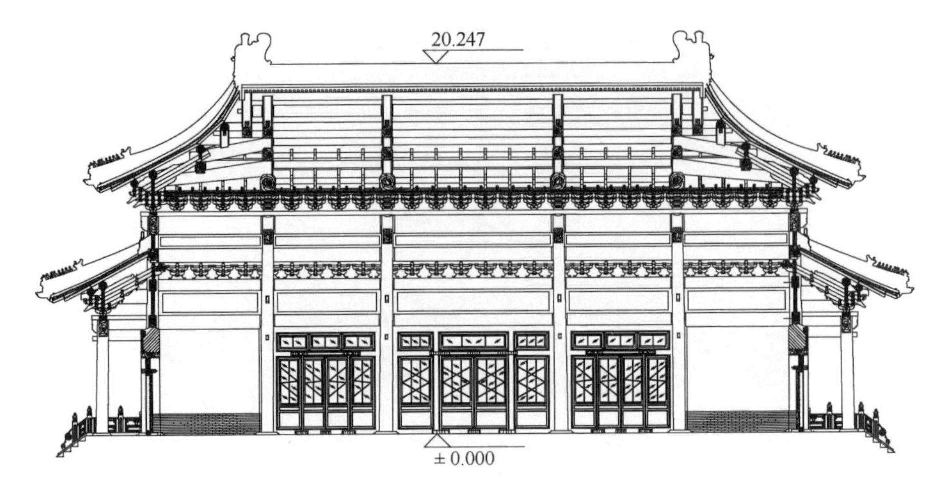

图 3-3　神武门纵剖面图（单位：m）

软弱土层、流砂层进行加固，以桩挤压密实土层，并采用木承台，可以防止城楼产生不均匀沉降。从木桩层往上即为圆木层、碎砖黏土层、灰土层及砖砌体层。值得说明的是，圆木筏形基础提供了一个滑动面，地震作用时上部结构在圆木上产生滑移，减小了地震作用。此外，根据从景运门、保和殿东庑、北上门、太和殿广场采集的基础灰土研究资料[2]，灰土层除主要含有钙、硅、铝等矿物元素外，还含有“江米汁一层”，该江米（糯米）汁具有一定的柔性，不仅增强了基础灰土的粘结力，而且可产生良好的滑移隔震效果。

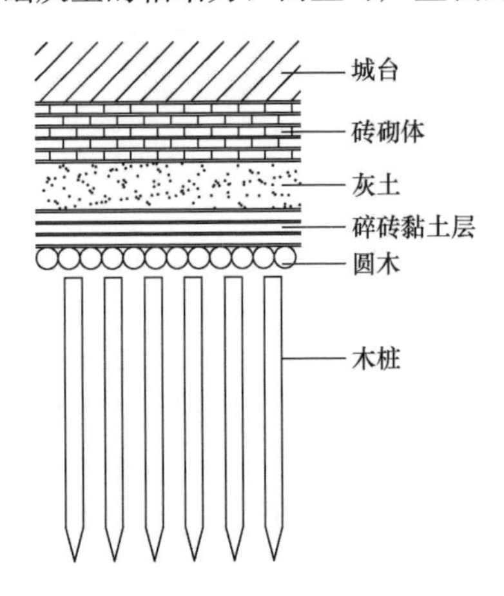

图 3-4　神武门基础推断

《营造法式》对重要宫殿建筑的基础有着严格的施工规定。首先，“凡开基址，须相视地脉虚实。其深不过一丈，浅止于五尺或四尺，并用碎砖瓦及石札等。每土三分内添碎砖瓦等一分。”[3]这规定了场地勘察及基础处理方法。在选好建造地址的同时应选好土质，对不良土进行处理，这类似于现代地基处理技术。神武门基础最下层采用木桩基础解决软弱地基土持力层问题，往上则按《营造法式》规定分层填实。

其次，基础施工应满足“每方一尺，用土二担。每次步土厚五寸，先打六杵，次打四杵，次打两杵。以上并各打平土头，然后碎用杵碾蹑令平，再攒杵扇铺，重细碾蹑，每布土厚三寸，筑实厚一寸五分”要求[3]。这规定了神武门地基回填土的压实要求，使得台基非常密实，有利于保证上部结构的整体稳定性。

因此，从神武门基础构造及施工工艺推断，这种地基下部是柔性结构，上部相对而言是刚性结构，好比弹簧支座上面放置了一个刚性物体，可以极大地缓冲地震能量，产生良好的隔震效果。

2. 柱子

神武门柱子的防震性能主要包括柱根与柱顶石滑移隔震、侧脚及生起。

（1）柱根与柱顶石滑移隔震

图 3-5（a）所示为神武门柱根与柱顶石现状。神武门柱子根部置于柱顶石上，柱顶石露明不但可以保护柱根的木材不腐朽，更重要的是可将上部结构和下部基础断离开来，使柱根不会传递弯矩，只能靠摩擦传递部分剪力和竖向力，这样就限制了结构中可能出现的最大内力。上部结构与基础的断开标志着古人的木结构技术已经取得了巨大的突破，同时也反映了上部的主体结构已经有了很好的整体性和空间刚度。

(a) 现状

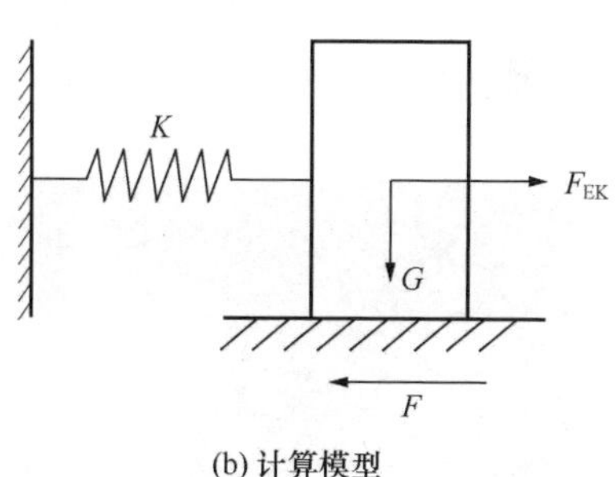

(b) 计算模型

图 3-5　柱根与柱顶石现状及计算模型

柱根与柱顶石滑移模型如图 3-5（b）所示。假设 x 为柱相对于柱础的位移，$P=Kx$ 为弹性恢复力，$F=\mu G$ 为摩擦力，则模型在水平地震力 F_{EK} 作用下的运动方程为

$$m\ddot{x}+\mu G+Kx=-F_{EK} \tag{3-1}$$

假设神武门为单自由度体系，水平地震作用下结构总水平地震作用标准值可近似按下式取值：

$$F_{EK}=\alpha_1 G_{eq} \tag{3-2}$$

式中，α_1 为水平地震影响系数，北京为 8 度设防区，$\alpha_1=0.16$；G_{eq} 为等效重力荷载，取值为上部结构自重。

式（3-2）中，要保证柱根不产生滑移，必须满足

$$F_{EK}\leqslant F=\mu G$$

即 $$\mu \geq 0.16$$

事实上，经过实验测定木材与柱顶石之间的滑动摩擦系数为 $\mu=0.5$[4]，故满足抗滑移要求。

另外，由于柱子半径为 345mm，而柱顶石半径为 475mm，柱顶石周圈比柱子要宽出 130mm，这使得柱脚即使产生轻微滑移，仍然能保持在柱顶石上。

（2）侧脚

侧脚即令外檐柱下脚向外侧移一定尺寸，使其上端向内略倾斜。《营造法式》卷五规定："凡立柱，并令柱首微收向内，柱脚微出向外，谓之侧脚"[3]。故宫神武门侧脚尺寸为 5cm，约为柱高的 7/1000，如图 3-6(a)所示。侧脚不仅提高了结构的稳定性，而且使结构产生的恢复力总是指向结构的平衡位置（即结构在地震前的静止位置），方向总是和柱架振动侧移方向相反，使输入结构的能量首先必须克服重力沿额枋纵轴倾斜方向的分力做功，具有减震耗能的效果。

另外，柱子侧脚也能分担一部分地震作用。在水平地震下，侧脚把一部分地震作用转化为轴向压力。当檐柱侧脚产生倾角 θ 时，水平地震力 F 沿柱轴向产生分力 $F\cos\theta$，如图 3-6(b)所示，虽然该作用不是很显著，但也不能忽视，其在一定程度上减小了地震作用。

(a) 侧脚

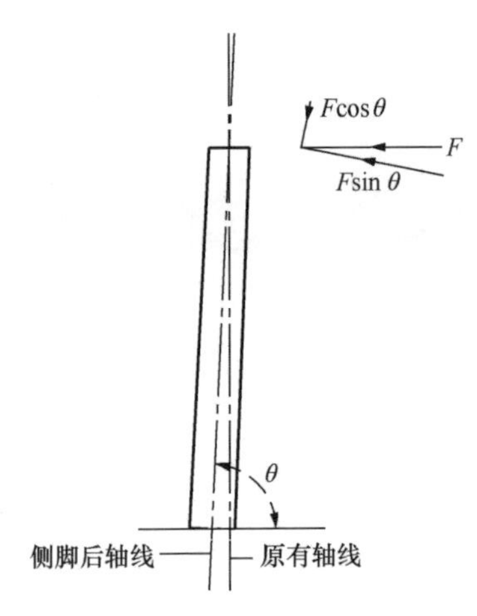

(b) 侧脚分解水平地震作用

图 3-6　侧角的水平抗震性能

（3）生起

生起就是使檐柱柱高由明间向两端稍间依次递增。《营造法式》卷五规定："凡用柱之制……至角则随间数生起角柱。"[3]神武门五开间共长 41.74m，檐柱从明间到角柱高度叠增 2cm 生起，如图 3-7 所示。

这种构造方式使得两端的角柱均向内倾斜，柱头部位的连系构件处于轴压状

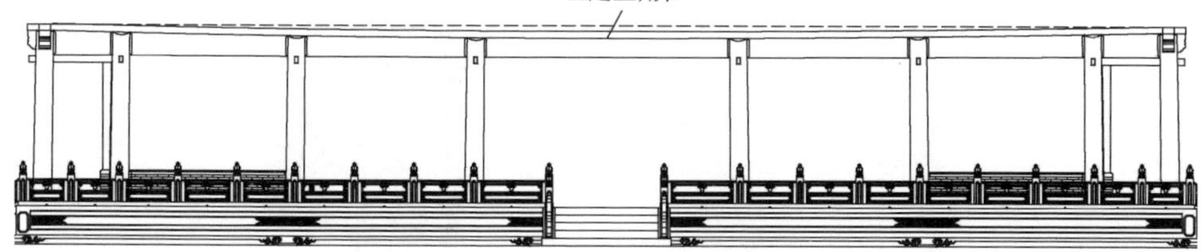

图 3-7　神武门檐柱生起

态，梁柱卯榫节点紧固，同时整个结构的重心降低，增加了结构整体的稳定性，有利于抗震。

3. 榫卯

神武门结构构造的主要特点之一是榫卯的结合应用。虽然榫卯削弱了木构件的承载面积，使节点处的承载力有所下降，但古建筑木结构中材料裕度很大，削弱后的木截面面积仍足以承受较大的荷载，从而充分利用了半刚性接头的柔性。神武门大木结构使用榫卯节点的主要部位如表 3-1 所示。

表 3-1　神武门大木结构使用榫卯节点的主要部位

名称	使 用 部 位	功　能
管脚榫	柱根，童柱、瓜柱或柁墩与梁架相交处	防止柱脚侧移
馒头榫	柱头与梁头相交部位	使梁柱垂直结合，防止水平位移
燕尾榫	大额枋、顺梁、金枋、脊枋、承椽枋、花台枋、脊枋	水平构件与柱头之间拉结固定
箍头榫	山面、檐面额枋	保护柱头，加强对角柱的拉结
透榫	穿插枋	梁柱拉结，解决无法上起下落安装榫的问题
半榫	由戗与雷公柱相交部位，瓜柱与梁背相交部位	无法用透榫的替代方法
十字刻半榫	平板枋十字相交部位	水平构件相互拉结
十字卡腰榫	搭接桁檩	水平构件相互拉结
栽销	额枋与平板枋，老角梁与仔角梁，角背与梁架，斗拱各层之间	水平叠合构件的拉结
穿销	溜金斗拱后尾锁合，脊桩与扶脊木拉结	垂直叠合构件拉结
桁碗	桁檩与柁梁、脊瓜柱相交处，桁檩与角梁相交处	水平构件垂直相交固定
压掌榫	角梁与由戗相交部位，由戗连接部位	倾斜构件叠合固定

榫卯节点在水平向地震作用下的典型变形如图 3-8 所示。

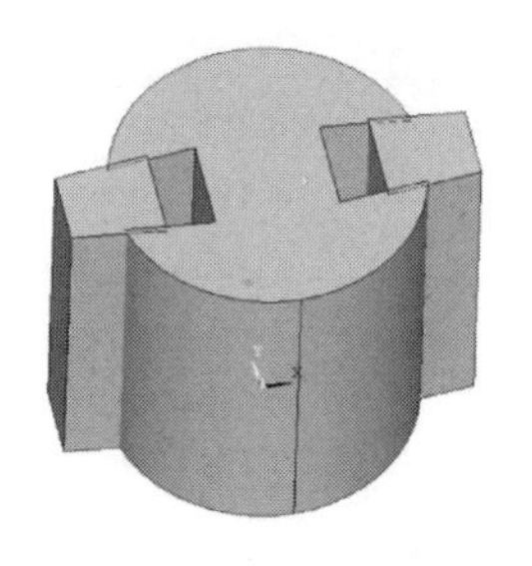

(a) 产生相对移动

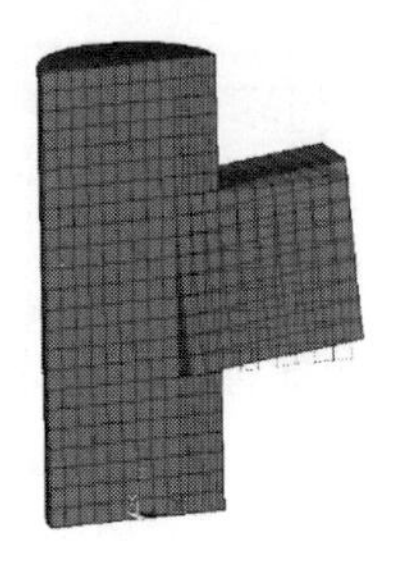

(b) 产生相对转动

图 3-8　水平地震作用下榫卯节点变形示意图

榫卯节点的工作机制及减震机理可用图 3-9 中的荷载-位移曲线说明[5]。在受水平荷载的最初阶段，榫头开始咬紧，结构表现出少量滑移，这一阶段卯榫可认为是铰接状态（滑移阶段）。继续加荷，榫头开始受剪力和弯矩作用。结构强度提高，直至屈服荷载，榫头呈刚性连接（弹性阶段）。继续加荷到极限荷载，边排立柱两端的连接榫头（即柱底与基石、柱顶与斗拱）发生拔卯甚至脱卯。此时梁柱连接榫头虽有错位现象，但没有脱出（塑性阶段）。之后在极限荷载下，结构延性充分发展，直至倒塌，称为结构破坏阶段（但材料没有达到塑性极限）。

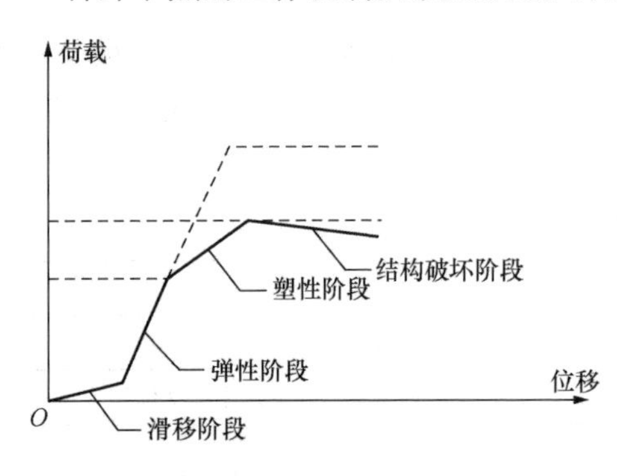

图 3-9　榫卯节点荷载-位移曲线

榫卯在拔出的运动中使结构构件产生了很大的变形和相对位移，不仅改变了结构的整体性，也调整了结构的内力分配。在地震反复荷载作用下，梁柱榫卯连接处通过摩擦滑移与挤压变形耗能，而柱底转动滑移减震，形成良好的隔震消能结构体系，相当于在节点处安装了阻尼器，减小了结构的地震响应。

榫卯节点减震性能分析：榫卯节点的减震性能用柱头动力系数表示。柱头动力系数是柱头峰值加速度与地震波峰值加速度的比值，在不同地震作用下该动力系数小于 1。柱头动力系数越小，越能充分显示榫卯的隔震、减震作用。图 3-10 为某试验的榫卯节点减震性能与地震强度关系曲线[6]。该曲线表明：在地震激励较小时，榫卯刚度较小，柱顶及其上部质量块的运动相对柱根较为迟缓，地震反应系数较小，可见利用榫卯的柔性连接即可起到很好的隔震作用。当地震强度稍大一点时，榫卯结合更紧密一些，旋转刚度变得稍大一些，整个结构侧向刚度增大，减震作用尚有发挥余地。当地震激励继续增加时，榫卯相对转角增大，榫卯相互紧密结合，相互挤压摩擦耗能，阻尼力增大，动力系数开始衰减，减震效果凸显。当地震加速度进一步增加时，由于卯口变形过大，挤压力松弛，阻尼减小，其动力系数呈反弹趋势。因此，榫卯节点具有智能减震的特点。

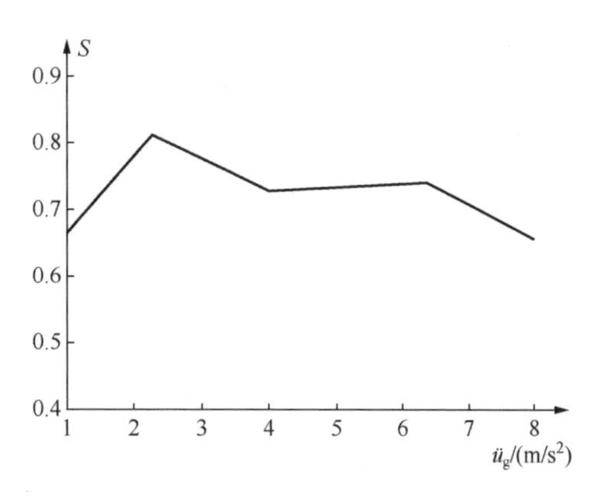

图 3-10　榫卯节点减震性能与地震强度关系曲线

此外，神武门成熟的榫卯结合方法和随梁、金枋形成的圈梁式围合结构不仅使木构架具有可靠的整体性，其合理的节点形式还提高了结构整体的防震性能，如管脚榫、套顶榫、馒头榫提供了良好的抵抗水平地震作用的能力，而箍头榫则具有很强的拉结力和抗剪能力。

4. 斗拱

神武门下檐外圈为单翘重昂五踩溜金斗拱，间距 1.3m；内圈为隔架斗拱，设于承椽枋与花台枋之间，用于减小承椽枋的挠度；上檐则为单翘重昂七踩溜金斗拱，周圈布置，斗拱间距 1.3m。神武门溜金斗拱外立面局部如图 3-11(a)所示，分层构造如图 3-11(b)所示。

(a) 外立面局部

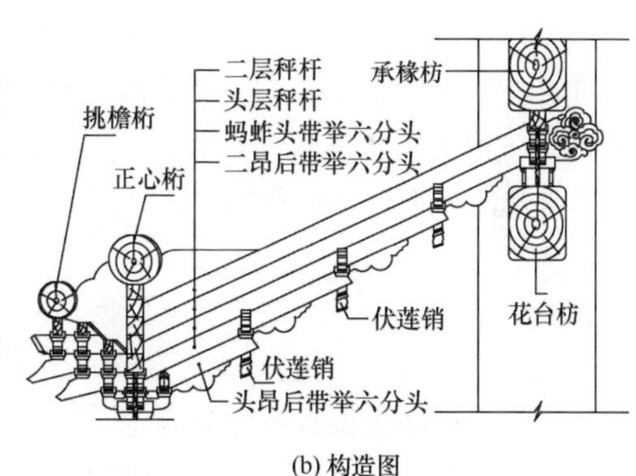

(b) 构造图

图 3-11　溜金斗拱

梁架中构件的斗拱连接使神武门上下架构间形成一层由纵横构件、方形升斗组成的弹性结构层，犹如弹簧，在一定程度上起到了类似减震器的功能。水平地震作用下，当水平地震作用于柱头时，柱头带动坐斗产生侧移，并带动正心瓜拱产生水平移动。正心万拱和正心枋也因与槽升子相连产生变形位移，并产生挤压和剪切作用，阻止正心瓜拱和坐斗变形。另一方面，坐斗位移时要带动其上第一跳翘的位移，而翘由于构造上的特殊处理，只与坐斗产生摩擦力，其本身位移很小。在水平地震作用下，柱子发生倾斜，坐斗随之位移，但翘位移不大，产生了水平隔震效果。而垂直地震作用时，在高烈度的地震作用下，斗拱像弹性球铰一样来回摆动，消耗了大量地震能量，起到了竖向隔震作用。

竖向地震作用下，斗拱的结构特性可用图 3-12 所示的变刚度线弹性力学模型描述[7]。但在正常使用阶段，斗拱内力与变形一般不会超过其极限强度值的 1/7，且都处于弹性阶段。在加荷初期，由于荷载较小，材料的应力和应变均处于弹性阶段（OA 段）；随着荷载进一步增加，部分材料进入塑性阶段，斗拱构件由于受到横纹向挤压作用受压变形刚度增大（AB 段）；当荷载进一步增大时，斗拱某些构件截面薄弱部位（如翘的卯口）由于应力集中首先发生破坏，随着范围不断扩大，斗拱受压变形刚度下降（BC 段）。一般在正常使用阶段，斗拱内力与变形处于 OA 段，其力学计算公式为

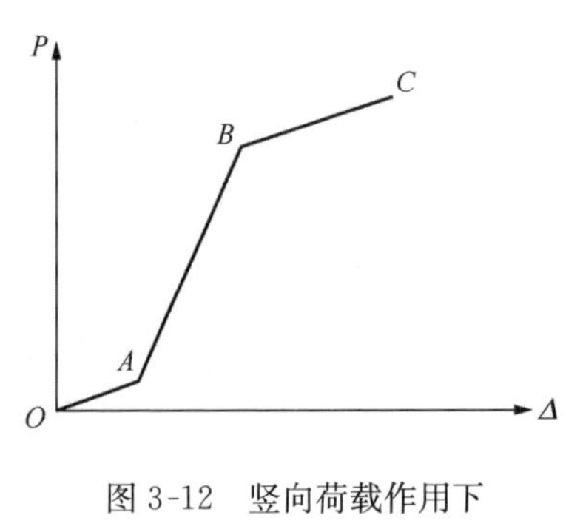

图 3-12　竖向荷载作用下斗拱的 P-Δ 计算模型

$$P = K\Delta \tag{3-3}$$

式中，K 为 OA 阶段斗拱的刚度，Δ 为斗拱的竖向位移。

此外，斗拱还有类似于圈梁的功能。斗拱置于平板枋上，自身的连接通过拱、翘、昂、十八斗、槽升子等构件的卯榫扣接而成，斗拱之间在纵向由内外拽枋和正心枋相连，这些构件沿神武门周圈布置，构成了类似现代结构的圈梁体系，对地震有一定的抵抗作用。

5. 梁架

神武门梁架在竖向由三架梁（断面尺寸 540mm×630mm）、五架梁（断面尺寸 605mm×720mm）和七架梁（断面尺寸 870mm×920mm）组成，上下层梁用瓜柱支承，侧向则由檩架及椽架固定，梁架跨度为 12m，高 5.1m，如图 3-13 所示。由于坐斗与柱头分离，神武门梁架整体的力学模型可近似等效于一个三角形质量块坐落于柱头上，其计算简图如图 3-14 所示。下面进行梁架的抗倾覆及抗滑移分析。

设梁架部分总质量为 M（计算至柱头，含斗拱层），水平地震作用为 F_{EK}，垂直地震作用为 F_{VK}，柱头与坐斗静摩擦力为 f，静摩擦系数为 μ。梁架跨度为 $L=12$m，梁架竖向高度为 $H=5.1$m，取梁架层的重心高度为 $H/3$。地震作用产

(a) 梁架实物

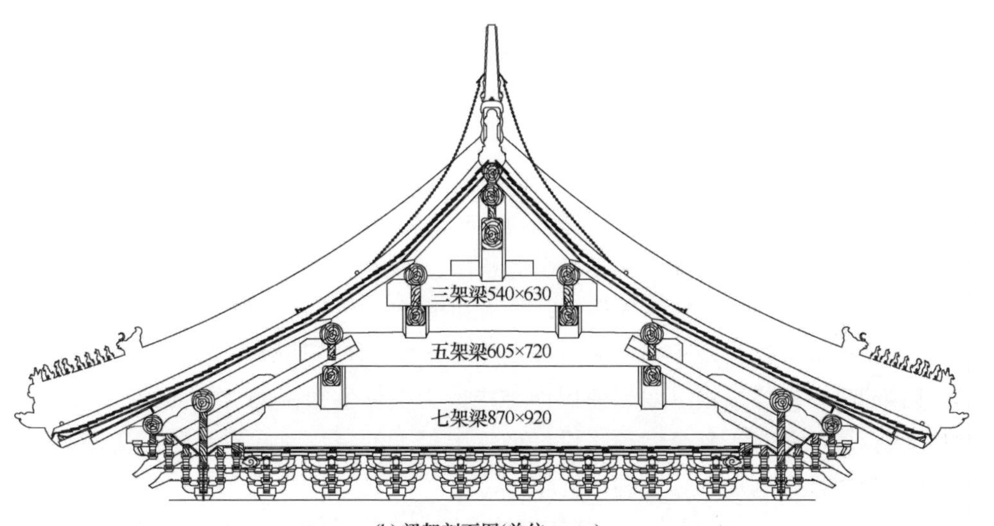

(b) 梁架剖面图(单位：mm)

图 3-13　神武门梁架

生的倾覆力矩为 $F_{EK}\times H/3$，对 B 点取矩，要使梁架保持稳定，则应满足下列条件：

$$F_{EK}\cdot H/3\leqslant(G-F_{VK})\cdot L/2 \tag{3-4}$$

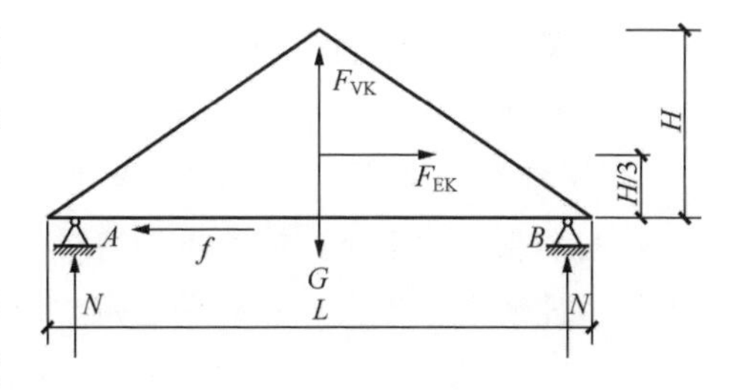

图 3-14　梁架受力简图

取 $F_{VK}=0.65F_{EK}$，将式（3-2）代入式（3-4），则式（3-4）左边为 $0.27G$，右边为 $5.38G$，满足抗倾覆要求。

另外，要保证梁架在柱头上不产生水平滑移，则要求水平地震作用不超过柱头与坐斗间的摩擦力，即

$$F_{EK}\leqslant(G-F_{VK})\cdot\mu \tag{3-5}$$

解得 $\mu \geqslant 0.18$。

因此，从构造上讲，地震作用下神武门梁架自然满足抗倾覆要求，而当柱头与坐斗静摩擦系数大于 0.18 时方可满足抗滑移要求。

6. 其他

神武门的结构构造在其他方面也体现了防震性能，主要有：

1）墙体。墙壁将柱子完全包在墙内，提高了神武门结构体系沿墙体方向的抗侧移能力。山墙砌筑很厚，牢牢挟制檐柱，增强了结构的整体性。虽然山墙灰浆标号很低，但神武门山墙厚度达 1.065m，因此可发挥剪力墙作用，抵制部分水平地震产生的不利影响。

2）屋顶。神武门屋顶集中了整个地面以上结构大部分的重量。这主要是由于木结构的特殊性，其在承受压力之前有较大的几何可变性，只有在承受一定的压力之后，各构架之间的连接才趋于密合，构架才能具备一定的抵抗侧向荷载和侧向变形的能力。这样，大载荷、大刚度的屋顶为木构架之间的连接提供了足够的摩擦力和阻尼，加强了梁柱结构之间的整体性和稳定性；同时，上部结构的自重也是维持底部抗滑移能力必不可少的条件。

另外，屋面结构主要组成构件是望板和椽子。望板钉在椽子背上，主要从纵向将椽子连成一体；椽子则在纵向与望板结合为一体，从横向又把承托椽子的屋檩连接起来。这样纵横纵双层使屋面结构成为整体性很强的“曲面板”，整体刚性很大。屋面相对于整个屋顶来说好似一个很大的蒙皮，在这个蒙皮的作用下，屋顶的整体性得到加强，有利于抗震。

3）连接件。为提高神武门整体结构及构件的抗弯刚度，在梁式构件之间往往嵌入一个板件或其他类型的构件，如重檐金柱位置棋枋与承椽枋之间的走马板，承椽枋与大额枋之间的围脊板，正心檩、金檩、脊檩下设置的枋和垫板等，这样增大了梁式构件的截面高度，或者将单一的梁式构件转化为桁架承受荷载，提高了构件截面的抗弯刚度，构件受力也趋向合理。

4）平板枋。神武门斗拱下设置平板枋，增强了结构的空间刚度。《营造法式》卷四中有“凡平坐，铺作下用普拍方，厚随材广，或更加一架，其广尽所用方木”。“凡平坐、先自地立柱谓之永定柱，柱上安搭头木，木上安普拍方”，“方上坐斗拱”[3]。从普拍枋（平板枋）使用的位置和截面尺寸的要求可知，它是双向受弯构件，以水平向抗弯为主，相当于现代结构中的圈梁。这种做法的作用如下：①减小横向联系弱的柱架中柱头不均匀侧移对上层斗拱的影响；②枋底摩擦力可约束柱头不均匀侧移，即加强了空间作用；③竖向抗弯，调整下层柱头竖向高差对上层的影响；④平板枋和额枋叠合，摩擦力充当抗剪连接，可以共同受弯[4]。

5）结构布局。神武门木结构的地盘（即平面）采用矩形，十分规则且具有对称性，而且檐柱、金柱周圈闭合，柱头之间通过棋枋、花台枋、承椽枋、博脊板、大额枋等构件相连系，内外圈柱子之间通过穿插枋拉结，柱脚则通过地栿相连接。这种整体骨架体系是有利于抗震的。这种布置使结构的质心与刚度中心重合，可以避免在水平荷载下产生扭转的不利内力。在竖向上，神武门的抗震性能通过若干个结构层共同完成。首先，在柱根与柱顶石之间、柱头与平板枋之间、平板枋与斗拱之间都是叠加放置，水平地震作用下，彼此间通过滑移产生隔震效果。其次，一层和二层周圈都设有斗拱，竖向地震作用下，其强大的变形恢复能力可消耗大量地震作用，产生良好的隔震效果。

3·结论

通过对神武门防震构造的研究可得出如下结论：

1）基础相当于设置了一道柔性隔震层。

2）柱脚平搁于柱顶石上可产生滑移隔震效果，柱子的侧脚和生起可增强结构稳定性。

3）榫卯节点起到了阻尼器的作用。

4）斗拱具有隔震、耗能作用。

5）梁架高跨比保证了结构在地震作用下的稳定性。

6）神武门结构布局、屋顶、墙体等其他构造都有利于防震。

古人虽然没有给我们留下大量有关结构防震的文献，但通过对神武门防震构造的分析可以看到古代劳动人民对于建筑防震的确积累了不少经验和方法，值得我们学习。

第2节　神武门的动力特性与地震响应

神武门良好的抗震性能与它的构造密切相关[8]：梁与柱的榫卯连接可通过榫卯拔拉产生减震作用；斗拱犹如弹簧进行叠加，可产生隔震作用；侧脚增强了结构的稳定性；柱根平摆浮搁在基础上，可通过与石础的滑移摩擦产生滑移减震作用；而厚重的屋顶增强了柱底的抗剪承载力，从而减小了结构的地震响应。

为研究神武门的动力特性及地震响应，本节引入反映榫卯节点及斗拱连接的半刚性弹簧单元，考虑神武门的构造特点，建立有限元模型，并进行模态及地震反应分析，为古建筑的保护和修缮提供理论依据。

1·力学模型

根据试验数据[4,9-10]，榫卯节点及斗拱的 $P\text{-}\Delta(M\text{-}\theta)$ 简化模型如图 3-15 所示。参考方东平等的研究成果[11-12]，将榫卯节点简化为 6 个自由度的 2 节点半刚性弹簧（x、y、z 向的拉压刚度及绕 x、y、z 轴的转动刚度），其刚度可取值如下：图 3-15（a）中拉压刚度 $K_x=K_y$，根据拉压刚度发展过程取 0、2.5×10^4N/m，$K_z=0$；图 3-15（b）中 $K_{\theta x}=K_{\theta y}=K_{\theta z}$，根据刚度发展过程取 K_1、K_2、K_3 值，$K_1=5.05\times10^6$N·m，$K_2=7.03\times10^6$N·m，$K_3=3.10\times10^6$N·m；斗拱在竖向主要产生隔震作用，在水平方向上可产生耗能减震作用，在分析时可用 2 节点三向减震弹簧代替（x、y、z 向的拉压刚度），在图 3-15（c）中可取 $K_z=K=4.5\times10^6$N/m，$K_x=K_y$，根据刚度发展过程取图 3-15（d）中的 K_1、K_2、K_3 值，$K_1=2.5\times10^6$N/m，$K_2=1.25\times10^6$N/m，$K_3=0.5\times10^6$N/m。

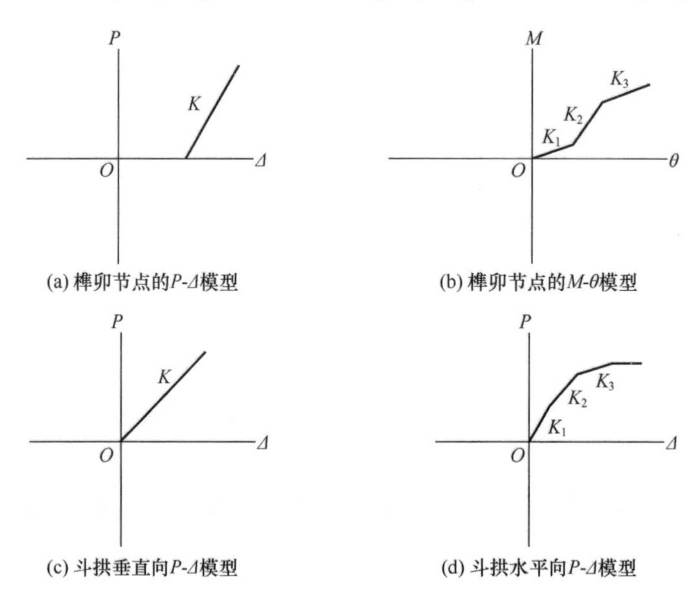

图 3-15　榫卯节点及斗拱简化模型

神武门檐柱高 6.18m，考虑到外檐柱侧脚构造（将最外一圈柱子的下脚向外侧移一定尺寸，使外檐柱子的上端略向内倾斜，大式建筑为檐柱高的 0.007），其柱根外移 0.043m。考虑柱根与地面为铰接，建立神武门的有限元模型，如图 3-16 所示，其中含梁、柱单元 5091 个，屋顶质点单元 671 个，斗拱单元 160 个，榫卯节点单元 48 个。

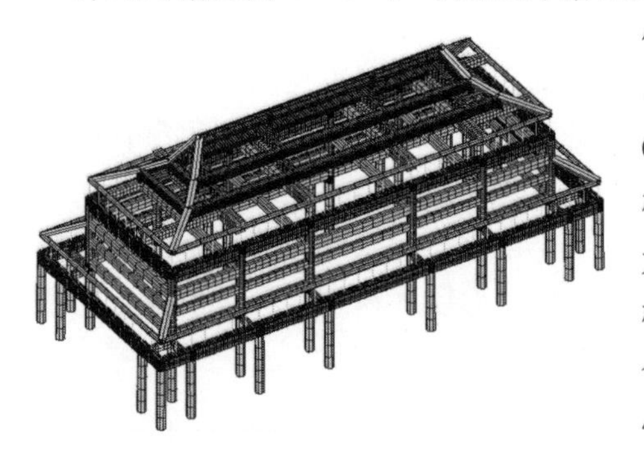

图 3-16　神武门有限元模型

2·模态分析

为研究神武门的振动特性，对其进行模态分析，求得前 10 阶频率及模态系数如表 3-2 所示。

表 3-2　模态分析结果

阶数	频率/Hz	模态系数		
		x 向	y 向	z 向
1	1.07	1.00	0.01	0
2	1.20	0.02	0.05	1.00
3	1.33	0.02	0.01	0.01
4	2.40	0.02	0.01	0.04
5	3.36	0.05	0.24	0.01
6	3.87	0.02	0.69	0.01
7	4.42	0.12	0.01	0
8	5.09	0.05	0.40	0.01
9	5.29	0.03	1.00	0.01
10	5.43	0.04	0.41	0

本例中，x 为水平横向，y 为竖向，z 为水平纵向。由表 3-2 可知，神武门的基频为 1.07Hz，与文献［13］提供的经验公式计算结果基本吻合。结构在 x 方向的振动以第 1 振型为主，在 y 向以第 9 振型为主，在 z 向则以第 2 振型为主，结构在 x、y、z 三个方向的振型基本没有关联。图 3-17 为第 1、2、9 振型的振型图，易知结构第 1、2 振型为水平平动，而第 9 振型为屋顶局部竖向振动。

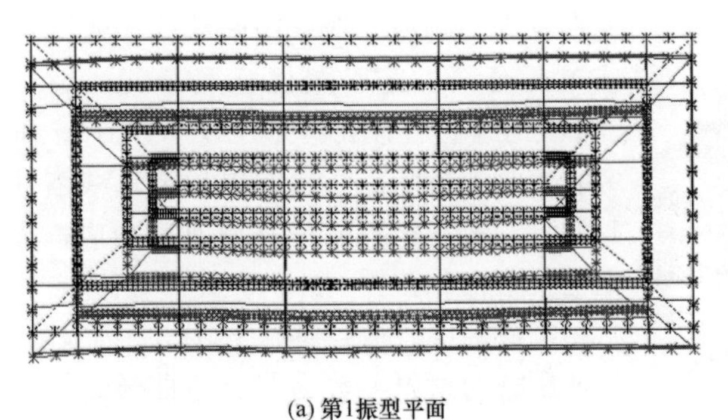

(a) 第1振型平面

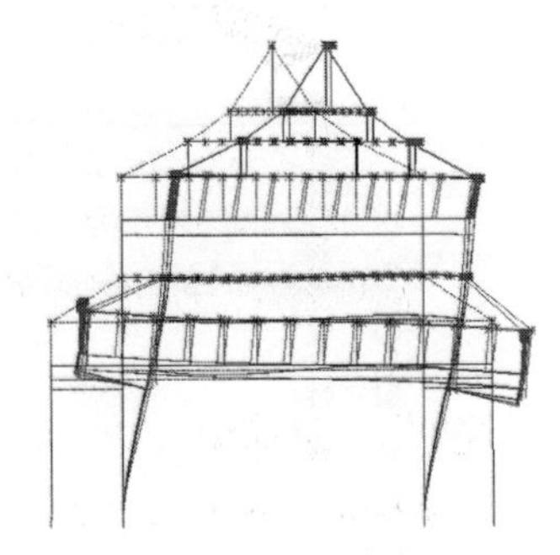

(b) 第1振型侧立面

图 3-17　主要振型图

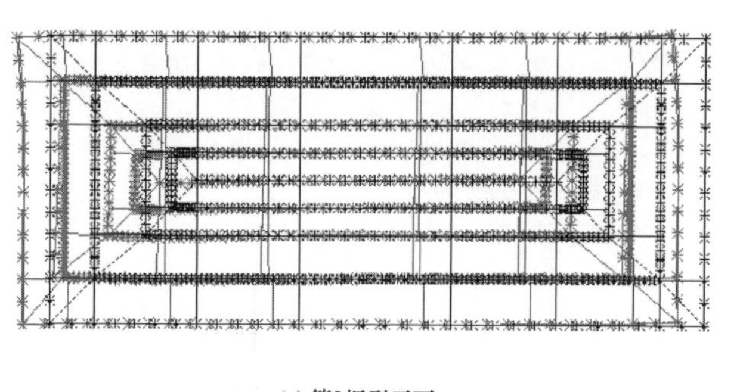

(c) 第2振型平面

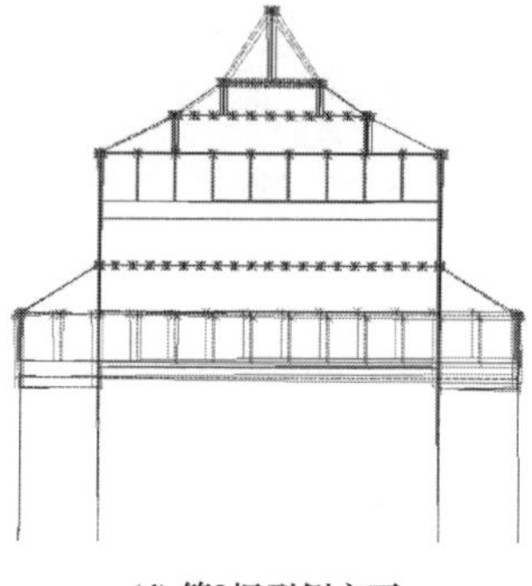

(d) 第2振型侧立面

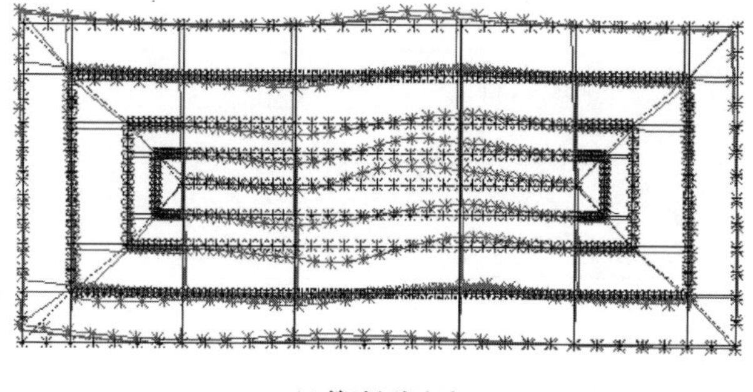

(e) 第9振型平面

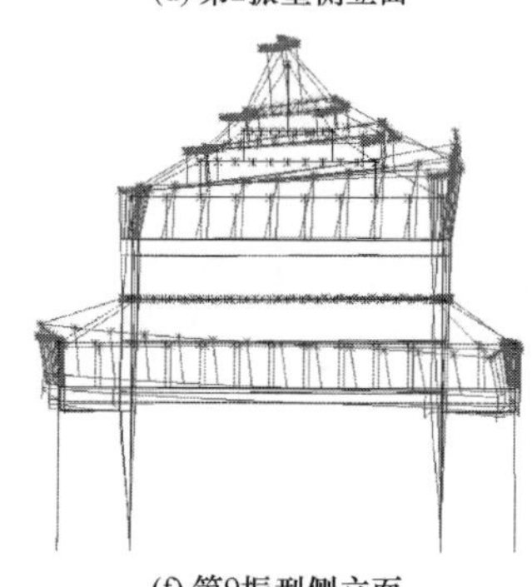

(f) 第9振型侧立面

图 3-17 主要振型图（续）

3 · 地震反应

1. 地震响应

考虑采用三向 El-Centro 波作用于结构，加速度峰值为 400gal（8 度罕遇），时间间隔为 0.02s，共 20s。结构的阻尼比为 0.05[14]。为全面了解地震作用下结构的变形及内力响应，选取中间跨代表性的点或单元分析：选取左柱柱底单元（编号 7889）及左内柱柱底单元（编号 7057），研究它们的轴力响应；选取屋顶节点（编号 18245），研究它的位移及加速度响应；选取七架梁跨中节点（编号 4155），研究它的弯矩响应曲线。取点部位如图 3-18 所示。

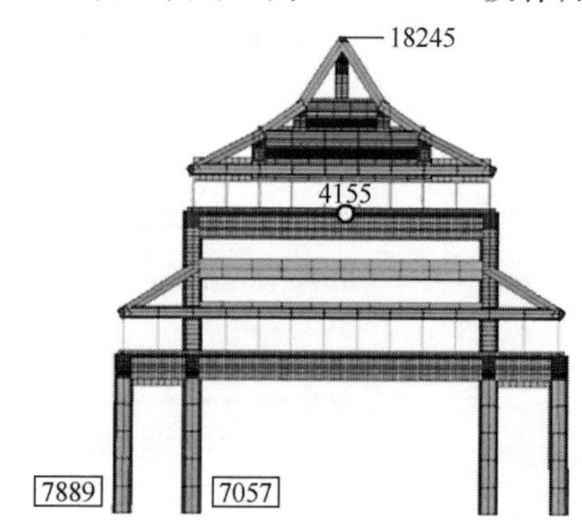

图 3-18 分析取点（单元）部位

本节所选的材料参数为[15]：弯曲弹性模量 E=9GPa，剪切弹性模量 G=0.28GPa，材料密度 ρ=450kg/m^3，抗弯强度容许值为 29.6MPa，抗压强度容许值为 19.8MPa。

图 3-19 为节点 18245 的位移及加速度响应曲线。易知节点 18245 在 x 方向的最大位移达 0.153m，最大加速度达8.5m/s²，远远超出它在另外两个方向的极值，因此屋顶是非常容易遭受破坏的位置。另外，由节点 18245 在三个方向的振动曲线可知，节点是以平衡位置为中心振动的，因此可以认为它保持稳定的振动状态。

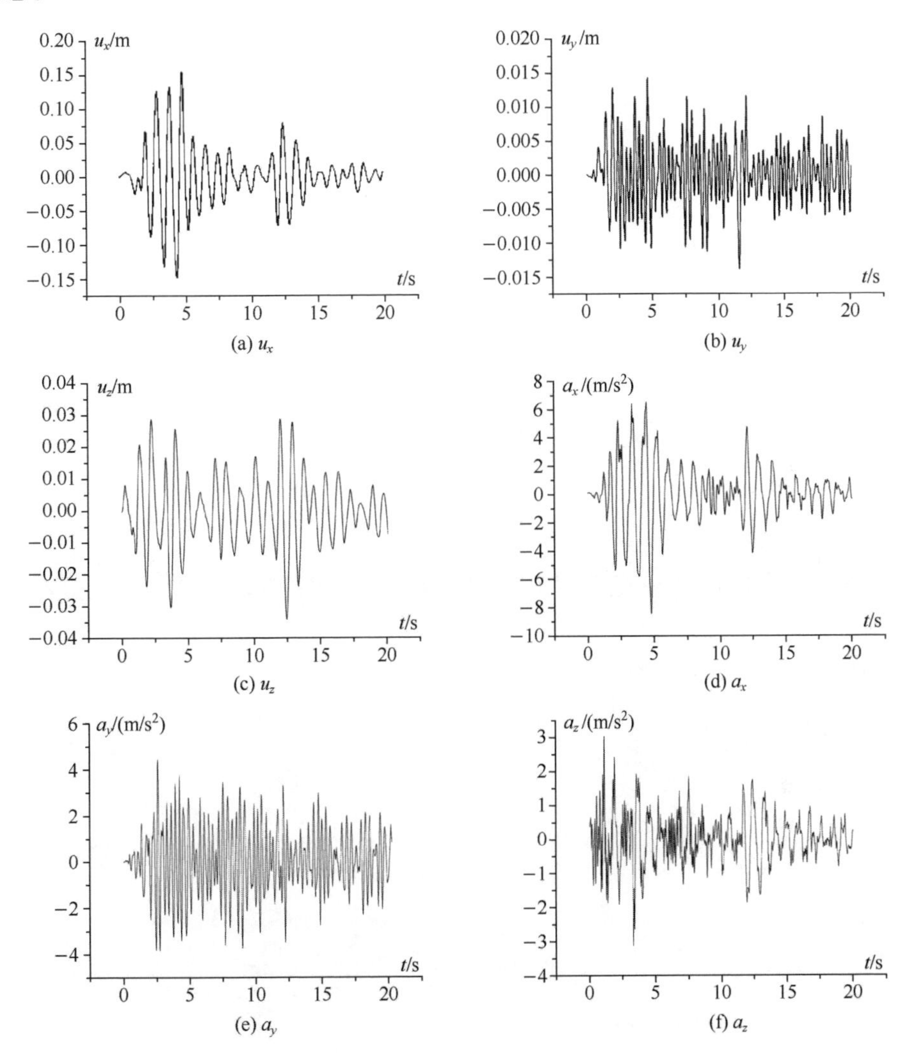

图 3-19　节点 18245 的地震响应曲线

图 3-20 为节点 4155 的弯矩响应曲线。按《建筑抗震设计规范》组合后，可得弯矩最大值为 1.1×10^5，所在七架梁截面（尺寸 870mm×920mm）的应力为 0.89MPa，满足容许弯应力要求。

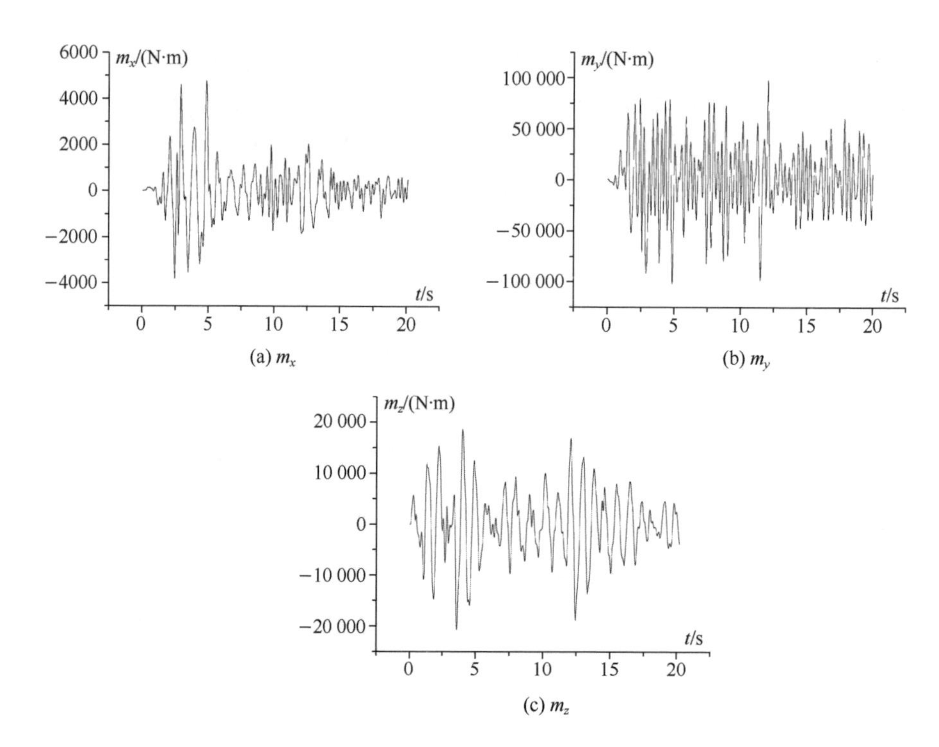

图 3-20　节点 4155 的弯矩响应曲线

图 3-21 为单元 7889 及 7057 的轴力响应曲线。易知单元 7057 的轴力响应远大于单元 7889 的轴力响应，其峰值达 286 061N，相应截面（直径 750mm）的压应力为 0.65MPa，满足容许压应力要求。

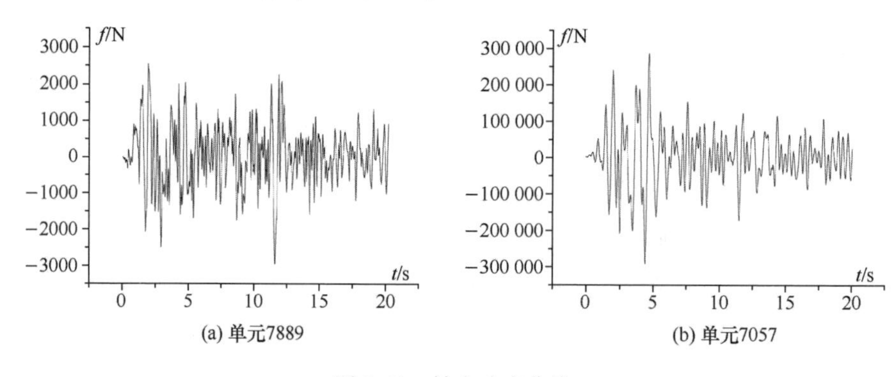

图 3-21　轴力响应曲线

2. 参数影响

为研究斗拱、榫卯节点、侧脚及柱底约束等构造条件对结构抗震性能的影响，建立并分析 5 种工况，如表 3-3 所示。

表 3-3　分析工况表

工况	斗拱刚度	榫卯刚度	柱底约束	侧脚构造
工况 1	K	K'	铰接	考虑
工况 2	0	K'	铰接	考虑
工况 3	K	∞	铰接	考虑
工况 4	K	K'	铰接	不考虑
工况 5	K	K'	半刚接	考虑

表 3-3 中，K 为斗拱刚度，K' 为榫卯节点刚度，均按力学模型部分取值。当研究斗拱刚度对结构抗震性能的影响时，可对比工况 1 及工况 2 分析；当研究榫卯节点刚度对结构抗震性能的影响时，可对比工况 1 和工况 3 分析；当研究侧脚构造对结构抗震性能的影响时，可对比工况 1 和工况 4 分析；当研究柱底约束条件对结构抗震性能的影响时，可对比工况 1 和工况 5 分析。柱底约束条件的半刚接情况指柱底平摆浮搁于柱顶石上，可用水平面摩擦阻尼器对这种支座条件进行模拟，其等效黏滞阻尼系数为 $c_d = 4P_y d_0 T/(2\pi^2 d_0^2)$ [16]，其中 P_y 为起滑摩擦力，$P_y = \mu G/4$，d_0 为阻尼的最大滑动位移，本例可取 $d_0 = 0.13\text{m}$，T 为结构的自振周期。

以节点 18245 的三向加速度响应为例，不同工况下的地震响应结果如表 3-4 所示，易知神武门的侧脚、榫卯连接、斗拱连接及柱底平摆浮搁等构造均有利于结构发挥抗震性能。

表 3-4　不同工况条件下节点 18245 的峰值　　（单位：m/s^2）

工况	a_x	a_y	a_z
工况 1	8.47	4.38	3.11
工况 2	10.63	8.94	4.04
工况 3	8.60	5.44	4.73
工况 4	14.16	4.95	6.41
工况 5	4.18	3.62	2.88

4・结论

1）神武门基频为 1.07Hz，振动形式主要集中在第 1、2、9 振型，结构主振型在三个方向基本没有关联。

2）在 8 度罕遇地震作用下结构产生的反应较大，所选屋顶节点的位移在 x 向的响应峰值达 0.153m，加速度响应峰值达 8.5m/s^2，但是结构保持稳定的振动状态。

3）榫卯节点、斗拱连接、侧脚、柱底平摆浮搁等构造均有利于神武门结构整体发挥抗震作用。

参考文献

[1] 蒋博光．故宫古建筑历经地震状况及防震措施［J］．故宫博物院院刊，1983（4）：78-91.

[2] 白丽娟，王景福．北京故宫的基础工程［G］//单士元，于倬云．中国紫禁城学会论文集（第一辑）．北京：紫禁城出版社，1997：238-252.

[3] 梁思成．梁思成全集：第七卷［M］．北京：中国建筑工业出版社，2004.

[4] 张鹏程．中国古代木构建筑结构及其抗震发展研究［D］．西安：西安建筑科技大学，2003.

[5] 俞茂宏．古建筑结构研究的历史性、艺术性和科学性［C］//崔京浩．第十三届全国结构工程学术会议论文集．北京：清华大学出版社，2004.

[6] 罗勇．古建筑木结构建筑榫卯及构架力学性能与抗震研究［D］．西安：西安建筑科技大学，2006.

[7] 高大峰，赵鸿铁，薛建阳，等．中国古代大木作斗拱竖向承载力的试验研究［J］．世界地震工程，2003，19（3）：56-61.

[8] 周乾．故宫神武门防震构造研究［J］．工程抗震与加固改造，2007，29（6）：91-98.

[9] 姚侃，赵鸿铁，葛鸿鹏．古建木结构榫卯连接特性的试验研究［J］．工程力学，2006，23（10）：168-172.

[10] 魏国安．古建筑木结构斗拱的力学性能及 ANSYS 分析［D］．西安：西安建筑科技大学，2007.

[11] Fang D P，Iwasaki S，Yu M H. Ancient Chinese timber architecture-Ⅰ：Experimental study［J］．Journal of Structural Engineering，2001（11）：1348-1357.

[12] Fang D P，Iwasaki S，Yu M H. Ancient Chinese timber architecture-Ⅱ：Dynamic characteristics［J］．Journal of Structural Engineering，2001（11）：1358-1364.

[13] 中华人民共和国国家标准．古建筑木结构维护与加固技术规范（GB 50165—1992）［S］．北京：中国建筑工业出版社，1993.

[14] 赵均海，杨松岩，俞茂宏，等．西安东门城墙有限元动力分析［J］．西北建筑工程学院学报（自然科学版），1999，16（4）：1-5.

[15]《木结构设计手册》编辑委员会．木结构设计手册［M］．3 版．北京：中国建筑工业出版社，2005.

[16] 周云．摩擦耗能减震结构设计［M］．武汉：武汉理工大学出版社，2006.

第四章

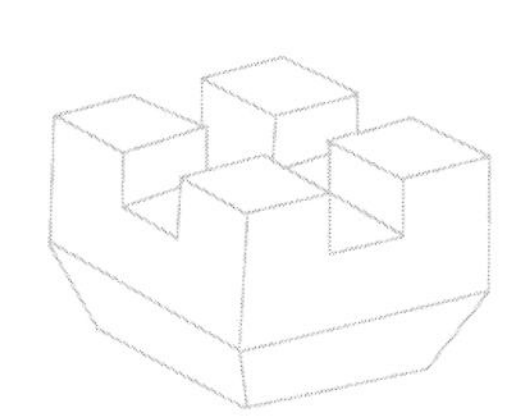

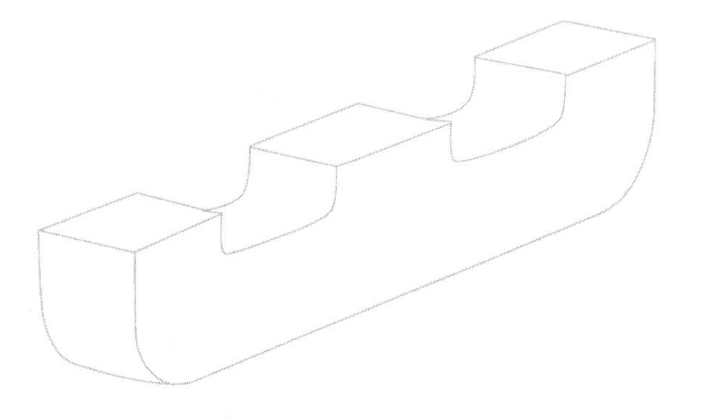

故宫灵沼轩抗风性能评价

位于故宫博物院延禧宫内的灵沼轩

又名水晶宫、水殿

是紫禁城内少有的西式建筑

现存灵沼轩仍保持未完工状态

其结构形式为石砌体和钢框架混合承重结构

对灵沼轩的安全性鉴定认为

其砌体结构现状较好

而钢结构存在开裂、连接松动等问题

需要加固

本章包括两部分内容：

1）灵沼轩抗风性能简化分析。建立灵沼轩结构有限元模型，参照《建筑结构荷载规范》（GB 50009—2012）相关规定，确定作用在结构上的简化风荷载，并开展静力分析，以研究结构的抗风性能。分别考虑风荷载从 x 向及 y 向作用于结构，并考虑风荷载重现期为 $R=50$ 年及 $R=100$ 年，研究结构的变形及内力分布特点，讨论结构受力薄弱部位，评价结构安全现状。

2）灵沼轩风振响应分析。基于灵沼轩结构现状，建立有限元模型。通过模态分析，获得灵沼轩的基频和主振型；通过对结构施加 y 向脉动风荷载，研究重现期为 50 年时结构的风振特性，评价结构在风荷载作用下的安全现状。

第 1 节　灵沼轩抗风性能简化分析

1・引言

位于故宫博物院延禧宫内的灵沼轩，又名水晶宫、水殿，是紫禁城内少有的西式建筑。其建造背景为[1]：延禧宫在清代曾多次遭受火灾，至清末，宫院成为废墟，未再重建。清末期，清政府决定建一座不怕火的建筑，结构形式不以中国传统的木结构为主，而采用西方砌体与钢结构组合的形式，功能则主要是皇室休闲娱乐。工程于 1909 年（清宣统元年）开工，3 年后爆发辛亥革命，工程随之停工。1917 年张勋复辟，延禧宫被炸弹毁坏。20 世纪 70 年代，灵沼轩地面以下部分曾被挖防空洞的土填实。现存灵沼轩仍保持未完工状态。

灵沼轩建筑形式为西洋式五顶塔形楼，长 24.73m，宽 18.57m，总高为 14.62m，建筑面积 459.24m^2，地下、地上各一层，且地上一层顶部正中及四角各缀有一铁亭（东南、西南为六角单檐铁亭，东北、西北为八角单檐铁亭，中间为八角形双层檐铁亭，共计 5 座铁亭）。现存结构形式为石砌体和钢框架混合承重结构，其中石砌体为承重墙，主要承受上部四角铁亭传来的荷载，钢框架则主要承受中间铁亭传来的荷载。建筑平面尺寸见图 4-1，其中部分符号含义如下：A1 为中间二层八角亭位置，B1 为西北八边形围廊及其上部八角亭位置，C1 为西南八边形围廊及其上部八角亭位置，D1 为东南六边形围廊及其上部六角亭位置，E1 为东北六边形围廊及其上部六角亭位置。纵剖面图见图 4-2。建筑现状如图 4-3 所示。

对于灵沼轩钢结构部分，由于历经年代长久，在不同因素作用下结构出现了较为明显的残损问题。经勘查，结构主要残损症状包括非主要承重铁件锈蚀及缺失、部分梁柱结点锈蚀、个别位置的铸铁柱存在开裂等，见图 4-4。试验分析表明[2]：灵沼轩钢铁质构件的主要锈蚀原因为大气环境下的电化学腐蚀，其所处的

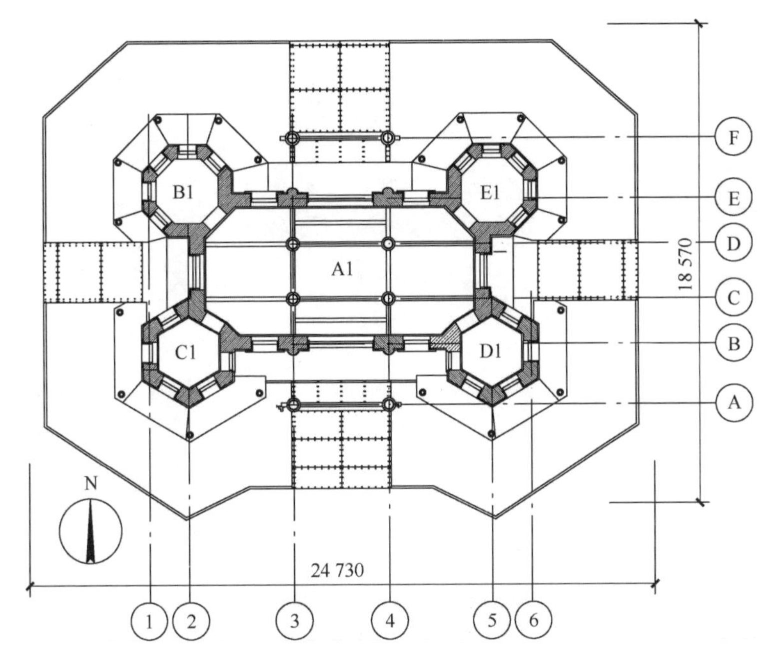

图 4-1　灵沼轩结构平面图（单位：mm）

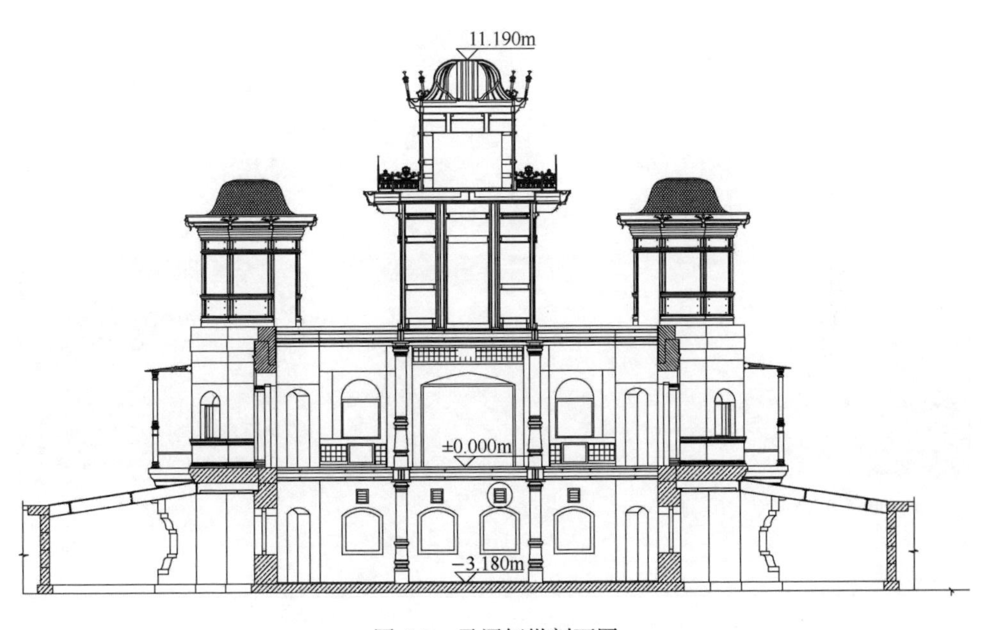

图 4-2　灵沼轩纵剖面图

外部环境及自身的材质、加工特点均可对锈蚀程度产生影响；而金属构件的断裂、变形，除了构件自身的材料特性外，还与其承受的构造应力、环境高低温交变以及填充材料不恰当有关。

(a) 地上部分正立面

(b) 地上部分侧立面

(c) 地下部分东南视图

图 4-3　灵沼轩现状

(a) 锈蚀、缺失的龙骨

(b) 锈蚀的梁柱结点

(c) 柱裂缝

图 4-4　灵沼轩钢结构残损部分

对于灵沼轩砌体结构部分，其砌体由三种材料组成：地下一层建筑墙体材料为花岗岩，地上一层墙体材料为汉白玉，地上一层室内贴瓷砖处及铁亭基座部分墙体材料为砖。砌体结构部分的现状见图 4-5。勘查发现，墙体的主要现状为：花岗岩墙体完好，汉白玉墙体轻微风化、开裂，砖墙体局部松动。由于上述问题并不明显，可以认为灵沼轩砌体部分结构现状较好。

(a) 花岗岩墙体

(b) 汉白玉墙体

(c) 砖墙体

图 4-5　灵沼轩砌体部分现状

作为近代历史文物建筑，尤其因包含我国较早的钢结构形式，灵沼轩具有重要的文物、历史和文化价值，保护意义重大。勘查表明：由于结构尚未完工，且历经时间长久，灵沼轩钢结构部分存在不同形式的残损问题；而砌体材料的抗拉强度较低，在外力作用下很容易产生受拉破坏。因此，对灵沼轩结构进行自然灾害作用下的承载性能评估是对其开展维修保护的重要前提。本节采用静力分析方法，建立灵沼轩结构有限元模型，按照《建筑结构荷载规范》(GB 50009—2012)确定作用在灵沼轩结构上的简化风荷载，分析结构的内力和变形情况，依此评价结构在风荷载作用下的安全性能，并提出可行性建议，为文物建筑的保护和修缮提供理论参考。

2·有限元模型

1. 砌体

砌体结构是由砖和砂浆两种不同材料砌筑而成的复合结构，其在各种受力状态下的力学特性复杂，匀质化理论可作为一种行之有效的手段运用于无筋砌体结构的力学性能研究。研究表明[3-6]：应用匀质化理论分析材料力学性能时，需要提取一个等效体积单元（Representative Volume Element，简称 RVE）作为特征单元体，这是匀质化方法的主要研究对象。等效体积单元需要满足的条件为：①所有砌体材料是一个整体；②结构为周期性连续分布；③RVE 单元在连续模型和离散模型之间提供单元划分。本节采用 RVE 匀质化方法模拟砌体材料的力学性能，匀质化模拟过程见图 4-6。

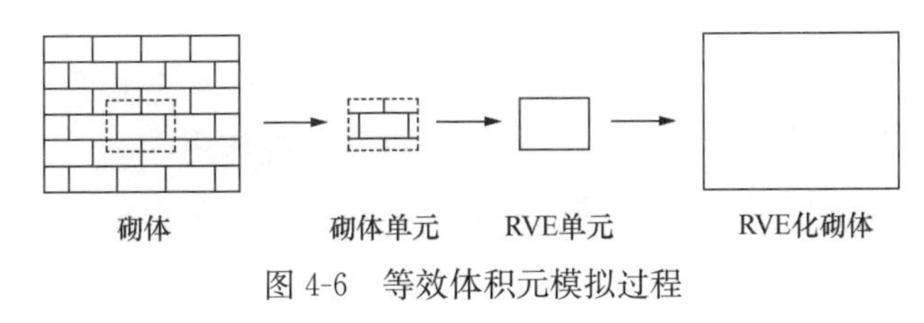

图 4-6　等效体积元模拟过程

灵沼轩砌体结构的材料为花岗岩和汉白玉，从现状来看，现有砌体材料保存较完好，墙体无明显裂纹、变形或松动现象。由于无法对文物本体取样开展试验，材料强度按照《砌体结构设计规范》(GB 50003—2011) 取值。从保守角度出发，考虑石材强度等级为 MU20，砂浆强度等级为 M2.5，则灵沼轩砌体结构的强度容许值可按表 4-1 取值。当结构某部位计算结果超出上述范围时，可认为该部位产生受力破坏的可能性较大。

表 4-1　灵沼轩砌体结构强度取值　　(单位：MPa)

抗拉强度	抗压强度	抗弯强度	抗剪强度
0.04	1.87	0.10	0.11

2. 钢结构

如前所述，灵沼轩钢结构的主要残损现状包括构件表面锈蚀、钢结点的梁端与柱顶连接松动、个别构件开裂等。对于梁柱结点而言，由于缺乏试验条件，无法通过现场取样方法获得钢结构结点现有刚度值。文献 [7]～[10]研究了钢结构结点刚度退化特性，获得的结点转动刚度值在 10^8 数量级（初始状态）与 10^5 数量级（退化后）之间。综上所述，本节在确定梁柱结点的刚度值时，从保守角度出发，对一层结点取 $K_{\mathrm{rot}x}=K_{\mathrm{rot}y}=K_{\mathrm{rot}z}=1.5\times10^5\mathrm{N\cdot m/rad}$，即考虑结点刚度严重退化；对二层结点取 $K_{\mathrm{rot}x}=K_{\mathrm{rot}y}=K_{\mathrm{rot}z}=0$，即结点完全松弛。采取上述值模拟灵沼轩承重框架的钢结构结点刚度现状。对于表面锈蚀及开裂构件，取构件有效受力截面作为建模参考。在进行力学分析时，从保守角度出发，钢结构的强度取值为[11]：抗拉、抗压、抗弯强度容许值 $[\sigma_s]=155\mathrm{MPa}$，抗剪强度容许值 $[\tau_s]=90\mathrm{MPa}$。

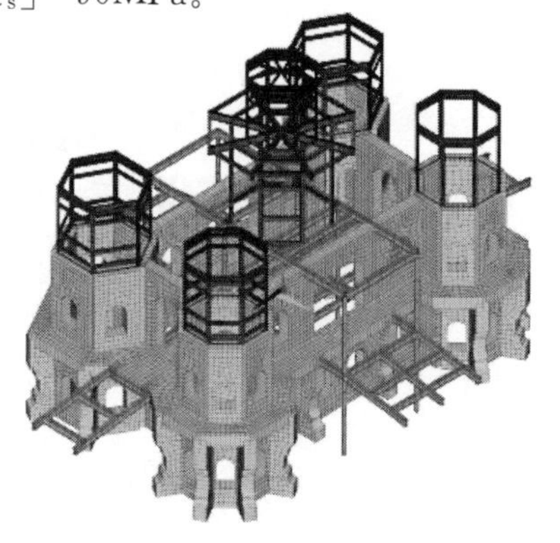

图 4-7　灵沼轩有限元模型

3. 有限元模型

采用有限元分析程序 ANSYS 中的 BEAM189 单元模拟梁、柱构件，MATRIX27 单元模拟梁柱结点，SHELL181 单元模拟墙体；考虑墙、柱底部固定在地面，一、二层工字钢梁与墙体相交处为嵌固连接，建立灵沼轩有限元分析模型，见图 4-7。本模型中含梁、柱单元 1603 个，结点单元 32 个，墙体单元 14 327 个。

3 · x 向风荷载作用

为研究风荷载对灵沼轩结构受力性能的影响，分别考虑风荷载作用方向为 x 向（纵向）及 y 向（横向），并考虑风荷载重现期为 50 年（$R=50$）及 100 年（$R=100$）进行分析。

1. 风荷载计算

灵沼轩结构受到的风荷载按《建筑结构荷载规范》（GB 50009—2012）（以下简称《荷载规范》）计算[12]：

$$w_k=\beta_z\mu_s\mu_z w_0 \tag{4-1}$$

式中，w_k 为风荷载标准值，β_z 为高度为 z 处的风振系数，μ_s 为风荷载体形系数，μ_z 为风压高度变化系数，w_0 为基本风压。

μ_z 值：灵沼轩所在位置的地面粗糙度属 C 类，建筑总高小于 10m，依据文献[12]中表 8.2.1，取 $\mu_z=0.65$。

w_0 值：根据《荷载规范》中表 E.5，重现期 $R=50$ 年时北京地区基本风压 $w_0=450\mathrm{N/m^2}$，$R=100$ 年时 $w_0=500\mathrm{N/m^2}$。

μ_s 值：根据《荷载规范》中表 8.3.1，灵沼轩平面形状为矩形的砌体及一、二层钢框架部分取值见图 4-8(a)，平面形状为六边形的砌体及钢框架部分取值见图 4-8(b)，为八边形砌体及钢框架部分的取值见图 4-8(c)。以上均假设风荷载方向由左向右。

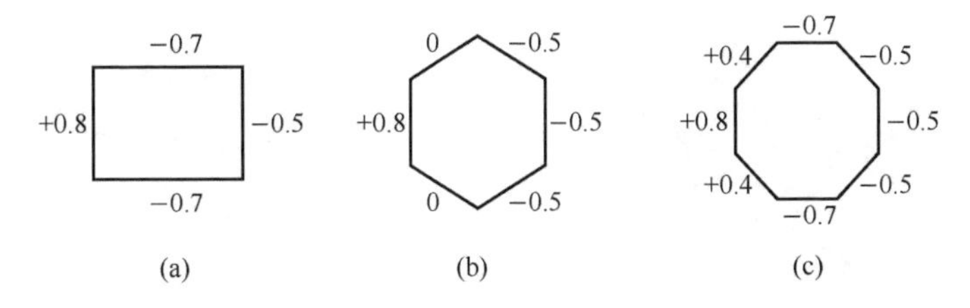

图 4-8 μ_s值的确定

β_z值：《荷载规范》中 8.4.1 条规定，对于高度大于 30m 且高宽比大于 1.5 的房屋，以及基本自振周期 T_1 大于 0.25s 的各种高耸结构，应考虑风压脉动对结构产生顺风向风振的影响。灵沼轩结构特性不满足上述要求，因而可取 $\beta_z=1$。

依据以上条件并考虑荷载组合系数 1.4 与重力荷载组合，可求出灵沼轩结构各部分的荷载设计值，其中砌体结构部分为面荷载，钢结构部分为集中荷载。考虑上述荷载于 x 向施加在灵沼轩有限元模型上，开展数值模拟，分析结构的抗风性能。

2. 分析结果

x 向风荷载作用下，$R=50$ 年及 $R=100$ 年条件下结构的变形（u）、主拉应力（S_1）及主压应力（S_3）分布见图 4-9。图中，分界线以上为考虑重现期为 50 年的风荷载作用结果，以下为考虑重现期为 100 年的风荷载作用结果。最大值节点编号直接在图上标注，以便于观察位置，如图 4-9(a)中砌体结构变形最大值的节点编号为 46763，钢结构变形最大值的节点编号为 19285。

易知，x 向风荷载作用下灵沼轩结构内力及变形的主要特点为：

1）重现期为 $R=100$ 年风荷载作用下，砌体结构的变形及内力相对于重现期为 $R=50$ 年风荷载作用下的增幅很小；相比而言，钢结构部分增幅略大。

2）从变形角度看，x 向风荷载作用下，砌体结构变形主要分布在一层顶板位置及二层纵向墙体中部。由于墙体较厚（约 0.6m），风荷载作用造成的砌体变形值很小。对钢结构框架而言，x 向风荷载作用下变形较大部位在框架顶部及中间八角亭上部，但由于变形峰值很小，对钢结构整体不构成安全威胁。

3）从所受内力角度看，砌体结构部分的主拉应力较大部位与变形较大部位相似，且主拉应力峰值已远超过容许值范围（此处分析考虑砌体结构抗拉强度很小），说明在风荷载作用下上述位置产生受拉破坏的可能性比其他位置要大，因而在日常保养与维护过程中应予以重视；砌体结构部分主压应力较大位置主要在结构一层底部，但均在容许范围之内，因而不会产生受压破坏。对于钢结构部分，结构主拉应力较大值在框架二层顶部梁-柱、梁-梁节点位置及各亭中上部，主压应力较大值分布在框架及各亭底部，但由于主拉应力及主压应力峰值均远小于容许值范围，因而在 x 向风荷载作用下钢结构部分不会产生受力破坏。

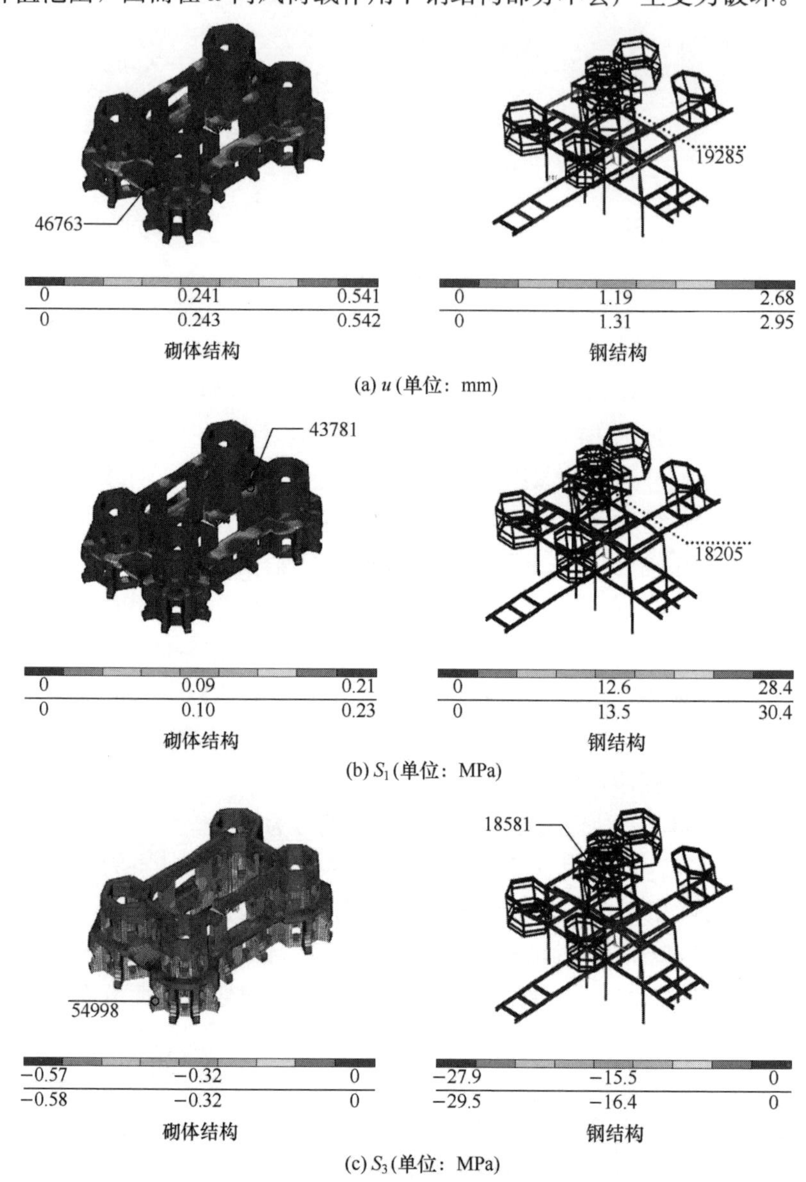

(a) u (单位：mm)

(b) S_1 (单位：MPa)

(c) S_3 (单位：MPa)

图 4-9　x 向风荷载作用下结构变形及主应力分布

为研究砌体结构抗弯、抗剪承载力，选择结构受力较薄弱的北、东侧墙体部位进行分析，包括墙体中间段一层底部（单元编号北侧为 45236、东侧为 46597）、一层顶部（单元编号北侧为 45550、东侧为 46099）、二层门洞上部（单元编号北侧为 43564、东侧为 47624）。上述各单元在 x 向风荷载作用下的弯（σ_{fw}）、剪应力（τ_w）见表 4-2，易知：

1）相对于重现期为50年的风荷载，重现期为100年的风荷载作用于灵沼轩结构时，上述单元的弯、剪应力增幅很小。

2）x向风荷载作用下，上述各典型单元的弯、剪应力峰值均小于容许范围，因而不会产生相应类型的破坏。

表4-2　x向风荷载作用下典型部位的σ_{fw}、τ_w　　（单位：MPa）

荷载	单元编号	σ_{fw}	$\sigma_{fw}<[\sigma_{fw}]$?	τ_w	$\tau_w<[\tau_w]$?
R=50年	45236	0.031	是	0.002	是
	46597	0.010		0.009	
	45550	0.063		0.022	
	46099	0.083		0.028	
	43564	0.009		0	
	47624	0.008		0	
R=100年	45236	0.033		0.003	
	46597	0.012		0.010	
	45550	0.067		0.023	
	46099	0.085		0.029	
	43564	0.010		0	
	47624	0.010		0	

4·y向风荷载作用

基于数值模拟手段，获得y向风荷载作用下灵沼轩结构的变形及内力分布情况，见图4-10，其中分界线及图中各数值的含义同前，易知：

1）从变形u分布图来看，灵沼轩砌体结构变形值较大的位置主要位于前后纵向墙体中段上部及左右一层顶板中部，钢结构的变形较大值主要发生在中间部位二层八角亭的上端。由于上述变形峰值均很小，可认为在y向风荷载作用下灵沼轩结构不会因变形过大而产生破坏。另外，R=100年与R=50年相比，灵沼轩的砌体结构及钢结构的变形峰值增量均很小。

2）从主拉应力S_1分布图来看，对砌体结构部分而言，其主拉应力较大值分布在一层顶板及前后纵墙中上段位置，其中峰值位于前纵墙中段顶部，且远超出容许值。因此，在日常保养维护中上述部位应引起重视。对钢结构部分，其主拉应力值较大部位主要在二层工字钢框架节点位置及中间二层八角亭上部。由于R=50年及R=100年条件下钢结构的主拉应力峰值均远小于容许范围，可认为y向风荷载作用下灵沼轩钢结构部分不会产生受拉破坏。另外，R=100年条件下砌体结构部分主拉应力峰值相对R=50年增幅约为6.8%，钢结构部分增幅约为9.6%。

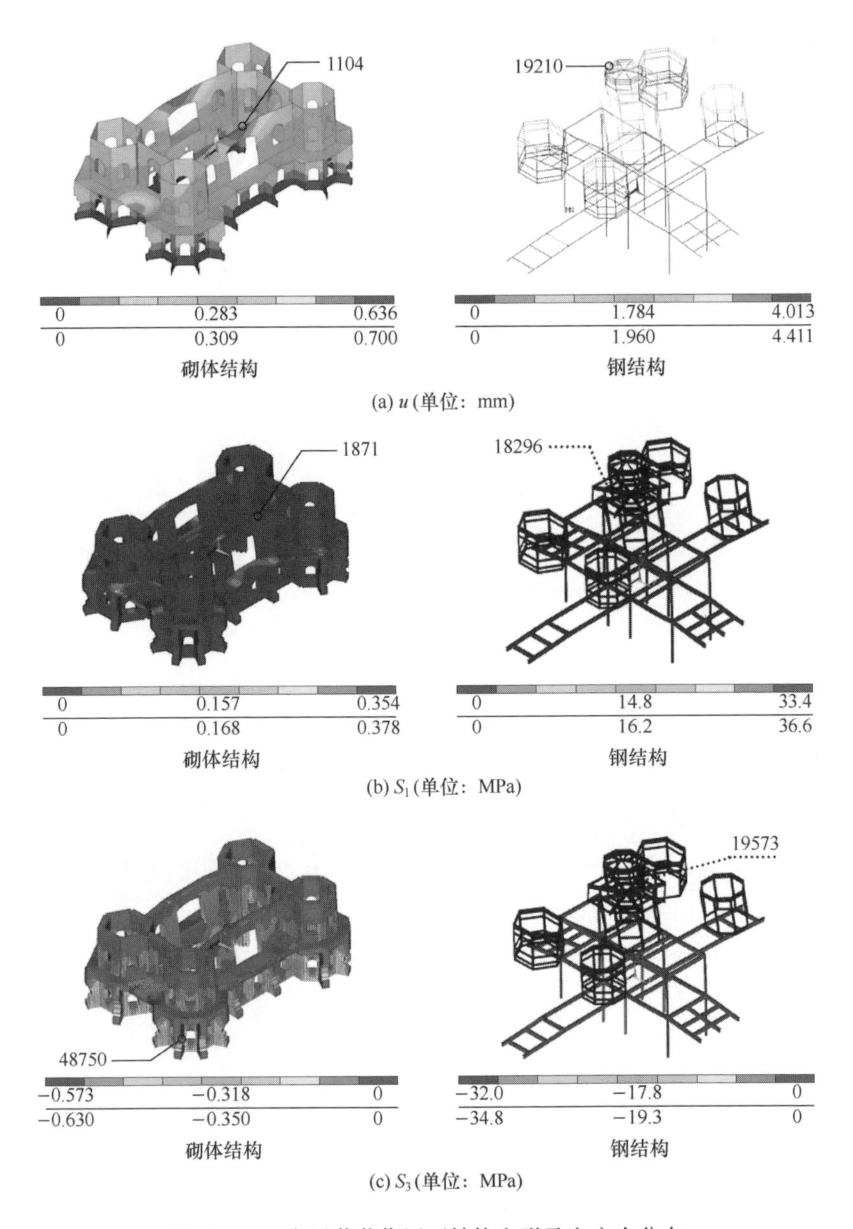

(a) u(单位：mm)

(b) S_1(单位：MPa)

(c) S_3(单位：MPa)

图 4-10　y 向风荷载作用下结构变形及主应力分布

3）从主压应力 S_3 分布来看，砌体结构部分的主压应力绝对值较大值主要分布在结构一层底部，且最大值（R=50 年，绝对值为 0.573MPa；R=100 年，绝对值为 0.630MPa）在容许范围内，因而不会产生受压破坏。对钢结构部分而言，其主压应力峰值较大部位主要位于中间八角亭的上部。由于峰值（R=50 年，绝对值为 32.0MPa；R=100 年，绝对值为 34.8MPa）远小于容许范围，钢结构部分不会产生受压破坏。另外，在 R=100 年条件下，砌体结构部分主拉应力峰值相对 R=50 年增幅约为 9.9%，钢结构部分增幅约为 8.8%。

仍选 45236、46597、45550、46099、43564、47624 等单元进行分析，研究 y 向风荷载作用下灵沼轩结构弯应力（σ_{fw}）、剪应力（τ_{w}）峰值情况，相关结果见表 4-3。易知：①σ_{fw}、τ_{w}峰值均在容许范围内，即上述位置在 y 向风荷载作用下不会产生弯、剪破坏。②R=100 年条件下，上述位置的 σ_{fw}、τ_{w}峰值相对于 R=50 年条件的增幅很小。

表 4-3　y 向风荷载作用下典型部位的 σ_{fw}、τ_{w}　（单位：MPa）

<table>
<tr><th>荷载</th><th>单元编号</th><th>σ_{fw}</th><th>$\sigma_{fw}<[\sigma_{fw}]$?</th><th>$\tau_{w}$</th><th>$\tau_{w}<[\tau_{w}]$?</th></tr>
<tr><td rowspan="6">R=50 年</td><td>45236</td><td>0.019</td><td rowspan="12">是</td><td>0.003</td><td rowspan="12">是</td></tr>
<tr><td>46597</td><td>0.035</td><td>0.005</td></tr>
<tr><td>45550</td><td>0.066</td><td>0.023</td></tr>
<tr><td>46099</td><td>0.087</td><td>0.032</td></tr>
<tr><td>43564</td><td>0.037</td><td>0</td></tr>
<tr><td>47624</td><td>0.009</td><td>0</td></tr>
<tr><td rowspan="6">R=100 年</td><td>45236</td><td>0.019</td><td>0.005</td></tr>
<tr><td>46597</td><td>0.039</td><td>0.005</td></tr>
<tr><td>45550</td><td>0.069</td><td>0.025</td></tr>
<tr><td>46099</td><td>0.089</td><td>0.033</td></tr>
<tr><td>43564</td><td>0.038</td><td>0</td></tr>
<tr><td>47624</td><td>0.011</td><td>0</td></tr>
</table>

对比 x 向与 y 向风荷载作用下灵沼轩结构的内力与变形情况，可知：

1）x、y 向风荷载作用下结构的变形及内力较大值部位相似。对于砌体结构部分，主拉应力主要分布在纵墙中上部及一层顶部，主压应力则分布在一层底部；对于钢结构部分，主拉应力主要分布在工字钢框架顶部节点及中间二层八角亭的上部。上述部位应加强日常维护与保养。

2）y 向风荷载作用下，结构的内力与变形比 x 向风荷载作用下的相关值有不同幅度的增大，因而对灵沼轩结构进行抗风分析时应以 y 向作用为主。

3）无论 x 还是 y 向风荷载作用，灵沼轩钢结构部分产生内力或变形最大值并非开裂柱位置，而是在工字钢-铸铁框架的松动节点或中间八角亭二层上部，且节点松动或铸铁柱开裂的现状对钢结构的整体安全均不构成显著威胁。

5 · 小结

1）x、y 向风荷载作用下，灵沼轩砌体结构部分容易产生受拉破坏，而钢结构部分则处于安全的状态。

2）x、y 向风荷载作用下结构的变形及内力较大值部位相似，对于砌体结构部分，主要分布在纵墙中上部及一层顶部；对于钢结构部分，主要分布在中间二层八角亭的上部。上述部位应加强日常维护与保养。

3）y 向风荷载作用下，结构的内力与变形比 x 向风荷载作用下的相关值要明显增大。

4）R＝100 年条件下与 R＝50 年条件下相比，风荷载无论作用于 x 向还是 y 向，其峰值增量不会很大。

第 2 节　灵沼轩风振响应

1・结构现状

从建筑布局来看，灵沼轩上下三层，其中地下一层，地上二层，共计 32 间。主楼每层 9 间，底层四面各开一门，四周浚池，引玉泉山水环绕；周边设回廊；四个角部设六边形及八边形围廊，各围廊均为三层，且底部均各开两门，分别与主楼及回廊相通[13-14]。

从材料组成来看，灵沼轩受力墙体由三种材料组成：地下一层建筑墙体材料为花岗岩，地上一层墙体材料为汉白玉，其他个别位置为砖层。灵沼轩钢结构则由工字钢、铸铁柱组成一、二层的承重框架，二层顶部的 5 座铁亭主要由不同形式截面的钢构件组成。

从结构形式来看，灵沼轩由砌体结构与钢结构组成。其中，砌体结构位于一、二层，包括东南、西南六边形围廊，东北、西北的八边形围廊，各围廊通过纵、横向墙体连接，墙体厚度约为 0.6m。钢结构包括一、二层工字钢梁与铸铁柱组成的承重框架，且部分梁穿过砌体结构部分的纵、横墙体。同时，在二层顶部、六边形及八边形砌体围廊的顶部有六边形及八边形的单层铁亭；在二层顶部正中部位、工字钢框架顶部有二层八角形铁亭，合计铁亭 5 座。

从结构现状来看，灵沼轩砌体结构部分总体现状较好。钢结构现状为：钢结构构件表面普遍锈蚀、部分铸铁柱存在开裂问题，且由于结构处于未完工状态，用于梁柱构件连接的螺栓存在松动或缺失现象，使得节点的转动刚度减小，不利于钢结构本身的稳定。

对灵沼轩结构进行自然灾害作用下的静、动力性能评估是对其开展维修保护的重要前提。近年来，风灾对古建筑的破坏趋于频繁，基于此，本节采取数值模拟方法建立灵沼轩结构的有限元模型，研究风荷载作用下结构的动力响应特性，提出古建筑保护修缮的可行性建议。

2·有限元模型

中国建筑科学研究院工程抗震研究所、国家建筑工程质量监督检验中心分别于2003年、2011年对灵沼轩进行了安全性鉴定，整体认为灵沼轩砌体结构现状较好，而钢结构存在开裂、连接松动问题，需要加固[11]。针对上述评估意见，本节建立有限元模型时重点考虑钢结构的残损，而假设砌体结构基本完好，相对实际情况而言具有一定合理性。

1. 砌体

灵沼轩砌体结构部分材料类型基本为石材，结构现状较好。砌体材料强度按照表4-1[15]取值。本节建立有限元模型后，开展分析的结果偏于保守。

2. 钢节点

由于钢节点具有半刚性特征，可用六根互不耦合的弹簧组成的弹簧系统模拟，如图4-11(a)所示。其中，K_x、K_y、K_z表示x，y，z向的变形刚度，$K_{\theta x}$、$K_{\theta y}$、$K_{\theta z}$表示绕z，x，y轴的扭转刚度。在进行有限元分析时，可利用ANSYS程序中的MATRIX27单元模拟钢节点。该单元没有定义几何形状，但是可通过两个节点反映单元的刚度矩阵特性，其刚度矩阵输出格式如图4-11(b)所示[16]。

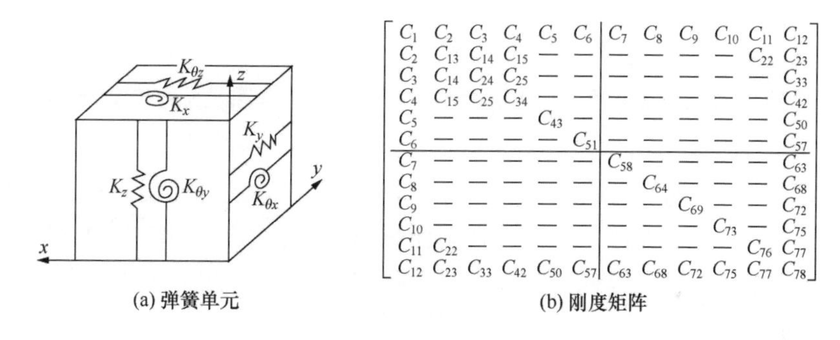

(a) 弹簧单元　　(b) 刚度矩阵

图4-11　钢节点模拟

图4-11(b)中，对应x方向弹簧刚度K_x矩阵元为C_1、C_7、C_{58}；对应y方向弹簧刚度K_y矩阵元为C_{13}、C_{19}、C_{64}；对应z方向弹簧刚度K_z矩阵元为C_{24}、C_{30}、C_{69}；对应绕x轴转动刚度$K_{\theta x}$的矩阵元为C_{34}、C_{40}、C_{73}；对应绕y轴转动刚度$K_{\theta y}$的矩阵元为C_{43}、C_{49}、C_{76}；对应绕z轴转动刚度$K_{\theta z}$的矩阵元为C_{51}、C_{57}、C_{78}。

根据国家建筑工程质量监督检验中心检测报告[11]，灵沼轩承重钢框架梁柱节点存在外观锈蚀、竖向螺栓缺失问题，导致节点承载力受到一定影响。由于缺乏试验条件，无法通过现场取样方法获得钢结构节点现有刚度值。现场勘查发现，一层钢节点主要残损症状为表面锈蚀，见图4-12(a)；二层钢节点的梁端与柱顶尚未用螺栓完全固定，见图4-12（b)。综上所述，本节在确定梁柱节点的刚度值时（仅考虑梁柱间的相对转动刚度），从保守角度出发，对一层节点取 $K_{\theta x}=K_{\theta y}=K_{\theta z}=1.5\times10^{5}\mathrm{N\cdot m/rad}$，即考虑节点刚度严重退化；对二层节点，由于节点松弛严重，从保守角度考虑，假设节点没有转动能力，取 $K_{\theta x}=K_{\theta y}=K_{\theta z}=0$，即节点完全松弛；其他参数均取值为 $K_x=K_y=K_z=0$。在进行力学分析时，钢材的弹性模量取 $E_s=2.06\times10^{5}\mathrm{MPa}$；从保守角度出发，钢结构的强度取值为[8]抗拉、抗压、抗弯强度 $[\sigma_s]=155\mathrm{MPa}$，抗剪强度 $[\tau_s]=90\mathrm{MPa}$。

(a)一层节点

(b) 二层节点

图 4-12 灵沼轩钢节点现状

3. 钢框架

1）承重框架采取工字钢梁及铸铁柱，其中工字钢梁的有效截面尺寸为 $0.155\mathrm{m}\times0.285\mathrm{m}\times0.030\mathrm{m}\times0.015\mathrm{m}(b\times h\times t\times t_f)$。铸铁柱的整体造型与罗马建筑和哥特建筑早期的盘圈式柱子有相似之处，这种构造特点使得柱截面宽度尺寸沿纵向不一，在中下部位置有效柱截面最小（外径约 0.16m），而在底部及顶部柱截面尺寸则最大（外径约 0.29m）。建模时，从保守角度考虑，取最小直径及壁厚处尺寸为柱计算截面尺寸，即取柱为圆环形截面，壁厚 0.02m，外径 0.16m。

勘查发现，有 2 处铸铁柱存在明显开裂问题，即①-③-Ⓕ柱及①-④-Ⓕ柱位置。①-③-Ⓕ柱开裂柱裂纹底部距地面 1.15m，裂缝弯曲向上延伸，缝本身宽度为 0.003m，裂缝高度 0.8m，裂缝水平范围为 1/2 柱截面。建模时，仅考虑上述高度范围内的 1/2 宽度柱截面作为有效截面［图 4-13(a)］。①-④-Ⓕ柱裂缝位置在柱子中部最凹处，水平向，缝长占 3/4 圈，厚度约 0.05m，缝宽最大值达 0.01m。建模时，从保守角度出发，该位置有限元模型水平截面仅考虑 1/4 圈柱径为有效值［图 4-13(b)］。

2）5 座铁亭。各亭分别采取角钢、扁钢、T 形钢、U 形钢、槽钢等多种截面形式，并采用铸铁花栏、铁艺装饰及纯锌屋面板等装饰物。由于各亭均尚未完工，且存在构件锈蚀等问题，建模时仅考虑各亭的承重框架部分，且各承重构件

图 4-13 开裂柱及模拟方法

的截面尺寸取刨除锈蚀部分的有效截面面积。

5 座铁亭中，除中心亭底部与核心钢框架形成一个整体外，其他 4 座铁亭均坐落于灵沼轩 4 个砌体围廊的顶部，与核心钢框架及中心亭无任何关联，且处于刚开工状态（一开工就因故停工了），已有的钢框架总重不及灵沼轩结构总重的 3%。基于以上情况，在建立钢框架部分的有限元模型时，重点考虑中心亭与核心钢框架形成的钢结构整体对灵沼轩结构整体受力的影响，而不细探 4 座铁亭对结构整体可能产生的多塔效应。

4. 有限元模型

采用有限元分析程序 ANSYS 中的 BEAM189 单元模拟梁、柱构件，MATRIX27 单元模拟梁柱节点，SHELL181 单元模拟墙体，考虑墙、柱底部固定在地面，工字钢与墙体相交处为嵌固连接，以及中心铁亭与核心钢框架的“粘结”关系（ANSYS 程序处理模型边界的方式，将不同模型部分组成一个整体，但边界位置各部分模型均保留），建立灵沼轩有限元分析模型，见图 4-14。模型含梁、柱单元 1603 个，节点单元 32 个，墙体单元 14 327 个。

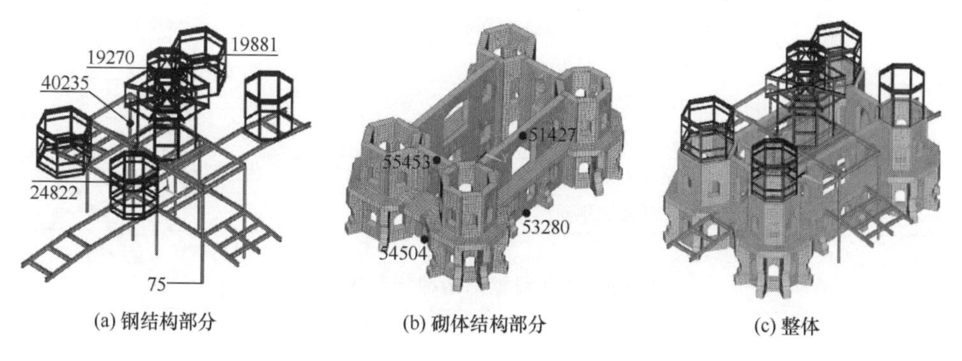

图 4-14 灵沼轩有限元模型

3・模态分析

振动模态是结构固有的、整体的特性。通过模态分析可掌握结构在某一易受影响的频率范围内各阶主要模态的特性，并初步判定结构在此频段内在外部或内部各种振源作用下产生的实际振动响应。对灵沼轩结构开展模态分析，采取子空间法（Subspace）求解结构模态，获得灵沼轩前 10 阶自振频率及模态系数（参与振型的有效模态质量与结构总质量之比）[17]，见表 4-4，各振型形式见表 4-5、表 4-6，主振型见图 4-15。

表 4-4 灵沼轩自振频率及模态系数

阶数	频率/Hz	x 向模态系数	y 向模态系数
1	5.75	0.64	0.41
2	5.76	0.24	1.00
3	9.49	0	0.05
4	12.57	0.32	0.03
5	13.78	0.18	0.19
6	15.05	1.00	0.03
7	15.83	0.33	0.22
8	17.62	0.18	0.36
9	18.46	0.01	0.02
10	18.55	0.29	0.33

表 4-5 灵沼轩砌体结构部分振型形式

阶数	振型形式
1	纵墙沿 $-y$ 向侧移
2	纵墙沿 $+y$ 向侧移
3	纵墙水平面扭转
4	纵墙及西侧的围廊水平面扭转
5	西南侧六边形围廊水平面局部扭转
6	四个围廊水平面局部扭转
7	南侧六边形围廊水平面内局部扭转
8	西南六边形围廊沿东北向侧移
9	西北八边形围廊水平面局部扭转
10	东南六边形围廊水平面局部扭转

表 4-6 灵沼轩钢结构部分振型形式

阶数	振型形式
1	中间位置二层八角亭沿 $-y$ 向弯曲
2	中间位置二层八角亭沿 $+y$ 向弯曲
3	中间位置二层八角亭水平面内扭转
4	工字形截面框架沿 $-y$ 向局部侧向弯曲

续表

阶数	振型形式
5	西南侧六边形亭水平面内局部扭转
6	四个角亭水平面内局部扭转
7	钢结构整体作水平面内扭转
8	西南六角亭沿东北向弯曲
9	西北八角亭水平面内局部扭转
10	东南六角亭水平面内局部扭转

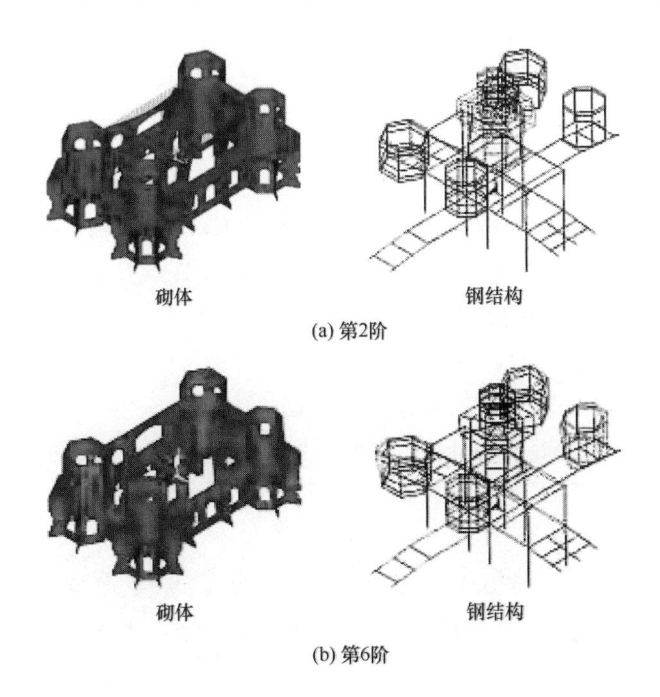

图 4-15　灵沼轩结构主振型

由模态分析可知：

1）灵沼轩结构基频为 $f=5.75\text{Hz}$；主振型在 x 向（纵向）为第 6 阶，振型形式表现为以侧向弯曲为主；在 y 向（横向）为第 2 阶，振型形式表现为以水平面内的扭转为主。

2）无论是钢结构部分还是砌体结构部分，其自振形式均为结构局部振动。

上述振型特征可反映灵沼轩在振动力作用下的主要破坏形式。

4・风振分析

1. 脉动风压模拟

结构风荷载的计算方法有《荷载规范》提供的静力分析方法和脉动风压时程

分析方法。《荷载规范》提出的方法是把风荷载当作静力荷载，使用风振系数考虑风的动力效应。脉动风压时程分析法则将风荷载当作动力作用，即考虑结构受到风力的动态作用。该法以按随机理论确定的脉动风压时程作为风荷载激励，不再考虑风振系数的作用。与静力分析方法相比，脉动风压时程分析法可获得结构受到风振作用时更精确的响应情况。

本节采用线性滤波法中的自回归法（Auto-Regressive，简称 AR）模拟风速时程。其基本思想为[18]：将风荷载的随机过程抽象为满足一定条件的白噪声，然后经某一假定系统进行适当变换，从而拟合出该过程的时域模型。

m 个点空间相关脉动风速时程 $[v(t)]=[v_1(t),v_2(t),\cdots,v_m(t)]^{\mathrm{T}}$ 可表示为[19]

$$[v(t)]=\sum_{k=1}^{p}[\Psi_k][v(t-k\Delta t)]+[N(t)] \tag{4-2}$$

式中，$[\Psi_k]$ 为 AR 模型自回归系数矩阵，是 $m\times m$ 阶矩阵；p 为 AR 的模型阶数；$[N(t)]=[N_1(t),N_2(t),\cdots,N_m(t)]^{\mathrm{T}}$，其中 $N_i(t)$ 为均值为 0、方差为 1 且彼此相互独立的正态随机过程，$i=1，2，\cdots，m$。

为获得风速时程 $v(t)$，可分以下三步求解。

第 1 步：求解回归系数矩阵 $[\Psi_k]$。

对式（4-2）进行处理，可获得回归系数 Ψ_k 与协方差 R_v 之间的关系为

$$[R]=[\overline{R}][\Psi_k] \tag{4-3}$$

其中

$$[R]=[R_v(\Delta t),R_v(2\Delta t),\cdots,R_v(p\Delta t)]^{\mathrm{T}},[\Psi_k]=[\Psi_1{}^{\mathrm{T}},\Psi_2{}^{\mathrm{T}},\cdots,\Psi_p{}^{\mathrm{T}}]^{\mathrm{T}}$$

$$[\overline{R}]=\begin{bmatrix} R_v(0) & R_v(\Delta t) & \cdots & R_v[(p-2)\Delta t] & R_v[(p-1)\Delta t] \\ R_v(\Delta t) & R_v(2\Delta t) & \cdots & R_v[(p-1)\Delta t] & R_v(0) \\ \cdots & \cdots & \cdots & \cdots & \cdots \\ R_v[(p-2)\Delta t] & R_v[(p-1)\Delta t] & \cdots & R_v[(p-4)\Delta t] & R_v[(p-3)\Delta t] \\ R_v[(p-1)\Delta t] & R_v(0) & \cdots & R_v[(p-3)\Delta t] & R_v[(p-2)\Delta t] \end{bmatrix}$$

由维纳-辛钦公式可得协方差 R_v 与功率谱密度 S_v 之间的关系为

$$R_{v,ik}(j\Delta t)=\int_0^{\infty}S_{v,ik}(n)\cos(2\pi j\Delta t)\mathrm{d}n,\quad i,k=1,2,\cdots,m \tag{4-4}$$

另由协方差定义可得

$$R_{v,i}[k\Delta t]=E[v_i(t-k\Delta t)v_i(t)] \tag{4-5}$$

联立式（4-2）～式（4-5）可求得回归系数矩阵 $[\Psi_k]$。

第 2 步：求解 $[N(t)]$。

AR 模型的方差矩阵 $[R_N]$ 计算公式为

$$[R_N]=[R_v(0)]-\sum_{k=1}^{p}[R_v(k\Delta t)] \tag{4-6}$$

对 $[R_N]$ 进行 Cholesky 分解，$[R_N]=[L][L]^{\mathrm{T}}$，则

$$[N(t)]=[L][n(t)] \tag{4-7}$$

式中，$[L]$ 为下三角矩阵；随机变量 $[n(t)]=[n_1(t),n_2(t),\cdots,n_m(t)]^{\mathrm{T}}$，由程序数据库随机生成。

第 3 步：将生成的 $[\Psi_k]$ 及 $[N(t)]$ 代入式（4-2），即可获得随机脉动风速时程 $v(t)$。

本节研究风荷载作用下灵沼轩结构的动力响应情况，风荷载重现期考虑为 $R=50$ 年。基于上述 AR 模型，编制应用于灵沼轩结构分析的风速时程曲线，相关参数按表 4-7 取值。其中基本风压取 0.45kN/m^2，依据《荷载规范》附录 E.2 的相关计算公式可求得折算平均风速[12]。本结构的平面和竖向尺寸较小，因此可以不考虑风场的水平向和竖向相干性。

表 4-7 风速时程模拟的主要参数

平均风速模型	指数律模型
脉动风速谱类型	Davenport 谱
10m 高程标准风速/(m/s)	26.8
地形地貌类型	C 类
AR 模型阶数	4
模拟风速时程时间长度/s	100
模拟时间步长/s	0.1

风压时程和风速时程存在以下关系[20]：

$$V(t)=\overline{v}+v(t) \tag{4-8}$$

$$W(t)=V^2(t)/1600 \tag{4-9}$$

以上式中，$W(t)$ 为风压时程，$V(t)$ 为风速时程，$\overline{v}$ 为平均风速，$v(t)$ 为程序生成的脉动风速时程。依此生成 3 条风压时程曲线，见图 4-16。

作用于灵沼轩结构上的脉动风荷载时程函数可按下式计算[12,21]：

$$F=\mu_{\mathrm{s}}AW \tag{4-10}$$

式中，F 为结构受到的脉动风荷载；A 为迎风面面积；W 为脉动风压时程；μ_{s}为风荷载体形系数，各部分取值见图 4-8。以上均假设风荷载方向由左向右。需要说明的是，本分析中砌体结构为平屋顶，几座铁亭均尚未完工，其有限元模型仅考虑已完成的框架部分，亦没有坡度，因此 μ_{s}值参照《荷载规范》表 8.3.1 中不同平面形状取值。另参照式（4-10），将上述荷载施加于结构，其中砌体部分考虑为面荷载，即考虑 $A=1$ 求解 F 值；框架节点部分考虑将面荷载转化为集中荷

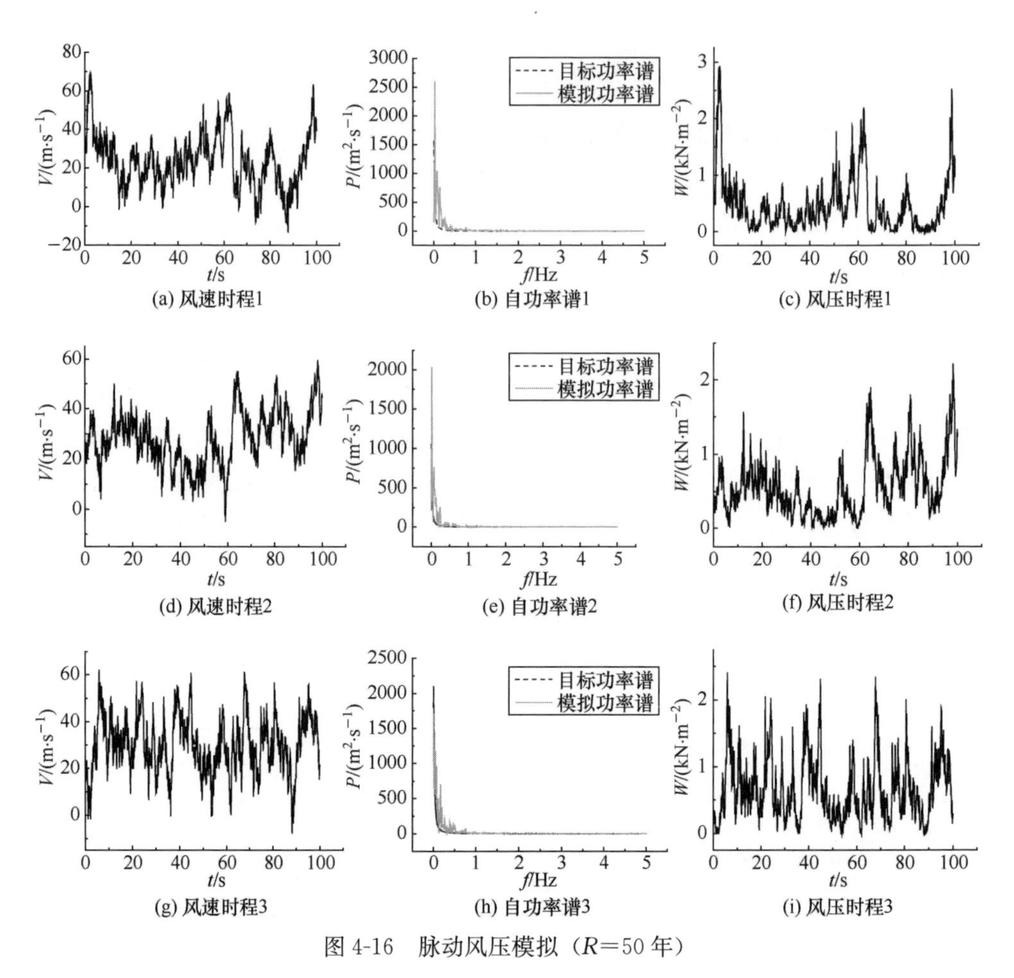

图 4-16　脉动风压模拟（R＝50 年）

载，即直接求解 F 值。采取上述方法求解出灵沼轩结构的风振响应。

对灵沼轩结构开展风振响应分析时，考虑风荷载沿 y 向（横向，即结构受力薄弱的方向）作用于结构，研究结构的 y 向变形及内力响应情况。关于本结构阻尼比，文献[22]提供的多层钢结构的阻尼比为 0.04～0.05，文献[23]提供的多层砌体结构的阻尼比为 0.045，此处综合考虑取值为 0.045。

2. 位移及加速度

选取以下典型节点开展变形（u_y）及加速度（a_y）响应分析：砌体北纵墙中段顶部 51427 号节点，东横墙中段顶部 55453 号节点；钢结构中间八角亭二层顶部东北端角点 19270 号节点，东北八角亭顶部东北端角点 24822 号节点，西南六角亭顶部东北端角点 19881 号节点。节点位置见图 4-14。

分析发现：三种风压时程作用下，结构的位移和加速度响应特点相似。限于篇幅，仅绘出风压时程 1 作用下上述各节点的位移响应曲线，见图 4-17，加速度响应曲线见图 4-18。三种风压时程作用下结构的位移响应峰值（u_{ymax}）见表 4-8，加速度响应峰值（a_{ymax}）见表 4-9。

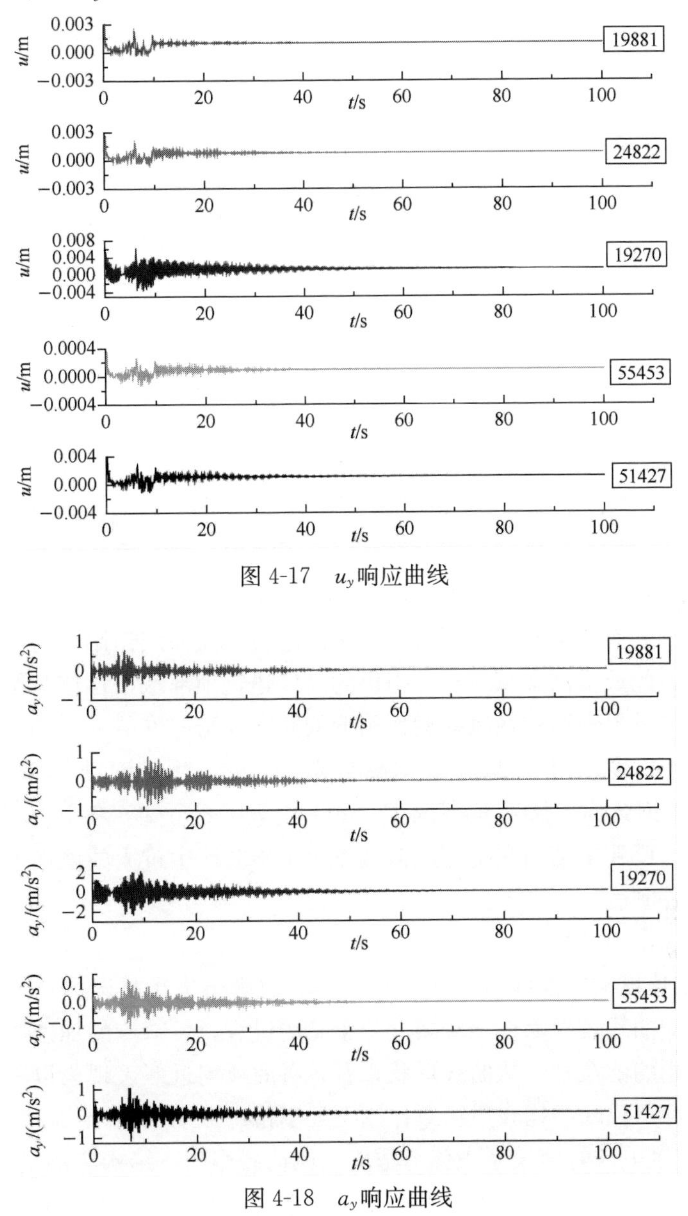

图 4-17　u_y响应曲线

图 4-18　a_y响应曲线

（1）位移响应分析

1）从节点位移响应曲线形状看，各曲线均表现为初始阶段振幅较大、随后逐步衰减至 0，且初始几秒曲线的振动无明显规律，随后逐渐变为以平衡位置为中心的近似均匀振动，该现象可反映结构在风荷载作用下处于稳定振动过程。

表 4-8 u_{ymax} （单位：mm）

节点编号		51427	55453	19270	24822	19881
风压 1	u_{ymax}	3.80	0.36	6.27	2.71	3.10
	$u_{ymax}/\|u\|$	1/1947	1/20 555	1/2153	1/4428	1/3871
风压 2	u_{ymax}	3.40	0.38	6.01	3.36	3.02
	$u_{ymax}/\|u\|$	1/2176	1/19 473	1/2246	1/3571	1/39 741
风压 3	u_{ymax}	3.19	0.51	5.94	2.91	2.98
	$u_{ymax}/\|u\|$	1/2319	1/14 509	1/2273	1/4124	1/4027

表 4-9 a_{ymax} （单位：m/s^2）

节点编号	51427	55453	19270	24822	19881
风压 1	1.11	1.33	2.33	0.86	0.76
风压 2	0.95	1.39	1.98	1.02	0.73
风压 3	1.03	1.06	2.07	0.91	0.69

2）风荷载作用下，结构的位移或相对位移应满足相关要求，以避免结构或构件因变形过大而产生破坏。现有关于多层建筑在风荷载作用下的容许变形的相关研究较少，此处依据文献［21］提供的高层建筑顶部水平位移与结构高度之比容许值，考虑灵沼轩结构在风荷载作用下的侧向变形容许值 $u_{ymax}/H=1/650$，其中 H 为结构高度，对于砌体结构部分取 7.4m，对于钢结构单层亭部分取 12.0m，对于钢结构二层八角亭取 13.5m。由表 4-8 可知，各 u_{ymax}/H 值均在容许值范围内，反映本结构在指定风荷载作用下不会产生过大的侧向变形，且具有较大的抗侧移刚度。

（2）加速度响应分析

1）从加速度响应曲线看，无论是灵沼轩的钢结构还是砌体结构部分，结构的加速度响应曲线表现为逐步衰减并趋于 0 的过程，各节点的加速度峰值均出现在风荷载作用的前几秒。从曲线形状来看，各曲线均近似表现为以平衡位置为中心的振动，亦可反映结构在风荷载作用下处于稳定振动状态。

2）加速度响应峰值关系人体舒适度，风荷载作用下结构应满足舒适度要求。对灵沼轩而言，无论是对游人游览还是对技术人员开展维修和保养工作，风荷载作用下引起的建筑摆动或造成建筑内人员的不适应予以避免。使人体感觉不适的主要因素有振动频率、振动加速度和振动持续时间。由于振动持续时间取决于风力作用的时间，结构频率的调整又十分困难，一般采用限制结构振动加速度的方法满足舒适度的要求。根据人体振动舒适界限标准，可得到结构加速度的控制界限，见表 4-10[24]。对比表 4-9 和表 4-10 中相关数据不难发现，在 $R=50$ 年风荷载作用下，灵沼轩的钢结构及砌体结构顶部的 a_{ymax} 均介于使人非常烦恼及无法忍受之间。因此，对灵沼轩进行维修时，应采取适当措施控制上述峰值，使之符合人体舒适度要求。

表 4-10　人体振动舒适度控制界限　（单位：m/s^2）

舒适程度	使人烦恼	非常烦恼	无法忍受
控制界限	0.15	0.50	1.50

3. 内力

为研究风荷载作用下灵沼轩砌体结构与钢结构的安全性能，选取以下典型节点开展分析：砌体北纵墙中段底部 53280 号节点，砌体东横墙中段底部 54504 号节点，工字钢矩形框架东北端底部 75 号节点，①-④-Ⓕ柱开裂位置 40235 号节点。上述节点位置详见图 4-14。基于时程分析，获得 $R=50$ 年时 y 向风荷载作用下上述节点的 y 向 Von Mises 应力（σ_{sy}）、弯应力（σ_{my}）、剪应力（τ_y）响应曲线。限于篇幅，仅绘出风压时程 1 作用下的上述曲线，见图 4-19。不同风压时程作用下上述典型节点的内力峰值见表 4-11。

由以上分析可知：

1）从响应曲线看，风荷载作用下各内力响应曲线均表现为逐渐衰减的形式，内力峰值往往发生在风荷载作用的前几秒。从曲线形状看，结构受到的内力并不均匀，部分节点的内力始终大于零或小于零，但最终趋于一定值。

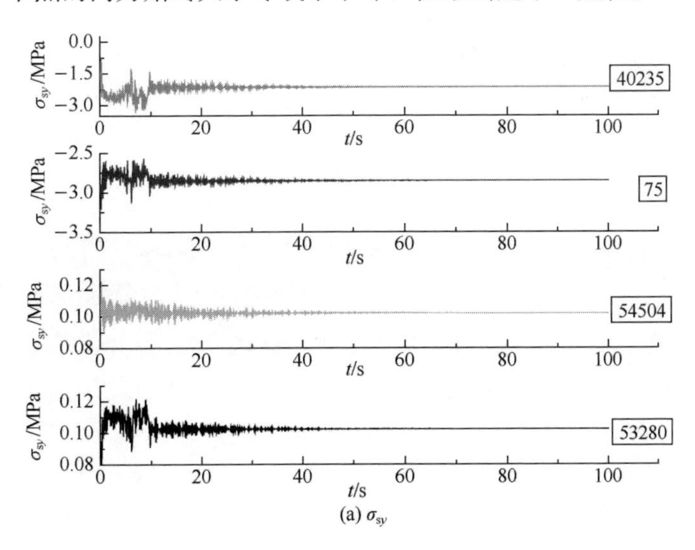

图 4-19　内力响应曲线

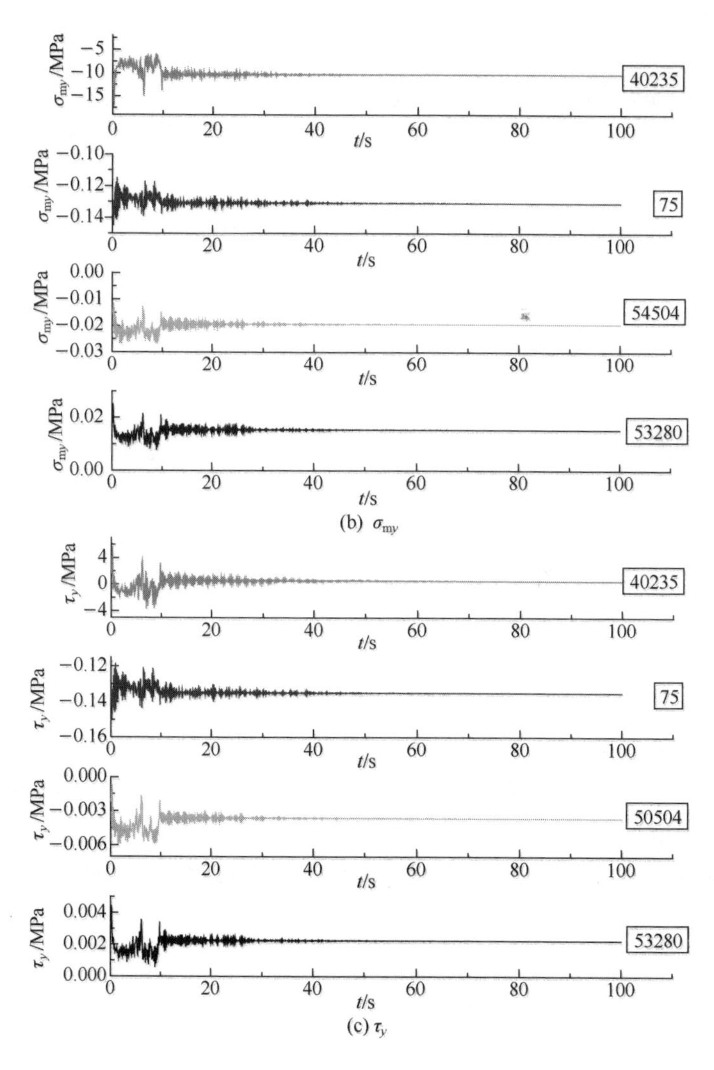

(b) σ_{my}

(c) τ_y

图 4-19　内力响应曲线（续）

2）从响应峰值来看，对于砌体结构的 53280 号节点、54504 号节点而言，其 σ_{sy}峰值为拉应力，且远超过本节设定的容许范围，这说明在 $R=50$ 年的 y 向风荷载作用下砌体结构的上述部位易产生受拉破坏，因此在日常维护中应予以重视。对于钢结构的 75 号节点、40235 号节点而言，其 Von Mises 应力峰值远小于容许范围，因而在风荷载作用下不会产生强度破坏。

对于 σ_{my}峰值而言，风荷载作用下砌体结构 2 个节点的峰值相近，且小于容许值，因而可近似认为砌体结构不会产生受弯破坏；对于钢结构而言，40235 节点属于裂缝截面，其有效承载截面远小于钢结构其他位置，弯应力峰值远大于 75 号节点，但仍远小于容许范围，因而可近似认为钢结构部分不会产生受弯破坏。

表 4-11　各节点应力响应峰值　　（单位：MPa）

节点编号		53280	50504	75	40235
风压 1	Von Mises	0.12	0.12	3.21	3.34
	弯应力	0.025	0.027	0.15	17.12
	剪应力	0.004	0.006	0.15	5.73
风压 2	Von Mises	0.14	0.08	3.06	2.95
	弯应力	0.039	0.013	0.19	13.52
	剪应力	0.005	0.005	0.23	4.21
风压 3	Von Mises	0.10	0.11	2.96	2.69
	弯应力	0.019	0.010	0.13	13.98
	剪应力	0.004	0.009	0.21	6.13

对于 τ_y 峰值而言，横向砌体受到的剪应力略大于纵向砌体，但小于容许范围，因而可近似认为砌体结构在 y 向风荷载作用下不会产生剪切破坏；另外 2 个钢节点受到的剪应力大于砌体结构节点，但远小于容许值，因而同样可近似认为钢结构不会产生剪切破坏。

从以上分析可以看出，尽管灵沼轩钢结构部分存在节点连接松动、部分构件产生开裂等问题，但在 $R=50$ 年的 y 向风荷载作用下不会产生强度破坏；而对于砌体结构而言，其结构现状虽然保持较好，但是在风荷载作用下部分位置易产生受拉破坏。上述情况产生的主要原因在于钢材的抗拉、抗压、抗弯剪强度远高于砌体材料。

4. 云图结果

为了解灵沼轩结构整体在脉动风压作用下的变形及内力分布情况，以脉动风压 1 作用为例，选取 $t=2.4$s 时刻（该时刻脉动风压值最大）绘制灵沼轩砌体结构及钢结构部分的位移及 Von Mises 应力分布云图，见图 4-20，易知：

1）从位移分布来看，灵沼轩钢结构位移较大值位于钢结构框架中间及各铁亭上部；所选时刻位移峰值为 0.77mm，位置在中间铁亭的上端。砌体结构部分的位移较大值在一、二层纵横墙的中部；所选时刻最大位移值为 0.51mm，位于一层横墙中部顶板位置。上述位移峰值在允许范围内，且钢结构与砌体结构部分位移值较大点的位置与时程分析所选点位置基本相近。

2）从 Von Mises 应力分布来看，灵沼轩钢结构应力较大值位于钢框架上部，所选时刻的峰值为 2.64MPa $<[\sigma_s]$；砌体结构部分应力峰值为 0.13MPa $>[\sigma_{tw}]$，位于西南角一层顶板附近。上述分析结果与所选节点在该时刻的分析结果相近，反映时程分析时选择的节点是具有一定代表性的。

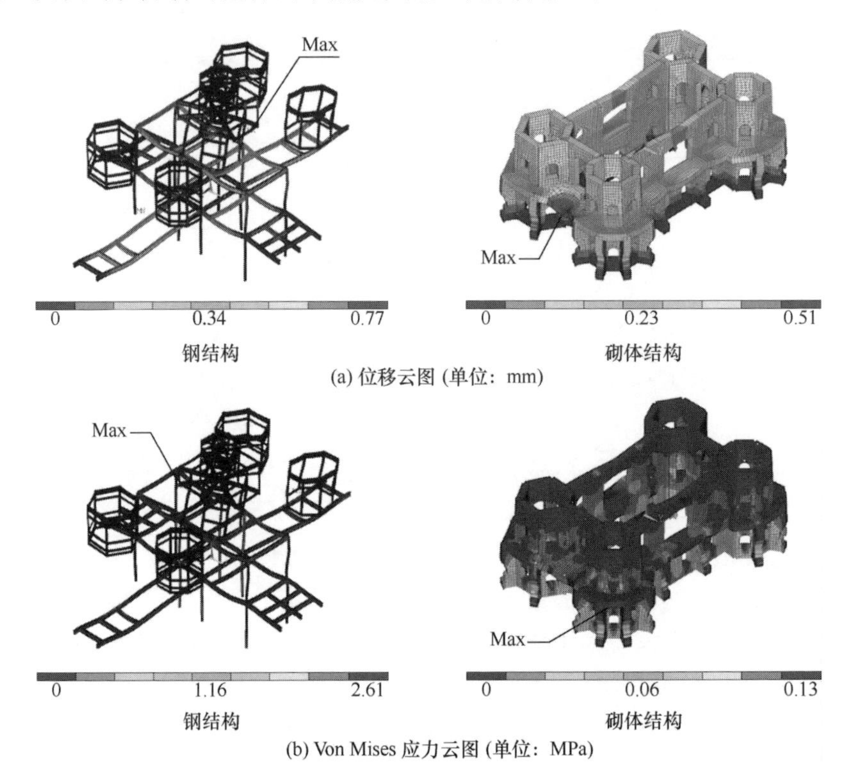

图 4-20　灵沼轩结构云图（$t=2.4$s）

5・小结

1）故宫灵沼轩结构基频为 $f=5.75$Hz；主振型在 x 向（纵向）为第 6 阶，振型形式表现为以侧向弯曲为主，在 y 向（横向）为第 2 阶，振型形式表现为以水平面内的扭转为主。

2）$R=50$ 年的 y 向脉动风压作用下，灵沼轩结构的变形较小，结构基本保持稳定振动状态，但结构顶部加速度峰值偏大，在维修时应考虑采取措施予以控制。

3）风压作用下，砌体结构部分位置的抗拉强度不足，应在日常维护中予以重视；钢结构部分由于材料强度高，不会出现强度破坏。

参考文献

[1] 陆元．故宫延禧宫里的“水晶宫”[N]．中国档案报，2005-04-08（005）．

[2] 曲亮，王时伟，李秀辉，等．故宫灵沼轩金属构件的病害分析及其成因研究 [J]．故宫博物院院刊，2013（2）：125-138.

[3] Pande G N, Liang J X, Middelton J. Equivalent elastic modulus for brick masonry [J]. Computers and Geotechnics, 1989, 8 (3): 243-265.
[4] Anthoine A. Derivation of the in-plane elastic characteristics of masonry through homogenization theory [J]. International Journal of Solids and Structures, 1995, 32 (2): 137-163.
[5] 刘振宇，叶燎原，潘文．等效体积单元（RVE）在砌体有限元分析中的应用［J］. 工程力学，2003，20（2）：31-32.
[6] Ma G W, Hao H, Lu Y. Homogenization of masonry using numerical simulations [J]. Journal of Engineering Mechanics, 2001, 127 (5): 421-431.
[7] 陈宏，施龙杰，王元清，等. 钢结构半刚性结点的数值模拟与试验分析［J］. 中国矿业大学学报，2005，34（1）：102-106.
[8] 黄冀卓，王湛，潘建荣. 钢结构梁柱连接结点刚度的半解析测试方法［J］. 工程力学，2011，28（1）：105-109.
[9] 石永久，施刚，王元清. 钢结构半刚性端板连接弯矩-转角曲线简化计算方法［J］. 土木工程学报，2006，39（3）：19-23.
[10] 李国强，王静峰，刘清平. 竖向荷载下足尺半刚性连接组合框架试验研究［J］. 土木工程学报，2006，39（7）：43-51.
[11] 国家建筑工程质量监督检验中心. 故宫灵沼轩钢结构检测鉴定报告［R］. 北京，2011.
[12] 中华人民共和国国家标准. 建筑结构荷载规范（GB 50009—2012）［S］. 北京：中国建筑工业出版社，2012.
[13] 顾边. 我们知道的紫禁城的延禧宫［J］. 紫禁城，2006（07）：91.
[14] 朱庆征. 方寸之间的宫廷建筑［J］. 紫禁城，2006（07）：88-91.
[15] 中华人民共和国国家标准. 砌体结构设计规范（GB 50003—2011）［S］. 北京：中国建筑工业出版社，2011.
[16] 周乾，闫维明，纪金豹．含嵌固墙体古建筑木结构震害数值模拟研究［J］. 建筑结构，2010，40（1）：100-103.
[17] 卢文生，吕西林．模态静力非线性分析中模态选择的研究［J］. 地震工程与工程振动，2004，24（6）：32-38.
[18] 刘锡良，周颖．风荷载模拟的几种方法［J］. 工业建筑，2005，35（5）：81-84.
[19] 舒新玲，周岱．风速时程 AR 模型及其快速实现［J］. 空间结构，2003，19（4）：27-32.
[20] 张相庭．结构风压与风振计算［M］. 上海：同济大学出版社，1985.
[21] 黄欣，张勇，盛宏玉．煤矿井塔结构在脉动风荷载作用下的响应分析［J］. 合肥工业大学学报（自然科学版），2014，37（11）：1336-1340.
[22] 中华人民共和国国家标准. 建筑抗震设计规范（GB 50011—2010）［S］. 北京：中国建筑工业出版社，2010.
[23] 王广军．关于规范标准反应谱阻尼比选用的探讨［J］. 地震学刊，1991（01）：70-75.
[24] 吴瑾，夏逸鸣，张丽芳．土木工程结构抗风设计［M］. 北京：科学出版社，2007.

第五章

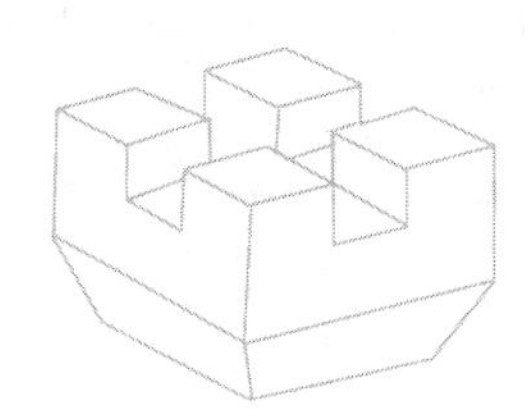

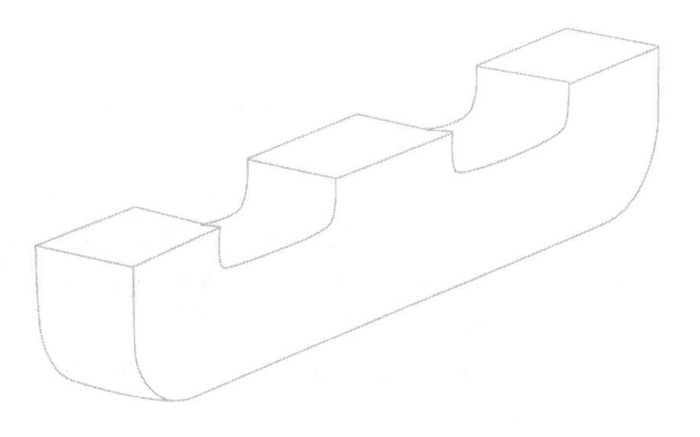

基于经验法的故宫古建筑健康现状评估

我国的古建筑以木结构为主

千百年来

这些木构古建筑历经各种外力作用而

基本保持完好

反映出其良好的受力性能

然而，由于木材材性缺陷

这些古建筑难免存在

节点拔榫、构件松动、开裂、变形等残损问题

对结构整体安全构成威胁

开展古建筑安全现状评估方法研究

探讨有效的结构安全现状评估手段

对古建筑的维修保护具有重要意义

本章共两节。第1节为木构古建筑安全评估研究现状，采取综述方法对现有评估方法及相关成果进行分类汇总，指出其优缺点，提出改进建议。第2节为故宫古建筑安全现状评估实例，即以三友轩为例，按照《古建筑木结构维护与加固技术规范》（GB 50165—1992）的相关规定，采取目测、尺量等以经验为主的评估方法，对古建筑的构件及整体健康状况进行评估，并对古建筑典型抗震构造问题进行归类汇总。本章相关方法及结果可为古建筑木结构的保护及维修加固提供参考。

第1节　木构古建筑安全评估研究现状

古建筑是先辈留给我们的宝贵遗产，具有重要的文化、历史和艺术价值，保护意义重大。一方面，千百年来，这些木构古建筑历经各种外力作用（如地震、雨雪、人为因素）而基本保持完好，可反映出其梁、柱、榫卯节点、斗拱等构件均能发挥一定的承载性能[1-2]；另一方面，由于木材材性缺陷，这些古建筑在受力过程中难免存在节点拔榫、构件松动、开裂、变形等残损问题，对古建筑结构整体的安全构成一定威胁[3-4]。因此，开展古建筑安全现状评估方法研究，探讨有效的结构安全现状评估手段，对于我国古建筑的保护和维修具有重要的指导意义。需要说明的是，本节提出的古建筑结构安全现状是指在外力作用下古建筑结构内力、变形大小及分布特征对结构稳定性能的影响。

1. 现有的评估方法

文献[5]在讨论古建筑抗震构造评估方法时已归纳出7种方法，即目测法、尺量法、阻力仪法、应力波法、三维激光扫描法、有限元法、试验法，这些方法亦可应用于古建筑木结构的安全现状评估。相关方法的应用现状如下。

（1）目测法、尺量法

目测法、尺量法主要是指采用眼观、敲击、尺量等传统方法对古建筑进行安全性能评估。该法可判断构件糟朽、虫蛀、风化、节点或连接松动等表面现象比较明显的问题，被很多有经验的技术人员采用。

（2）阻力仪法

王晓欢[6]采用阻力仪分析法，以故宫维修时替换下来的木构件为对象，研究了使用50～135年后不同树种未腐朽材物理力学性质的变化，认为落叶松、软木松和杉木树种未腐朽旧木材各项材性下降；硬木松和云杉树种旧木材各项材性提高。张晓芳等[7]利用阻力仪完成了故宫、恭王府、郑王府部分古建筑材质状况的勘查工作，对木构件空洞、疖子、包镶等状况有较好的勘查结果。李华等[8]采用试验方法研究了阻力仪检测中影响阻力值的因素，认为这些因素包括木材含水率、早晚材、密度、树种、年代等。黄荣凤等[9]采用阻力仪检测方法，以故宫武英殿维修时替换下来的局部腐朽的落叶松旧木构件为研究对象，应用统计学方法分析了阻力仪检测值与气干密度、抗弯强度和顺纹抗压强度之间的相关关系。Frank[10]对不同树种木材在干燥条件下用阻力仪检测，根据阻力曲线波动位置判定木材腐朽位置。

（3）应力波法

段新芳等[11-12]采用应力波测定仪对西藏古建筑上的腐朽与虫蛀木构件进行无损检测和腐朽观察，并将两种结果比较，认为应力波无损检测技术可以准确地判定木构件的内部腐朽与虫蛀。王天龙等[13]采用应力波的方法对保国寺大殿部分柱进行了现场勘查，认为该法可较好地应用于现场古建筑木构件内部缺陷的检测。Francisco 等[14]、Miguel 等[15]采用应力波法对古建筑木梁的弹性模量进行了检测。

（4）三维激光扫描法

王晏民等[16-17]采用三维激光扫描仪对故宫太和殿、保和殿等建筑进行扫描并做了数据处理，获得了上述古建筑变形的实际情况。王莫[18-19]应用三维激光扫描技术先后对太和殿、太和门、神武门、慈宁宫和寿康宫院落等重要古代建筑进行了完整的三维数据采集，并在大量实践基础上深入研究了处理三维数据的核心理论与方法。

（5）有限元法

俞茂宏课题组[20-25]通过模型整体的动力、静力试验及现场脉动试验，对西安北门箭楼的动力特性、地震荷载作用下的破坏机理及抗震性能进行了分析研究，并基于上述成果讨论了西安东门城楼夯实土城墙对输入上部木结构地震荷载的影响。陈志勇等[26]采用精细化建模方法研究了应县木塔的动力特性及水平受力性能。瞿伟廉等[27-28]基于木材累积损伤模型的相关理论，研究了历史建筑木结构的剩余寿命预测方法。周乾等[29-34]研究了汶川地震古建筑震害原因与加固技术，采取传统方法与有限元分析结合手段，评估了故宫部分古建大木结构的力学性能。赵金城[35]以中国台湾天坛三川殿为例，采取数值模拟方法研究了古建筑在地震荷载及竖向荷载作用下的破坏模式。Tsai 等[36]采用数值模拟方法评价了台湾木构古建的抗震性能。千葉一樹等[37]采取理论分析方法研究了日本门觉寺舍利殿的抗震性能。

（6）试验法

现场试验主要通过环境振动测试获得古建筑的自振频率和振型，或者通过周期性地震振动加载获得古建筑响应的位移和加速度，借以判断古建筑容易产生变形或破坏的部位。李世温、李铁英等[38-43]通过现场环境振动试验获得了应县木塔的动力特性，对应县木塔地基土的稳定性进行了分析，系统分析了应县木塔主要残损类型及机理，提出古建筑木结构的双参数地震损坏准则。長瀬正等[44]采取微振动试验方法测量了唐招提寺金堂的自振周期及基频；向坊恭介[45]等采取足尺比例模型振动台试验测试了日本传统木构建筑的动力特性和地震破坏过程。

模型试验主要为制作缩尺比例的古建筑简化模型，通过低周反复加载试验或振动台试验研究或分析古建筑木构件或节点的力学性能。樊承谋等[46-48]采用静力试验方法研究了应县木塔普柏枋和梁栿节点残损机理，提出“插筋法”增强古建筑木构件的横纹局部受压承载力的技术。袁建力等[49-50]对应县木塔斗拱的力学性能开展了试验研究，提出了适用于斗拱建模的简化参数。杨娜等[51-52]采取静力试验方法研究了藏式古建筑榫卯节点的力学性能。竺润祥等[53-54]采用接触问题的相关理论对古建筑木结构直榫节点的力学性能进行了分析，并基于相关结论讨论了宁波保国寺大殿北倾的原因。周乾等[55-57]采取拟静力试验方法对明清官式木构古建榫卯节点的力学性能进行了初步研究。徐明福等[58-59]采用试验方法研究了不同形式榫卯节点的破坏模式。陈敬文等[60]通过试验与ANSYS模拟相结合的方法研究了台湾地区传统穿斗式木构架榫卯节点的力学特性。王海东等[61]采取振动台试验方法对比研究了中国传统穿斗式古建筑与现代木结构的抗震性能。Lee等[62]采取静载方法研究了韩国古建筑木结构的抗震性能；Li等[63]采取振动台试验方法研究了木结构梁柱体系在地震作用下的抗震性能。Hong等[64]采用数值模拟方法研究了日本传统古建筑榫卯节点采用销钉加固后的承载性能。楠寿博等[65]制作了唐招提寺金堂斗拱的足尺比例模型，进行竖向及水平向的低周反复加载试验，获得了斗拱的力-侧移关系曲线。津和佑子等[66-68]以日本部分木结构古建筑柱头科三踩斗拱为研究对象，通过水平向的静力及动力加载试验获得了斗拱模型的自振特性及力-侧移恢复力曲线。铃木祥之等[69-70]对日本的古建筑进行了振动台试验研究，讨论了柱础、斗拱和榫卯节点的抗震性能，获得了它们的恢复力模型。

此外，古建筑安全评估还包括以下方法。

（1）超声波法

超声波产生的脉冲进入木材后，经过穿透、反射、衰减，再被另一端的传感器收集，通过对不同信号的参数进行处理，检测木材表面缺陷、结构材腐朽及弹性模量等信息。李华等[71]采用超声波技术检测了北京大钟寺博物馆永乐大钟大型木结构钟架的弹性模量，并对其力学强度的变化做出了评估。Tiitta等[72]采用超声波法检测了木材的腐朽情况，认为该法具有较好的效果。

（2）皮罗钉法

该法采用仪器将钢针（直径2mm）射入木材，将射入深度与健康材结果对比，判定木材强度和腐朽程度。该技术只能检测木材表面情况，而且需掌握现场同一树种健康材的皮罗钉检测值，因而其适用范围有限。尚大军等[73]采用皮罗钉检测方法对西藏布达拉宫和罗布林卡不同地方更换下来的不同树种木材进行了腐朽与虫蛀程度的定量测定，认为该法效果较好。黄荣凤等[74]以故宫武英殿维修时替换下来的局部腐朽的落叶松、软木松旧木构件为材料，采用皮罗钉法进行了材质检测，获得了木材密度与皮罗钉打入深度的回归模型。Crown[75]、Gough等[76]、Watt 等[77]采用皮罗钉法检测了古建筑木构件的密度和腐朽情况。

（3）接触式无损检测综合法

将应力波、阻力仪、皮罗钉及传统方法综合应用，以获得木材内部材质及力学性能的更可靠结果，即为接触式无损检测综合法。张晋等[78]利用皮罗钉和木材阻抗仪对东南大学老图书馆维修加固拆卸下来的一批木梁柱构件进行无损检测，并截取小段构件制成小试件进行材性试验，得到考虑腐朽和虫蛀影响的小试件强度，并依据小试件强度和阻力的关系曲线推导出梁柱构件的剩余强度。李华等[79]提出将三维应力波断层扫描仪和阻力仪结合应用于古建筑木结构的勘查中，他们采取三维应力波断层扫描仪获得构件内部的初步情况，然后利用阻力仪检测木构件空洞、糟朽、虫蛀、疖子、裂纹的具体情况，可克服三维应力波断层扫描仪对腐朽、空洞、裂缝等缺陷的区分不够精确的缺点，以及阻力仪图形处理工作量大的不足，更快捷、准确地判定木材缺陷。张厚江等[80-81]以北京圆明园正觉寺鼓楼拆卸下来的落叶松材为试验对象，研究了微钻阻力与应力波速度平方的乘积作为评估木构件材料力学性能指标的可行性，认为该指标与被测材料主要力学性能指标之间有较好的线性相关性。

（4）简化计算法

简化计算法即基于结构静、动力学基本理论，建立古建筑简化计算模型，开展静、动力理论计算，评价古建筑的安全性能。王天[82]以《营造法式》所记大木作规范及材份制为基本依据，对中国古建筑梁、柱、铺作等构件的静力承载性能进行了简化分析。吴玉敏等[83-84]将太和殿简化为 44 个杆件单元，进行了太和殿静力承载力分析；将太和殿简化为 8 个自由度的振动体系，评价了太和殿的抗震性能。张双寅[85]将榫卯的弯矩和转角简化为线性关系，并假定忽略梁柱的应变能，研究了永乐大钟梯形木架的稳定性能。

2 · 评估方法评析

从以上归纳的不同评估方法来看，各方法均有其可取之处，在古建筑木结构的安全现状评估中能发挥一定作用。其中，传统法可获得古建筑的外观残损状况，初步判定结构是否处于安全状态；尤其对于外观残损严重的古建筑，有利于直接采取维修或加固措施。无损检测法（超声波、应力波、皮罗钉、阻力仪等方法）可直接获得古建筑木构件的内部实际糟朽、开裂等具体信息，及时发现木构件内部潜在的缺陷，并获得结构建模的材料参数，为木构件的更换维修提供参考，同时为结构整体受力性能理论分析提供计算依据。三维激光扫描仪法可精确获得古建筑在外力作用下的变形情况，及时发现过大变形的部位，并以此判定结构变形是否超出容许范围，从结构变形角度评价其安全现状，且为结构的内力评估提供了建模资料。理论计算法通过对古建筑进行简化计算，初步获得古建筑结构安全现状的基本信息，从某种程度上讲，节约了古建筑安全评估所需的人力和财力。脉动试验法可测定古建筑的振动特性，一般用来校验古建筑有限元模型的有效性。有限元分析法可从数值角度精确分析古建结构在外力作用下产生的内力及变形分布状况，评价结构的安全现状，及时找出易产生残损的部位，为修缮和加固提供理论依据。结构或构件模型试验可从试验角度研究结构或构件的受损机理、破坏状态及发展趋势，为结构的修缮提供理论依据，并可校验理论分析的可靠性。由此可知，上述传统、现代、理论、试验等评测方法均可在一定程度上评价古建筑的安全现状。

对于不同的评估方法而言，上述方法的运用仍存在一定问题，如各种评估方法之间尚未建立必然联系，且每种方法单独运用时都存在一定的局限性。如传统的方法仅能对构件表面存在的残损状况有所掌握，对结构内部缺陷、结构整体变形、内力情况则无法可靠判定。无损检测法（超声波、应力波、阻力仪、皮罗钉）尽管能获得木构件内部糟朽、裂缝及材料强度情况，但无法获得结构整体的变形和内力分布状况。三维激光扫描法可获得结构的整体变形情况，但无法判定结构在外力作用下的截面强度是否充裕。理论计算或有限元分析法虽然在一定程度上能够评价结构或构件的变形、内力分布特征，但力学模型往往脱离古建筑的残损现状。环境振动试验可获得古建筑结构的基频和主振型，并校验有限元模型的准确性，但无法评估古建筑的安全现状。模型试验可在一定程度上测定古建筑构造的力、变形特性，但是模型材料与古建筑实际材料不一致，因而很难获得精确的结果。

随着科技的发展和研究水平的提高，古建筑结构安全现状的评估方法将趋于完善，评估结果将更符合古建筑的实际情况。作者认为，对上述方法进行合理组合，可实现古建筑的有效评估。如采用传统方法获得古建筑外观残损基本信息，采用无损检测法获得木构件内部残损现状及材料特性，采用三维激光扫描仪获得结构整体变形现状；在此基础上，建立基于残损现状的古建筑有限元模型，并通过现场环境振动测试来检验模型的可靠性，实现有限元模型与古建筑实际情况相吻合；最后，对古建筑有限元模型开展力学分析，可获得外力作用下古建筑的内力、变形分布特征，并与相关规范进行对比，从而评价古建筑的安全现状。此外，科技的深入运用将使得古建筑的抗震构造评估趋于智能化。采用类似现代建筑的智能健康监测技术对古建筑进行安全现状评估时，也可运用现代化传感设备与光电通信及计算机技术，建立包括数据采集、数据传输、数据处理与控制、视频监测、人工检测、结构评估和古建管理于一体的智能监测系统，获取反映结构内力和变形状况的相关信息，由此分析结构的安全性能，及时发现并解决潜在的安全问题。

第2节　故宫古建筑安全现状评估——以三友轩为例

1・引言

三友轩位于宁寿宫花园第三进院落，坐北面南，三开间式小轩，清乾隆三十九年（1774年）建，黄琉璃瓦卷棚顶，东为硬山式，西为歇山式，三面出廊。

由于古建筑屋顶重量大，在长期屋顶荷载作用下，木结构承载能力逐渐下降，再加上木结构材料容易老化，导致强度降低，因而易产生变形、下沉、破坏等问题。此外，由于木结构以榫卯节点形式连接，长期荷载作用下结构容易产生拔榫。而部分搭接构件如檩、枋等，除产生拔榫外，还容易产生劈裂、歪闪、滚动等问题。因此，需要对古建筑及时勘查与加固，以确保结构安全。

本节依据《古建筑木结构维护与加固技术规范》、《建筑抗震设计规范》及《木结构设计规范》的相关规定，对三友轩整体结构进行勘查评估，掌握三友轩木构架的力学可靠性及抗震构造现状，确定结构残损等级，及时发现问题，提出加固建议，以保证古建筑的稳定和安全。勘查内容包括基础（柱顶石）、柱子、榫卯节点、楼盖（顶棚）、梁架、斗拱、屋顶（含瓦面）等。

三友轩平、纵剖面图如图5-1和图5-2所示，其南立面如图5-3所示。

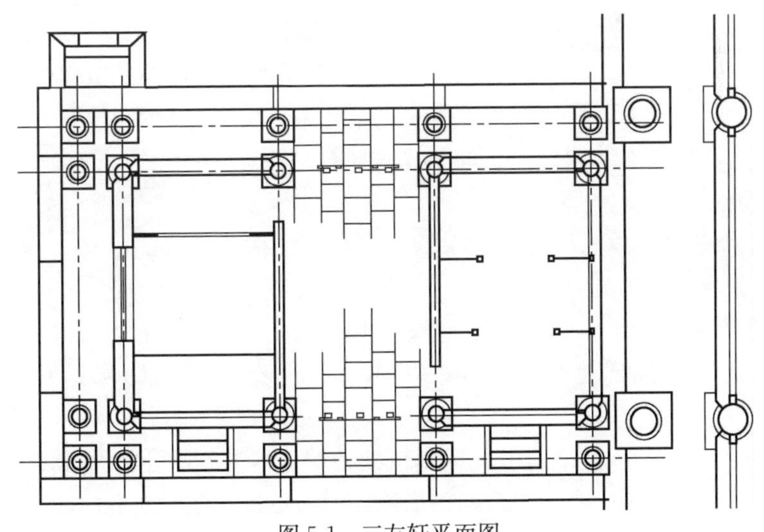

图5-1　三友轩平面图

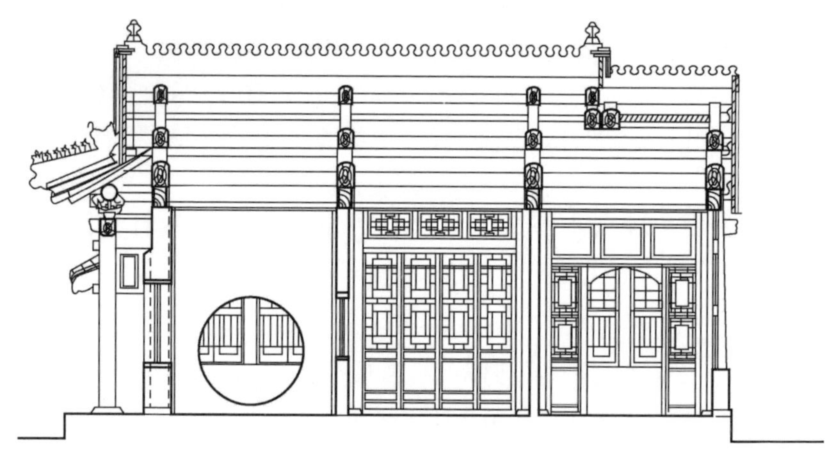

图 5-2　三友轩纵剖面

图 5-3　三友轩南立面

2·评估依据

1. 抗震设防等级确定依据

按照《建筑抗震设计规范》附录A规定[86]，北京地区的抗震设防烈度为8度，设计基本地震加速度值为0.20g，因此三友轩抗震设防等级按8度考虑。

2. 可靠性确定依据

按照《古建筑木结构维护与加固技术规范》4.1.3条规定[87]，古建筑的可靠性应指结构的承重部位或构件满足正常受力、使用要求，若不满足此条件，则记为残损点。

按照《古建筑木结构维护与加固技术规范》4.1.4条规定，三友轩可靠性按如下条件确定。

1）Ⅰ类建筑：承重结构中原有的残损点均已得到正确的处理，尚未发现新的残损点或残损征兆。

2）Ⅱ类建筑：承重结构原有已修补加固的残损点，有个别需要重新处理；新近发现的若干残损迹象需要进一步观察和处理，但不影响结构的安全和使用。

3）Ⅲ类建筑：承重结构中关键部位的残损点或其组合已影响到结构的安全和正常使用，有必要采取加固或修理措施，但尚不致立即发生危险。

4）Ⅳ类建筑：承重结构的局部或整体已处于危险状态，随时可能发生意外事故，必须立即采取抢修措施。

三友轩抗震构造按照《古建筑木结构维护与加固技术规范》4.2.2条的规定评估。

3. 评估依据的规范

1）《古建筑木结构维护与加固技术规范》（GB 50165—1992）。

2）《木结构设计规范》（GB 50005—2003）。

3）《建筑抗震设计规范》（GB 50011—2010）。

4）《建筑抗震鉴定标准》（GB 50023—2009）。

5）《建筑抗震加固技术规程》（JGJ 116—2009）。

3·结构评估

1. 柱子

为便于描述，绘制三友轩柱子勘查平面图，图中对部分位置编号，如图5-4所示，柱子结构现状描述以编号为参考。

三友轩部分柱子结构现状如图5-5所示。

（1）评估内容

1）可靠性评估。参照《古建筑木结构维护与加固技术规范》4.1.5条的规定，承重木柱的残损点确定依据包括：

① 材质有腐朽、虫蛀或在关键受力部位有开裂、斜纹、木节等缺陷。

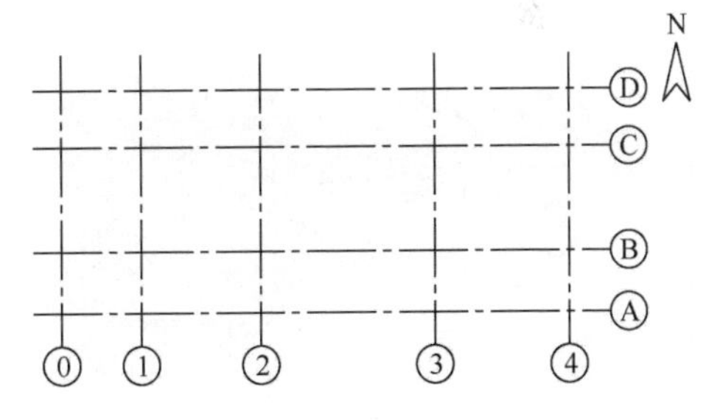

图5-4　用于柱子评估的勘查平面图

② 柱的弯曲矢高大于$L/250$（L为柱的计算高度）。

③ 柱脚底部与柱础间的实际支撑面积小于柱截面面积的3/5。

④ 柱与柱础之间的错位大于$D/10$（D为柱径）。

⑤ 沿柱长任一部位有断裂、劈裂或压皱迹象。

⑥ 原有的加固构件墩接或灌浆加固失效。

2）抗震构造评估。参照《古建筑木结构维护与加固技术规范》4.2.2条的规定，柱子应满足下列抗震构造要求：

① 柱脚地面与柱础间的实际支承面积与柱原截面面积之比应大于3/4。

② 柱与柱础之间的错位小于$D/6$（D为柱径）。

③ 柱顶石残损严重。

④ 柱子可靠性应满足要求。

(a)②－Ⓑ轴交点柱根内侧较好

(b)②－Ⓑ轴交点柱根外侧较好

(c)③－Ⓒ轴交点柱根外侧较好

(d)③－Ⓒ轴交点柱根内侧较好

(e)Ⓐ－④轴交点柱根良好

(f)Ⓐ轴柱身较好

(g) 西侧柱身较好

(h)③－Ⓒ轴柱身较好

(i) 北侧柱身较好

图 5-5　三友轩柱子现状

（2）评估记录

三友轩柱子未发现任何问题。

（3）评估结果

三友轩柱子可靠性符合要求，柱抗震构造符合要求。

2. 斗拱

为便于描述，绘制三友轩斗拱勘查平面图，图中对部分位置进行编号，如图 5-6 所示，斗拱结构现状描述以编号为参考。

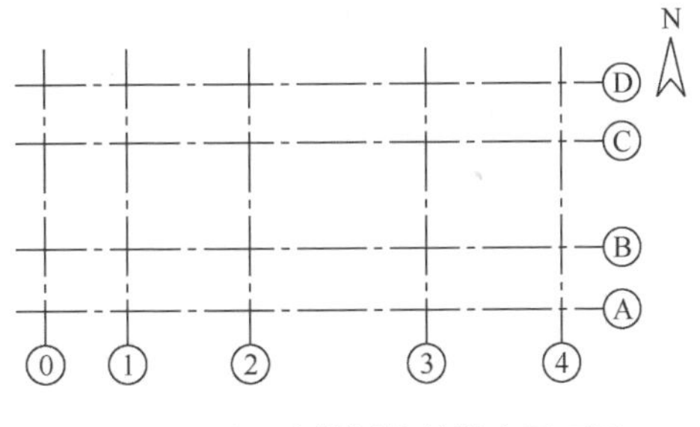

图 5-6　用于斗拱评估的勘查平面图

三友轩部分斗拱结构现状如图 5-7 所示。

(a)①－②－Ⓐ 轴斗拱外侧较好

(b)②－Ⓐ 轴柱头科斗拱较好

(c)③－④－Ⓐ 轴斗拱内侧较好

(d)⓪ 轴斗拱内侧松动40%

(e)③－④－Ⓓ 轴斗拱内侧较好

(f)Ⓐ 轴斗拱外侧较好

图 5-7　三友轩斗拱现状

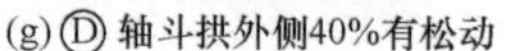

(g)Ⓓ轴斗拱外侧40%有松动

(h)⓪－Ⓐ轴角科斗拱宝瓶较好

图 5-7　三友轩斗拱现状（续）

（1）评估内容

1）可靠性评估。参照《古建筑木结构维护与加固技术规范》4.1.8 条的规定，斗拱有下列损坏，则视为残损点：

① 整攒斗拱具有明显变形和错位。

② 拱翘折断，小斗脱落，且每一枋下有两处连续发生。

③ 大斗明显压陷、劈裂、偏斜或移位。

④ 整攒斗拱的木材发生腐朽、虫蛀或老化变质，并已影响斗拱受力。

⑤ 柱头或转角处斗拱有明显破坏迹象。

2）抗震构造评估。参照《古建筑木结构维护与加固技术规范》4.2.2 条的规定，斗拱应满足下列抗震构造要求：

① 斗拱构件无腐朽、劈裂、残缺。

② 斗拱榫卯节点无腐朽、松动、断裂或残缺。

③ 斗拱可靠性应满足要求。

（2）评估记录

经勘查，三友轩大部分斗拱变形小、破坏不明显［图 5-7(a)～(c)、(e)、(f)、(h)］；⓪轴斗拱内侧松动 40%［图 5-7(d)］，抗震构造不符合要求；Ⓓ轴斗拱外侧 40%有松动［图 5-7(g)］，抗震构造不符合要求。

（3）评估结果

三友轩斗拱可靠性符合要求。由于斗拱有松动，三友轩斗拱抗震构造不符合要求。

3. 楼盖

为便于描述，绘制三友轩楼盖勘查平面图，图中对部分位置编号，如图 5-8 所示，楼盖结构现状描述以编号为参考。

三友轩部分楼盖结构现状如图 5-9 所示。

（1）评估内容

1）可靠性评估。参照《古建筑木结构维护与加固技术规范》4.1.10 条的规定，格栅、楼板的残损点确定依据包括：

① 材质有腐朽、虫蛀、裂缝、扭纹缺陷。

② 格栅竖向挠度大于 $L/180$（L 为格栅计算长度）或感觉颤动严重。

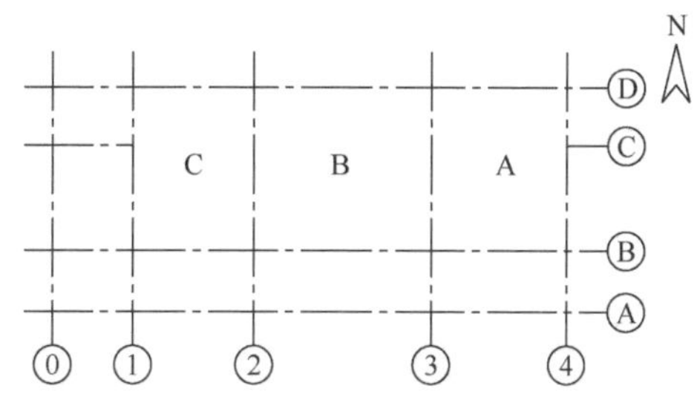

图 5-8 用于楼盖评估的勘查平面图

(a) A区

(b) B区

(c) C区

图 5-9 三友轩楼盖现状

③ 格栅侧向弯曲矢高大于 $L/200$。

④ 格栅端部无可靠锚固措施，且支承长度小于 60mm。

2）抗震构造评估。无。

（2）评估记录

三友轩顶棚存在下列问题：A～C 区龙骨松动，部分位置踩上去颤动严重，吊杆普遍松动，存在残损点 3 处（图 5-9），故可靠性不符合要求。另外顶棚存在积灰，需清理。

（3）评估结果

三友轩顶棚可靠性不符合要求，顶棚积灰需处理。

4. 承重梁

为便于描述，绘制三友轩承重梁勘查平面图，图中对部分位置编号，如图 5-10 所示，承重梁结构现状描述以编号为参考。

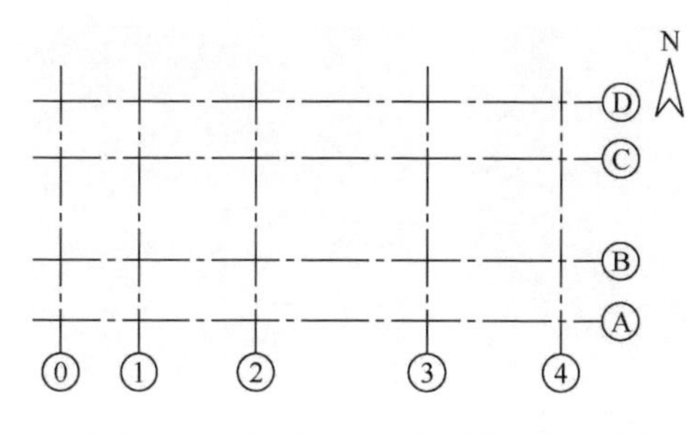

图 5-10 用于承重梁评估的勘查平面图

（1）评估内容

1）可靠性评估。参照《古建筑木结构维护与加固技术规范》4.1.6 条的规定，承重梁的残损点确定依据包括如下几个内容：

① 材质有腐朽、虫蛀、裂缝、扭纹缺陷。

② 竖向挠度最大值大于$L/150$或侧向弯曲矢高大于$L/200$（L为计算跨度）。

③ 跨中断纹开裂，或虽未见裂纹，但梁的上表面有压皱痕迹。

④ 非原有的锯口、开槽或钻孔按剩余截面验算不合格。

⑤ 梁端原有的加固件失效。

2）抗震构造评估。参照《古建筑木结构维护与加固技术规范》4.2.2条的规定，梁枋应满足下列抗震构造要求：

① 竖向挠度最大值不超过$L/180$（L为计算跨度）。

② 具有残损点的构件和连接，其抗震构造不符合要求。

三友轩部分梁架现状如图5-11所示。

(a)①轴六架梁水平通缝

(b)②轴二架梁水平通缝

(c)②轴六架梁通缝

(d)②轴六架梁随梁枋通缝

(e)②轴四架梁较好

(f)③轴六架梁东侧通缝

(g)③轴六架梁西侧通缝

(h)④轴梁架良好

图5-11 三友轩梁架现状

(i)④轴梁架较好

(j)①轴六架梁外侧较好

图 5-11　三友轩梁架现状（续）

（2）评估记录

三友轩梁架②轴六架梁东侧上部有通缝，最大宽度 4cm，深度 6cm，与受剪面平行［图 5-11(c)］，记残损点 1 处；③轴六架梁东、西侧均有水平通缝，缝宽 3cm，深合计 15cm［图 5-11(f)、(g)］，记残损点 1 处。下列梁架虽不构成残损，但建议加固：①轴六架梁水平通缝，最大缝宽 4cm，深度 15cm，建议加固［图 5-11(a)］；②轴二架梁水平通缝，缝宽 0.5cm，深 5cm［图 5-11(b)］，建议加固；②轴六架梁随梁枋东侧水平通缝，宽 1cm，深 5cm［图 5-11(d)］，疑为拉结龙骨所致，建议加固。其余梁架较好［图 5-11(e)、(h)～(j)］。

（3）评估结果

三友轩梁架有开裂问题，存在残损点 2 处，可靠性不符合要求；部分梁架有开裂问题，虽不构成残损，但建议加固。

三友轩抗震构造不符合要求。

5. 屋顶

（1）瓦面

为便于描述，绘制三友轩瓦面勘查平面图，如图 5-12 所示。

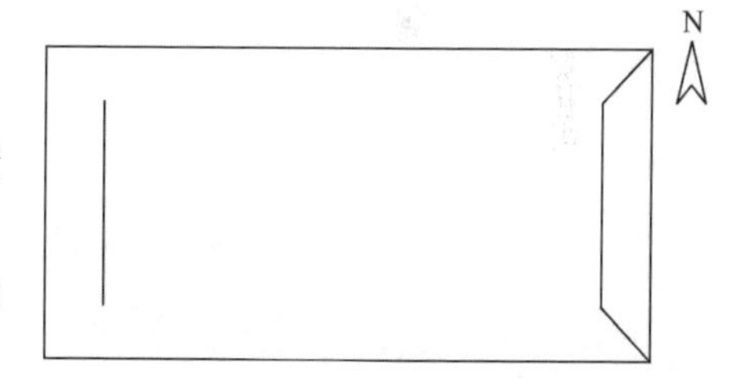

图 5-12　用于瓦面现状评估的勘查平面图

三友轩部分瓦面现状如图 5-13 所示。

1）评估内容。

① 可靠性评估要求。参照《古建筑木结构维护与加固技术规范》4.1.9、4.2.2、5.4.1 条规定，屋面杂草丛生时可视为残损点。

② 抗震构造评估要求。

a. 为满足抗震构造要求，屋顶饰件及檐口瓦应有可靠的固定措施。

b. 瓦面可靠性应满足要求。

(a) 东北端小兽较好
(b) 北面屋顶较好
(c) 东南端垂兽较好
(d) 东南端小兽较好
(e) 南侧瓦面猫头滴子良好
(f) 屋面较好

图 5-13　三友轩瓦顶现状

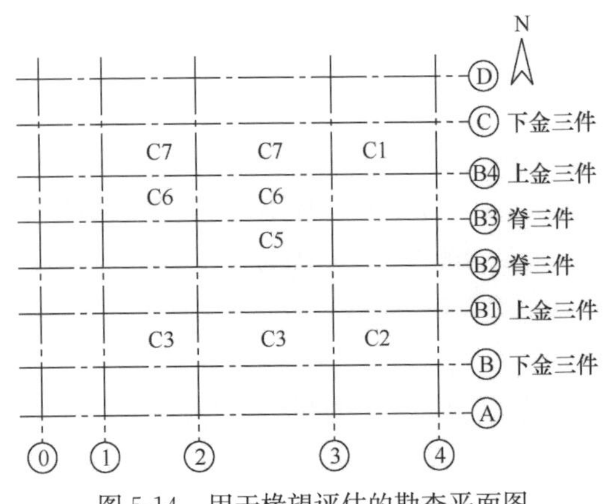

图 5-14　用于椽望评估的勘查平面图

2）评估记录。

三友轩瓦面较好，没有发现明显残损或抗震构造问题（图 5-13）。

3）评估结果。

三友轩屋顶瓦面可靠性符合要求，抗震构造符合要求。

（2）椽望

为便于描述，绘制三友轩椽望勘查平面图，对部分位置编号，如图 5-14 所示，椽望现状描述以编号作为参考。

三友轩椽望结构现状如图 5-15 所示。

(a)Ⓐ－Ⓑ轴间椽望较好　(b) C1区椽子较好　(c) C2区椽望较好

(d) C3区椽望较好　(e) C6区椽望较好

(f)Ⓒ－Ⓓ轴间椽望较好　(g)Ⓓ轴飞头较好　(h)Ⓐ轴椽望较好

(i)⓪－①轴椽望较好　(j) C7区椽望较好　(k) C5区椽望较好

图 5-15　三友轩椽望现状

1）评估内容。

①可靠性评估。参照《古建筑木结构维护与加固技术规范》4.1.9 条的规定，椽望部分的残损点确定依据包括：

a. 椽望材质成片腐朽或虫蛀。

b. 椽望挠度大于椽跨的 1/100，且引起屋面明显变形。

c. 椽望间连系构件未钉钉或者钉子已腐朽。

②抗震构造评估。参照《古建筑木结构维护与加固技术规范》4.2.2 条的规定，椽条应满足下列抗震构造要求：

a. 脊檩处两坡椽条应有防止下滑的措施。

b. 椽望可靠性应满足要求。

2）评估记录。

经勘查，三友轩椽望现状良好，部分椽望结构现状如图 5-15 所示。

3）评估结果。

三友轩屋面椽望可靠性及抗震构造符合要求。

（3）檩三件

为便于描述，绘制三友轩檩三件勘查平面图，对部分位置编号，如图 5-16 所示，檩三件现状描述以编号作为参考。

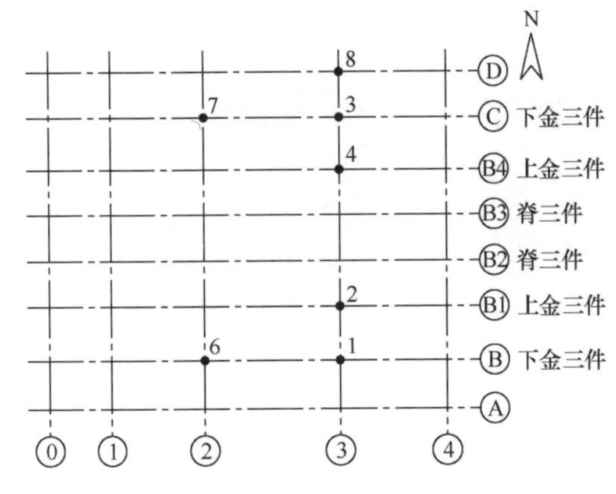

图 5-16　用于檩三件评估的勘查平面图

三友轩部分檩三件结构现状如图 5-17 所示。

1）评估内容。

① 可靠性评估。参照《古建筑木结构维护与加固技术规范》4.1.9 条的规定，檩三件部分的残损点确定依据包括：

a. 檩三件材质表面腐朽及老化面积超过 1/8 截面面积或材质由心腐。

b. 檩三件有虫蛀孔，或虽无虫蛀孔，但敲击有空鼓声。

c. 檩三件的关键受力部位有超出要求的木节、扭纹或裂缝。

d. 檩三件跨中最大挠度大于 $L/120$。

e. 檩三件支承长度小于 6cm。

f. 檩三件端部脱榫或歪闪。

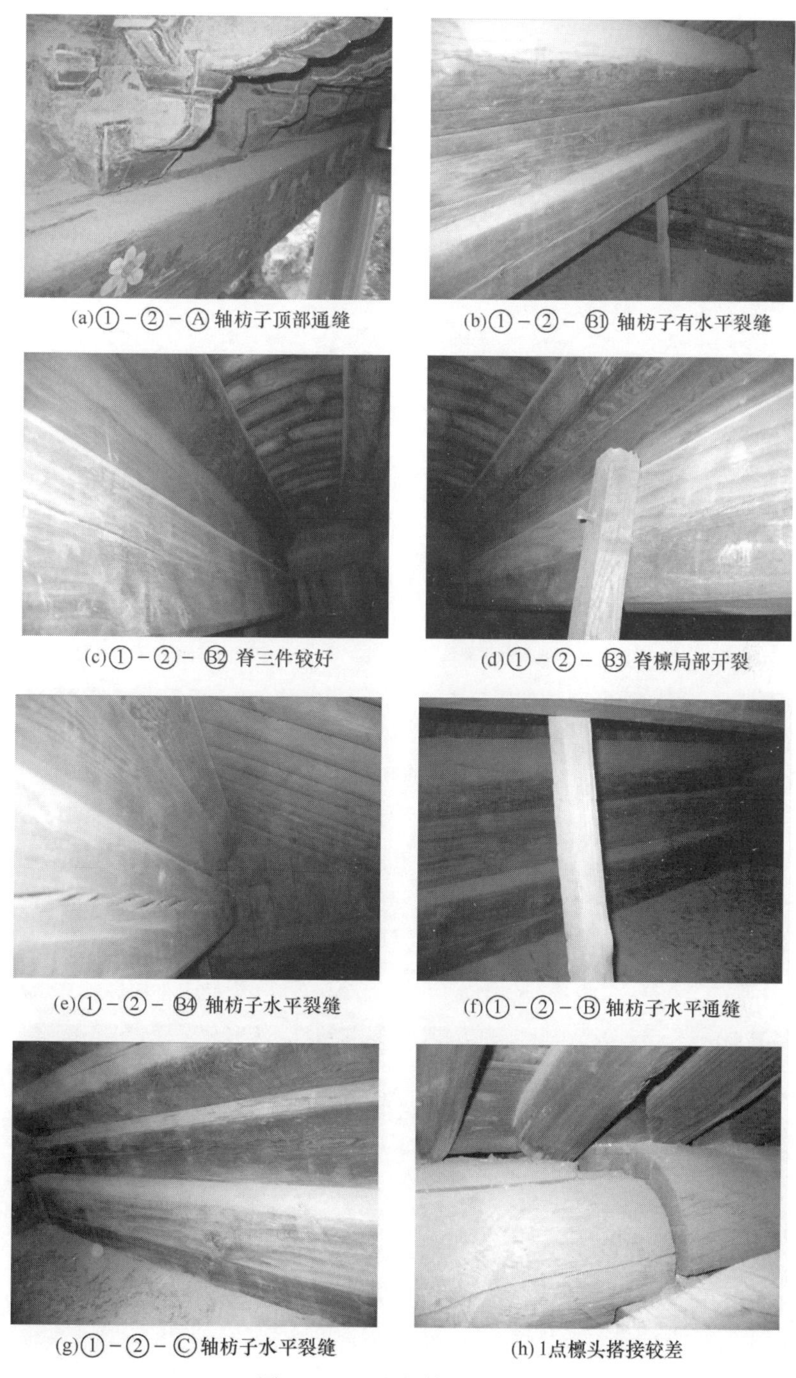

(a)①－②－Ⓐ轴枋子顶部通缝

(b)①－②－B1轴枋子有水平裂缝

(c)①－②－B2脊三件较好

(d)①－②－B3脊檩局部开裂

(e)①－②－B4轴枋子水平裂缝

(f)①－②－Ⓑ轴枋子水平通缝

(g)①－②－Ⓒ轴枋子水平裂缝

(h)1点檩头搭接较差

图 5-17　三友轩檩三件现状

(i)②－③－Ⓐ轴枋子顶部开裂　(j)②－③－Ⓑ2轴枋子细微裂缝

(k)②－③－Ⓑ3轴枋子细微水平裂缝　(l)②－③－Ⓑ4轴枋子水平通缝

(m)②－③－Ⓒ轴枋子水平裂缝　(n)②－③－Ⓓ轴檐枋内侧顶部斜劈裂缝

(o) 2点檩头搭接接头　(p)③－④－Ⓐ轴檐枋底部通缝

图 5-17　三友轩檩三件现状（续）

(q)③－④－Ⓐ 轴枋子顶部无开裂问题

(r)③－④－Ⓑ1 轴枋子一侧钉子位置水平通缝

(s)③－④－Ⓑ1 轴另一侧檩枋开裂

(t)③－④－Ⓑ 轴檩三件较好

(u)③－④－Ⓒ 轴枋子水平裂缝

(v) 3点檩头搭接不足

(w) 4点东侧枋子端头拔榫

(x) 4点檩头搭接不足

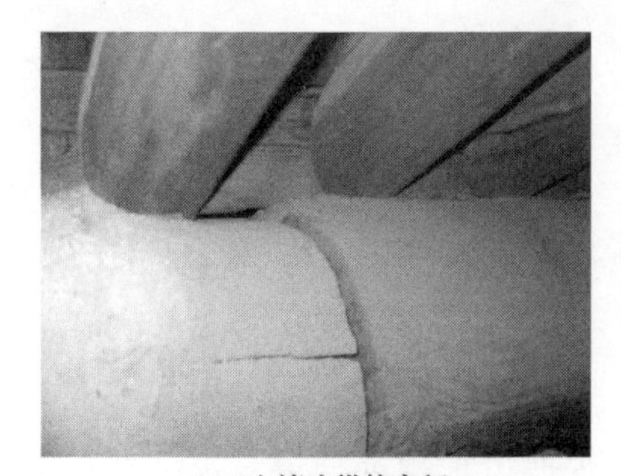

(y) 6点檩头搭接良好

(z) 7点檩头搭接不足

图 5-17　三友轩檩三件现状（续）

(a1) 8点檩头搭接良好

(b1) Ⓑ 轴檩三件外侧较好

(c1) Ⓒ－③－④檩三件外侧较好

(d1) ③－④－ Ⓑ4 檩三件较好

(e1) ③－④－Ⓑ 檩三件较好

(f1) 南侧枋子外侧

图 5-17　三友轩檩三件现状（续）

② 抗震构造评估。参照《古建筑木结构维护与加固技术规范》4.2.2 条的规定，椽条应满足下列抗震构造要求：

a. 檩条应有防止外滚和檩端脱榫的措施。

b. 檩三件可靠性应满足要求。

2）评估记录。

经勘查，以下部位有残损点：①-②-Ⓐ轴枋子顶部通缝，宽 5cm，深 10cm [图 5-17(a)]，记残损点 1 处；①-②-Ⓑ3脊檩局部开裂，长 2m，宽 5cm，深 10cm [图 5-17(d)]，记残损点 1 处，另脊枋水平细微裂缝，宽 0.5cm，深 0.3cm；②-③-Ⓐ轴枋子顶部开裂，通缝与受剪方向相同，宽 3cm，深 8cm [图 5-17(i)]，记残损点 1 处；②-③-Ⓓ檐枋内侧顶部斜劈裂缝，宽 4cm，深 15cm［图 5-17(n)］，记残损点 1 处；2 点檩头搭接空隙 5cm［图 5-17(o)］，记残损点 1 处；③-④-Ⓐ檐枋底部通缝，方向与受剪方向相同，缝宽 4cm，深 15cm［图 5-17(p)］，记残损点 1 处；3 点檩头搭接 5cm 空隙［图 5-17(v)］，记残损点 1 处；4 点东侧枋子端头拔榫 3cm，对应卯口破坏［图 5-17(w)］，记残损点 1 处；4 点檩头搭接空隙 6cm［图 5-17(x)］，记残损点 1 处；7 点檩头搭接空隙 6cm［图 5-17(z)］，记残损点 1 处。

以下部位虽然不构成残损，但建议加固：①-②-Ⓑ1轴檩三件较好，但枋子有水平裂缝［图 5-17(b)］，开裂前兆，建议加固；①-②-Ⓑ4檩三件较好，但枋子有水平细微裂缝［图 5-17(e)］，开裂前兆，建议加固；①-②-Ⓑ轴檩三件较好，但枋子有水平通缝［图 5-17（f)］，疑为拉结龙骨所致，建议加固；①-②-Ⓒ轴檩三件较好，但枋子有水平裂缝 1cm 宽，3cm 深［图 5-17(g)］，疑为拉结龙骨所致，建议加固；1 点檩头搭接较差［图 5-17(h)］，建议加固；②-③-Ⓑ2轴檩三件较好，但枋子有细微裂缝［图 5-17(j)］，建议加固；②-③-Ⓑ3轴檩三件较好，枋子有细微水平裂缝［图 5-17(k)］，疑为钉子拉结龙骨所致，建议加固；②-③-Ⓑ4轴檩三件较好，但枋子有水平通缝，宽 0.5cm，深 3cm［图 5-17(l)］，疑为拉结龙骨所致，建议加固；②-③-Ⓒ轴檩三件较好，枋子有水平裂缝，0.5cm 宽，2cm 深［图 5-17(m)］，疑为拉结龙骨所致，建议加固；③-④-Ⓑ1轴枋子一侧钉子位置水平通缝［图 5-17（r)、(s)］，建议加固；③-④-Ⓒ轴檩三件较好，枋子有轻微水平裂缝［图 5-17(u)］，疑为拉结龙骨所致，建议加固。其余檩枋构件较好［图 5-17(c)、(q)、(t)、(y)、(a1)～(f1)］。

3）评估结果。

三友轩檩三件有开裂、搭接长度不足等问题，存在残损点 10 处，可靠性不符合要求；部分构件虽不构成残损，但建议加固。

三友轩檩三件抗震构造不符合要求。

(4) 瓜柱

为便于描述，绘制三友轩瓜柱勘查平面图，图中对部分位置编号，如图 5-18 所示，瓜柱现状描述以编号作为参考。

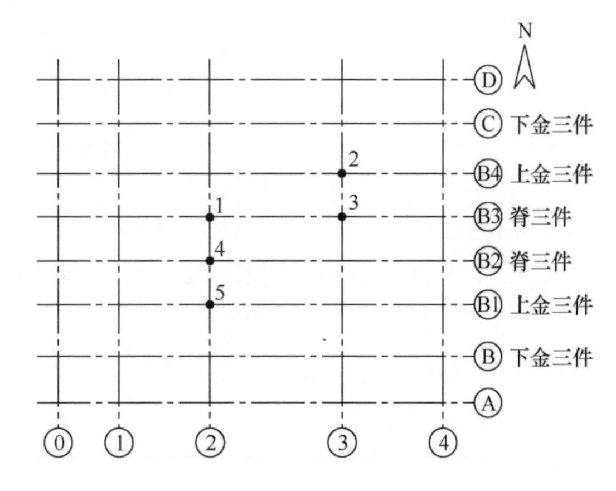

图 5-18 用于瓜柱结构现状评估的勘查平面图

1）评估内容。

① 可靠性评估。参照《古

建筑木结构维护与加固技术规范》4.1.9 条的规定，瓜柱、角背的残损点确定依据包括：

a. 材质有腐朽或虫蛀。

b. 有脱榫、倾斜或劈裂现象。

② 抗震构造评估。参照《古建筑木结构维护与加固技术规范》4.2.2 条的规定，椽条应满足下列抗震构造要求：

a. 瓜柱、角背与各层梁有可靠连接。

b. 瓜柱、角背可靠性满足要求。

三友轩部分瓜柱结构现状如图 5-19 所示。

(a) 1点瓜柱通缝

(b) 2点瓜柱西侧竖向通缝

(c) 3点瓜柱开裂不明显

(d) 4点瓜柱有细小竖向通缝

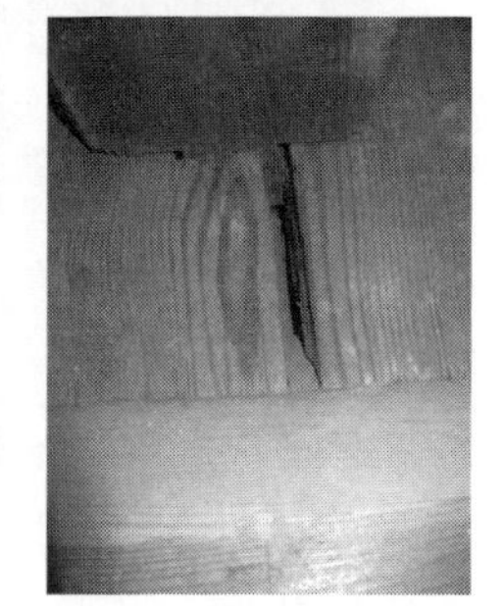

(e) 5点瓜柱东侧竖向通缝

图 5-19　三友轩瓜柱结构现状

2）评估记录。

1 点瓜柱通缝 1.5cm [图 5-19(a)]，记残损点 1 处；2 点瓜柱西侧竖向通缝，宽 3cm，深同榫长，且变形 [图 5-19(b)]，记残损点 1 处；5 点瓜柱东侧竖向通缝，宽 1cm [图 5-19(e)]，记残损点 1 处。部分脊瓜柱有细微竖向裂缝，开裂前兆 [图 5-19(c)、(d)]。

3）评估结果。

三友轩瓜柱有竖向通缝问题，存在残损点 3 处，可靠性不符合要求，抗震构造不符合要求。

6. 木构架整体

三友轩木构架整体性评估包括整体倾斜、局部倾斜、水平梁枋的连系、梁柱之间的连系、榫卯之间的完好程度等。

为便于描述，绘制三友轩整体勘查平面图，图中对部分位置编号，如图 5-20 所示，构架结构现状描述以编号作为参考。

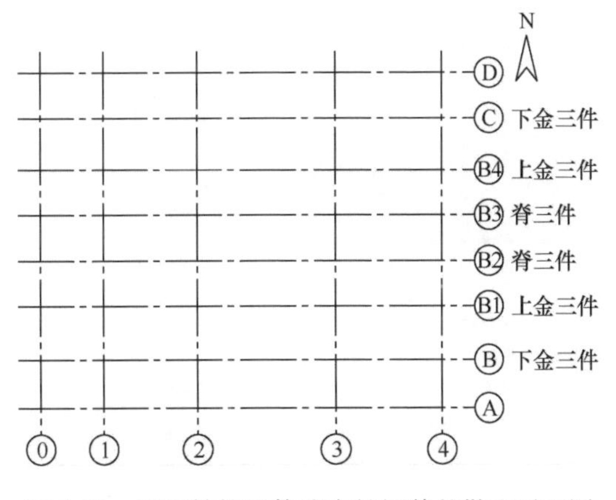

图 5-20　用于结构整体稳定性评估的勘查平面图

（1）评估内容

1）可靠性评估。参照《古建筑木结构维护与加固技术规范》4.1.7 条的规定，木构架整体性残损点确定依据包括：

① 木构架沿构件平面的倾斜量大于 120mm。

② 木构架垂直构架平面的倾斜量大于 60mm。

③ 构架纵向连系残缺或松动。

④ 梁柱榫卯节点拔榫尺寸超过榫头长度的 2/5。

⑤ 榫卯已糟朽、虫蛀，或已劈裂、折断，或横纹压缩超过 4mm。

2）抗震构造评估。参照《古建筑木结构维护与加固技术规范》4.2.2 条的规定，木构架整体性应满足下列抗震构造要求：

① 梁柱榫卯节点拔榫长度不应超过榫长的 1/4。

② 构架在平面内的倾斜量不应超过 100mm。

③ 构架在平面外的倾斜量不应超过 50mm。

④ 构件纵向之间的连系应牢固。

⑤ 构架间的连系应有可靠的支撑或替代措施。

三友轩部分梁架、连系梁及节点现状如图 5-21 和图 5-22 所示。

（2）评估记录

就构架整体稳定性而言，纵、横向构架稳定性较好，无明显变形，部分构架现状如图 5-21 所示。

就构件连系而言，横向连系构件如穿插枋和抱头梁较好，如图 5-22(c)、(d)所示；梁柱榫卯节点较好，部分节点如图 5-22(a)、(b)所示；部分檩件之间的搭接长度不足，存在残损点，详见檩三件评估部分，因此构架整体的连系不符合可靠性要求。

(a)②－③－B4 檩三件较好

(b)②轴梁架较好

(c) 北立面

(d) 东立面

(e) 南立面

(f) 西立面

图 5-21　三友轩梁架整体现状

(a)⓪－Ⓒ轴节点铁件加固梁柱

(b)③－Ⓐ轴柱头节点较好

(c)③－Ⓒ－Ⓓ轴穿插枋抱头梁拉结较好

(d)Ⓐ－Ⓑ轴间柱子拉结较好

图 5-22　三友轩榫卯连接现状

(3) 评估结果

三友轩木构架整体可靠性不符合要求，抗震构造不符合要求。

7. 墙体

为便于描述，绘制三友轩墙体勘查平面图，对部分位置编号，如图 5-23 所示，墙体结构现状描述以编号作为参考。

(1) 评估内容

1) 可靠性评估。参照《古建筑木结构维护与加固技术规范》4.1.11 条的规定，墙体的残损点确定依据包括：

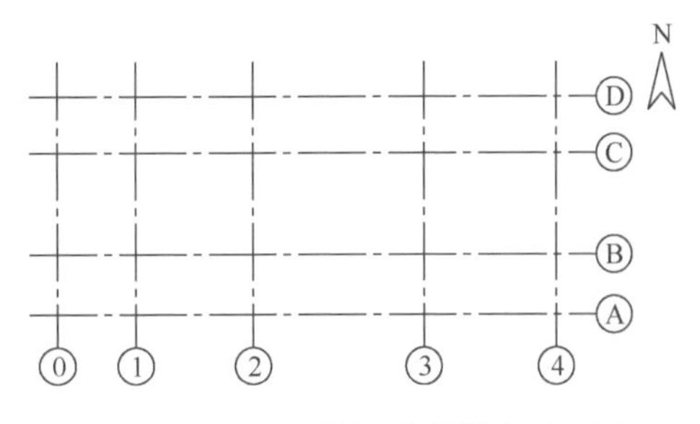

图 5-23　用于墙体评估的勘查平面图

① 墙体风化。墙体风化 1m 以上的区段内平均风化深度与墙厚之比为 ρ，当墙高 $H<10$m 时，$\rho>1/5$ 或按剩余截面验算不合格则为残损；当 $H>10$m 时，$\rho>1/6$ 或按剩余截面验算不合格则为残损。

② 倾斜。对于单层房屋，$H<10$m 时，$\Delta>H/150$ 或 $\Delta>B/6$ 记为残损；$H>10$m 时，$\Delta>H/150$ 或 $\Delta>B/7$ 记为残损，其中 Δ 为墙体倾斜尺寸，B 为墙体厚度。

③ 裂缝。有通长的裂缝则记为残损。

2) 抗震构造评估。墙体的抗震构造应满足下列要求：

① 墙身倾斜量 $\Delta \leqslant B/10$，其中 B 为墙体厚度。

② 墙体酥碱应予修补，每 $3m^2$ 的墙体应至少有一个拉结件。

三友轩墙体现状如图 5-24 所示。

(a) Ⓒ轴槛墙较好

(b) ④轴槛墙较好

(c) Ⓑ轴槛墙良好

(d) ①轴槛墙良好

图 5-24　三友轩墙体现状

(2) 评估记录

三友轩墙体可靠性符合要求，抗震构造符合要求，部分墙体现状如图 5-24 所示。

(3) 评估结果

三友轩墙体可靠性符合要求，抗震构造符合要求。

4·小结

三友轩可靠性不符合要求，存在残损点18处，具体如下。

1）楼盖：有松动问题，部分吊杆拉结不牢，存在残损点3处；顶棚积灰需处理。

2）梁架：三友轩梁架有开裂问题，存在残损点2处；部分梁架有开裂问题，虽不构成残损，但建议加固。

3）檩三件：有开裂、搭接长度不足等问题，存在残损点10处，可靠性不符合要求；部分构件虽不构成残损，但建议加固。

4）瓜柱：有竖向通缝问题，存在残损点3处。

5）木构架整体性不符合要求。

综上所述，确定三友轩的建筑残损类别为Ⅲ类，需要维修和加固。

三友轩抗震构造不符合要求，具体表现在：

1）楼盖、梁架、檩三件、瓜柱及构架整体可靠性不符合要求。

2）部分斗拱松动。

综上所述，三友轩应进行抗震加固。

参考文献

[1] 高大峰，赵鸿铁，薛建阳，等. 中国古代木构建筑抗震机理及抗震加固效果的试验研究 [J]. 世界地震工程，2003，19 (2)：1-10.

[2] 周乾，闫维明，关宏志. 故宫太和殿静力稳定构造研究 [J]. 山东建筑大学学报，2013，28 (3)：215-219.

[3] 周乾，闫维明，纪金豹. 明清古建筑木结构典型抗震构造问题研究 [J]. 文物保护与考古科学，2011，23 (2)：36-48.

[4] 周乾，闫维明. 故宫古建筑结构可靠性问题研究 [J]. 中国文物科学研究，2012 (4)：59-65.

[5] 周乾，闫维明，纪金豹. 古建筑木结构抗震构造评估 [J]. 工程抗震与加固改造，2011，33 (4)：120-129.

[6] 王晓欢. 古建筑旧木材材性变化及无损检测研究 [D]. 呼和浩特：内蒙古农业大学，2006.

[7] 张晓芳，李华，刘秀英，等. 木材阻力仪检测技术的应用 [J]. 木材工业，2007，21 (2)：41-43.

[8] 李华，陈勇平，黎冬青，等. 古建筑木构件阻力仪检测中影响阻力值的因素探讨 [J]. 木材加工机械，2011 (2)：19-21.

[9] 黄荣凤，王晓欢，李华，等. 古建筑木材内部腐朽状况阻力仪检测结果的定量分析［J］. 北京林业大学学报，2007，29（6）：167-171.

［10］Frank R. Resistographic inspection of construction timber，poles and trees［C］// Proceedings of Pacific Timber Engineering Conference. Gold Coast，Australia，1994，468-478.

［11］段新芳，王平，周冠武，等. 应力波技术在古建筑木构件腐朽探测中的应用［J］. 木材工业，2007（2）：10-12.

［12］段新芳，王平，周冠武，等. 应力波技术检测古建筑木构件残余弹性模量的初步研究［J］. 西北林学院学报，2007（1）：112-114.

［13］王天龙，陈永平，刘秀英，等. 古建筑木构件缺陷及评价残余弹性模量的初步研究［J］. 北京林业大学学报，2010，32（3）：141-145.

［14］Francisco A，Guillermo I，Miguel E，et al. Proposal of methodology for the assessment of existing timber structures in Spain［C］// 16th International Symposium on NondestructiveTesting and Evaluation of Wood. Texas，USA，2009.

［15］Miguel E，Ignacio B，Francisco A，et al. NDT applied to estimate the mechanical properties of the timber of an ancient structure in Calsain，Segocia［C］// 16th International Symposium on Nondestructive Testing and Evaluation of Wood. Texas，USA，2009.

［16］陈秀忠，王晏民. 太和殿三维激光扫描精密控制网建立研究［J］. 测绘通报，2006（10）：49-50.

［17］黄慧敏，王晏民，胡春梅，等. 地面激光雷达技术在故宫保和殿数字化测绘中的应用［J］. 北京建筑工程学院学报，2012，28（3）：33-38.

［18］王莫. 三维激光扫描技术在故宫古建修缮工程中的应用研究［J］. 世界建筑，2010（9）：146-147.

［19］王莫. 三维激光扫描技术在故宫古建筑测绘中的应用研究［J］. 故宫博物院院刊，2011（6）：143-156.

［20］刘晓东. 古建筑木结构抗震性能分析［D］. 西安：西安交通大学，1988.

［21］赵均海，俞茂宏，高大峰，等. 中国古代木结构的弹塑性有限元分析［J］. 西安建筑科技大学学报，1999，31（2）：131-133.

［22］赵均海，俞茂宏，杨松岩，等. 中国古代木结构有限元动力分析［J］. 土木工程学报，2000，33（1）：32-35.

［23］丁磊，王志骞，俞茂宏. 西安鼓楼木结构的动力特性及地震反应分析［J］. 西安交通大学学报，2003，37（9）：986-988.

［24］Fang D P，Iwasaki S，Yu M H. Ancient Chinese timber architecture-Ⅰ：Experimental study［J］. Journal of Structural Engineering，2001，127（11）：1348-1357.

［25］Fang D P，Iwasaki S，Yu M H. Ancient Chinese timber architecture-Ⅱ：Dynamic characteristics［J］. Journal of Structural Engineering，2001，127（11）：1358-1364.

［26］陈志勇，祝恩淳，潘景龙. 应县木塔精细化结构建模及水平受力性能分析［J］. 建筑结构学报，2013，34（9）：150-158.

［27］李瑜，瞿伟廉，李百浩. 古建筑木结构基于累积损伤的剩余寿命评估［J］. 武汉理工大

学学报，2008，30（8）：173-177.

[28] Wang X L，Qu W L. Long-term cumulative damage model of historical timber member under varying hydrothermal environment [J]. Wuhan University Journal of Natural Sciences，2009，14（5）：430-436.

[29] 周乾，闫维明，纪金豹，等. 汶川地震古建筑震害研究 [J]. 北京工业大学学报，2009，35（3）：330-337.

[30] 周乾，闫维明，周锡元，等. 中国古建筑动力特性与地震反应 [J]. 北京工业大学学报，2010，36（1）：13-17.

[31] 周乾，闫维明，纪金豹. 含嵌固墙体古建筑木结构震害数值模拟研究 [J]. 建筑结构，2010，40（1）：100-103.

[32] 周乾，闫维明，周宏宇. 中国古建筑木结构随机地震响应分析 [J]. 武汉理工大学学报，2010，32（9）：115-118.

[33] 周乾，闫维明，关宏志，等. 故宫太和殿抗震性能研究 [J]. 福州大学学报（自然科学版），2013，41（4）：487-494.

[34] 周乾，闫维明，关宏志，等. 故宫太和殿减震构造研究 [J]. 福州大学学报（自然科学版），2013，41（4）：652-657.

[35] 赵金城. 传统叠斗式大木构架结构行为探讨 [D]. 台南：成功大学，2004.

[36] Tsai P H，D'Ayala D. Seismic evaluation of traditional timber structures in Taiwan [C] //Proceedings of the 14th World Conference on Earthquake Engineering. Beijing，2008.

[37] 千葉一樹，藤田香織，栗田哲. 国宝円覚寺舎利殿の構造評価 [J]. 歴史都市防災論文集，2010（4）：173-180.

[38] 魏德敏，李世温. 应县木塔残损特征的分析研究 [J]. 华南理工大学学报（自然科学版），2002，30（1）：119-121.

[39] 魏剑伟，李世温. 应县木塔地震影响分析 [J]. 太原理工大学学报，2003，34（5）：601-605.

[40] 魏剑伟，李铁英，张善元，等. 应县木塔地基工程地质勘测与分析 [J]. 工程地质学报，2003，11（1）：70-78.

[41] 李铁英，魏剑伟，张善元，等. 应县木塔实体结构的动态特性试验与分析 [J]. 工程力学，2005，22（1）：141-146.

[42] 李铁英，秦慧敏. 应县木塔现状结构残损分析及修缮探讨 [J]. 工程力学，2005，22（S）：199-212.

[43] 李铁英，严旭，魏剑伟，等. 应县释迦塔扭转振动特性和地面周期性强迫振动试验与分析 [J]. 太原理工大学学报，2008，39（4）：519-523.

[44] 長瀬正，佐分利和宏，今西良男，等. 唐招提寺金堂の常時微動測定 [C] //日本建築学会大会学術講演梗概集. 日本建築学会，東北，2000.

[45] 向坊恭介，大橋好光，清水秀丸，等. 伝統的構法による実大木造建物の振動台実験 [J]. 歴史都市防災論文集，2009（3），13-20.

[46] 王林安，樊承谋，潘景龙，等. 应县木塔结构体系薄弱部位及其加固方法探讨 [C] //

建筑结构分会2006年年会学术会议论文集. 长春，2006，419-429.
[47] 王林安，樊承谋，付清远. 应县木塔普柏枋和梁栿节点残损机理分析 [J]. 古建园林技术，2008 (2)：46-49.
[48] 王林安. 应县木塔梁柱节点增强传递压力效能研究 [D]. 哈尔滨：哈尔滨工业大学，2006.
[49] 王钰. 应县木塔扭、倾变形张拉复位的数字化模拟和安全性评价 [D]. 扬州：扬州大学，2008.
[50] 袁建力，陈韦，王钰，等. 应县木塔斗拱模型试验研究 [J]. 建筑结构学报，2011，32 (7)：66-72.
[51] 李鹏，杨娜，杨庆山，等. 藏式古建筑木梁柱节点力学性能研究 [J]. 土木工程学报，2010，43 (S)：263-268.
[52] Yang N，Li P，Law S S，et al. Experimental research on mechanical properties of timber in ancient Tibetan building [J]. Journal of Materials in Civil Engineering，2012，24 (6)：635-643.
[53] 仓盛，竺润祥，任茶仙，等. 榫卯连接的古木结构动力分析 [J]. 宁波理工大学学报，2004，17 (3)：332-335.
[54] 董益平，竺润祥，俞茂宏，等. 宁波保国寺大殿北倾原因浅析 [J]. 文物保护与考古科学，2003，15 (4)：1-5.
[55] 周乾，闫维明. Experimental study on aseismic behaviors of Chinese ancient tenon-mortise joint strengthened by CFRP [J]. 东南大学学报（英文版），2011，27 (2)：192-195.
[56] 周乾，闫维明，李振宝，等. 古建筑榫卯节点加固方法振动台试验研究 [J]. 四川大学学报（工程科学版），2011，43 (6)：70-78.
[57] 周乾，闫维明，周宏宇，等. 钢构件加固古建筑榫卯节点抗震试验 [J]. 应用基础与工程科学学报，2012，20 (6)：1063-1071.
[58] Chang W S，Hsu M F，Komatsu K. Rotational performance of traditional Nuki joints with gap I：theory and verification [J]. Journal of Wood Science，2006 (52)：58-62.
[59] Chang W S，Hsu M F. Rotational performance of traditional Nuki joints with gap Ⅱ：the behavior of butted Nuki joint and its comparison with continuous Nuki joint [J]. Journal of Wood Science，2007 (53)：401-407.
[60] 陈敬文. 台湾传统穿斗式木构架结点力学行为及数值模拟分析研究 [D]. 高雄：高雄大学，2008.
[61] Wang H D，Scanlon A，Shang S P，et al. Comparison of seismic experiments of Chinese traditional wood structures and light wood framed structures [J]. Journal of Structural Engineering，2013，139 (11)：2038-2043.
[62] Lee Y W，Hong S G，Bae B S. Experiments and analysis of the traditional wood structural frame [C] // Proceedings of the 14th World Conference on Earthquake Engineering. Beijing，2008.
[63] Li M，Lam F，Foschi R O，et al. Seismic performance of post and beam timber buildings

I：Model development and verification [J]. Journal of Wood Science，2012，58 (1)：20-30.
[64] Hong J P，Barrett J D，Lam F. Three-dimensional finite element analysis of the Japanese traditional post-and-beam connection [J]. Journal of Wood Science，2011，57 (2)：119-125.
[65] 楠寿博，木林長仁，長瀬正，等. 唐招提寺金堂斗組の実大構造実験 [C] // 日本建築学会大会学術講演梗概集 (C-1). 東北，日本建築学会，2000.
[66] 津和佑子，藤田香織，金惠園，等. 伝統的木造建築の組物の動的載荷試験 (その1)：微動測定と自由振動試験 [C] // 日本建築学会大会学術講演梗概集 (C-1). 北海道，日本建築学会，2004.
[67] 金惠園，藤田香織，津和佑子，等. 伝統的木造建築の組物の動的載荷試験 (その2)：荷重変形関係と変形の特徴 [C] // 日本建築学会大会学術講演梗概集 (C-1). 北海道，日本建築学会，2004.
[68] 藤田香織，金惠園，津和佑子，等. 伝統的木造建築の組物の動的載荷試験 (その3)：復元力特性と剛性の検討 [C] // 日本建築学会大会学術講演梗概集 (C-1). 北海道，日本建築学会，2004.
[69] 前野将辉，铃木祥之，松本慎也. 寺院建築物における伝統木造軸組みの構造力学特性のモデルかによる骨組解析 [J]. 京都大学防災研究所年報，2007 (50)：117-131.
[70] 棚橋秀光，铃木祥之. 伝統木造軸組の実大静的・動的実験のシュミレーション [J]. 歴史都市防災論文集，2010 (4)：181-188.
[71] 李华，刘秀英. 大钟寺博物馆钟架的超声波无损检测 [J]. 木材工业，2003 (2)：33-36.
[72] Tiitta M E，Beall F C，Biernacki J M. Classification study for using acoustic-ultrasonics to detect internal decay in glulam beams [J]. Wood Science and Technology，2001，35 (1)：85-96.
[73] 尚大军，段新芳，杨中平，等. 西藏部分古建筑腐朽与虫蛀木构件的 PILODYN 无损检测研究 [J]. 林业科技，2007 (5)：53-55.
[74] 黄荣凤，伍艳梅，李华，等. 古建筑旧木材腐朽状况皮罗钉检测结果的定量分析 [J]. 林业科学，2010 (10)：114-118.
[75] Crown D J. Comparison of Pilodyn and torsiometer methods for the rapid assessment of wood density in living trees [J]. New Zealand J. For Sci.，1978，8 (3)：384-391.
[76] Gough G，Barbes R D. A comparison of three methods of wood density assessment in Pinus elliottii progeny test [J]. South African Forestry，1984，128 (1)：22-25.
[77] Watt M S，Garnett B T，Walker J C F. The use of the Pilodyn for assessing outer wood density in New Zealand radiata pine [J]. Forest Products Journal，1996，46 (11)：101-106.
[78] 张晋，王亚超，许清风，等. 基于无损检测的超役黄杉和杉木构件的剩余强度分析 [J]. 中南大学学报 (自然科学版)，2011，42 (12)：3864-3870.

[79] 李华，石志敏，陈勇平，等. 无损检测技术在故宫保和殿柱构件勘查中的应用 [G] // 郑欣淼，晋宏逵. 中国紫禁城学会论文集（第七辑）. 北京：故宫出版社，2012.
[80] 朱磊，张厚江，孙燕良，等. 基于应力波和微钻阻力的红松类木构件力学性能的无损检测 [J]. 南京林业大学学报（自然科学版），2013，37（2）：156-158.
[81] 张厚江，朱磊，孙燕良，等. 古建筑木构件材料主要力学性能检测方法研究 [J]. 北京林业大学学报，2011，33（5）：126-129.
[82] 王天. 古代大木作静力初探 [M]. 北京：文物出版社，1992.
[83] 吴玉敏，陈祖坪. 北京故宫太和殿木构架体系的构造特点及静力分析 [G] // 单士元，于倬云. 中国紫禁城学会论文集（第一辑）. 北京：紫禁城出版社，1997：211-220.
[84] 吴玉敏，张景堂，陈祖坪. 北京故宫太和殿木构架体系的动力分析 [G] //单士元，于倬云. 中国紫禁城学会论文集（第一辑）. 北京：紫禁城出版社，1997：221-226.
[85] 张双寅. 永乐大钟梯形木架稳定性初探 [J]. 力学与实践，2008，30（6）：18-21.
[86] 中国建筑科学研究院. 建筑抗震设计规范（GB 50011—2010）[S]. 北京：中国建筑工业出版社，2010.
[87] 中华人民共和国国家标准. 古建筑木结构维护与加固技术规范（GB 50165—1992）[S]. 北京：中国建筑工业出版社，1993.

第六章

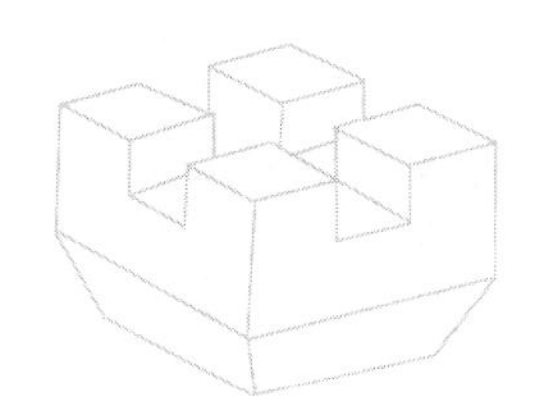

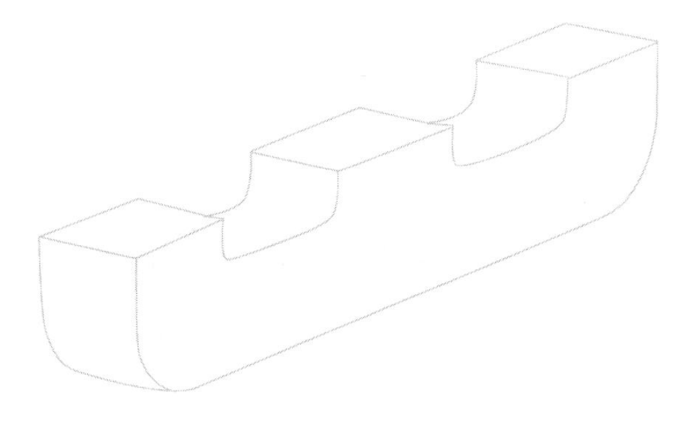

故宫古建筑构件变形的分析与保护

古建筑梁、柱构件常见的破坏形式有

糟朽、开裂、榫卯破坏、变形等

以太和殿部分构件为例

经勘查，发现

西山挑檐檩跨中挠度明显

三次间正身顺梁和山面扶柁木榫头下沉

藻井下垂

井口爬梁开裂

文中将探讨这些变形构件的力学机理

并提出可行性保护方案

本章以故宫太和殿部分构件为例，探讨故宫木构古建筑变形构件的保护问题，并提出可行性方案。

我国古代建筑以独特的文化艺术特色及结构形式著称于世，其中大部分以木结构为主，它们平面布置规则对称，空间以卯榫结合，并辅以斗拱作为传力中介，具有良好的承载力性能。但是由于木材本身有易变形、强度低、弹性模量小、易老化、易腐朽等缺点，以及常年在自然因素（风、雨、雪、地震、微生物侵蚀）或人为因素（战争、污染）等作用下产生破坏，需要进行维修和加固。一般来讲，古建筑梁、柱构件常见的破坏形式有糟朽、开裂、榫卯破坏、变形等，而我国古代劳动人民在长期的实践过程中也总结了一些古建筑加固方法，如对于柱子局部糟朽问题可采用墩接方法增加柱子受压截面，对于梁架挠度问题可采用支顶方法降低木梁的跨中弯矩，对于榫卯节点破坏问题可包裹扁钢以增强榫卯节点位置的抗拉、抗压、抗剪性能，对于梁、柱开裂问题可采用铁件或胶黏剂加固等。

故宫太和殿是明清两代举行盛大典礼的场所，长 64m，宽 37.2m，高 26.92m，面阔 11 间，进深 5 间，建筑面积 2381m^2，是我国现存古建筑中规模最大、建筑性质和装饰与陈设等级最高的皇家宫殿建筑。太和殿始建于明永乐十八年（1420 年），时名奉天殿；明永乐十九年四月（1421 年）遭雷火焚毁；明正统元年（1436 年）于原址重建，正统六年（1441 年）建成；明嘉靖三十六年（1557 年）又毁于雷火，当年重建，嘉靖四十一年九月（1562 年）建成，更名皇极殿；明万历二十五年（1597 年）又毁于雷火，明万历四十三年（1615 年）八月重建，明天启六年（1626 年）建成；明崇祯十七年（1644 年）又毁于兵火；清顺治二年（1645 年）重修，改称太和殿，次年完工；清康熙八年（1669 年）重修，当年完工；清康熙十八年（1679 年）又被火毁，康熙三十四年（1695 年）重建，康熙三十六年（1697 年）建成，并将两侧斜廊改为卡墙。新中国成立后，党和政府对太和殿进行了 8 次保养，主要侧重于彩画、油饰、地面及屋顶保养，而未对其整体结构进行勘查及加固。现存的太和殿基本保持了清康熙三十六年重建后的规制，至今已有 300 多年的历史。

为加强对太和殿的维修及保护，工作人员对太和殿进行了详细勘查，期间发现部分构件存在力学问题，主要有：西山挑檐檩跨中挠度明显，达 0.13m；三次间正身顺梁榫头下沉 0.1m；三次间山面扶柁木榫头下沉 0.1m，但已经被支顶；明间藻井下垂 0.13m，井口爬梁已经开裂。

下面将具体分析这些问题，提出加固方案或可行性建议，并为我国古建筑的保护和维修提供理论参考。

第1节　太和殿西山挑檐檩大挠度问题

根据故宫博物院古建部提供的资料，太和殿二层西山挑檐檩跨中竖向挠度（即变形值）较大，达0.13m，超出了我国《木结构设计手册》允许值（0.06m）。该挑檐檩见图6-1，易知除跨中挠度过大外，其无明显受损症状（如糟朽、开裂等）。

该挑檐檩直径0.345m，长11.18m。其下设挑檐枋，截面尺寸为0.08m×0.155m。它们形成组合受力体系，上部承受屋面荷载，下部两端搭在柱头桃尖顺梁预留的刻口内，中间部分则由11座九踩三昂镏金斗拱支撑。根据太和殿屋顶分层做法和屋架构造形式，绘出挑檐檩断面方向受力简图，见图6-2。由图6-2可知，挑檐檩在竖向受到屋面传来的自重荷载、活荷载及雪荷载作用。由于分析重点为挑檐檩的竖向挠度对挑檐檩本身性能的影响，故暂不考虑水平荷载作用。根据太和殿屋顶构造及施工工艺特征，恒荷载取4kN/m²（面荷载），活荷载取3kN/m²（面荷载），雪荷载取0.4kN/m²（面荷载）。经计算，解得传到挑檐檩上的竖向均布荷载为28 600N/m（线荷载）。

图6-1　太和殿二层西山挑檐檩现状

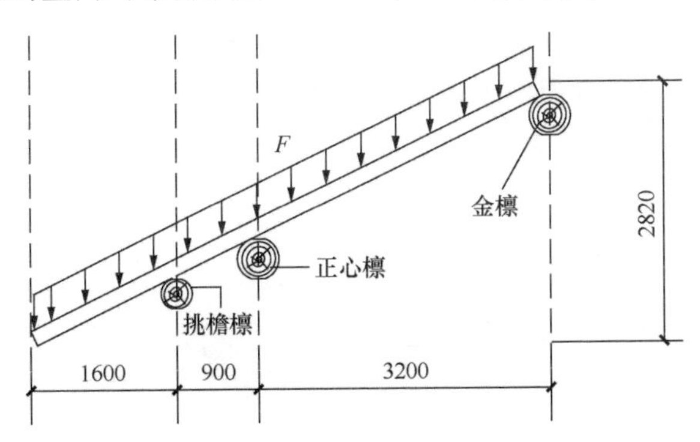

图6-2　挑檐檩断面受力简图（单位：mm）

1. 力学模型

(1) 木材模拟

采用有限元分析程序ANSYS模拟挑檐檩力学性能。采用SOLID64单元模拟木材，相关输入常数见表6-1[1-2]。

表 6-1　木材各项物理参数

输入项	对应项	物理意义
EX	E_L	木材顺纹弹性模量
EY	E_T	木材切向弹性模量
EZ	E_R	木材径向弹性模量
PRXY	0.3	z 向泊松比
PRYZ	0.3	x 向泊松比
PRXZ	0.3	y 向泊松比
GXY	G_{LT}	xy 平面剪变模量
GYZ	G_{TR}	yz 平面剪变模量
GXZ	G_{LR}	xz 平面剪变模量

当缺乏试验数据时，木材的一些参数取值如下[3]：

$$E_T/E_L=0.05，E_R/E_L=0.1$$

$$G_{LT}/E_L=0.06，G_{LR}/E_L=0.075，G_{TR}/E_L=0.018$$

本章选取的挑檐檩属硬木松材料[4]，其原有弹性模量为 $1.0\times10^{10}\text{N/m}^2$，考虑到该挑檐檩处于露天环境，长期荷载以恒荷载为主，使用年限超过 100 年，故考虑弹性模量折减 30%，即取 $E_L=7.0\times10^9\text{N/m}^2$。

（2）斗拱刚度模拟

在构造上，斗拱由斗、拱、翘、升等不同木构件层层叠加而成。木材弹性模量较小，这使得斗拱构件有一定的弹性，可发挥弹性减震作用，且可以认为是由不同弹簧在竖向串联形成[5]。对于第 $i(i=1\sim7)$ 层斗拱构件而言，其竖向刚度取值为

$$K_i=\frac{E_h A_i}{h_i} \tag{6-1}$$

式中，E_h为木材横纹受压时的弹性模量，h_i为斗底厚或第 i 层拱高。则斗拱总的竖向刚度为

$$K_v=\frac{1}{\sum\frac{1}{K_i}} \tag{6-2}$$

图 6-3 为西山挑檐檩下三昂九踩斗拱剖面图，各层斗拱的荷载传递路线及刚度取值见表 6-2，解得斗拱现有情况下总竖向刚度为 481N/mm。

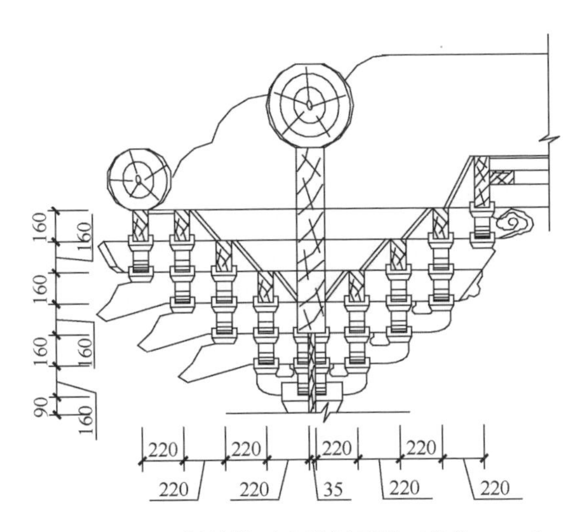

图 6-3　西山挑檐檩下斗拱剖面图（单位：mm）

表 6-2　西山挑檐檩下斗拱竖向刚度计算

斗拱分层	受荷面	EA_i/N	h_i/mm	K_i/(N/mm)
第七层	面宽：正心枋叠加，三层内外拽枋，挑檐枋 进深：撑头木带麻叶头	1 530 745	160	9567
第六层	面宽：正心枋叠加，二层内外拽枋，二昂上单才万拱带三才升，三昂上厢拱带三才升 进深：蚂蚱头带十八斗	1 960 760	160	12 254
第五层	面宽：正心枋叠加，头层里外拽枋，头昂上单才万拱带三才升，二昂上单才瓜拱带三才升 进深：三昂带十八斗	1 960 760	160	12 254
第四层	面宽：正心枋，单才万拱带三才升，头昂上单才瓜拱带三才升 进深：二昂带十八斗	1 572 278	160	9827
第三层	面宽：正心万拱带槽升子，单才瓜拱带三才升 进深：头昂带十八斗	1 012 132	160	6325
第二层	面宽：正心瓜拱带槽升子 进深：头翘带十八斗	416 170	160	2600
第一层	坐斗	132 268	155	850
合计 K_v				481

采用 COMBIN14 单元模拟斗拱构件，考虑挑檐檩两端为铰接约束，建立挑

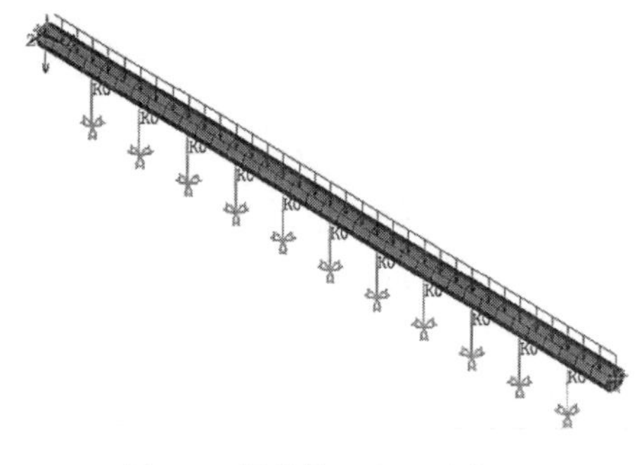

图 6-4　挑檐檩竖向受力模型

檐檩竖向受力有限元模型，见图 6-4，其中含檩单元 36 个，斗拱单元 11 个。需要说明的是，进行挠度分析时，考虑两种工况：工况 1，不考虑挑檐檩及斗拱弹性模量折减，即模拟挑檐檩初始状态的条件；工况 2，考虑挑檐檩及斗拱弹性模量折减 30%，即模拟挑檐檩现状条件。挠度对比分析时考虑工况 1 和工况 2，强度现状分析时仅考虑工况 2。

2. 现状分析

(1) 挠度

基于有限元分析结果，获得挑檐檩挠度分布，见图 6-5，其中虚线以上数据反映了挑檐檩及斗拱健康状态（不考虑弹性模量折减）时的变形分布，虚线以下数据则为考虑挑檐檩及斗拱老化后（考虑 300 年以上）的变形结果。易知，挑檐檩在工况 1 条件下挠度最大值仅为 0.02m，符合《木结构设计手册》中的挠度容许范围要求。这是因为木材的初始弹性模量比较大，竖向荷载作用下，下面有 11 座斗拱作支撑，而每座斗拱由多达 7 层的木构件叠加而成，在竖向相当于一个刚度较大的弹簧。因此，挑檐檩在竖向荷载作用下（恒载＋施工荷载）不会产生过大的变形。

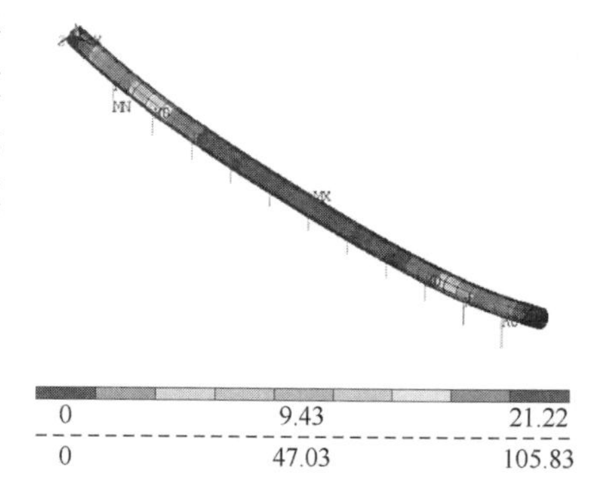

图 6-5　挑檐檩挠度分布（单位：mm）

注：上一行为健康状态数据，下一行为老化状态数据

另一方面，由于历经时间长久，木材产生老化，斗拱弹性模量减小，致使挑檐檩在工况 2 条件下的最大挠度值达 0.11m，且模拟结果与现场勘查基本吻合。问题在于：如此大挠度的挑檐檩，其承载能力是否充足？下面进行强度分析。

(2) 强度取值

木材的一个显著特点是在荷载的长期作用下强度会降低。所施加的荷载越大，木材能经受的时间越短。根据《木结构手册》提供的数据[3]：木材在荷载的长期作用下强度降低，10 000 天后木材的强度为瞬时强度的比例为，顺纹受压 0.5～0.59，顺纹受拉 0.5，静力弯曲 0.36～0.5，顺纹受剪 0.5～0.55。根据中国林业科学院提供的正常状态硬木松的强度数值，参考《木结构设计规范》（GB 50005—2003）规定的硬木松强度值，列出木材强度取值，见表 6-3。

表 6-3　木材强度取值　　（单位：MPa）

强度指标	顺纹抗拉强度	顺纹抗压强度	顺纹抗剪强度	静力弯曲强度
正常状态	74	35.3	7.7	66
强度折减	37	17.6	3.85	23.8
《木结构设计规范》	8.5	12	1.5	13

（3）强度

进行工况 2 条件下的挑檐檩有限元分析，获得挑檐檩主拉应力、主压应力分布，见图 6-6。由图 6-6(a)可知，挑檐檩第一主应力最大值在挑檐檩底部，其值为 8.81MPa，小于强度折减后的木材抗拉强度容许值，即挑檐檩不会产生受拉破坏。由图 6-6(b)可知，挑檐檩最小主应力值在挑檐檩两端顶部，其值为 −8.81MPa，小于强度折减后的木材抗压强度容许值，即挑檐檩不会产生受压破坏。

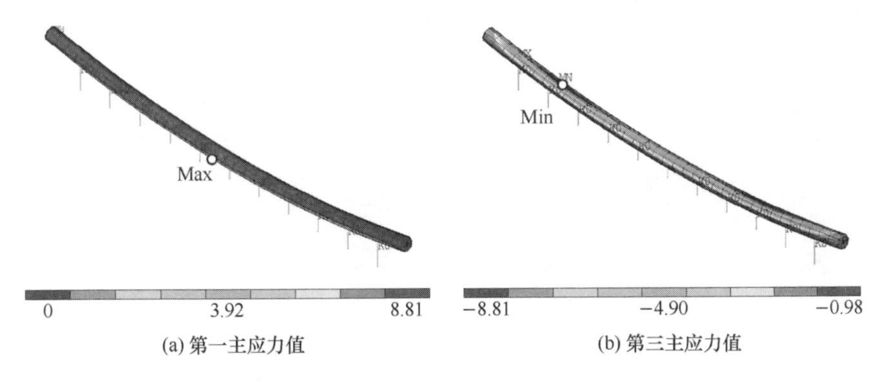

(a) 第一主应力值　　(b) 第三主应力值

图 6-6　挑檐檩主应力现状（单位：MPa）

计算结果显示：挑檐檩最大弯矩绝对值发生在两端第二攒斗拱处，其值为 3.39×10^{7} N・m，该位置相应的弯应力为 8.41MPa，小于强度折减后的木材静力弯曲强度容许值，即挑檐檩不会产生弯曲破坏；挑檐檩最大剪力绝对值发生在两端支座处，其值为 38 241N，该位置相应的剪应力为 0.55MPa，小于强度折减后的木材抗剪强度容许值，即挑檐檩不会产生剪切破坏。

3. 小结

本节主要分析了故宫太和殿二层西山挑檐檩在大挠度情况下的结构性能现状。通过对挑檐檩的内力和变形性能分析，得出如下结论：

1）挑檐檩产生大挠度的主要原因是长期荷载作用下挑檐檩及斗拱支座弹性模量降低。

2）长期荷载作用下挑檐檩的强度有所折减，但是其受力现状满足抗拉、抗压、抗弯、抗剪要求，挑檐檩仍属安全的结构体系。

第 2 节　太和殿三次间正身顺梁榫头下沉问题

我国的古建筑以木结构为主，它们在构造上的一个重要特点就是榫卯节点的运用，即梁端做成榫头形式，插入柱头预留的卯口中。一般来说，榫卯节点在受力形式上可分为两种典型类型，即直榫和燕尾榫[6]。直榫的形状特点是榫头端部和根部宽度相同，常用于需要拉结，但无法用上起下落方法安装的部位，如穿插枋两端、抱头梁与金柱相交处、由戗与雷公柱相交处、瓜柱与梁背相交处等，一般用拉结方法安装，如图 6-7(a)所示。燕尾榫又称大头榫、银锭榫，它的形状是端部宽、根部窄，与之相应的卯口里面大、外面小。它常用于拉扯联系构件，如檐枋、额枋、金枋、脊枋等水平构件与垂直构件相交部位。燕尾榫的安装通过上起下落进行，安装后与卯口有良好的拉结性能，如图 6-7(b)所示。

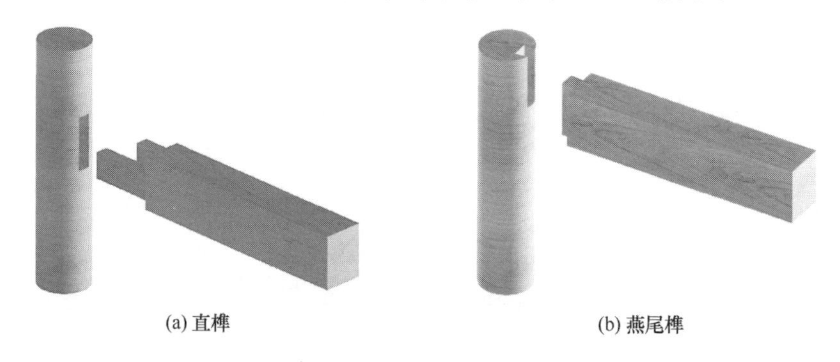

(a) 直榫　　(b) 燕尾榫

图 6-7　古建筑木结构典型榫卯节点形式

在外力（如地震、风）作用下，一方面榫头与卯口之间的相对摩擦和挤压可耗散部分能量，体现了一定的半刚性特性，另一方面榫卯节点也产生不同形式的破坏，如拔榫、下沉等。赵均海、俞茂宏等学者提出采用变刚度单元（力-弯曲单元）模拟榫卯节点的半刚性连接，并通过改变刚度系数模拟刚接、铰接及半刚接[7]；方东平、俞茂宏等学者引入了 2 节点虚拟弹簧单元模拟榫卯节点的半刚性连接，采取试验与理论分析相结合的方式获得了西安北门箭楼榫卯节点的刚度取值范围[8-9]；赵鸿铁、薛建阳等学者则对榫卯节点构造的抗震性能及加固方法进行了一系列的试验研究，获得了加固前后榫卯节点的相关刚度曲线[10-11]。上述研究成果为古建筑榫卯节点力学性能的理论分析奠定了良好的基础。

2006 年，工程技术人员对故宫太和殿大修勘查时，发现三次间正身顺梁端部榫卯节点位置与童柱上皮落差较大，榫头下沉约 0.1m，且固定童柱与顺梁的铁件已发生变形、脱落，如图 6-8 所示。揭去屋面部分对节点进一步观察，发现除榫头产生破坏外，梁架其他部位基本较好，且榫头形式在构造上属于燕尾榫连接。该顺梁长 5.55m，截面尺寸为 0.53m×0.695m（宽×高），榫头长 0.2m，端部宽 0.2m，根部宽 0.16m，上部荷载作用位置距童柱中心 1.07m。

(a) 节点仰视

(b) 节点俯视

(c) 梁架整体

图 6-8　正身顺梁加固前的情况

注：①顺梁；②童柱；③天花枋

本节将基于榫卯节点的半刚性特征，建立相关计算模型，分析该正身顺梁的受力，研究榫卯节点产生下沉的主要原因，提出可行性加固方案。

1. 分析参数

根据相关资料，该顺梁采用的木材属硬木松，其材料强度取值与表 6-3 相同，即抗拉强度 8.5MPa，抗压强度 12MPa，抗弯强度 13MPa，抗剪强度 1.5MPa[12]。

本节采用理论计算与有限元分析软件 ANSYS 模拟相结合的方法对该顺梁榫头的破坏原因与加固方案进行分析。基于已有的研究成果，可采用三维虚拟弹簧单元组模拟节点的半刚性特性，该弹簧单元组由 6 根互不耦联的弹簧组成，其刚度取值分别为 K_x、K_y、K_z和 K_{rotx}、K_{roty}、K_{rotz}，其中前 3 个参数表示沿 x、y、z 轴的拉压刚度，后 3 个参数表示绕 z、x、y 轴的转动刚度，如图 6-9(a)所示。本研究主要考虑竖向荷载作用（假设水平向为 x 轴，竖向为 z 轴，与 xz 平面垂直向为 y 轴）下顺梁榫头的破坏情况，因此着重考虑节点 K_x（即水平向拔榫）和 K_{roty}（即在平面内绕卯口旋转）的影响。分析时，按虚拟弹簧一端连接榫头另一端为固定约束处理。

在用 ANSYS 进行有限元分析时，用 SOLID64 单元模拟顺梁，MATRIX27 单元模拟虚拟弹簧。其中，MATRIX27 单元没有定义几何形状，但是可通过两个节点反映单元的刚度矩阵特性，其刚度矩阵输出格式如图 6-9(b)所示。

图 6-9(b)对应 x 方向弹簧刚度 K_x矩阵元为 C_1、C_7、C_{58}；对应 y 方向弹簧刚度 K_y矩阵元为 C_{13}、C_{19}、C_{64}；对应 z 方向弹簧刚度 K_z矩阵元为 C_{24}、C_{30}、C_{69}；对应绕 x 轴转动刚度 K_{rotx}的矩阵元为 C_{34}、C_{40}、C_{73}；对应绕 y 轴转动刚度 K_{roty}的矩阵元为 C_{43}、C_{49}、C_{76}；对应绕 z 轴转动刚度 K_{rotz} 的矩阵元为 C_{51}、

C_{57}、C_{78}。

参考已有的研究成果[8,13]，相关刚度值可取为 $K_x = 1 \times 10^9$ kN/m，$K_{roty} = 7 \times 10^{12}$ kN·m，其余值取为 0。

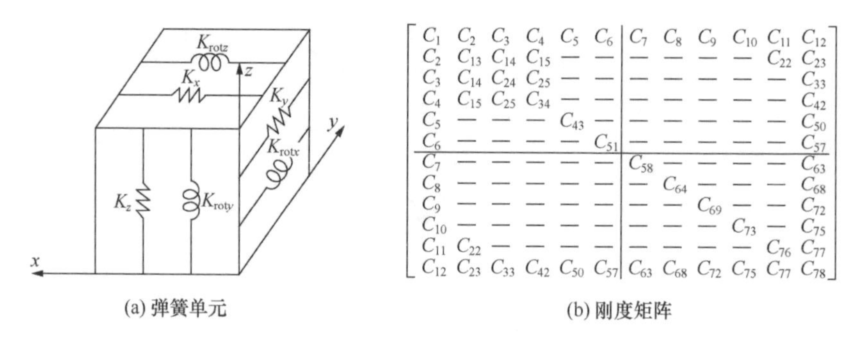

(a) 弹簧单元　　(b) 刚度矩阵

图 6-9　榫卯节点模拟

2. 破坏分析

(1) 计算简图

太和殿属重檐庑殿屋顶建筑，其屋顶构造实际为正身和山面两组正交梁架反复水平叠加而成。根据太和殿梁架结构现状以及正身顺梁结构现状，可知顺梁荷载传递路线为：屋面荷载→山面上金桁、上金垫板、上金枋荷载（编号①）→正身上金桁、上金垫板、上金枋（编号②）→山面中金桁、中金垫板、中金枋（编号③）→正身中金桁、中金垫板、中金枋（编号④）→山面下金桁、下金垫板、下金枋（编号⑤）→ 正身顺梁（编号⑥），如图 6-10(a)所示。基于上述荷载传递路线，考虑童柱与顺梁的榫卯连接特征，可得顺梁受力简图如图 6-10(b)所示，其中 F 为传到正身顺梁上的梁架自重及屋面荷载。

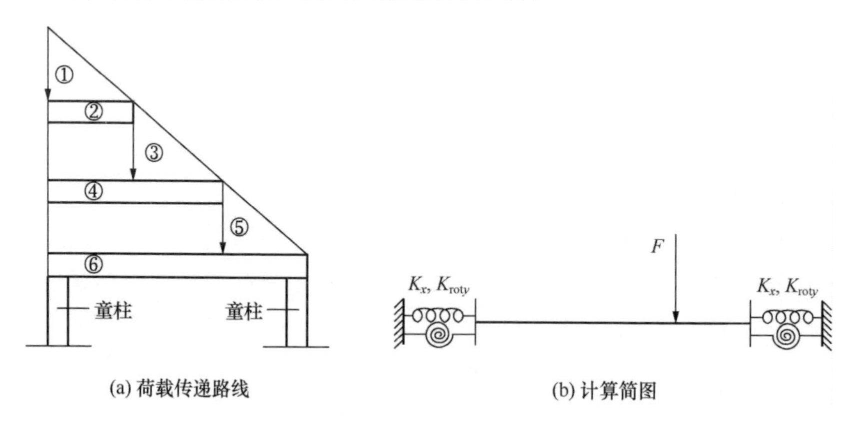

(a) 荷载传递路线　　(b) 计算简图

图 6-10　顺梁受力分析简图

根据故宫博物院古建部提供的资料，太和殿屋顶分层做法如下：望板→三层灰背→瓴瓦泥→底瓦→盖瓦。根据上述构造做法可求出太和殿屋顶自重荷载。考虑屋面活荷载为 3000N/m^2，基本雪压为 450N/m^2。经过荷载组合，可求出传到顺梁上的竖向荷载为 F=440 000N。

（2）破坏分析

为便于对比分析，分别考虑童柱与顺梁连接形式为铰接、刚接和半刚接（榫卯连接），按上述边界条件求解竖向荷载作用下顺梁的弯应力和剪应力峰值，如表 6-4 所示，易知不同边界条件下顺梁的最大弯、剪应力值及所在部位不完全相同。此处榫卯节点刚度值较大，因此应力峰值结果类似于刚接边界条件，而铰接边界条件的应力峰值明显偏小，弯应力计算结果偏安全。表 6-4 的结果表明：考虑榫卯连接时，在竖向荷载作用下，顺梁榫头的弯、剪应力峰值已远超出《木结构设计规范》容许值。

表 6-4　顺梁应力峰值及位置

边界条件	弯应力	剪应力
铰接（$K_x=1\times10^{20}$kN/m，$K_{roty}=0$）	9.16MPa，F 作用点	5.4MPa，榫头
刚接（$K_x=1\times10^{20}$kN/m，$K_{roty}=1\times10^{20}$kN·m）	34MPa，榫头	6.3MPa，榫头
半刚接（$K_x=1\times10^{9}$kN/m，$K_{roty}=7\times10^{12}$kN·m）	33MPa，榫头	6.1MPa，榫头

另基于前述假定建立顺梁有限元模型并进行分析，获得变形及 Mises 应力分布如图 6-11 所示，易知顺梁的变形在规范范围内（0.022m），而 Mises 应力峰值远超出规范抗拉强度容许值。由此可知，在长期荷载作用下，正身顺梁在榫头位置很可能因拉、弯、剪承载力不足产生破坏。

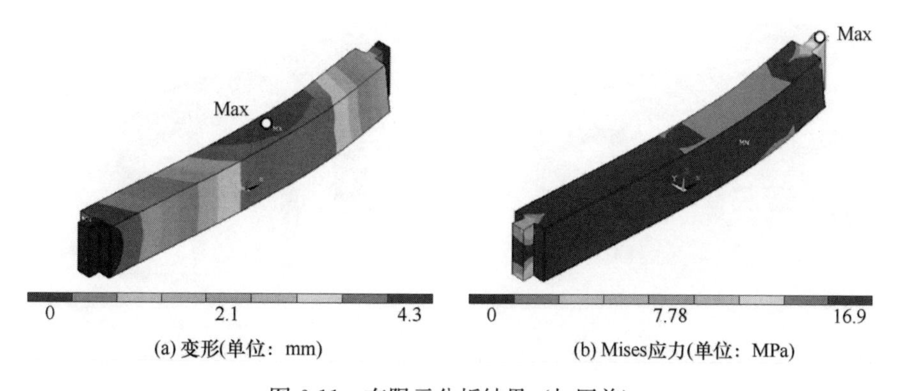

(a) 变形(单位：mm)　　(b) Mises应力(单位：MPa)

图 6-11　有限元分析结果（加固前）

3. 加固方案

由上述计算可知，顺梁榫头内力不满足规范要求，有必要采取加固措施。在广泛的论证过程中，基本形成了两种加固方案：第一种方案是对顺梁进行现状支顶，但由于支顶落在下部的天花枋上，还要对天花枋受扰动情况进行力学分析；第二种方案是在顺梁下设置钢木组合体系进行加固，一方面改善顺梁受力状况，另一方面将顺梁上的荷载传递到童柱上，这样使天花枋避免受力，从而不受扰动。下面对这两种加固方案进行讨论。

（1）方案1

为改善榫头受力现状，在顺梁两端做抱柱支撑榫头，抱柱截面形状为矩形，截面尺寸为0.4m×0.3m；在顺梁中部设置两个木支顶，支顶直径0.3m，距两端各1.5m。附加抱柱和支顶均按竖向单铰考虑，相应计算简图如图6-12所示，计算获得的弯、剪应力峰值及位置如表6-5所示。基于方案1建立加固结构有限元模型并进行分析，获得部分峰值结果如表6-5所示，其中Von Mises应力及变形分布如图6-13所示。结果表明：方案1可降低顺梁的拉、弯、剪应力峰值，使之在规范容许的范围内。

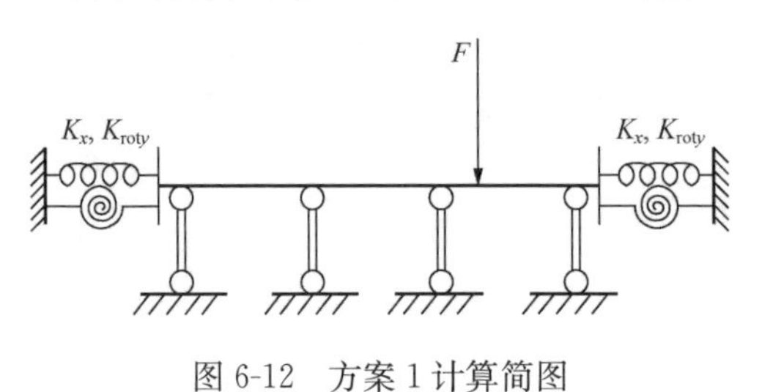

图6-12　方案1计算简图

表6-5　方案1变形及内力峰值

变形及内力	变形	弯应力	剪应力	拉应力	压应力
峰值	2.6mm	3.3MPa	1.22MPa	5.8MPa	8.7MPa
位置	抱柱	榫头	榫头	榫头	榫头

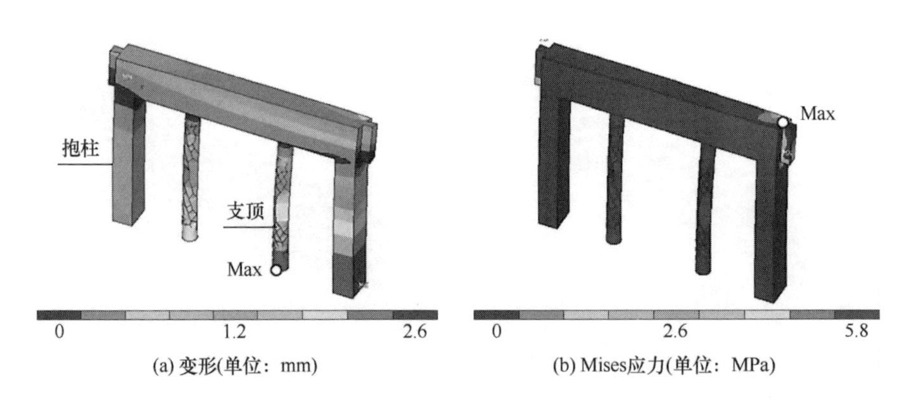

(a) 变形(单位：mm)　(b) Mises应力(单位：MPa)

图6-13　有限元分析结果（方案1）

然而，由于附加抱柱和支顶支撑在天花枋［图6-8(c)］上，还要分析天花枋的受力情况。天花枋长同顺梁，截面形状为矩形，尺寸为 0.6m×0.43m，两端搭入天花梁长度为 0.12m，除受到活载 $q=3000\mathrm{N/m^2}$ 以外，还受到附加支顶传来的拉（压）力 $F_1\sim F_4$，其受力简图如图 6-14 所示。经过计算可得天花枋变形及内力峰值如表 6-6 所示，易知天花枋的主压应力及剪应力峰值均超过规范容许值要求。由此可知，方案 1 虽然能够满足顺梁加固要求，但是很可能对天花枋榫头造成压剪破坏，具有一定局限性。

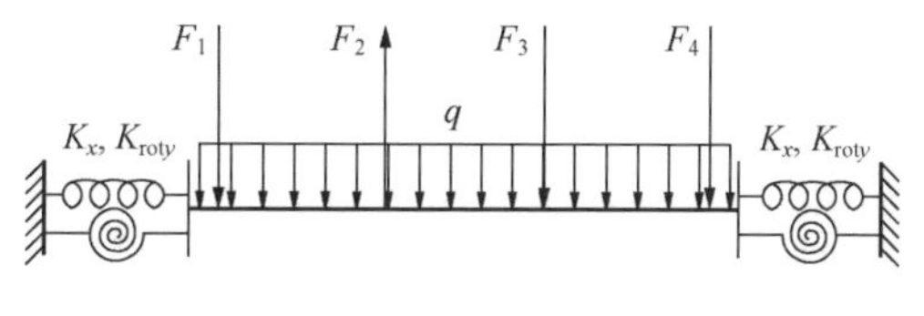

图 6-14　天花枋受力简图

表 6-6　天花枋变形及内力峰值

变形及内力	变形	弯应力	剪应力	拉应力	压应力
峰值	5.3mm	11MPa	3MPa	7.8MPa	14.4MPa
位置	跨中	榫头	榫头	榫头	榫头

（2）方案 2

该方案由故宫博物院原副院长晋宏逵先生提出，其思路是采用钢木组合体系，见图 6-15。该方案中，顺梁下由三根 0.3m×0.3m 的硬木松组成类似龙门戗的结构作为支顶，横梁与斜戗采用钢板与螺栓连接固定。斜戗底部与童柱的固定方法为：在童柱底部设置钢箍，底部钢板一侧与钢箍焊牢，另一侧与斜戗下部用螺栓固定。由于顺梁传给龙门戗顶部的荷载通过两个斜戗传到童柱底端，为防止两根童柱底部因受力产生外张，通过设置花篮螺丝对童柱进行拉结。为增加荷载作用端卯榫节点的抗剪能力，在该端设置抗剪角钢。该组合体系既能解决顺梁端

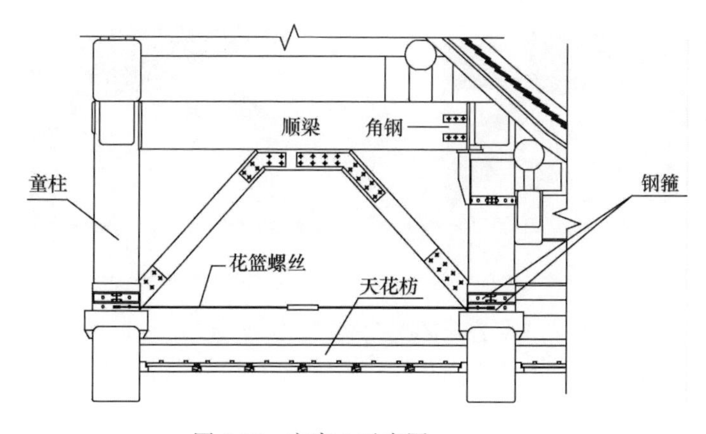

图 6-15　方案 2 示意图

部弯剪承载力不足的问题，对天花枋也不产生任何扰动。

经过计算分析，横梁的长度定为1.3m。钢材选Q235钢，螺栓选4.6级C级螺栓。左斜戗选用8M25螺栓固定，右斜戗选用16M25螺栓固定，连接钢板厚度均选用10mm。童柱底设钢箍两道，钢箍采用10mm厚钢板，高120mm。每道钢箍用4个铆钉固定在童柱上，铆钉采用BL3号钢，Ⅰ类孔，铆钉直径20mm，长160mm。抗剪角钢选用110mm×8mm，用8个铆钉固定。花篮螺丝则选用两根直径为18mm的R235钢筋加工制成。

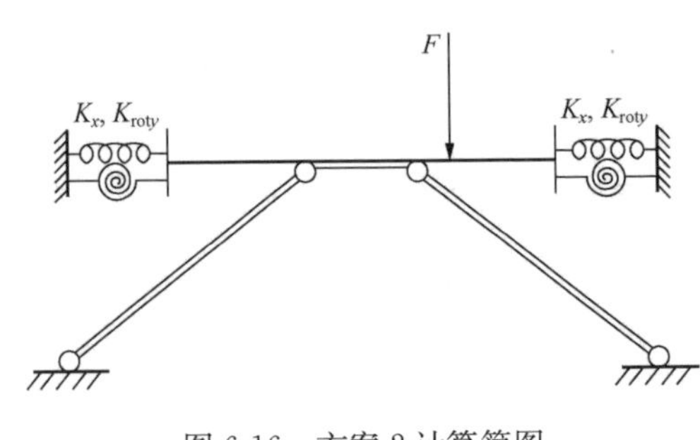

图6-16 方案2计算简图

基于方案2的思路，建立顺梁受力计算简图，如图6-16所示，其中龙门戗的边界条件考虑为铰支。建立钢木组合体系加固结构有限元模型，通过分析获得部分峰值结果如表6-7所示，其中结构Mises应力及变形分布如图6-17所示。结果表明：方案2也可降低顺梁的拉、弯、剪应力峰值，使之在规范容许的范围内，而且斜戗设置在童柱下脚，利用童柱传力，对天花枋毫无扰动，对整个太和殿结构起到良好的保护作用。

表6-7 方案2变形及内力峰值

变形及内力	变形	弯应力	剪应力	拉应力	压应力
峰值	2mm	11.7MPa	1.83MPa	3.85MPa	8.9MPa
位置	跨中	榫头	榫头	榫头	榫头

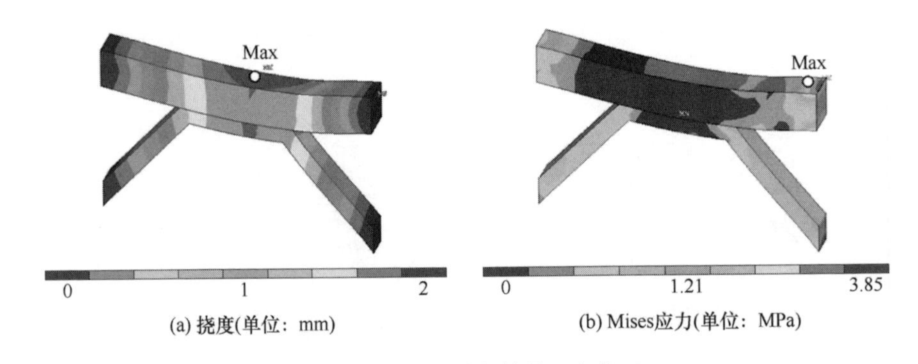

(a) 挠度(单位：mm)　　(b) Mises应力(单位：MPa)

图6-17 有限元分析结果（方案2）

（3）讨论

由以上分析可知，方案1虽然能减小顺梁的应力峰值，但由于对天花枋造成压剪破坏，还需加固天花枋，因而适用性有限。方案2巧妙地采用钢木组合结构，将顺梁承担的部分荷载传到童柱，不仅有效地解决了顺梁榫头应力过大的问题，而且避免了天花枋的二次加固，符合对文物的最小干预原则，因而是一种可行的加固方案。图 6-18 为顺梁采取方案 2 加固施工后的情况。

(a) 整体

(b) 下脚

图 6-18　按方案 2 加固后

注：①顺梁；②童柱；③天花枋

4. 小结

1）故宫太和殿三次间正身顺梁榫头下沉与该位置拉、弯、剪应力过大密切相关。

2）现状支顶方法虽然能解决顺梁内力问题，但是对天花枋产生扰动，因此具有局限性。

3）钢木组合体系加固方法符合文物保护原则，加固后的正身顺梁满足内力和变形容许值要求，因而该加固方法是切实可行的。

第 3 节　太和殿明间藻井下沉问题

太和殿藻井作为太和殿主要装饰构件之一，位于太和殿明间天花顶部位，是室内天花重点装饰组成部分，是安装在帝王宝座或佛像顶部天花的一种“穹然高起，如伞如盖”的特殊装饰，烘托和象征封建帝王天宇般的伟大，具有非常强的装饰效果。其现状如图 6-19(a)所示。

明清时期的藻井大体由上、中、下三层组成，最下层为方井，中间层为八角井，上部为圆井结构[6]。方井是藻井的最外层部分，四周通常安置斗拱。方井之上通过使用抹角梁，正、斜套方，使井口由方形变成八角形。在八角井内侧角枋上贴有云龙图案的随瓣枋，将八角井归圆，形成圆井。圆井之上再置周圈装饰斗拱或云龙雕饰图案。圆井的最上方为盖板，盖板之下雕凿蟠龙，龙头倒悬，口衔宝珠。

(a) 仰视图　　(b) 井口爬梁裂缝

图 6-19　太和殿藻井现状

根据太和殿藻井的实际构造，可得出藻井的分层支撑做法有如下特点：

1）由下至上分层做法为天花梁→长爬梁、短爬梁形成的方形井口→井口爬梁、抹角梁形成的八角井→圆井→盖板。

2）方形井口的斗拱和其他雕饰是单独贴上去的，斗拱仅做半面，凭银锭榫挂在里口的方木上。

3）八角井外表的雕饰、斗拱均为另外加工的构件，附在八角井上。

4）圆井由一层层厚木板挖拼、叠落而成。

根据资料，太和殿蟠龙藻井整体下垂约 0.13m，支撑藻井的爬梁产生通裂缝。井口爬梁端部现状如图 6-19（b）所示。由该图可知，该井口爬梁裂缝由藻井与爬梁相交处延伸至榫头，而且开裂位置已经过加固。该藻井底部长、宽均为 5.94m，由下至上高度分别为方井高 0.5m、八角井高 0.57m、圆井高 0.725m，下端支撑藻井的井口爬梁长 8.46m，截面尺寸为 0.30m×0.36m，两端做半榫刻口搭在天花枋上。藻井材料除中部龙口的宝珠为类似玻璃外均为木结构材料。

1. 模型建立

考虑藻井材料为硬木松，采用 ANSYS 有限元分析方法对藻井结构现状进行仿真分析。根据藻井结构特点，将藻井盖板周圈的斗拱用等质量圆锥模拟。此外，由于藻井正中的宝珠材料质量很小，其密度类似于玻璃，可用等质量的圆柱模拟。该藻井受到的荷载主要为恒载+活载（取值 3000N/m^2），半榫搭接按简支考虑，建立的藻井模型如图 6-20 所示。

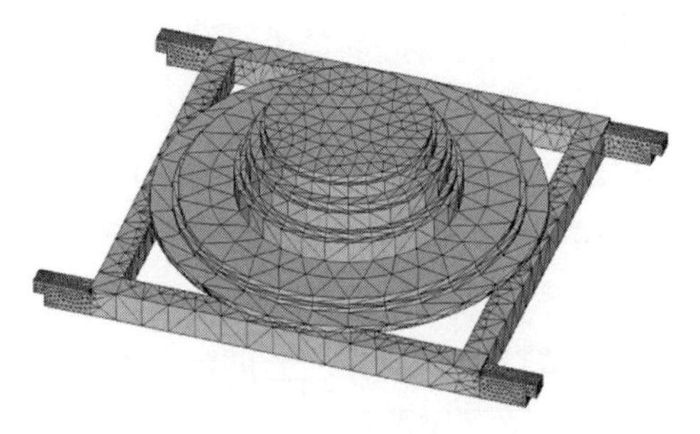

图 6-20　藻井有限元模型

在 ANSYS 程序建模过程中，藻井的方井和圆井部位有周圈斗拱，因为单元太小，ANSYS 无法进行网格处理，因此将这些斗拱并入藻井重量中。此外，由于 ANSYS 程序分网建立计算模型，八角井部分自动圆化处理，成为类似于圆状的有限元模型，这些并不影响分析结果。建立有限元模型时考虑两种工况：工况 1，不考虑木材弹性模量折减，即模拟藻井初始状态的条件；工况 2，考虑木材弹性模量折减 30%，即模拟藻井现状条件。在挠度对比分析时考虑工况 1 和工况 2，在强度现状分析时仅考虑工况 2。

2. 现状分析

(1) 挠度分析

基于工况 1 和工况 2 的分析结果，获得不同条件下藻井的竖向变形（挠度）分布，如图 6-21 所示，其中虚线以上的数据反映工况 1 条件下藻井的变形，虚线以下的数据反映工况 2 条件下藻井的变形。易知，藻井在初始状态下，竖向挠度最大值发生在中部，仅为 0.017m，符合规范中的挠度容许值（0.024m）；工况 2 条件下藻井的最大挠度值仍然发生在中部，达到 0.052m，这主要是在长期使用下木材的弹性模量下降所致。由于该结果并非实测的 0.13m，下面将结合力学分析进一步研究藻井大挠度的原因。

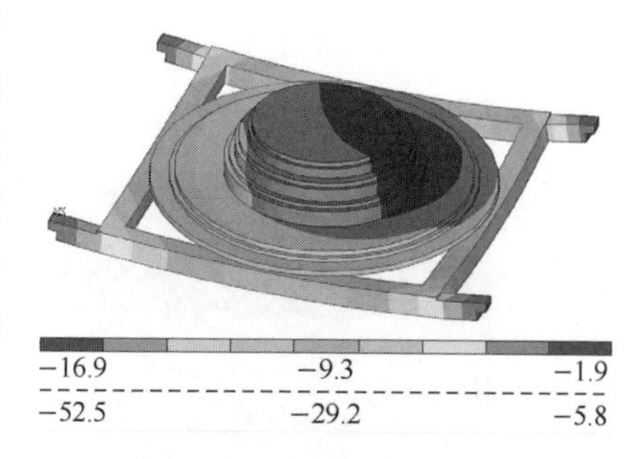

图 6-21　藻井竖向变形分布（单位：mm）

注：上一行为健康状态数据，
下一行为老化状态数据

(2) 强度分析

木材强度取值与表 6-3 相同。基于工况 2 的分析结果，获得藻井的应力分布如图 6-22、图 6-23 所示。由图 6-22 可知，藻井最大主拉应力发生在榫头部位，其值为 26.6MPa，小于强度折减后的木材顺纹抗拉强度容许值（37MPa），即藻井不会产生受拉破坏。由图 6-23 可知，藻井最小主压应力发生在藻井与井口爬梁相交位置，绝对值为 31.8MPa，超过了考虑强度折减后的木材顺纹抗压强度容许值（17.6MPa），因此在长期荷载作用下，藻井与爬梁相交部位有可能发生局部受压破坏，导致井口爬梁开裂。

另对井口爬梁按 BEAM188 单元进行剪力、弯矩分析，解得井口爬梁最大剪力发生在榫头位置，其值为 67.3kN，在该相应位置剪应力为 1.87MPa，小于考虑强度折减后的抗剪强度容许值（3.85MPa）。井口爬梁最大弯矩发生在跨中截面，其值为 0.17×10^{9} N·m，相应位置弯曲应力为 26.2MPa，超出考虑强度折减后的静力弯曲强度容许值（23.8MPa），因此在长期荷载作用下，井口爬梁还有可能因弯曲破坏而产生裂缝。

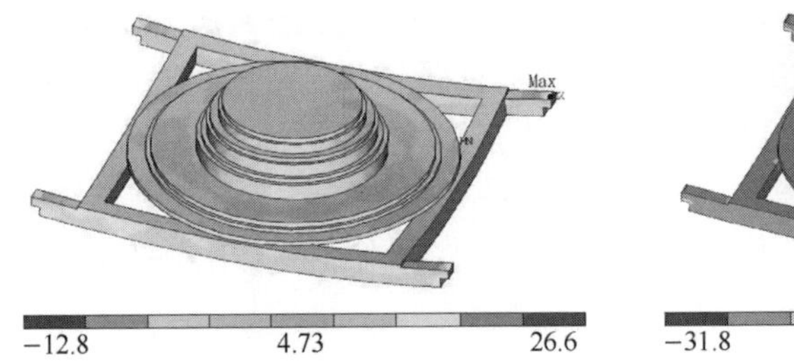

图 6-22　藻井主拉应力分布（单位：MPa）

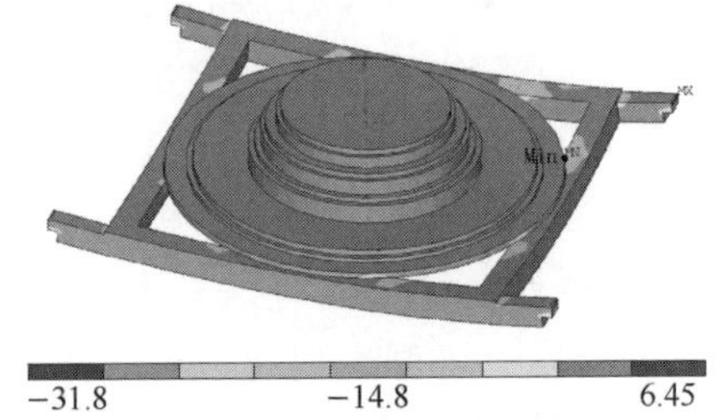

图 6-23　藻井主压应力分布（单位：MPa）

(3) 加固措施

经计算分析，采用两道 120mm×6mm 的扁钢箍对井口爬梁进行加固，扁钢在梁底用直径为 20mm 的螺栓固定，以提高井口爬梁的抗压及抗弯承载力。加固后的爬梁见图 6-24。

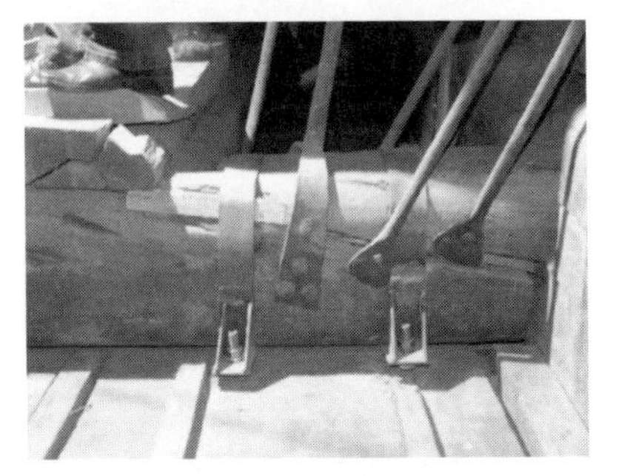

图 6-24　井口爬梁加固后

3. 小结

本节根据木结构材料的特点，运用 ANSYS 仿真方法分析了故宫太和殿藻井在长期荷载作用下产生破坏的原因。通过分析得出如下结论：

1) 长期荷载作用下，藻井的强度和变形均超出了《木结构设计手册》规定的范围，藻井已超过正常使用极限状态。

2) 长期荷载作用下，木材弹性模量下降及井口爬梁开裂是导致藻井大挠度的主要原因。

3) 井口爬梁开裂主要是长期荷载作用下木材强度降低，爬梁局部受压强度及静力弯曲强度过大而形成。

第 4 节　太和殿山面扶柁木支顶问题

研究表明[14-15]，木构古建筑榫卯节点很容易产生拔榫、变形、下沉等问题，其产生主要与外力作用、榫卯节点构造、木材材性等因素有关，而采用扁铁打箍、支顶等方法可实现榫卯节点的有效加固。根据故宫博物院古建部太和殿项目组提供的资料，太和殿两山童柱间扶柁木两端与童柱上皮的燕尾榫接口落差达 0.1m，固定扶柁木与童柱的铁片已变形、松动，扶柁木向外轻微歪闪。图 6-25 所示为山面扶柁木结构现状，扶柁木端部与童柱上皮相交位置见图中。由图可知，除扶柁木端部燕尾榫下沉外，扶柁木已加设支顶，而且材质较新，显然为后加。下面重点讨论支顶对减小该扶柁木端部下沉问题的影响。

1. 荷载计算

图 6-25　故宫太和殿山面扶柁木现状

注：①扶柁木；②童柱

太和殿山面扶柁木长 11.22m，跨中截面尺寸为 505mm×625mm（宽×高）。由于无法通过现场测量方式获得扶柁木与童柱连接的燕尾榫节点具体尺寸，基于相关资料，榫长可按童柱直径的 3/10（童柱直径为 650mm）取值，榫头每面收乍尺寸按 1/10 榫长取值，则可得扶柁木根部截面尺寸为 160mm×625mm（宽×高），端部截面尺寸为 200mm×625mm（宽×高）。取山面扶柁木端部榫卯节点模拟方法及刚度参数取值与 6.2 节完全相同，即 $K_x=1\times10^9$kN/m，$K_{roty}=7\times10^{12}$kN·m，其余值取 0。

此外，由于太和殿在正身和山面都是斜坡屋顶，屋顶传来的荷载其实并未落在山面扶柁木上，而是落在与扶柁木正交的正身方向下金桁、下金垫板、下金枋上。扶柁木以上所有木构件和屋面自重及风、雪、活载全部传给正身，扶柁木仅受 1/3 山面范围内荷载及本身自重。荷载作用范围取 1/3 童柱受荷面积。基于太和殿山面屋顶构造特征及相关荷载规范，解得山面扶柁木受到的竖向荷载为 $q=$ 1851.2kg/m。本节主要讨论支顶对减小竖向荷载造成的扶柁木榫卯节点下沉的影响，水平荷载暂不予考虑。由上述假定，绘出扶柁木的受力简图，见图6-26，其中上图表示支顶前，下图表示支顶后。

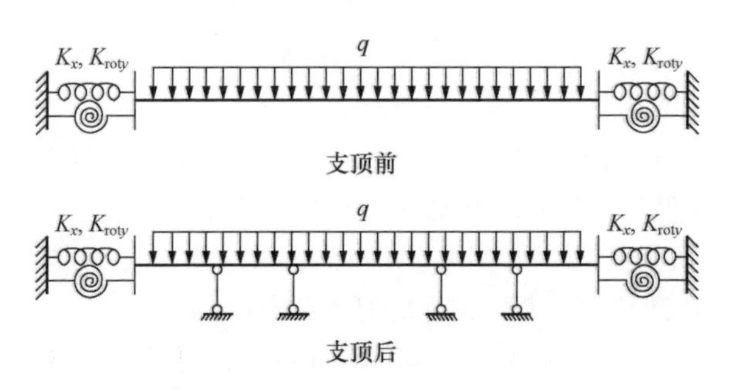

图 6-26　山面扶柁木受力简图

2. 计算结果

对扶柁木进行力学计算，获得扶柁木在支顶前后的弯矩与剪力分布结果，其中竖向弯矩和剪力分布如图 6-27、图 6-28 所示。基于弯、剪力峰值及对应截面尺寸，可求得组合后的弯、剪应力峰值，如表 6-8 所示。易知支顶后扶柁木的内力和变形峰值都有不同程度的降低，扶柁木受力状态得到明显改善。

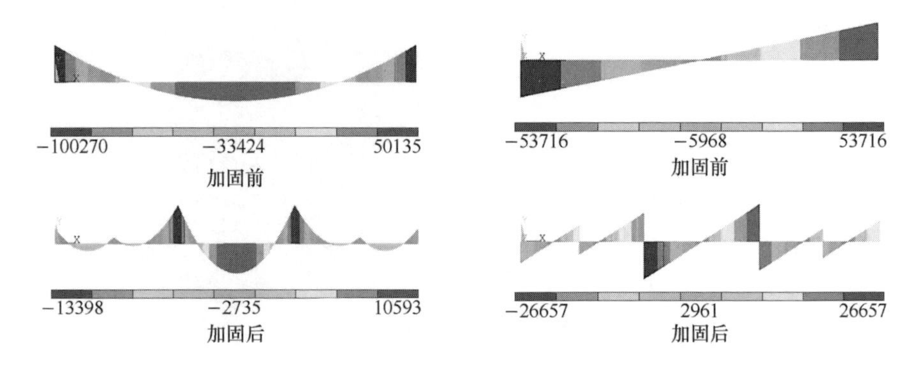

图 6-27　扶柁木竖向弯矩分布（单位：N•m）　图 6-28　扶柁木竖向剪力分布（单位：N）

表 6-8　扶柁木变形、内力峰值及位置

变形及内力	挠度	弯应力	剪应力
支顶	10mm，跨中	4.1MPa，跨中	0.4MPa，跨中
不支顶	60mm，跨中	23.1MPa，端部	1.82MPa，端部
支顶/不支顶	0.17	0.177	0.22

3. 小结

1）故宫太和殿山面扶柁木端部榫头下沉与该位置弯、剪应力较大密切相关。

2）采取支顶加固方法可有效改善扶柁木的内力及变形分布，降低峰值。

第 5 节　结　　论

由以上对太和殿构件的力学分析结果，得到如下结论：

1）太和殿西山挑檐檩产生大挠度的主要原因是长期荷载作用下挑檐檩及斗拱支座弹性模量降低，但挑檐檩仍属安全的结构体系。

2）太和殿三次间正身顺梁榫头下沉与该位置拉、弯、剪应力过大密切相关，采取钢木组合结构加固的方法可有效实现该节点的加固。

3）太和殿明间藻井下沉的主要原因在于长期荷载作用下木材弹性模量下降及井口爬梁开裂，采取扁钢打箍的方法可有效解决该问题。

4）太和殿山面扶柁木端部榫头下沉与该位置弯、剪应力较大密切相关，采取支顶加固方法可有效改善扶柁木的内力及变形分布，降低峰值。

参考文献

[1] ANSYS 中国 . ANSYS 基本过程手册 [R]. 上海，2000.

［2］张大照．CFRP布加固修复木柱、木梁性能研究［D］．上海：同济大学，2003.
［3］龙卫国，杨学兵，王永维．木结构设计手册［M］．3版．北京：中国建筑工业出版社，2005.
［4］中国林业科学研究院木材工业研究所．故宫太和殿木结构材质状况勘察报告［R］．北京，2005.
［5］薛建阳，张鹏程，赵鸿铁．古建木结构抗震机理的探讨［J］．西安建筑科技大学学报，2000，32（1）：8-11.
［6］马炳坚．中国古建筑木作营造技术［M］．北京：科学出版社，1992.
［7］赵均海，俞茂宏，杨松岩，等．中国古代木结构有限元动力分析［J］．土木工程学报，2000，33（1）：32-35.
［8］Fang D P，Iwasaki S，Yu M H. Ancient Chinese timber architecture-Ⅰ：Experimental study［J］．Journal of Structural Engineering，2001，127（11）：1348-1357.
［9］Fang D P，Iwasaki S，Yu M H. Ancient Chinese timber architecture-Ⅱ：Dynamic characteristics［J］．Journal of Structural Engineering，2001，127（11）：1358-1364.
［10］姚侃，赵鸿铁，葛鸿鹏．古建木结构榫卯连接特性的试验研究［J］．工程力学，2006，23（10）：168-172.
［11］谢启芳，赵鸿铁，薛建阳．中国古建筑木结构榫卯节点加固的试验研究［J］．土木工程学报，2008，41（1）：28-34.
［12］中华人民共和国国家标准．木结构设计规范（GB 50005—2003）［S］．北京：中国计划出版社，2003.
［13］董益平，竺润祥，俞茂宏．宁波保国寺大殿北倾原因浅析［J］．文物保护与考古科学，2003，15（4）：1-5.
［14］周乾，闫维明，纪金豹．明清古建筑木结构典型抗震构造问题研究［J］．文物保护与考古科学，2011，23（2）：36-48.
［15］周乾，闫维明．故宫古建筑结构可靠性问题研究［J］．中国文物科学研究，2012（04）：59-65.

第七章

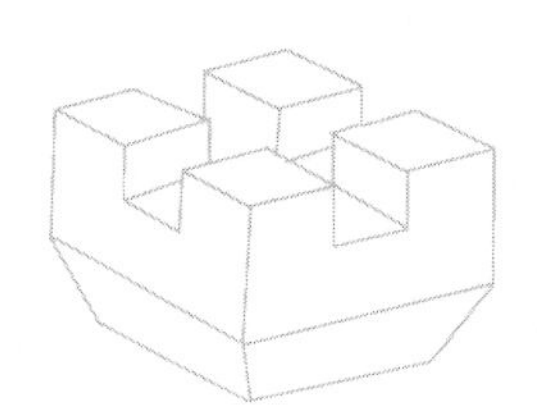

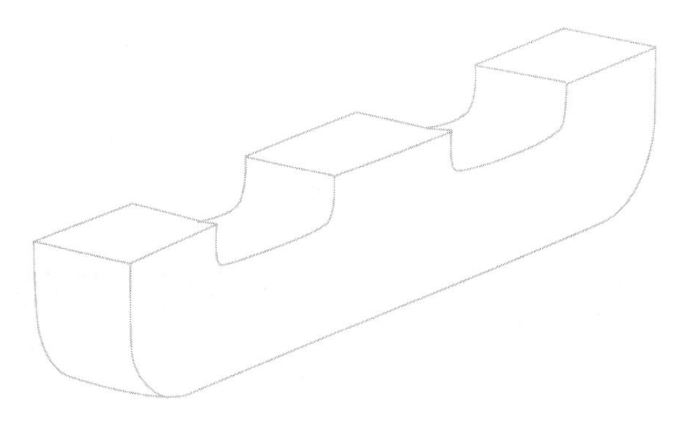

故宫古建筑开裂构件的分析与保护

开裂是木构古建筑典型的残损问题之一

木材开裂既包括干缩形成的裂缝

也包括外力作用下

因破坏而产生的裂缝

数值模拟方法具有

不破坏木结构、可行性强、分析结果

可信等优点

用于古建筑开裂构件的

裂缝扩展、受力性能和加固方案分析

可为其保护和加固提供参考

本章共包括三部分内容：

1）基于XFEM技术的古建筑木梁裂缝扩展研究。基于木材材料特性，采用XFEM数值模拟方法，建立含裂纹木梁简化有限元模型，并在顶部施加水平位移荷载，研究裂纹扩展过程中木梁应力、变形及裂缝的变化特征，讨论不同因素对裂纹扩展特性的影响。

2）古建残损木梁受弯性能数值模拟研究。以故宫东华门某三架梁为例，研究竖向荷载作用下古建残损木梁的弯曲受力性能。基于该三架梁开裂、糟朽现状资料，分别考虑梁身裂缝未贯通和贯通两种工况，建立不同工况条件下的有限元模型，其中考虑梁的边界条件为榫卯连接。通过竖向荷载作用下的静力分析，获得不同工况条件下三架梁的内力和变形，讨论裂缝贯通前后三架梁的破坏情况。

3）故宫中和殿某中金檩断裂分析。勘查发现，故宫中和殿明间某中金檩在与上部爬梁相交位置出现局部断裂，造成下部中金枋产生较大挠度。为探明该中金檩产生断裂的原因，采取理论计算与数值模拟相结合的方法，对中金檩-中金枋体系进行分析。基于榫卯连接边界条件的特征，分别考虑中金檩与中金枋叠合、中金檩与中金枋分离、中金檩完全断裂等三种工况，建立中金檩-枋体系的受力模型，进行静力分析，获得中金檩、中金枋的变形及内力分布特征，并讨论中金檩断裂破坏的影响因素。基于该中金檩开裂现状，提出两种加固方案，即辅梁法和附加斜撑法。采用有限元分析程序ANSYS，建立上述两种加固方案的有限元模型，进行数值模拟分析，获得不同加固方案条件下中金檩体系的内力和变形结果，并评价两种加固方案的效果。

第1节　基于XFEM技术的古建筑木梁裂缝扩展分析

1·引言

图7-1　古建开裂木梁产生的水平裂纹

我国的古建筑以木结构为主，具有重要的文物和历史价值，保护意义重大。然而，由于木材材性缺陷，在自然因素或外力作用下，古建筑很容易产生各种残损问题，典型问题之一为开裂。木材开裂既包括干缩形成的裂缝，也包括外力作用下因破坏而产生的裂缝。古建筑木结构中最常见的开裂问题为木梁因抗剪强度不足而产生的水平裂纹，见图 7-1。由于裂纹威胁木梁整体的稳定性能，研究木梁开裂机理，探讨裂纹扩展特征，有利于对木梁采取可靠的加固措施。

国内外部分学者对木梁的开裂问题开展了理论及试验研究。国内方面，邵卓平等[1]采用试验方法研究了木材的顺纹断裂韧性，认为顺纹断裂韧性是木材固有的属性，与测试方法、裂纹形状和尺寸关系很小；王丽宇[2]采用试验方法研究了裂纹对木材抗弯强度及冲击韧性的影响，认为裂纹会造成上述强度降低；杨小军等[3]采用试验方法研究了裂纹对木材抗压和抗弯性能的影响，认为裂纹对木材抗弯强度的影响远大于对抗压强度的影响；李明宝[4]采取仿真分析方法研究了木材裂纹尖附近的应力分布特点，认为裂纹形式与加载大小及方式无关。国外方面，Barrent[5]采用试验方法研究了南美松的断裂韧性，认为该参数与木材厚度无关；Mall 等[6]、Valentin 等[7]采用线弹性断裂理论分析了木材的断裂性质及影响因素。

古建筑属于文物，对其研究时采取取样并开展试验的方法不妥当。而计算机仿真分析方法可避免此类问题，且可获得试验无法得到的数据。ABAQUS 软件中的 XFEM（Extended Finite Element Method）是一种在常规有限元位移模式中，基于单位分解的思想，加进一个跳跃函数和裂尖渐进位移场，以反映位移不连续性的新型数值方法。采用该法进行数值模拟时，裂纹独立于计算网格，因此能方便地分析裂纹的扩展。为此，本节采取 XFEM 仿真分析方法，基于上述已有的研究成果，研究古建筑木梁水平裂纹扩展时的内力和变形特征，以及不同参数对裂纹扩展的影响，为古建筑开裂木梁的保护和加固提供参考。

2・基本原理

设某古建筑木梁尺寸为 6000mm×1000mm×1000mm（长×宽×高），其左侧中部有裂纹，长度为 1000mm，木梁底部固定，顶部承受位移荷载 F_u=0.1mm，见图 7-2。由于仅考虑木梁在水平荷载作用下产生顺纹水平裂缝，在采用 ABAQUS 的 XFEM 法建立该木梁的有限元模型时，考虑木梁仅沿水平方向开裂，为简化分析，材料为线性特征，划分网格类型为 CPE4（Element Type of Plane Strain Continuum）。施加荷载分 24 个子步，共持时 1s。

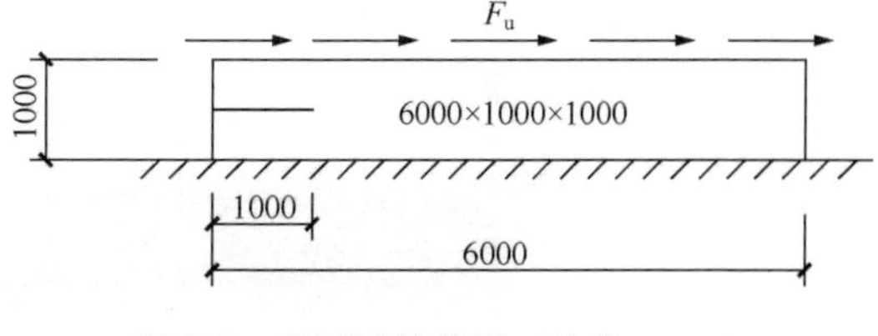

图 7-2　模型计算简图（单位：mm）

分析裂纹扩展时，一些参数取值说明如下。

1）损伤模型（Damage Model）：主要用来模拟扩展单元的损伤及最终失效过程。失效机理包括损伤初始准则（Damage Initial Criteria）和损伤演化定律

(Damage Evolution Laws)。此处选取的损伤初始准则为最大主应力准则（the Maximum Principle Stress)，即模型的最大主应力超过临界值时模型产生破坏，临界值取木材顺纹剪切强度，[τ]=1.5MPa。损伤演化主要描述了模型满足初始损伤准则后裂纹面之间的平均损伤值。本节损伤演化选取基于能量的、线性软化的、混合模式的指数损伤演化规律。

2）损伤稳定（Damage Stabilization)：指定纤维增强材料、基于表面的粘结特性或增强单元的粘结特性的损伤模型黏度系数，主要用于控制裂缝的扩展。此处损伤稳定系数取值为 0.001。

3·分析结果

1. 变形与内力

图 7-3 为水平荷载作用下木梁水平裂纹扩展过程中的变形分布图，其主要特征为：

1）随着荷载步增大，木梁变形峰值增大，但幅度很小，即裂纹表现不明显。如在第 8 步时，u_{max}=4.613E−5m；而第 24 步时，u_{max}仅为 1.912E−4m。

2）木梁变形最大值始终发生在木梁左上角，且裂纹尺寸在荷载作用一侧偏大。这说明当木梁产生开裂破坏时，上述位置为破坏最严重的部位。

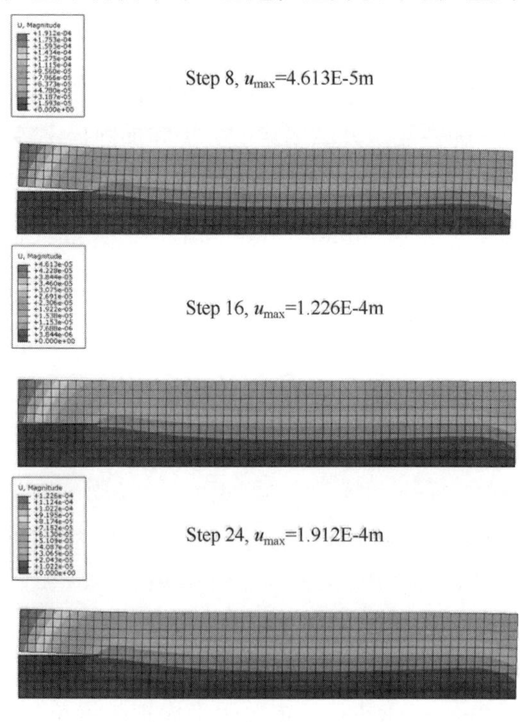

图 7-3　木梁变形分布

图 7-4 为木梁开裂过程中 Von Mises 应力分布图，其主要特征为：

1）随着裂纹荷载步增大，木梁主应力峰值明显增大，并容易导致木梁产生破坏。如在第 8 步时，σ_{max}＝0.43MPa＜1.5MPa，此时木梁不会产生新的破坏；而第 24 步时，σ_{max}＝1.78MPa＞1.5MPa，此时木梁会产生新的破坏，即裂纹不仅幅度增大，而且向右下方扩展，如图 7-4 下图所示。

2）木梁应力峰值集中在裂纹尖附近，这说明裂纹尖是裂纹容易产生扩展的位置。

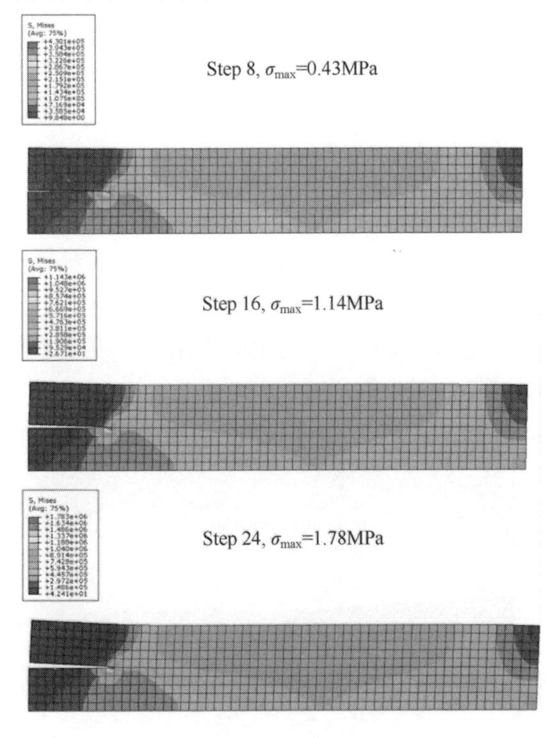

图 7-4　木梁 Von Mises 应力分布

2. 时程曲线

荷载作用下木梁裂纹尖位置的 Von Mises 时程曲线见图 7-5。易知，除了t＝1.0s 附近外，裂尖的主应力随着时间增加而线性增大，且小于最大主应力损伤判断依据的临界值。这说明荷载作用下木梁裂纹尚未产生扩展。而到 t＝1s 时，裂尖应力突然增大（由 0.79MPa 增大至 1.78MPa），且超过容许值，反映木梁在裂纹处因应力过大产生破坏，裂纹产生扩展，并完全裂开。

图 7-6 为木梁变形能（E_1）和动能（E_2）曲线图，其中变形能可反映木梁在开裂过程中能量存储的情况，动能可反映木梁开裂过程的稳定性。易知，动能在整个过程中没有发生显著的增加，表明整个裂纹扩展过程基本是稳定的。此外，图 7-6 中木梁变形能随着时间增长略增加，反映开裂过程中外力做的功较小，木

梁存储的能量较少。

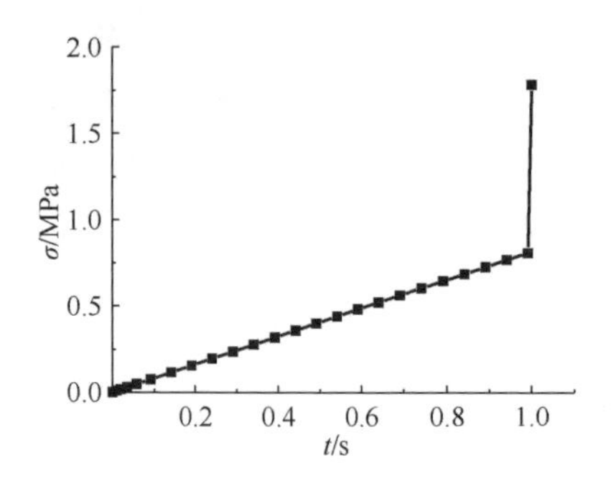

图 7-5　木梁裂尖位置 Von Mises 应力曲线

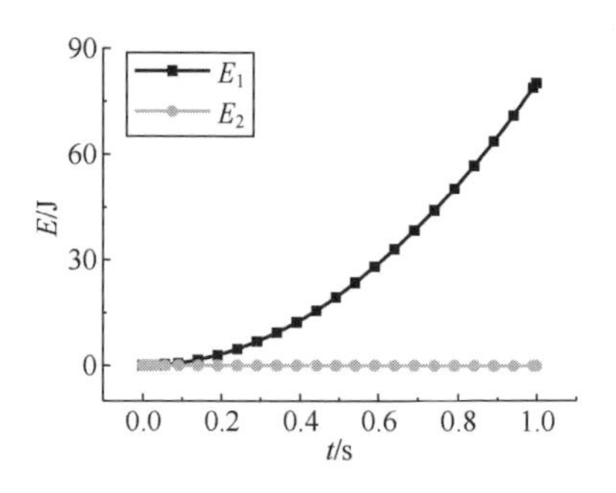

图 7-6　木梁变形能和动能曲线

3. 工况变化

图 7-7 为裂纹长度 L=1.5m，2.0m，3.0m 时木梁 Von Mises 主应力分布情况。易知，当裂纹长度由 1.5m 增长至 3.0m 时，主应力峰值由 1.800MPa 增长到 1.805MPa，即裂纹长度增大时，木梁主应力增加不明显。另从裂纹分布特点来看，尽管裂纹长度增长，裂尖附近并未产生明显的扩展现象，即木梁并未产生更明显的破坏。由此可知，裂纹长度对木梁受力性能影响不大。

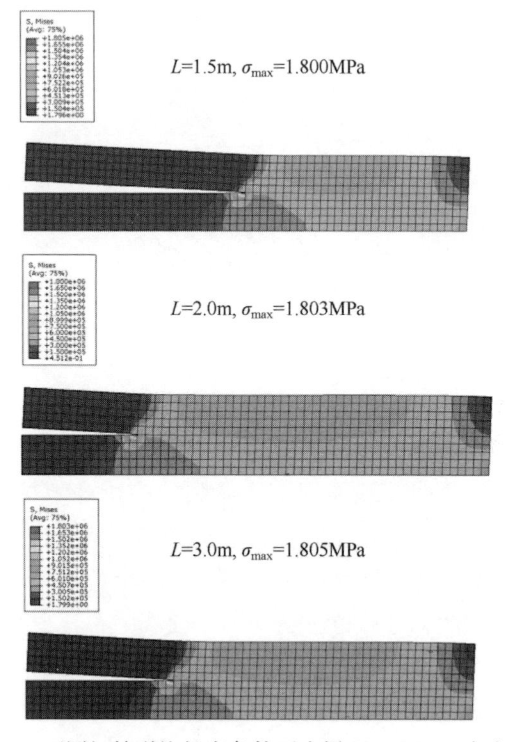

图 7-7　不同初始裂纹长度条件下木梁 Von Mises 应力分布

图 7-8 显示了 F_u=0.0002m，0.0003m，0.0004m 时木梁 Von Mises 主应力分布情况。易知，外荷载增大时，木梁主应力增加明显，其主应力峰值由 2.179MPa 迅速增长到 4.359MPa，可导致梁严重破坏。另从裂纹分布特点来看，外荷载较小时，裂纹延伸不明显；随着外荷载增大，裂纹沿斜下方迅速扩展；到 F_u=0.0004m 时，裂纹已延伸至梁下侧，并导致梁产生局部断裂。由此可知，荷载大小对木梁裂纹影响明显，较大的荷载容易使梁裂纹扩展迅速并产生断裂。

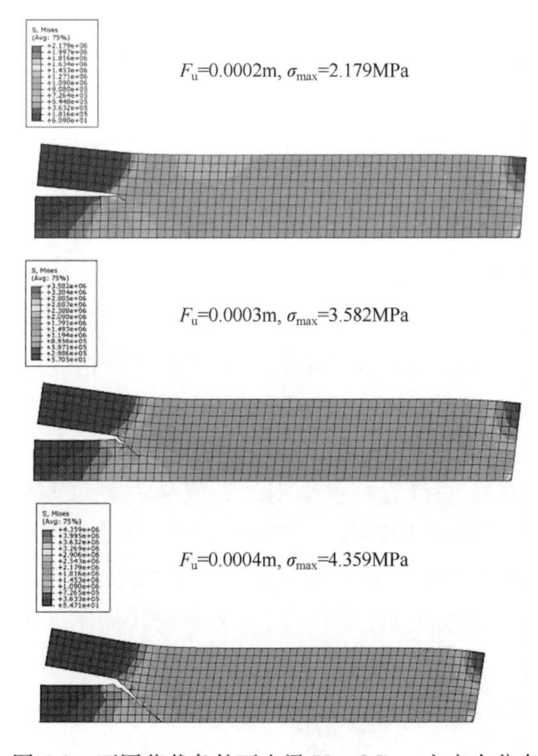

图 7-8　不同荷载条件下木梁 Von Mises 主应力分布

4・结论

1）随着荷载步增大，木梁变形峰值增大，但表现不明显；木梁主应力峰值明显增大，且发生在裂尖附近。

2）增大外荷载时，木梁应力峰值增大明显，其裂纹容易产生扩展；增大裂纹初始长度时，木梁受力性能变化不大。

3）采用有限元法中的 XFEM 技术可提高古建筑木梁裂纹扩展研究的效率，并深入分析结构裂纹扩展失效机制，为古建筑的保护提供有效的参考。

第2节 故宫东华门某残损三架梁受弯性能分析

木结构古建筑能保存至今的主要原因在于木材有良好的抗弯、抗压、抗震等优点，然而木材又存在易开裂、易糟朽等问题，因而需要进行残损评估并及时采取加固措施。从国内外研究现状看，关于古建筑木结构残损评估及加固方面的研究，现有的成果以综述或试验为主[8-13]。在很多实际工程中，当古建筑出现残损问题时，由于种种条件限制，开展试验往往很难获得所需的原材料，给古建筑的残损评估及提出加固方案造成诸多不便。数值模拟的优点在于：在获得木结构的材性、物理力学参数及残损现状后，可通过仿真模拟的方式研究木结构残损原因，进而提出可行性建议。数值模拟方法具有不破坏木结构、可行性强、分析结果可信等优点，在古建筑木结构保护研究中值得应用和推广。

东华门位于故宫东门，主要功能为内阁官员出入的通道。其上城楼始建于明永乐十八年（1420 年）。现有建筑平面呈长方形，长 43.2m，宽 19.6m，高 19.8m，面阔 5 间，进深 3 间，屋顶形式为黄琉璃瓦重檐庑殿顶。勘查发现东华门城楼某三架梁存在较严重的残损问题。该三架梁尺寸为 3.04m×0.43m×0.48m（长×宽×高），材料为楠木。其残损特征主要包括两个方面：

1）开裂。裂缝在梁底位置，水平向。裂缝从右侧（西侧）起，往左（东）延伸。在西侧肉眼可见裂缝高度为 0.005m，而在东侧的最大裂缝高度达 0.05m。

2）中空。木梁糟朽所致，尺寸为 1.05m×0.23m×0.23m（长×宽×高，其中高度方向包括 0.05m 的裂缝尺寸）。该三架梁现状如图 7-9 所示，具体残损尺寸如图 7-10(a)所示。

(a) 立面

(b) 局部

图 7-9 东华门某三架梁现状

本节采取数值模拟方法，以该三架梁为例，研究基于残损现状古建筑木梁的弯曲受力性能，讨论不同工况条件下梁的内力和变形状况，评价其承载性能，并

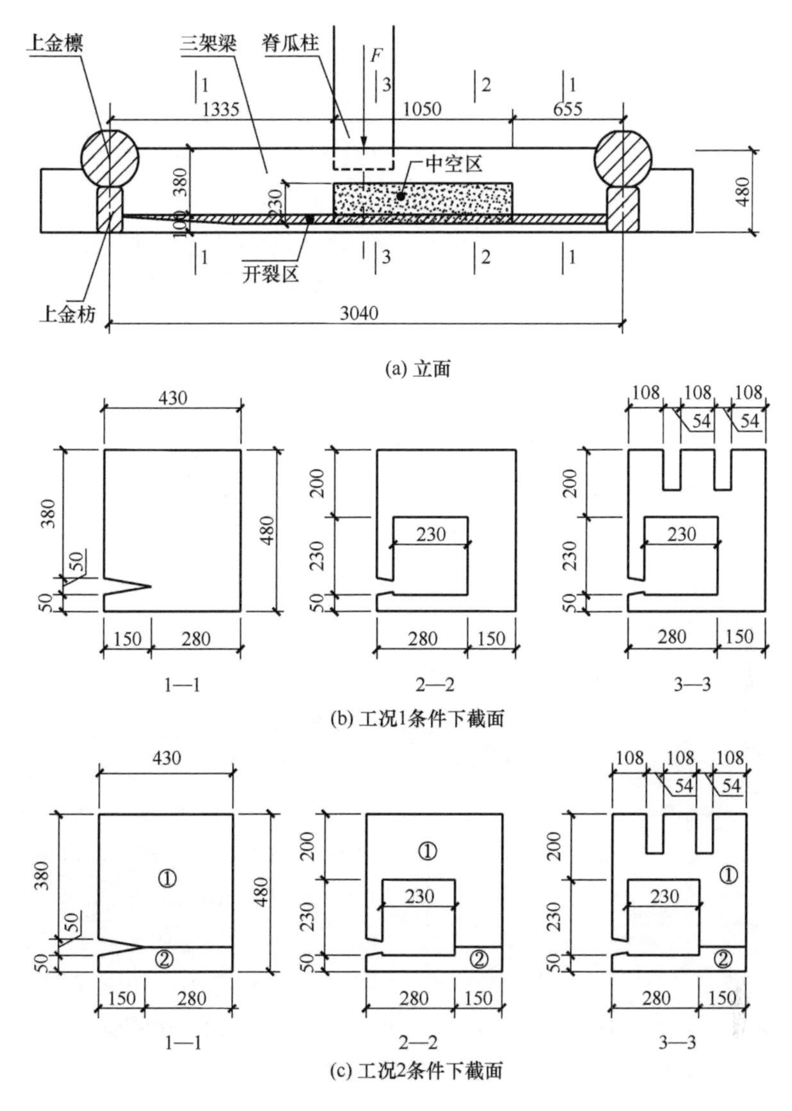

图 7-10　三架梁残损尺寸（单位：mm）

提出可行性建议。

1 · 荷载计算

仅考虑静力竖向荷载作用下该三架梁的内力及变形情况。基于东华门城楼梁架构造特点，确定该三架梁计算范围内上部荷载传递路线为：瓦面（四样）→伉瓦泥(40mm 厚)→青灰被(20mm 厚)→焦渣灰被(150mm 厚)→护板灰(10mm 厚)→望板(25mm 厚)→椽子(直径 140mm，间距 160mm)→脊三件→脊瓜柱。基于相关荷载取值建议或规范规定[14-16]，进行荷载组合，可求得作用在三架梁上的集

中荷载为 1.05×10^5N。

在求解三架梁的内力和变形时考虑如下两种工况。

1）工况 1：三架梁内部出现糟朽，底部产生水平裂缝，但未贯通梁的横截面，该工况与三架梁现状情况相近。该工况条件下的计算截面如图 7-10(b)所示。其中，截面 1—1 主要分布在三架梁的两侧；截面 2—2 在截面 1—1 基础上削掉 0.23m×0.23m（宽×高）的截面尺寸，该截面主要位于三架梁中空（糟朽）区；截面 3—3 在截面 2—2 基础上削掉脊瓜柱在三架梁上所占的榫头截面尺寸，按照明清大木作构造特点[17]，削掉的尺寸为 0.054m×0.12m（宽×高），共 2 处，该截面位于脊瓜柱与三架梁相交位置。

2）工况 2：在工况 1 前提下，三架梁水平裂缝扩展，直至完全贯通梁的横截面。此时可认为三架梁被分成上段梁①和下段梁②，则梁①和梁②形成叠合梁，共同承受脊瓜柱传来的竖向荷载。此时截面 1—1～截面 3—3 变为图 7-10(c)所示的情况。

2 · 工况 1 分析

1. 计算简图

该工况条件下，三架梁为单梁受荷。根据明清时期木结构构造特点[17-18]，梁端部一般做成燕尾榫形式，插入柱头中。这种榫卯节点具有一定转动能力，可认为处于半刚性约束状态。基于文献[19]、[20]的研究成果，可取燕尾榫节点转角刚度值 $K=2.02\times10^4\ \mathrm{N\cdot m\cdot rad^{-1}}$。基于上述假定，可绘出该三架梁静力计算简图，如图 7-11 所示，其中 F 为传到三架梁上的集中荷载，K 为梁端榫卯节点转角刚度值。

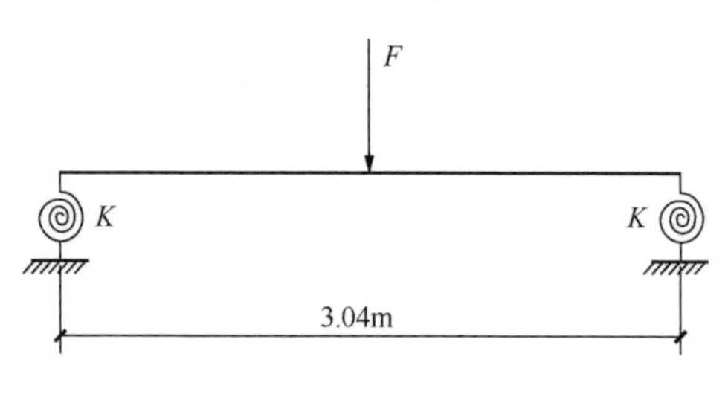

图 7-11　工况 1 计算简图

2. 有限元模型

（1）榫卯节点

本工况采用 ANSYS 有限元程序模拟三架梁受力性能。三架梁与瓜柱采用榫卯节点形式连接，其构造如图 7-12 所示。考虑到梁端采用榫卯节点的连接方式，基于已有的研究成果，可采用三维虚拟弹簧单元组模拟榫卯节点的半刚性特性，该弹簧单元组由 6 根互不耦联的弹簧组成，其刚度取值分别为 K_x、K_y、K_z和 $K_{\mathrm{rot}x}$、$K_{\mathrm{rot}y}$、$K_{\mathrm{rot}z}$，其中前 3 个参数表示沿 x、y、z 轴的拉压刚度，后 3 个参数表示绕

图 7-12　榫卯节点构造示意图

x、y、z 轴的转动刚度，如图 6-9(a)所示。分析时，按虚拟弹簧一端连接榫头、另一端固定约束处理。

在用 ANSYS 程序进行有限元分析时，用 MATRIX27 单元模拟虚拟弹簧。该单元没有定义几何形状，但是可通过两个节点反映单元的刚度矩阵特性，其刚度矩阵输出格式如图 6-9(b)所示。

此处仅考虑榫头绕卯口转动引起的拔榫，则各参数取值为[21]

$$K_x = K_y = K_z = 3.276 \times 10^{20}\,\text{N}\cdot\text{m}\cdot\text{rad}^{-1}$$ （取一个大值，表示刚度无穷大）

$$K_{\text{rot}x} = K_{\text{rot}y} = K_{\text{rot}z} = 0$$

（2）有限元模型

采用 BEAM189 单元模拟三架梁，MATRIX27 单元模拟榫卯节点边界条件。此处主要考虑木材顺纹方向的受力性能，建模时输入的木材参数有：密度 ρ=500kg/m^3，泊松比 μ=0.3，弹性模量考虑年代长久折减，取值为 $E=9\times10^9\,\text{N/m}^2$。基于上述条件可建立基于残损现状的三架梁有限元分析模型，如图 7-13 所示，其中含梁单元 30 个，榫卯节点单元 2 个。为便于加载，将集中力分布在脊瓜柱插槽位置附近的节点上。

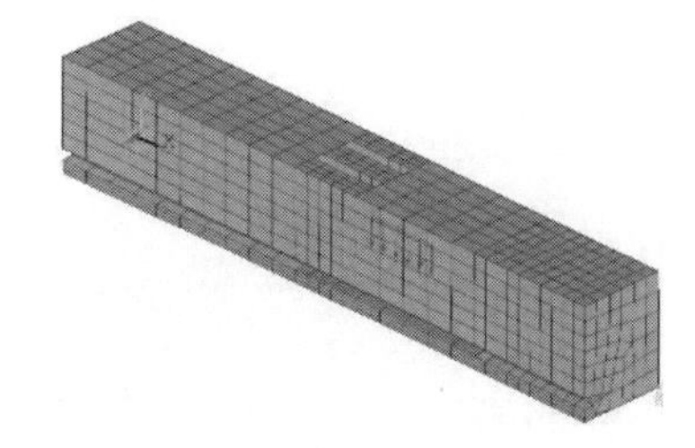

图 7-13　工况 1 条件下三架梁有限元模型

3. 分析结果

根据相关资料，该三架梁采用的木材属楠木，其强度参数与硬木松相近，容许变形和强度值可按《木结构设计规范》取值为[22]：变形 $[l]$=0.03m，顺纹抗拉 $[\sigma_t]$=8MPa，顺纹抗压 $[\sigma_c]$=10MPa，抗弯 $[\sigma_m]$=13MPa，顺纹抗剪 $[\tau]$=1.4MPa。下面分析基于开裂糟朽现状的三架梁在竖向荷载作用下的内力及变形。

（1）变形

图 7-14 反映了竖向荷载作用下三架梁的变形结果，易知三架梁变形最大值发生在跨中，为 0.003m$<[l]$，在规范许可范围内。结合图 7-14(b)可以看出，不同截面位置的变形量大小顺序为截面 3—3>截面 2—2>截面 1—1，且由于截面 2—2、截面 3—3 存在糟朽（中空）区域，竖向荷载产生偏心，导致截面产生轻微侧向倾斜。

（2）主应力

图 7-15、图 7-16 反映了竖向荷载作用下三架梁的主拉、主压应力分布状况，易知三架梁的主拉应力峰值位置在跨中下侧，为 6.43MPa$<[\sigma_t]$，即三架梁不会产生受拉破坏；主压应力峰值在三架梁跨中上部，为 6.62MPa$<[\sigma_c]$，即三架梁

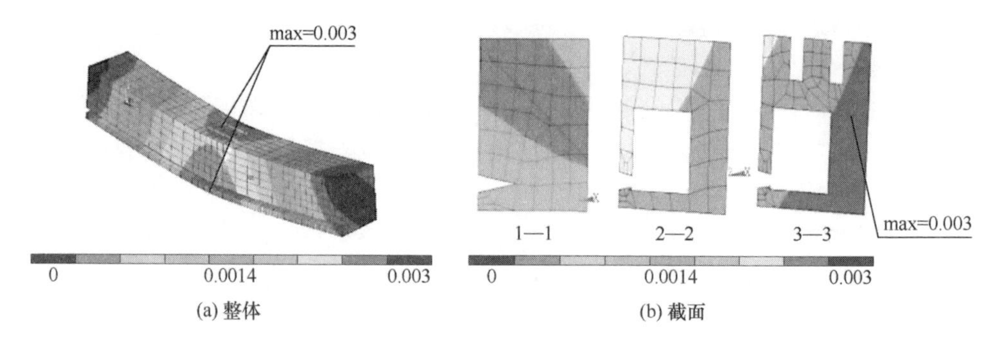

图 7-14 工况 1 变形图（单位：m）

不会产生受压破坏。此外，就不同截面的拉、压应力分布而言，截面 3—3 均最大，其主要原因在于该截面距竖向荷载作用位置较近，且截面削弱面积最大。

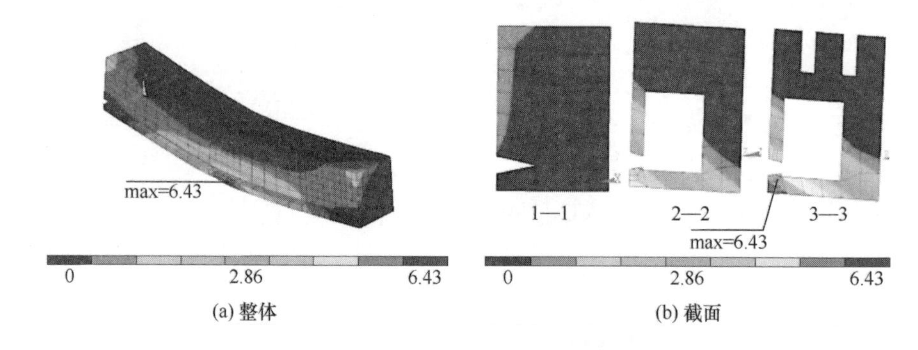

图 7-15 工况 1 主拉应力分布（单位：MPa）

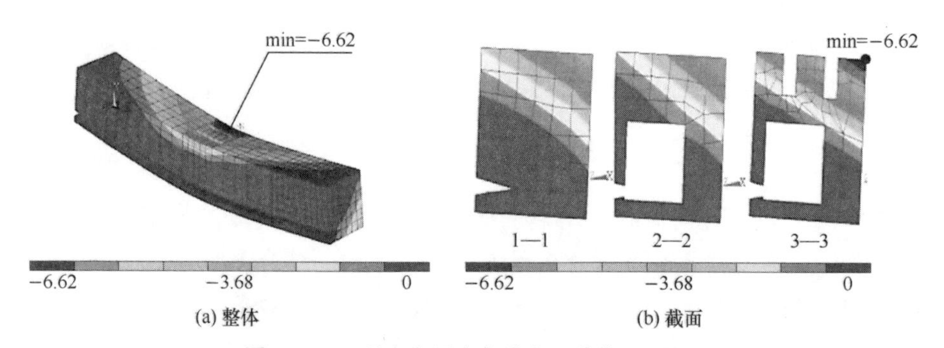

图 7-16 工况 1 主压应力分布（单位：MPa）

（3）弯应力

由于梁端部弯矩很小，在求解弯应力时仅考虑截面 2—2、截面 3—3 的弯应力峰值。上述指定截面的上端及下端弯应力峰值如表 7-1 所示。易知上述截面位置的弯应力峰值均在规范许可范围内，即三架梁不会产生受弯破坏。

表 7-1　工况 1 弯应力计算结果

截面	截面 2—2		截面 3—3	
	上端	下端	上端	下端
$M/(\mathrm{N\cdot m})$	22 491		55 504	
σ_m/MPa	1.75	2.25	4.82	5.42
$\sigma_m > [\sigma_m]$?	否	否	否	否

（4）切应力

在求解三架梁的剪应力时，选择剪力值较大的截面 1—1 与 2—2 进行分析。求得上述指定截面位置的切应力峰值如表 7-2 所示，易知在截面 2—2 下侧的切应力峰值远大于规范容许值，即三架梁梁下侧距梁端不远处位置产生剪切破坏，具体表现为三架梁底部出现水平向剪切裂缝。

表 7-2　工况 1 切应力计算结果

截面	截面 1—1		截面 2—2	
	中轴上	中轴下	中轴上	中轴下
F/N	52 673		52 327	
τ/MPa	0.47	0.47	0.88	3.26
$\tau > [\tau]$?	否	否	否	是

4. 讨论

该工况条件下，三架梁产生轻微歪闪，且变形、拉、压、弯应力峰值均在许可范围内，仅剪应力峰值过大。由于木材顺纹抗剪强度较差，水平裂缝主要为受剪破坏[23]，且东华门三架梁现状无明显变形，数值模拟结果与三架梁实际破坏情况吻合。

3 · 工况 2 分析

1. 计算模型

该工况条件下，梁①与梁②组成叠合梁，共同承担上部传来的竖向荷载。结构体系相应的计算简图见图 7-17。梁端点仍按榫卯连接考虑，榫卯节点刚度取值同工况 1。

本工况同样采用 ANSYS 有限元程序模拟相结合的方法分析梁①与梁②组成的叠合梁受力性能。在利用 ANSYS 程序进行数值模拟时，梁①与梁②采用 BEAM189 单元模拟，半刚性边界条件仍采用 MATRIX27 单元模拟，梁①与梁②的接触关系采用 CONTA178 单元模拟，且考虑到梁①与梁②的叠合作用，CON-

TA178 单元的节点位置（节点 I 和节点 J）间隙为梁①与梁②中心的距离[24]。基于计算简图、约束条件及 ANSYS 模拟方法，获得该工况条件下结构体系有限元模型如图 7-18 所示，其中含梁单元 60 个，半刚性节点单元 4 个，接触单元 60 个。

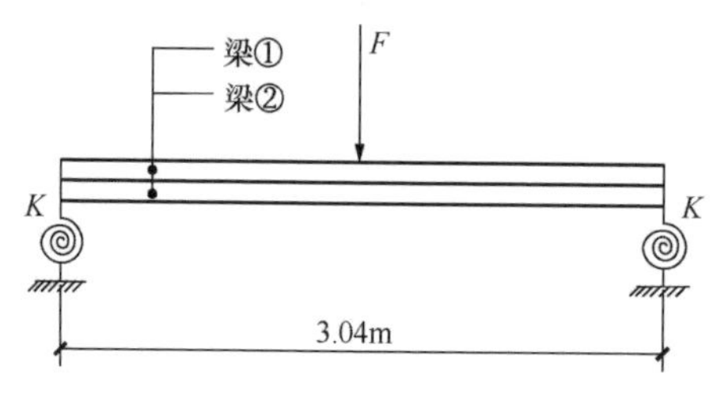

图 7-17　工况 2 条件下三架梁计算简图

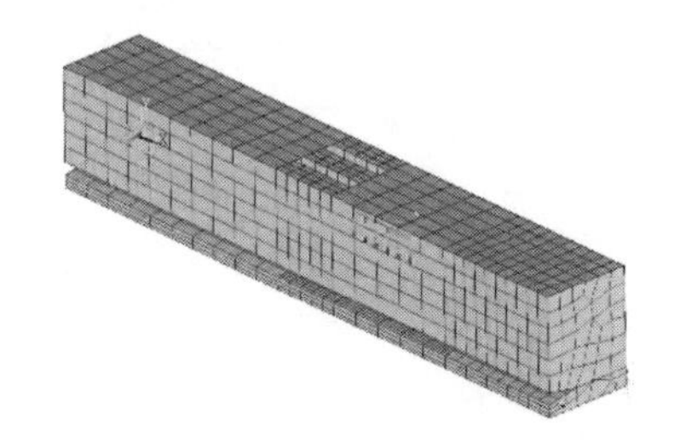

图 7-18　工况 2 条件下三架梁有限元模型

2. 分析结果

(1) 变形

基于有限元分析方法，获得竖向荷载作用下三架梁整体变形状况，如图 7-19 所示，易知竖向静载作用下该三架梁变形峰值为 0.006m<[l]，位置在梁①跨中的上侧和下侧。由此可知，三架梁在竖向荷载作用下不会产生过大的竖向变形。然而由于该三架梁存在开裂、糟朽等残损问题，在三架梁被分成梁①与梁②后，因部分截面被削弱，荷载偏心，并导致此两根梁之间产生水平错动及倾斜，这对三架梁的稳定性构成一定威胁。

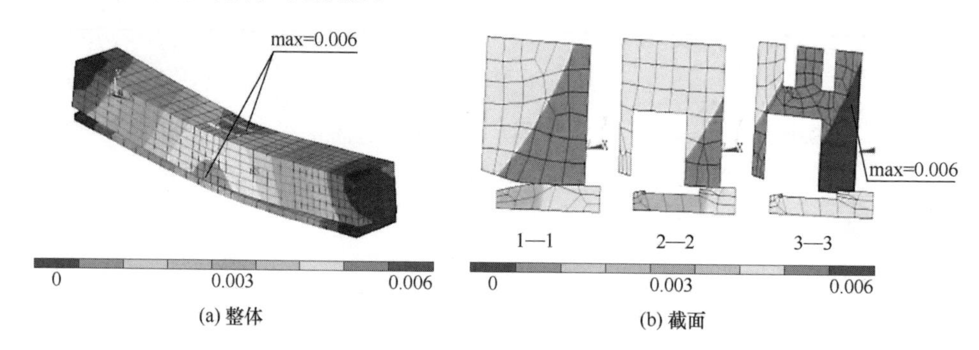

图 7-19　工况 2 变形图（单位：m）

(2) 主应力

图 7-20 为三架梁主拉应力分布图，易知拉应力峰值发生在梁①底部［图 7-20(a)、(b)］，σ_t=11.4MPa>[σ_t]；对于梁②而言，主拉应力峰值发生在跨中底部位置，σ_t=1.46MPa<[σ_t]［图 7-20(c)］。图 7-21 为三架梁主压应力分布图，易知峰值发生在梁①上部［图 7-21(a)、(b)］，σ_c=−11.2MPa>[σ_c]；对于梁②而言，主压应力峰值发生在跨中顶面［图 7-21(c)］，σ_c=2.38MPa<[σ_c]。

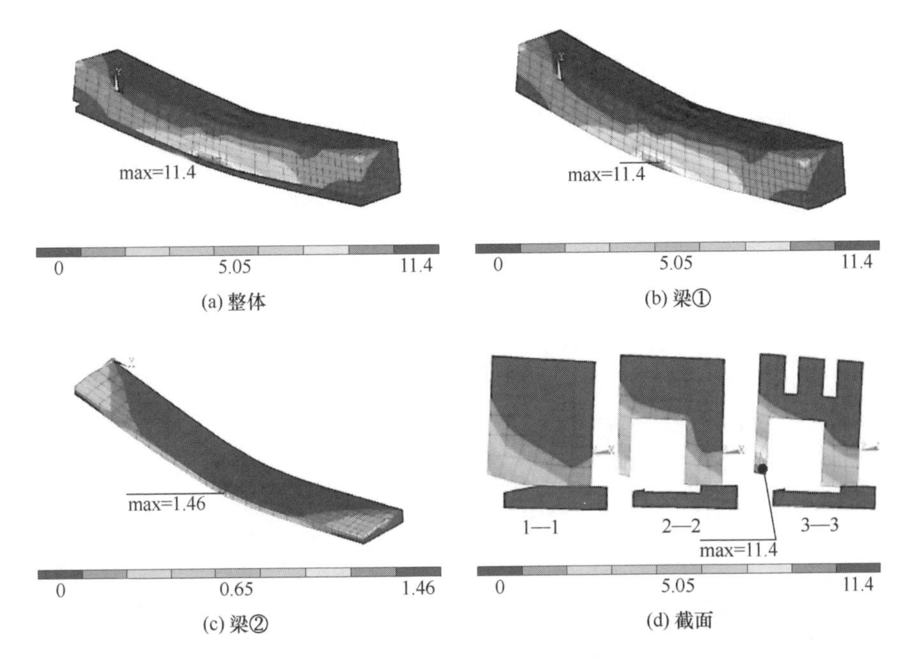

图 7-20 工况 2 主拉应力分布（单位：MPa）

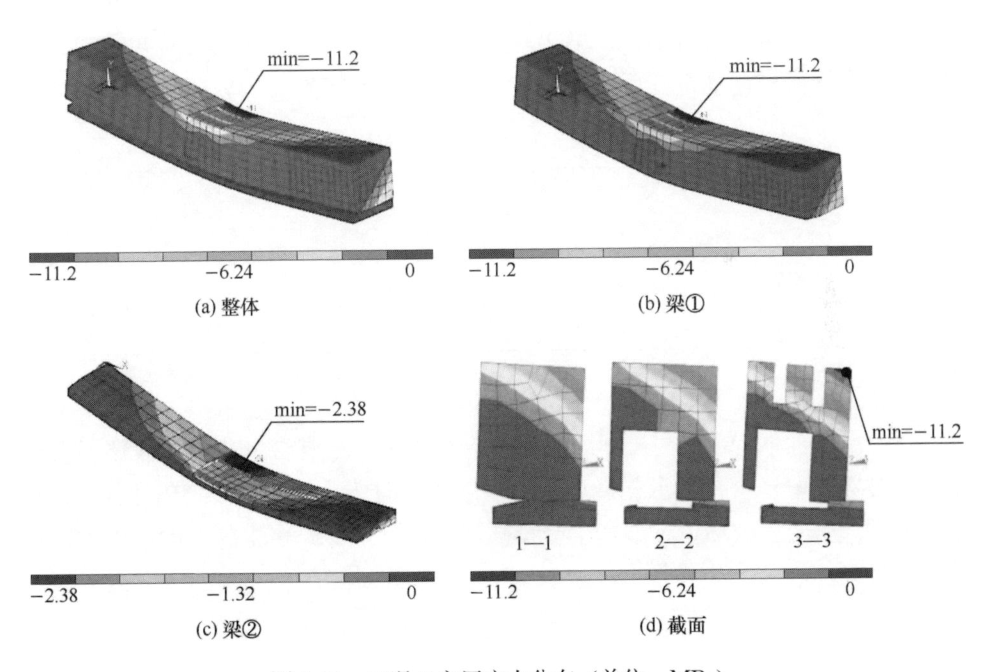

图 7-21 工况 2 主压应力分布（单位：MPa）

由此可知，该工况条件下，梁①上端将产生受压破坏，下端将产生受拉破坏。此外，截面 3—3 的拉、压应力大于截面 1—1 或截面 2—2［图 7-20(d)、图 7-21(d)］，这与截面 3 距荷载作用位置较近且截面削弱最大有关。

（3）弯应力

选取弯矩值较大且截面削弱严重的截面 3—3 进行分析，解得梁①、梁②的弯应力峰值如表 7-3 所示，易知该工况条件下梁①、梁②的弯应力峰值均在规范容许的范围内，即三架梁不会产生受弯破坏。

表 7-3　工况 2 弯应力峰值

构件	梁①		梁②
	上端	下端	
$M/(\mathrm{N \cdot m})$	50 895		457
σ/MPa	3.93	5.32	0.03
$\sigma>[\sigma_m]$?	否	否	否

（4）切应力

考虑到截面 2—2 剪力值较大，且截面存在削弱现象，选取该截面分析梁①、梁②的剪应力峰值，解得梁①、梁②的切应力峰值如表 7-4 所示，易知梁①、梁②的剪应力峰值均在规范许可范围内，即三架梁不会产生剪切破坏。

表 7-4　工况 2 切应力峰值

构件	梁①	梁②
F/N	52 883	420
τ_{max}/MPa	1.15	0.18
$\tau_{max}>[\tau]$?	否	否

3. 讨论

该工况条件下，由于三架梁水平裂缝完全贯通，尽管被分成的两段梁不会产生弯剪破坏，但是梁有效承载截面进一步减小，且上、下两段梁产生相对倾斜，梁①上端产生受压破坏，下端产生受拉破坏，且梁自身产生歪闪，因此将加剧三架梁的破坏。

4・小结

1）东华门该残损三架梁在现有承载条件下的竖向变形、拉应力、压应力、弯应力满足《木结构设计规范》中的相关规定，但是剪应力峰值超出规范许可范围，造成三架梁下侧水平裂缝扩展。

2）三架梁底部的水平裂缝贯通横截面后形成上下叠合梁，造成上段梁倾斜、歪闪，并在上段梁的跨中顶、底部产生拉、压破坏，从而加剧三架梁的破坏，因此有必要对该三架梁采取及时有效的加固措施。

第3节　故宫中和殿明间中金檩断裂问题分析

中和殿位于紫禁城（今故宫博物院）中轴线南侧，主要作为皇帝在太和殿举行各种大典前的休息场所。中和殿始建于明永乐十八年（1420年），嘉靖三十六年（1557年）和万历二十五年（1597年）曾两次历经火灾，并重建两次。现有建筑为明天启年间修建，建筑现用名称定于清顺治二年（1645年）[25]。现存中和殿木构件距今约400年。现有建筑平面呈正方形，长24m，高27m，面阔、进深各为3间，屋顶为单檐四角攒尖，中间最高处安装有镀金圆形宝顶，如图7-22所示。

技术人员于2006年及2011年两次对中和殿进行勘查，发现明间北向中金檩有局部断裂问题并趋于严重化（目前尚未完全断裂）。现有裂纹的具体情况为：

图7-22　中和殿

1）中金檩北侧沿竖向开裂长度约为300mm，位置集中在檩的中间段，下端沿水平向延伸约400mm，形状以锯齿形为主，最大缝宽为15mm，最大深度为贯通檩径。

2）中金檩南侧沿竖向开裂长度为80mm，位置集中在檩的中间偏下段，下端沿水平向延伸约400mm，形状以锯齿形为主，最大缝宽10mm。

从裂纹形状判断，中金檩在开裂位置几乎产生局部折断，折断方向为由北向南、由上向下。此外，中金檩断裂问题导致中金檩及下部中金枋产生较严重的挠度问题。经测定，2006年中金檩、中金枋的最大挠度为40mm，而2011年进行第二次勘查时，挠度增大至70mm。中金檩、枋情况如图7-23所示。

经过现场实测数据与照片分析相结合，发现中金檩下沉位置的两侧均有一定空隙［见图7-23(a)中虚线标记位置］，其中靠柱头一侧位置的尺寸为20mm。由此可知，中金檩在开裂破坏前并非与下部的中金枋接触，可认为与中金枋存在20mm的空隙。该空隙可能因构件加工、安装造成，也可能为中金檩-中金枋受力体系在不同历史时期的外力作用下产生。

为查明该中金檩产生局部断裂的主要原因，本节采用理论分析与数值模拟相

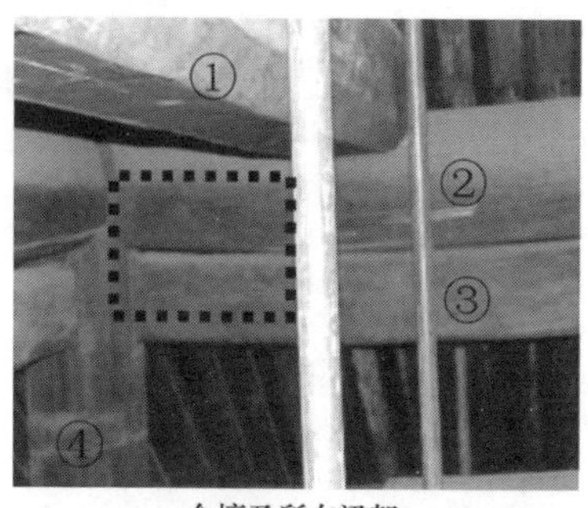

金檩及所在梁架

裂缝局部

(a) 2006年，北视

金檩及所在梁架

裂缝局部

(b) 2011年，南视

图 7-23　明间北向中金檩断裂情况

注：①爬梁；②中金檩；③中金枋；④中柱

结合的方法，建立中金檩-中金枋体系的力学模型，通过静力分析，研究不同条件下檩、枋变形和内力分布特征，讨论不同因素对中金檩断裂的影响，为对中金枋采取加固措施提供理论参考。

1・荷载分析

中和殿屋架分层构造的主要特点为：水平双向木构架呈正方形“井”字结构层层叠加，上下层木构架之间通过短柱连接，最上层木构架通过雷公柱支撑宝顶，如图 7-24 所示。

根据上述特点，可得传到南、北向中金檩、中金枋的荷载由如下三部分组成：

1）宝顶重量→雷公柱→太平梁→东、西、南、北向上金檩（共 4 根）→东、西、南、北向上金枋（共 4 根）→上金瓜柱（共 4 根）→爬梁（共 2 根）→南、北向中金檩（共 2 根）→南、北向中金枋（共 2 根）。

2）上金檩外侧屋面重量（含瓦件、泥背、望板、椽子）→东、西、南、北向上金檩（共 4 根）→东、西、南、北向上金枋（共 4 根）→上金瓜柱（共 4 根）→

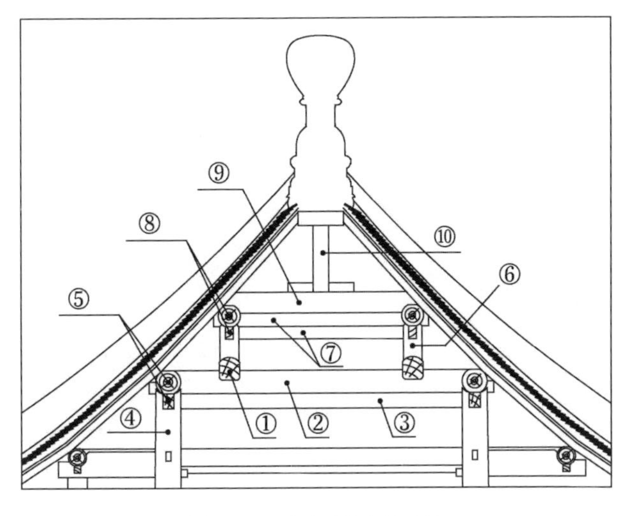

图 7-24　中和殿屋顶构造

注：①爬梁；②北侧中金檩；③北侧中金枋；④中柱；⑤东侧中金檩及中金枋；⑥金瓜柱；⑦北侧上金檩及上金枋；⑧东侧上金檩及上金枋；⑨太平梁；⑩雷公柱

爬梁（共 2 根）→南、北向中金檩（共 2 根）→南、北向中金枋（共 2 根）。

3）中金檩外侧屋面重量（含瓦件、泥背、望板、椽子）→东、西、南、北向中金檩（共 4 根）→东、西、南、北向中金枋（共 4 根）。

其中，1）、2）荷载为竖向，通过爬梁传给中金檩，再传给中金枋；3）荷载为侧向，为斜坡屋面产生的侧向压力，通过中金檩传给中金枋。上部荷载传至中金枋，再通过中柱传至基础。由荷载传递路线可以看出，由于爬梁仅扣在南北向中金檩上，上部荷载传至爬梁后，再仅传给南北向中金檩，而东西向中金檩并未受到上部荷载作用。

基于上述信息，可通过计算解得传到南北向中金檩的上部荷载为 $F_1=$ 91 495N（集中荷载），$F_2=9700.5$N/m（均布荷载，方向与中金檩成 45°夹角）。根据中国林业科学研究院勘查报告提供的资料[26]，中和殿现存木构件由润楠、侧柏、圆柏、东北落叶松等数个树种组成，该断裂中金檩属东北落叶松树种。由于条件所限，项目组未能对中金檩进行材料强度试验。中金檩所用木材年代久远，其强度、弹性模量等材料参数相对初始值均有不同程度的下降，因此分析时相关参数按《木结构设计规范》（GB 50005—2003）中规定的东北落叶松强度取值[22]，即变形 $[l]=0.03$m，顺纹抗拉 $[\sigma_t]=9.5$MPa，顺纹抗压 $[\sigma_c]=$ 15MPa，抗弯 $[\sigma_m]=17$MPa，顺纹抗剪 $[\tau]=1.6$MPa。

基于中金檩现状资料，考虑如下三种工况进行分析：工况 1，中金檩、中金枋组成叠合梁受力；工况 2，中金檩、中金枋脱离，存在 20mm 间隙；工况 3，考虑中金檩开裂位置继续发展，直至完全断裂。下面将详细分析不同工况条件下中金檩-中金枋体系的变形和内力分布特征。

2 · 工况 1 分析

1. 计算模型

该工况条件下，中金檩与中金枋组成叠合梁，共同承担上部传来的竖向荷载。结构体系相应的计算简图见图 7-25。其中，中金檩原有截面尺寸见 A；在爬梁搭接位置，中金檩截面有所削弱，截面尺寸变为 B。该中金檩在端部位置与东西向中金檩正交，按照正交搭接桁檩构造[17]，檩端不做榫卯，而是各自侧向截成 45°斜头对角，且檩头做成盖口檩形式扣在东西向中金檩檩头上。在檩端与柱边相交位置截面 C，该中金檩截面尺寸未发生变化（即截面尺寸与截面 A 相同），而节点连接形式可简化为直榫。按上述构造处理后，中金檩端部的直榫节点具有一定的转动能力，因此可认为是半刚接约束。基于文献[27]的研究成果，可取直榫节点转角刚度值 $K_1=2.54\times10^5\text{N}\cdot\text{m}\cdot\text{rad}^{-1}$。

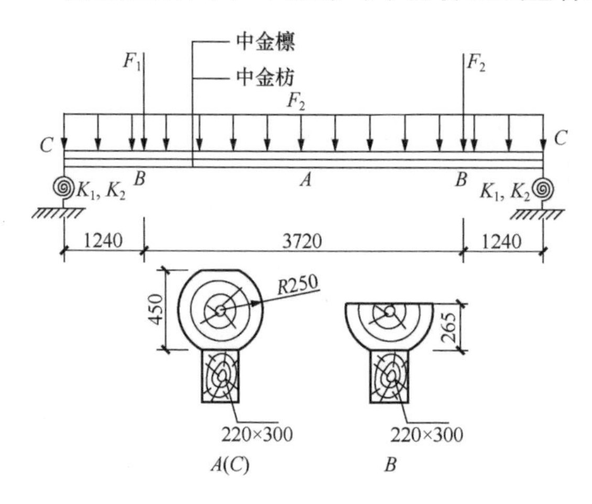

图 7-25　工况 1 计算简图（单位：mm）

根据古建筑木结构的构造特点，中金枋端部做成燕尾榫形式，插入柱头中，该节点也具有一定的转动能力。基于文献[19]的研究成果，可取燕尾榫节点转角刚度值 $K_2=2.02\times10^4\text{N}\cdot\text{m}\cdot\text{rad}^{-1}$。

采用理论计算与 ANSYS 有限元程序模拟相结合的方法分析中金檩、枋叠合梁受力性能。在利用 ANSYS 程序进行数值模拟时，中金檩和中金枋采用 BEAM189 单元模拟，半刚性边界条件采用 MATRIX27 单元模拟，檩、枋间的接触关系采用 CONTA178 单元模拟，且考虑到檩-枋叠合作用，CONTA178 单元的节点 I 和节点 J 的间隙取为檩-枋中心距离。基于上述计算简图、约束条件及 ANSYS 模拟方法，获得该工况条件下结构体系有限元模型如图 7-26 所示，其中含梁单元 116 个，半刚性节点单元 4 个，接触单元 119 个。

2. 分析结果

求解模型，获得檩-枋体系叠合梁的变形分布如图 7-27 所示，拉、压应力分布如图 7-28、图 7-29 所示。易知，结构体系的最大变形位置在跨中，其值为 0.04m，超出规范容许值。此外，结构体系的最大主拉应力位置在中金檩 B 截面底部，其值为 24.0MPa；最大主压应力位置在中金檩 B 截面顶部，其值为 17.7MPa。上述主应力峰值均超出《木结构设计规范》容许值，其中拉应力峰值超出容许值较大，因此中金檩很可能以受拉破坏为主，且位置与现状吻合。

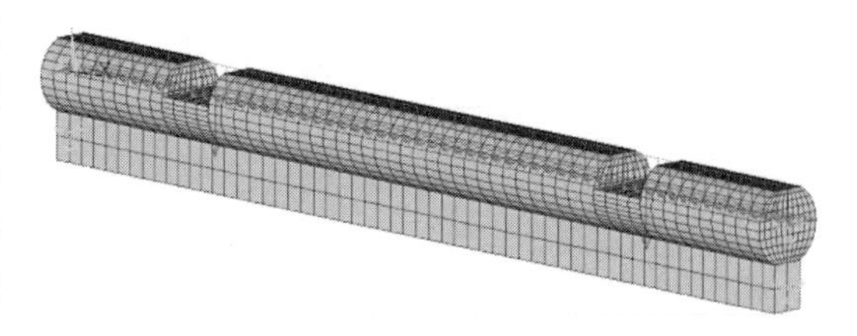

图 7-26　工况 1 有限元模型

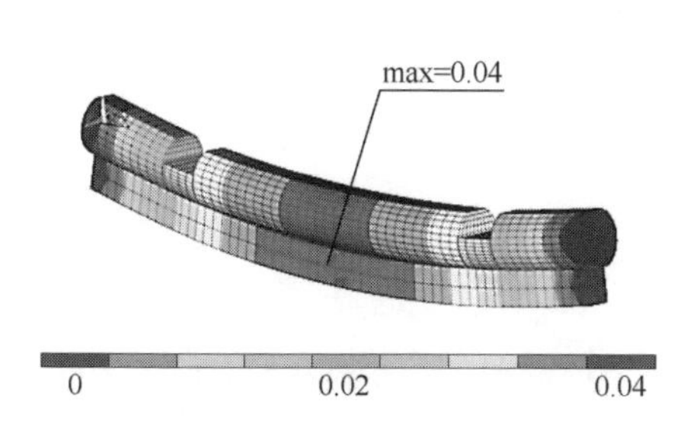

图 7-27　工况 1 变形图（单位：m）

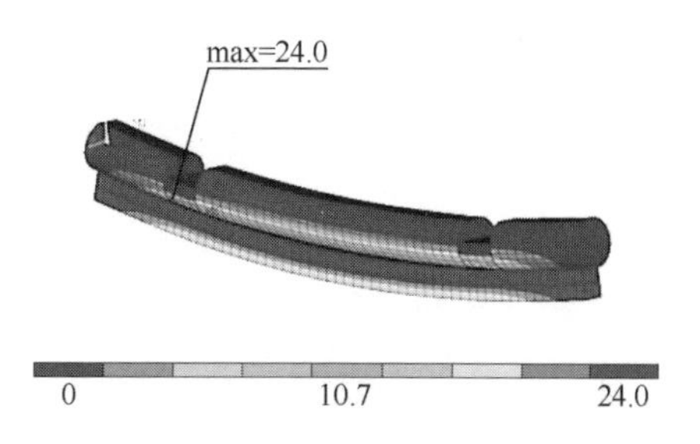

图 7-28　工况 1 主拉应力分布（单位：MPa）

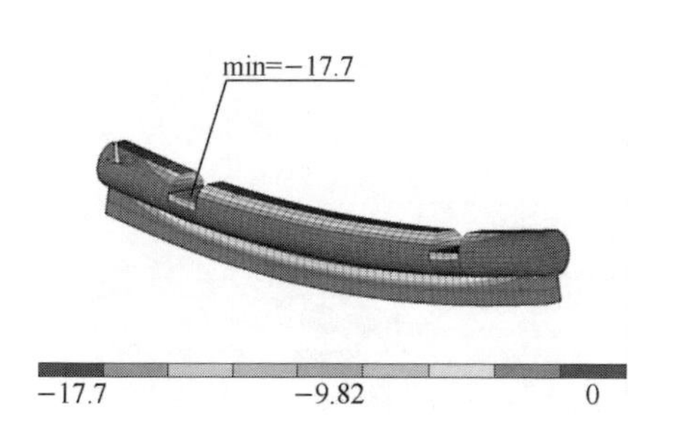

图 7-29　工况 1 主压应力分布（单位：MPa）

表 7-5、表 7-6 为 A～C 截面的弯矩、剪力及相应应力计算结果，其中 σ_{max} 表示弯应力峰值，τ_{max} 表示剪应力峰值。由表 7-5 可知，中金檩在爬梁传来的集中荷载作用位置（即截面 B）产生的弯应力峰值超出规范容许值，因而中金檩还有可能产生受弯破坏，且位置与现状吻合。由表 7-6 可知，中金檩、中金枋的剪应力最大值均在规范容许范围内，但中金檩端部截面 C 的剪应力峰值接近规范容许值，说明该位置有较大的可能性产生剪切破坏。现状显示，中金檩端部有细微的水平剪切裂缝，与分析结果基本吻合。

表 7-5　工况 1 弯应力峰值

构件	中金檩			中金枋		
截面	A	B	C	A	B	C
M/(N·m)	117 130	86 922	5737	28 696	11 478	2130
截面	A	B	C	A	B	C
σ_{max}/MPa	9.87	20.63	0.48	8.70	3.48	0.65
$\sigma_{max}>[\sigma_m]$?	否	是	否	否	否	否

表 7-6　工况 1 剪应力峰值

构件	中金檩			中金枋		
截面	A	B	C	A	B	C
F/N	1147	107 090	93 842	0	24 993	24 731
τ_{max}/MPa	0.02	1.33	1.59	0	0.57	0.56
$\tau_{max}>[\tau]$?	否	否	否	否	否	否

由上述分析可知，当中金枋与中金檩组成叠合梁受力时，由于爬梁作用位置截面削弱，中金檩在该位置抗拉、抗压、抗弯强度明显增大，这是中金檩局部断裂的主要原因。

3・工况 2 分析

1. 计算模型

该工况条件下，中金檩与中金枋脱离，二者之间存在 20mm 的空隙。此时上部荷载首先由中金檩承担，中金檩产生变形后压在中金枋上，并与中金枋形成叠合梁共同承担上部荷载。檩-枋体系计算简图见图 7-30。采取与工况 1 相同的模拟方法建立工况 2 条件下的有限元模型，如图 7-31 所示。

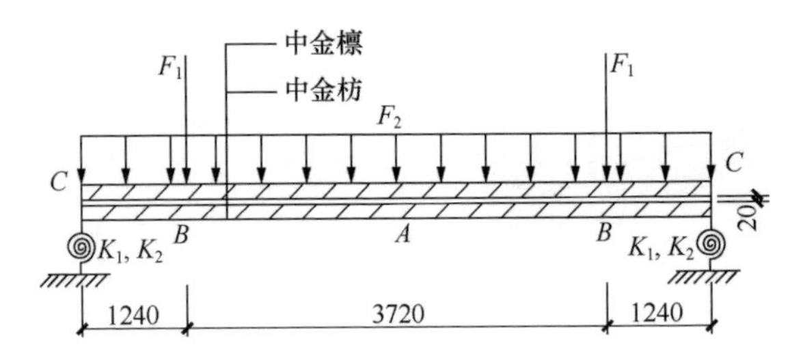

图 7-30　工况 2 计算简图（单位：mm）

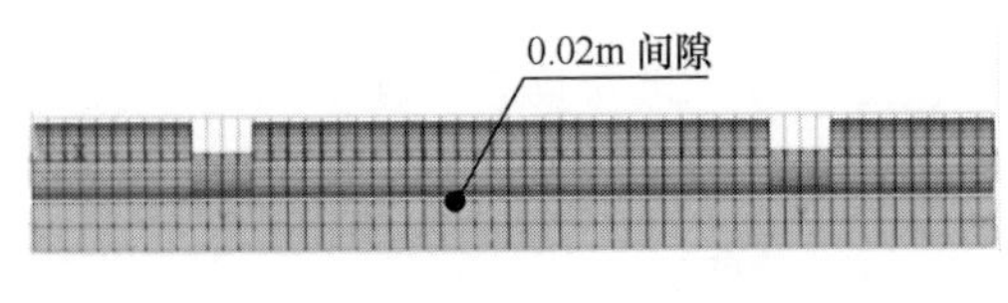

图 7-31　工况 2 有限元模型

2. 分析结果

对模型求解，获得檩-枋体系的变形分布如图 7-32 所示，拉、压应力分布如图 7-33、图 7-34 所示。易知结构体系的最大变形位置在跨中，其值为 0.039m，该变形值由中金檩产生，且超出规范容许值。由于中金檩与中金枋之间有 0.02m 的空隙，中金檩首先产生变形，其最大变形点（即跨中）接触中金枋后，与中金枋同时产生变形。相应地，中金枋最大变形值为 0.019m，小于规范容许值。结构体系的最大主拉应力位置在中金檩 B 截面底部，其值为 24.9MPa；最大主压应力位置在中金檩 B 截面顶部，其值为 16.5MPa。上述主应力峰值均超出规范容许值，且拉应力峰值超出容许值较大，因此中金檩很可能产生受拉破坏，且位置与现状吻合。此外，由上述分析不难发现，当中金檩与中金枋之间有间隙时，中金檩主拉应力峰值增大，相应增大了其受拉破坏的可能性。

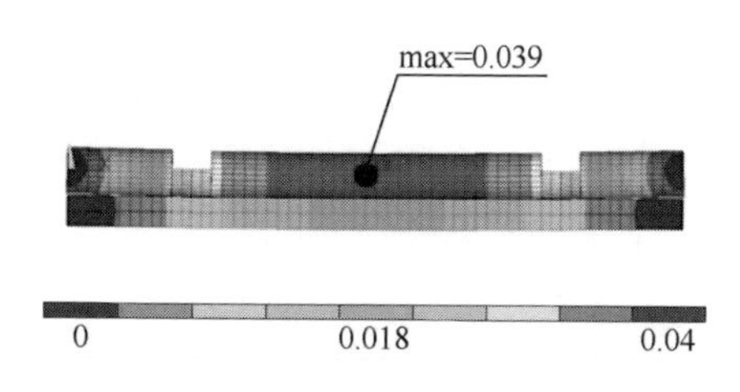

图 7-32　工况 2 变形图（单位：m）

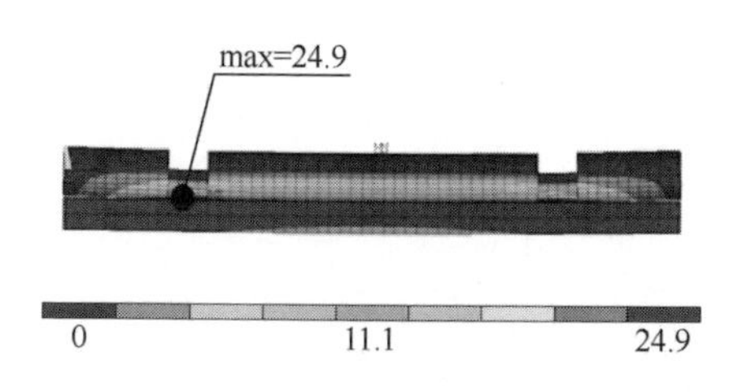

图 7-33　工况 2 主拉应力分布（单位：MPa）

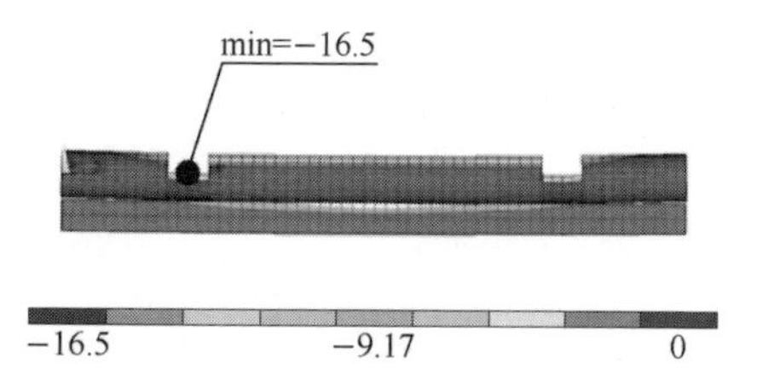

图 7-34　工况 2 主压应力分布（单位：MPa）

表 7-7、表 7-8 为 A～C 截面的弯矩、剪力及相应应力计算结果。由表 7-7 可知，一方面，中金檩在截面 B 产生的弯应力峰值超出规范容许值，因而中金檩还有可能产生受弯破坏，且位置与现状吻合；另一方面，当中金檩与中金枋存在间隙时，中金檩承受的弯矩比工况 1 增大，中金枋承受的弯矩相应减小。由表 7-8 可知，一方面，中金檩端部截面 C 剪应力超出规范容许范围，因而中金檩端部截面将产生水平剪切裂缝；另一方面，当中金檩与中金枋存在间隙时，中金檩端部剪力比工况 1 增大，增大了剪切破坏的可能性。

表 7-7　工况 2 弯应力峰值

构件	中 5 金檩			中金枋		
截面	A	B	C	A	B	C
$M/(\mathrm{N \cdot m})$	118 410	91 030	5887.2	17 363	6799.9	1134.6
$\sigma_{max}/\mathrm{MPa}$	9.98	21.61	0.50	5.26	2.06	0.34
$\sigma_{max}>[\sigma_m]$?	否	是	否	否	否	否

表 7-8　工况 2 剪应力峰值

构件	中金檩			中金枋		
截面	A	B	C	A	B	C
F/N	5020.4	95 268	103 680	0	5947.9	7115
τ_{max}/MPa	0.08	1.18	1.65	0	0.14	0.16
$\tau_{max}>[\tau]$?	否	否	是	否	否	否

由上述分析可知，当中金枋与中金檩之间存在间隙时，中金檩在爬梁作用截面位置的拉、压、弯应力及中金檩端部截面的剪应力将比工况 1 条件下增大，加剧了中金檩的破坏。

4·工况 3 分析

1. 计算模型

该工况条件下，假设中金檩未采取任何加固措施，其左侧 B 截面裂缝在现有基础上进一步发展，直至完全断裂，此时可认为在断裂位置形成一个铰。在这种情况下，爬梁传来的竖向荷载通过该点传给中金枋。绘出该工况条件下的檩-枋体系计算简图，如图 7-35 所示。

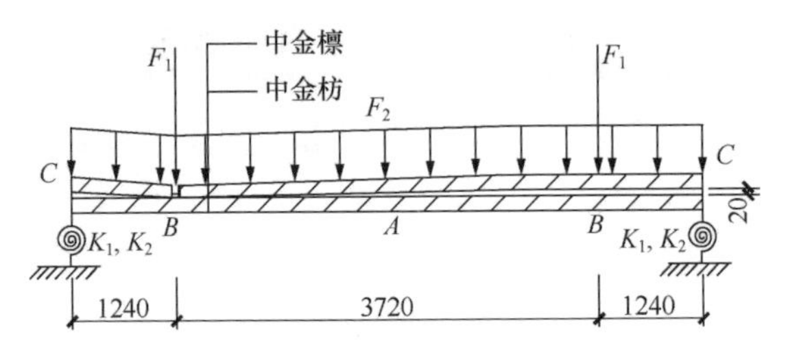

图 7-35 工况 3 计算简图（单位：mm）

在利用 ANSYS 有限元程序求解完全断裂的中金檩及中金枋承载性能时，建立有限元模型的方法与工况 1、2 类似，但有如下两点不同：

1）该工况条件下中金檩并非一条直线的形状，而是在左侧 B 截面有 0.02m 的下沉，形成折线形，且在左侧 B 截面与中金枋上皮接触。

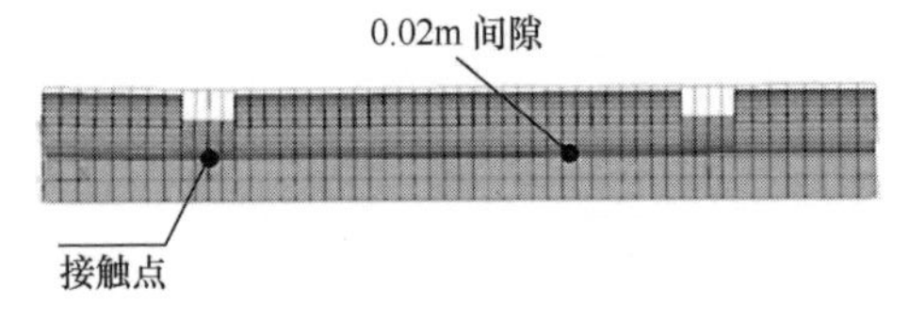

图 7-36 工况 3 条件下结构体系有限元模型

2）由于中金檩在左侧 B 截面断裂，采用 BEAM189 单元模拟中金檩时，考虑在该点位置释放绕 x、y、z 轴转动的自由度，即形成铰接点。基于上述考虑建立的有限元模型如图 7-36 所示。

2. 分析结果

求解获得檩-枋体系的变形分布如图 7-37 所示，拉、压应力分布如图 7-38、图 7-39 所示。易知，结构体系的最大变形位置在中金檩的开裂截面和中金枋的跨中，其值为 0.07m，超出规范容许值，且与实测值相近。这说明中金檩完全开裂后，开裂截面已无法承担荷载，从而导致作用在中金枋上的部荷载剧增，使得中金枋变形增大。对于中金檩而言，最大主拉应力在右侧 B 截面，其值为 16.4MPa，超出规范容许值；最大主压应力在开裂截面附近，其值为 6.5MPa，低于规范容许值。对于中金枋而言，其最大主拉应力在左侧 B 截面底部，为 30.0MPa，超出规范容许值；最大主压应力在左侧 B 截面顶部，为 25.9MPa，超出规范容许值。由此可知，中金檩完全开裂情况下，其右侧 B 截面将产生受拉破坏，而中金枋左侧 B 截面将产生受拉和受压破坏。

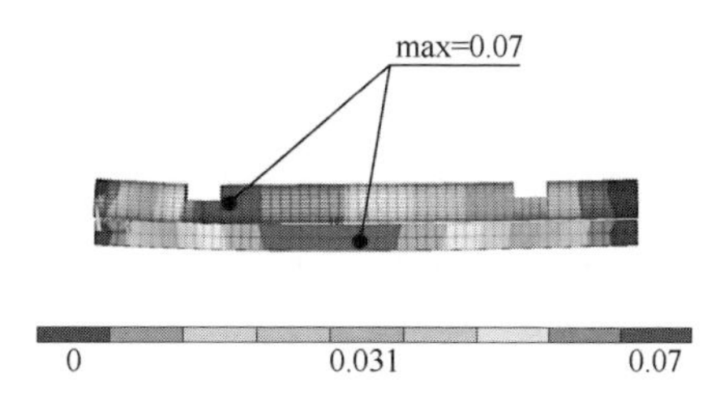

图 7-37　工况 3 变形图（单位：m）

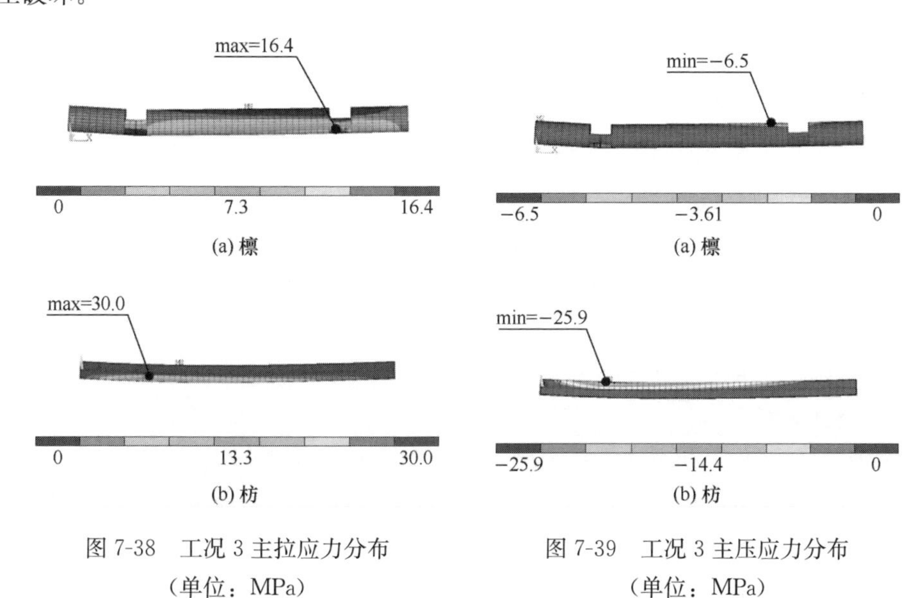

图 7-38　工况 3 主拉应力分布（单位：MPa）

图 7-39　工况 3 主压应力分布（单位：MPa）

表 7-9、表 7-10 为 A～C 截面的弯矩、剪力及相应应力计算结果。由表 7-9 可知，中金檩完全断裂后，传给中金枋的上部荷载剧增，导致中金枋的 B 截面弯应力峰值超出规范容许值，因此中金枋在左侧 B 截面很可能产生受弯破坏。由表 7-10 可知，中金檩完全断裂后，传到中金枋的上部荷载剧增，中金枋左侧 B 截面的剪应力超出规范容许值，在该位置很可能产生剪切破坏。

表 7-9　工况 3 弯应力峰值

构件	中金檩			中金枋		
截面	A	B	C	A	B	C
$M/(N \cdot m)$	56 185	0	13 749	45 831	72 317	7324
σ_{max}/MPa	4.73	0	1.15	13.9	21.9	2.22
$\sigma_{max}>[\sigma_m]$?	否	否	否	否	是	否

表 7-10　工况 3 剪应力峰值

构件	中金檩			中金枋		
截面	A	B	C	A	B	C
F/N	25 160	5666	17 678	16 040	82 877	63 271
τ_{max}/MPa	0.4	0.07	0.28	0.36	1.88	1.44
τ_{max}>[τ]?	否	否	否	否	是	否

由上述分析可知，中金檩完全断裂后，在上部荷载作用下，中金檩右侧 B 截面将产生受拉破坏，中金枋左侧 B 截面将产生拉、压、弯、剪破坏。因此，对于中金檩现有的断裂截面采取及时有效的加固措施极其重要。

5・加固方案 1 分析

在讨论中金檩的加固方案时，从广泛的论证中形成了两种方案：

1）辅梁加固法，即在中金枋底部增设水平木梁，以增大中金檩-枋体系的受力截面。该法曾在中和殿部分梁枋抗弯加固时得到了应用。

2）斜撑加固法，即在中金枋底部设置斜向门式支撑，以减小中金檩-枋体系的变形，增强其受力性能。

下面对比分析这两种加固方案。

1. 有限元模型

由于中金檩产生开裂的主要原因是中金檩与爬梁相交截面受弯承载力不足，且中金檩与中金枋形成叠合梁共同承担上部荷载，可通过在中金枋底部设置水平木梁的方式减小中金檩所受的弯矩。具体做法为：

第一步，为防止荷载作用下中金檩因开裂而产生侧向膨胀，首先对中金檩本身进行加固，具体做法参照《古建筑木结构维护与加固技术规范》[16]，即采用木条和耐水性胶黏剂将裂缝填塞严实，再用 50mm×2mm 扁钢对中金檩打箍，箍间距 500mm。此外，在梁侧及底部裂缝位置用 200mm×30mm×3mm 扒锔子钉入，以拉结裂缝两侧构件。

第二步，在中金枋下设置辅梁，其尺寸详见图 7-40。辅梁通过铁箍与中金枋拉结牢固，铁箍尺寸为 50mm×5mm，箍间距为 250mm。

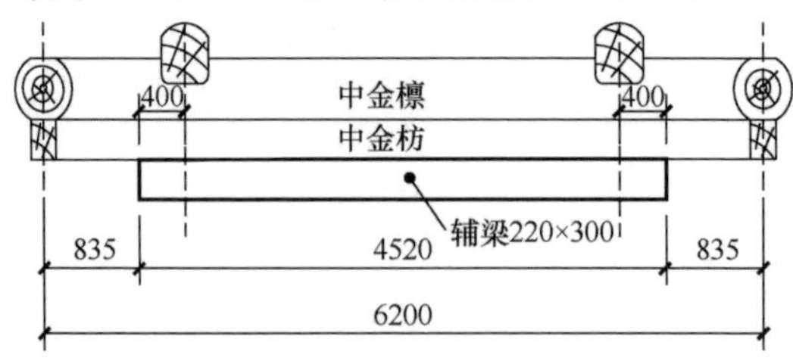

图 7-40　加固方案 1 尺寸图（单位：mm）

采取上述做法后，可近似认为中金枋与辅梁形成组合梁，再与中金檩形成叠合梁，共同承担上部荷载。从构造上讲，该中金檩在端部位置与东西向中金檩正交，檩端不做榫卯，而是各自侧向截成45°斜头对角，且檩头做成盖口檩形式扣在东西向中金檩檩头上，其檩端节点连接形式可简化为直榫。按上述构造处理后，中金檩端部的直榫节点具有一定的转动能力，因此可认为是半刚接约束。基于文献[27]的研究成果，可取直榫节点转角刚度值 $K_1=2.54\times10^5\,\mathrm{N\cdot m\cdot rad^{-1}}$。另根据古建筑木结构构造特点，中金枋端部做成燕尾榫形式插入柱头中，该节点也具有一定的转动能力。基于文献[19]的研究成果，可取燕尾榫节点转角刚度值 $K_2=2.02\times10^4\,\mathrm{N\cdot m\cdot rad^{-1}}$。由上述加固方法可得相应的计算简图如图7-41所示。

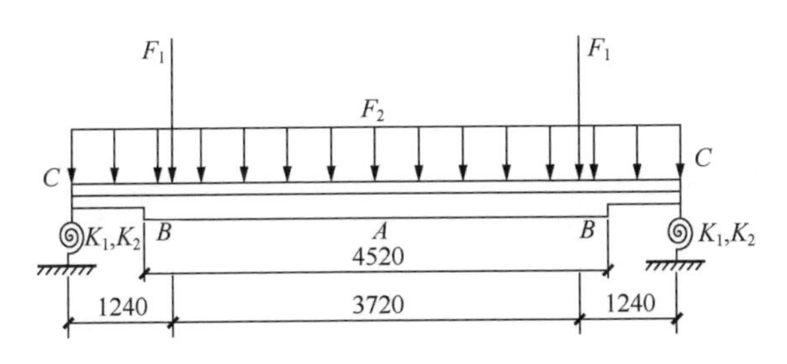

图7-41　加固方案1计算简图（单位：mm）

采用有限元分析程序ANSYS模拟中金檩加固后的受力性能。采用BEAM189单元模拟中金檩、中金枋及辅梁。由于中金檩截面形状特殊，采取自定义截面法导入ANSYS程序中。采用MATRIX27单元模拟中金檩、中金枋与中柱之间的半刚性节点，CONTA178单元模拟檩、枋、辅梁间的接触作用。考虑到上述梁处于叠合状态，在使用CONTA178单元模拟构件的接触时，接触单元的节点 I 和节点 J 的间隙值取为檩、枋及枋、辅梁中心间距。由计算简图、约束条件及ANSYS模拟方法获得该加固方案条件下结构体系的有限元模型如图7-42所示，其中含梁单元117个，半刚性弹簧节点单元4个，接触单元118个。

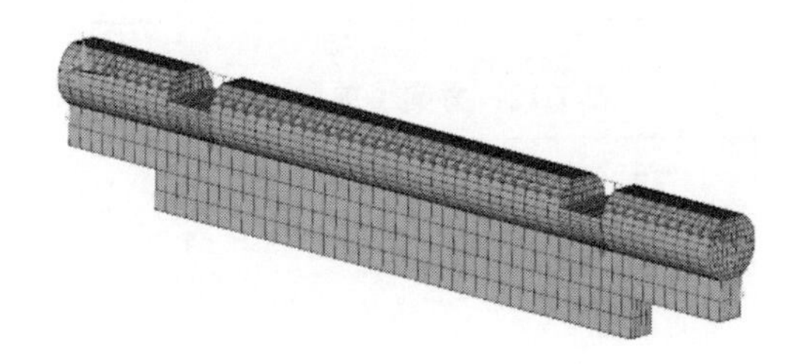

图7-42　加固方案1有限元模型

2. 分析结果

对模型求解，获得方案 1 条件下檩-枋体系的变形分布如图 7-43 所示，拉、压应力分布如图 7-44 所示。易知结构体系的最大变形位置在跨中，为 0.017m＜[l]。加固体系的最大主拉应力位置在天花枋 B 截面底部，为 19.7MPa＞[σ_t]；最大主压应力位置在中金枋 B 截面顶部，为 14.6MPa＜[σ_c]。易知采取该加固方法后，在中金枋底部与辅梁相交位置将产生受拉破坏。

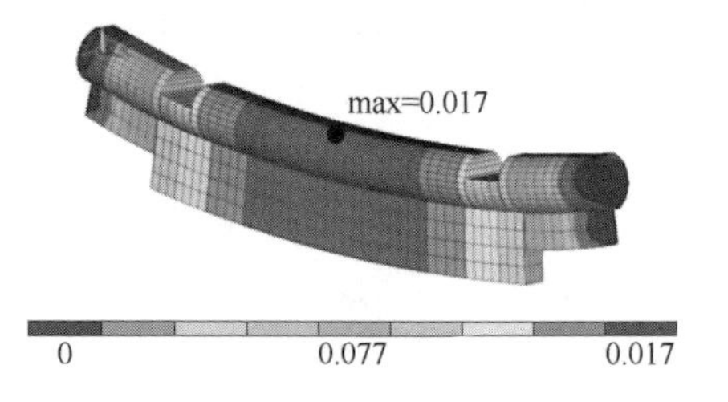

图 7-43　加固体系变形图（单位：m）

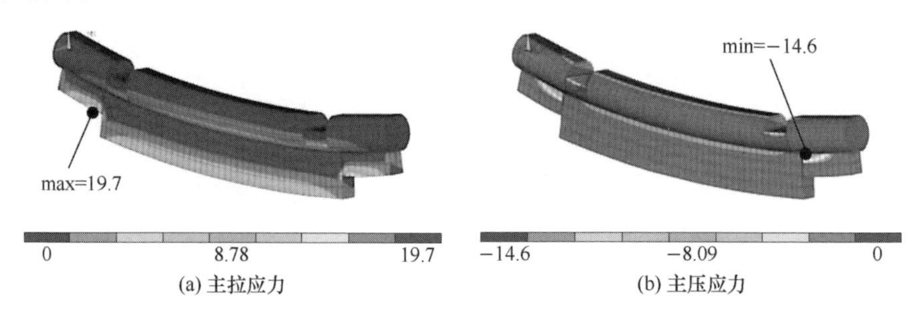

图 7-44　方案 1 主应力分布（单位：MPa）

表 7-11、表 7-12 为 A～C 截面的弯矩、剪力及应力计算结果，可知加固后中金檩-枋体系虽然在 B 截面附近的弯、剪应力峰值较大，但均在容许值范围内。

表 7-11　方案 1 弯应力峰值

构件	中金檩			中金枋		
截面	A	B	C	A	B	C
M/(N·m)	54 829	45 333	2839	70 727	46 864	4033
σ_{max}/MPa	4.62	10.8	0.24	5.36	14.2	1.01
σ_{max}＞[σ_m]?	否	否	否	否	否	否

表 7-12　方案 1 剪应力峰值

构件	中金檩			中金枋		
截面	A	B	C	A	B	C
F/N	646	41 313	52 254	766	68 061	61 972
τ_{max}/MPa	0.017	1.11	0.39	0.02	1.55	1.41
τ_{max}＞[τ]?	否	否	否	否	否	否

由上述分析可知，加固方案1满足变形、抗压、抗弯、抗剪要求，但不满足抗拉要求，加固体系在中金枋底部与辅梁相交位置会产生受拉破坏，因此该方案不可行。

6·加固方案2分析

1. 有限元模型

本加固方案通过在中金枋底部设置斜向支撑的方式减小中金檩所受的弯矩，具体做法为：

第一步，加固中金檩本身，方法与方案1相同。

第二步，在中金枋底部设置辅梁，尺寸为4520mm× 220mm×220mm，辅梁两侧设八字木支撑，支撑断面尺寸为220mm×220mm。支撑两端用钢板分别与辅梁底部及中柱连接。为防止中柱产生外倾，在中柱间设置拉结螺栓。具体尺寸及构造如图7-45所示。

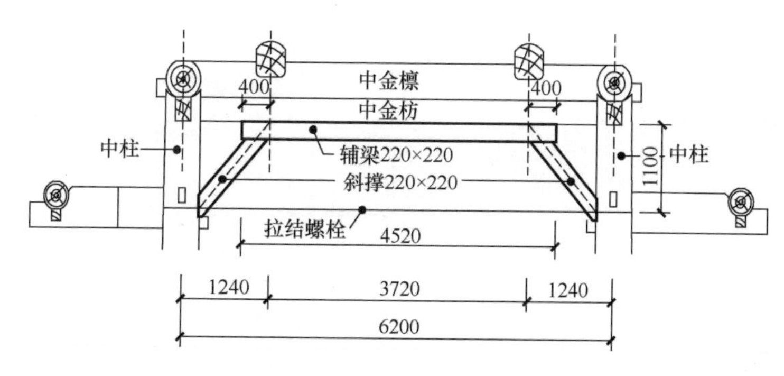

图7-45　加固方案2尺寸图（单位：mm）

由上述加固方法可得相应计算简图如图7-46所示。相关约束条件说明如下：中金檩与中金枋形成叠合梁，叠合梁两端为半刚接约束，刚度值同方案1；以上叠合梁与辅梁再次形成叠合梁；辅梁底部在截面 B 位置受到斜撑的侧向支撑，斜撑两端分别与中金枋底部及中柱侧面形成铰接约束。

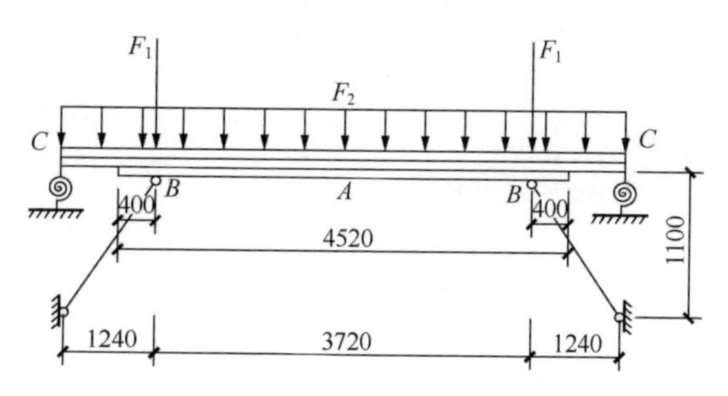

图7-46　加固方案2计算简图（单位：mm）

在用 ANSYS 分析上述叠合梁的受力情况时，采用 BEAM189 单元模拟中金檩、中金枋及辅梁，LINK180 单元模拟斜向支撑，MATRIX27 单元模拟中金檩、中金枋与中柱之间的半刚性节点，CONTA178 单元模拟檩、枋、辅梁间的接触作用。由上述计算简图、约束条件及 ANSYS 模拟方法，获得该加固方案条件下结构体系的有限元模型如图 7-47 所示，其中含梁单元 158 个，半刚性弹簧节点单元 4 个，接触单元 203 个。

2. 分析结果

求解模型，获得方案 2 条件下檩-枋体系的变形分布如图 7-48 所示，拉、压应力分布如图 7-49 所示，轴应力分布如图 7-50 所示。易知结构体系的最大变形位置在跨中，为 0.01m＜[l]。加固体系的最大主拉应力位置在中金檩跨中底部，为 6.18MPa＜[σ_t]；最大主压应力位置在中金檩 B 截面顶部，为 5.98MPa＜[σ_c]；最大轴应力位于斜撑位置，为 5.98MPa（压）＜[σ_c]。易知采取该加固方法后，中金檩-枋体系满足拉、压应力要求。

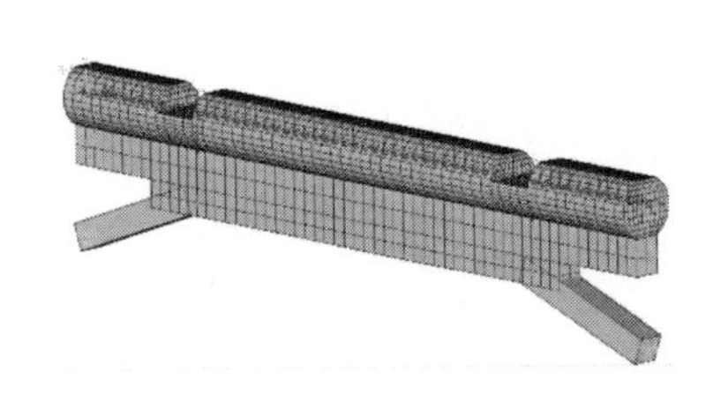

图 7-47　加固方案 2 结构有限元模型

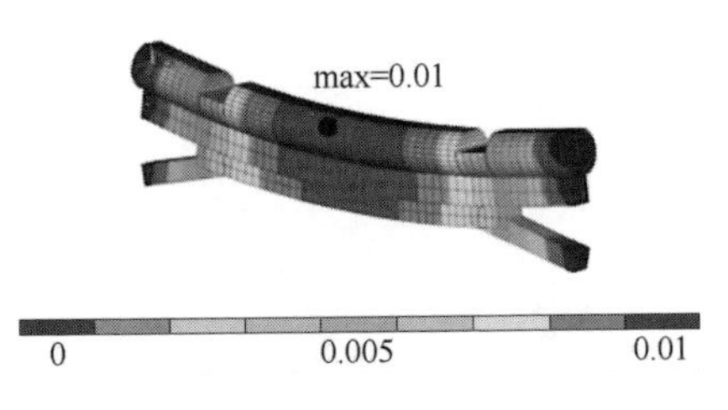

图 7-48　方案 2 体系变形图（单位：m）

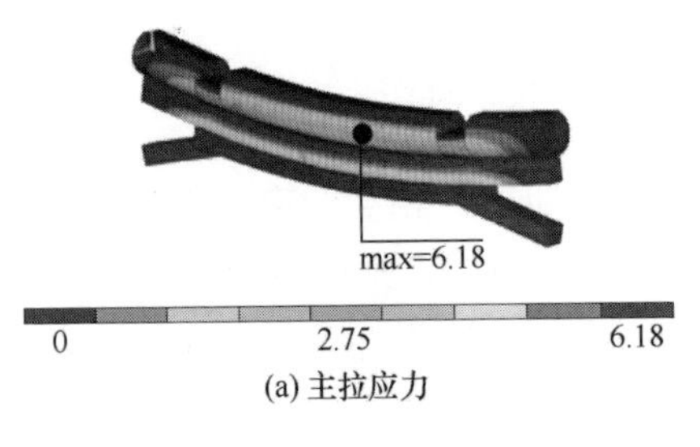

(a) 主拉应力

(b) 主压应力

图 7-49　方案 2 主应力分布（单位：MPa）

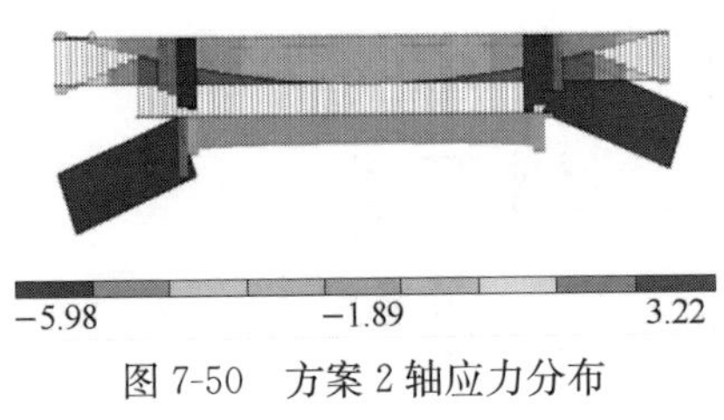

图 7-50　方案 2 轴应力分布（单位：MPa）

表 7-13、表 7-14 为 A～C 截面的弯矩、剪力及应力计算结果，可知加固后中金檩-枋体系的弯、剪应力都在容许值范围内。

由上述分析可知，方案 2 满足抗拉、抗压、抗弯、抗剪承载力要求，因此该方案可行。

表 7-13　方案 2 弯应力峰值

构件	中金檩			中金枋		
截面	*A*	*B*	*C*	*A*	*B*	*C*
$M/(\mathrm{N \cdot m})$	44 635	25 717	1764	2853	7005	1901
$\sigma_{max}/\mathrm{MPa}$	3.76	6.10	0.15	0.86	2.12	0.58
$\sigma_{max}>[\sigma_m]$?	否	否	否	否	否	否

表 7-14　方案 2 剪应力峰值

构件	中金檩			中金枋		
截面	*A*	*B*	*C*	*A*	*B*	*C*
F/N	1148	29 478	29 582	0	8164	8456
τ_{max}/MPa	0.03	0.79	0.25	0	0.19	0.19
$\tau_{max}>[\tau]$?	否	否	否	否	否	否

7 • 结论

本节根据故宫中和殿明间北向中金檩局部断裂的现状，分别考虑三种工况条件分析断裂原因，得出如下结论：

1）中金檩产生局部断裂的主要原因是爬梁作用位置截面有效尺寸不足，造成中金檩内力及变形过大而形成。

2）檩-枋分离条件下，中金檩在开裂截面内力比檩-枋叠合条件下增大，中金檩断裂破坏要加剧。

3）中金檩完全断裂后，将造成中金枋承受的内力剧增，并产生不同形式的破坏，因而对中金檩采取及时有效的加固措施极其重要。

4）采取在中金枋下增加辅梁的方法虽然能改善中金檩的抗弯性能，但是在中金枋与辅梁相交位置很可能产生受拉破坏，因此该方案不可行。

5）采取在中金枋下增加斜向支撑的方法可满足檩、枋体系的抗拉、抗压、抗弯、抗剪要求，因此该方案可行。

参考文献

[1] 邵卓平，江泽慧，任海清．线弹性断裂力学原理在木材应用中的特殊性与木材顺纹理断裂 [J]．林业科学，2002，38（6）：110-115.
[2] 王丽宇．木材裂纹扩展及其断裂行为的研究 [M]．北京：中国环境科学出版社，2004.
[3] 杨小军，孙友福，吴淼，等．裂纹对木梁承压与抗弯强度的影响 [J]．木材加工机械，

2007 (6): 11-13.
[4] 李明宝. 基于有限元理论的木材机械性能建模与仿真研究 [D]. 哈尔滨：东北林业大学，2007.
[5] Barrent J D. Effect of crack-front width on fracture toughness of Douglas-fir [J]. Engineering Fracture Mechanics, 1976, 8 (4): 711-717.
[6] Mall S, Muphy J F, Shottafer J E. Criterion for mixed mode fracture in wood [J]. Journal of Engineering Mechanics, 1983, 109 (3): 680-690.
[7] Valentin G, Caumes P. Crack propagation in mixed mode in wood: A new specimen [J]. Wood Science and Technology, 1989 (23): 43-53.
[8] 周乾，闫维明，张博. CFRP 布加固古建筑木构架抗震试验 [J]. 山东建筑大学学报，2011，26 (4): 327-333.
[9] 丁宁，王倩，陈明九. 基于三维激光扫描技术的古建保护分析与展望 [J]. 山东建筑大学学报，2010，25 (3): 274-276.
[10] Ye H W, Christian K, Thomas U, et al. Fatigue performance of tension steel plates strengthened with prestressed CFRP laminates [J]. Journal of Composites for Construction, 2010, 14 (5): 609-615.
[11] Mohamed S, Eric A. Extending the service life of electric distribution and transmission wooden poles using a wet layup FRP composite strengthening system [J]. Journal of Performance of Constructed Facilities, 2010, 24 (4): 409-416.
[12] Husam N, Jerame S, Perumalsamy B. Compression tests of circular timber column confined with carbon fibers using inorganic matrix [J]. Journal of Materials in Civil Engineering, 2007, 19 (2): 198-204.
[13] 许清风，陈建飞，李向民. 粘贴竹片加固木梁的研究 [J]. 四川大学学报（工程科学版），2012，44 (1): 36-42.
[14] 刘大可. 古建筑屋面荷载编汇（上）[J]. 古建园林技术，2001 (3): 58-64.
[15] 中华人民共和国国家标准. 建筑结构荷载规范（GB 50009—2012）[S]. 北京：中国建筑工业出版社，2012.
[16] 中华人民共和国国家标准. 古建筑木结构维护与加固技术规范（GB 50165—1992）[S]. 北京：中国建筑工业出版社，1993.
[17] 马炳坚. 中国古建筑木作营造技术 [M]. 北京：科学出版社，1995: 158-159.
[18] 宾慧中，路秉杰. 浅识宋材份制与清斗口制 [J]. 安徽建筑，2003 (3): 1-2.
[19] 赵鸿铁，张海彦，薛建阳，等. 古建筑木结构燕尾榫节点刚度分析 [J]. 西安建筑科技大学学报，2009，41 (4): 450-453.
[20] 周乾，闫维明，周锡元，等. 古建筑榫卯节点抗震性能试验 [J]. 振动、测试与诊断，2011，31 (6): 679-684.
[21] 王新敏. ANSYS 工程结构数值分析 [M]. 北京：人民交通出版社，2007: 365-366.
[22] 中华人民共和国国家标准. 木结构设计规范（GB 50005—2003）[S]. 北京：中国计划出版社，2003.

［23］ Hibbeler R C. 材料力学［M］. 汪越胜，译. 北京：电子工业出版社，2006：294-295.
［24］ 王新敏，李义强，许宏伟. ANSYS 结构分析单元与应用［M］. 北京：人民交通出版社，2011：428-430.
［25］ 肖东. 故宫中和殿区庑房与崇楼修缮保护与展陈利用的统一性［J］. 华中建筑，2007，25（11）：152-155.
［26］ 中国林业科学研究院木材工业研究所. 故宫中和殿木结构材质状况勘察报告［R］. 北京，2006.
［27］ 李佳韦. 中国传统建筑直榫木接头力学性能研究［D］. 台北：台湾大学，2006.

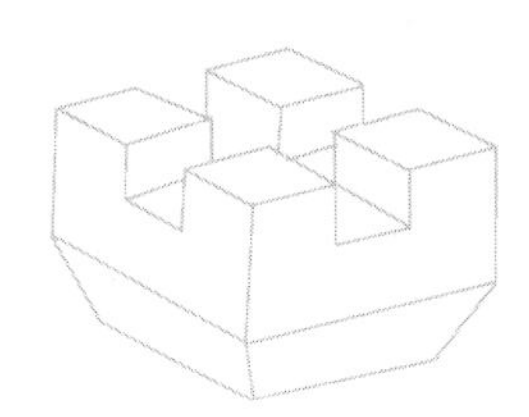

第八章

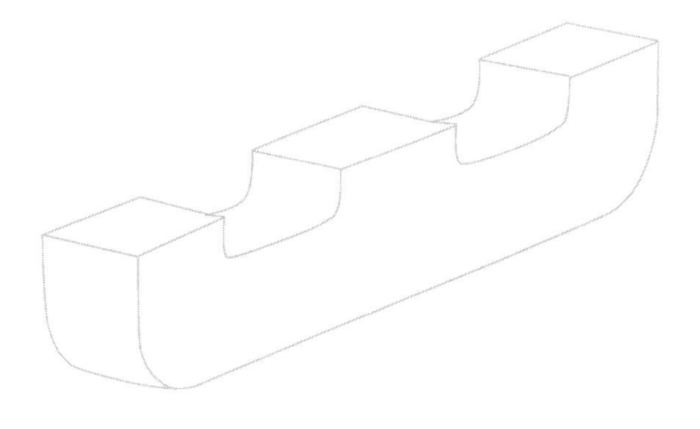

古建筑木构架的糟朽分析与保护——故宫

我国木结构古建筑从构造看

其重要特点之一就是叠合梁的大量运用

由于木材易糟朽

叠合梁中部分构件和包砌的柱根易产生破坏

影响叠合梁和木柱的整体受力性能

文中将初探基于糟朽现状的

木构架的受力性能

评价其安全性能

提出可行性加固建议

本章包括以下五部分内容：

1）古建筑叠合梁与组合梁弯曲受力性能分析。采用力学方法，分析古建筑木结构叠合梁与组合梁弯曲受力问题。以工程中常见的矩形木梁为例，讨论单梁开裂形成叠合梁后的弯曲受力性能、叠合梁与组合梁弯曲受力性能的区别、古建筑叠合梁工字形抗弯截面的合理性等问题。

2）古建筑糟朽角梁受力性能数值分析。以故宫建福宫东南角梁为例，采用计算方法分析角梁糟朽对其承载性能的影响。根据该东南角梁的仔角梁糟朽现状，建立基于剩余截面的简化计算模型，编制求解程序，进行内力和变形分析。基于计算结果，获得剩余角梁弯应力、剪应力及变形情况，讨论角梁弯、剪应力峰值与仔角梁糟朽深度的关系。

3）古建筑糟朽叠合梁受弯性能数值分析。以数值模拟为主，以故宫英华殿东耳房后檐檩三件为例，研究古建筑木结构叠合梁糟朽后的弯曲受力性能。根据该檩三件叠合梁中檩、枋构件的糟朽现状，建立剩余构件的有限元模型，并考虑叠合梁边界条件为榫卯连接。通过静力分析，获得檩、枋糟朽条件下檩三件剩余部分的内力和变形，评价其抗弯性能，提出可行性加固方案。

4）古建筑糟朽梁头加固数值分析。以故宫英华殿东耳房东山五架梁为例，采用数值模拟方法，讨论铁箍加固糟朽梁头的可行性，并对加固方案进行评价。

5）传统铁箍墩接加固底部糟朽木柱轴压试验。以故宫内某古建木柱为例，进行铁箍加固底部糟朽木柱轴压性能的试验研究。制作 1 根完好木柱、3 根铁箍墩接法加固木柱，开展轴压试验，获得木柱加固前后的承载力-变形曲线，以及延性、应变、刚度等参数，讨论铁箍墩接法的加固机理。

第 1 节　古建筑叠合梁与组合梁的弯曲受力性能

我国木结构的古建筑从构造看，其重要特点之一就是叠合梁的运用。叠合梁，顾名思义，即为几个单梁上下叠合在一起，主要用来承担较大的弯矩。图 8-1(a)为外檐最常见的大小额枋组成的叠合梁，图 8-1(b) 为内檐常采用的檩三件叠合梁。单个木梁在外力作用下完全开裂时也形成一种叠合梁，如图 8-1(c) 所示。另外，当叠合梁的各个构件互相黏合时，如上下构件紧密连接且用扁钢牢固扣住各个构件［图 8-1(d)］，可认为形成一种特殊的叠合梁——组合梁。这种叠合梁或组合梁在古建筑中极其普遍，出现受弯相关的问题也较多。本节将进行详细分析，结果可供古建筑木结构的设计施工和修缮加固参考。

1 • 单梁开裂形成叠合梁

一根木梁与由两个小梁组成的等截面叠合梁弯曲受力的区别在古建筑工程中

(a) 外檐叠合梁

(b) 内檐叠合梁

(c) 完全开裂梁

(d) 组合梁

图 8-1　叠合梁与组合梁

注：①檩；②垫板；③枋

常会见到。如木梁沿水平向完全开裂，一根梁变成了两根梁，这种变化对木梁受弯性能有何影响，弯矩如何分配，应力峰值变化有何规律，对结构有无不利影响等，下面将详细分析。

假设图 8-2(a) 所示完整矩形木梁完全开裂，分为梁 a、梁 b［图 8-2(b)］，可认为它们的曲率相等，即

$$1/\rho_a = 1/\rho_b \tag{8-1}$$

又

$$1/\rho_a = M_a/E_a I_a,\ 1/\rho_b = M_b/E_b I_b \tag{8-2}$$

$$M_a + M_b = M \tag{8-3}$$

$$I_a = bh^3/12,\ I_b = b(h_0 - h)^3/12 \tag{8-4}$$

$$\sigma_a = M_a h/(2I_a),\ \sigma_b = M_b(h_0 - h)/(2I_b) \tag{8-5}$$

以上式中，ρ_a、ρ_b为梁 a、b 的曲率；M_a、M_b为梁 a、b 承受的弯矩；M 为完整木梁承受的弯矩；E_a、E_b为梁 a、b 的弹性模量，$E_a=E_b$；I_a、I_b为梁 a、b 的截面惯性矩；b 为梁 a 的截面宽度；h 为梁 a 的截面高度；h_0 为完整梁截面高度；σ_a、σ_b为梁 a、b 的弯应力峰值。

联立式（8-1）～式（8-5），得

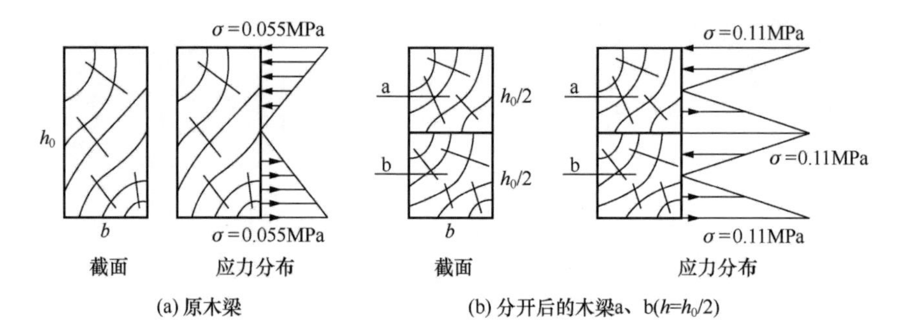

图 8-2　单梁与等截面叠合梁弯应力分布

$$\begin{cases}M_{\mathrm{a}} = Mh^3/[h^3 + (h_0 - h)^3] \\ M_{\mathrm{b}} = M(h_0 - h)^3/[h^3 + (h_0 - h)^3] \\ \sigma_{\mathrm{a}} = 6Mh/\{b[h^3 + (h_0 - h)^3]\} \\ \sigma_{\mathrm{b}} = 6M(h_0 - h)/\{b[h^3 + (h_0 - h)^3]\}\end{cases} \tag{8-6}$$

假设 $b=0.3\mathrm{m}$，$h_0=0.6\mathrm{m}$，$M=1000\mathrm{N\cdot m}$。当梁未开裂时，有 $h=h_0=0.6\mathrm{m}$，即为图 8-2(a)所示单梁，代入式（8-6）得 $M_{\mathrm{a}}=M=1000\mathrm{N\cdot m}$，$M_{\mathrm{b}}=0$，$\sigma_{\mathrm{a}}=\sigma=0.055\mathrm{MPa}$，$\sigma_{\mathrm{b}}=0$；当梁开裂为两个相等的部分时，有 $h=h_0/2=0.3\mathrm{m}$，即图 8-2(b)所示等截面叠合梁，代入式（8-6）得 $M_{\mathrm{a}}=M_{\mathrm{b}}=500\mathrm{N\cdot m}$，$\sigma_{\mathrm{a}}=\sigma_{\mathrm{b}}=0.11\mathrm{MPa}$。单梁完全开裂成等截面的两个梁后，截面应力峰值增大了一倍，可知梁开裂对其抗弯能力产生不利影响，易造成应力峰值突变，导致木梁产生弯曲破坏。

在实际工程中梁的裂缝并不一定出现在截面中部，因此讨论梁 a 截面高度 h 由 0 增加至 h_0 时 M_{a}、M_{b}、σ_{a}、σ_{b} 的变化规律。利用式（8-6）绘出 h-M_{a}，h-M_{b}，h-σ_{a}，h-σ_{b} 曲线，如图 8-3、图 8-4 所示，其中实线分别表示 M_{a}、σ_{a}，虚线分别表示 M_{b}、σ_{b}。

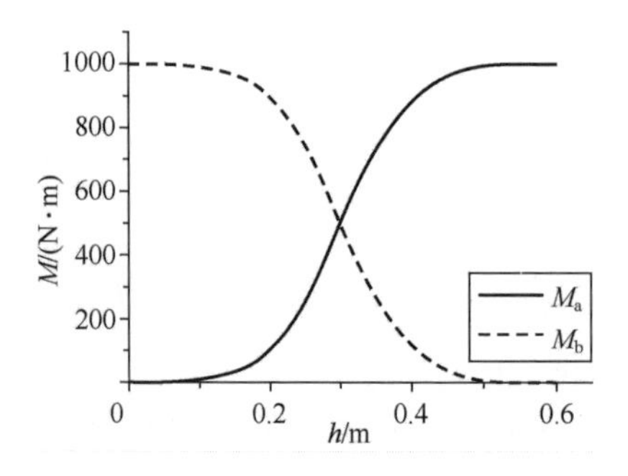

图 8-3　单梁完全开裂后 h-M 关系曲线

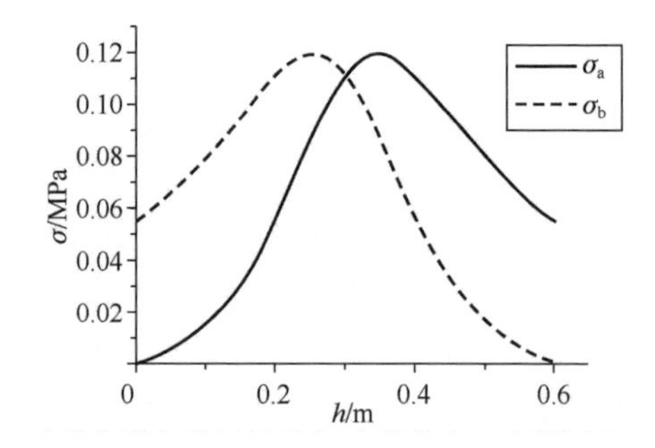

图 8-4　单梁完全开裂后 h-σ 关系曲线

由图 8-3 可知：

1）对梁 a 而言，随着 h 增加，M_a 由 0 呈非线性增大，当 $h=0.3$m 时达到 500N·m，当 $h=0.6$m 时完全承担 M 值。

2）对于梁 b 而言，随着 h 增大，M_b 由 M 呈非线性降低，当 $h=0.3$m 时降为 500N·m，当 $h=0.6$m 时降为 0。

3）M_a 与 M_b 为互补关系。

由图 8-4 可知：

1）对梁 a 而言，随着 h 增加，σ_a 由 0 逐渐增大，当 $h=0.3$m 时达到 0.11MPa，当 $h=0.34$m 时达到峰值 0.12MPa，然后开始降低，到 $h=0.6$m 时降为 0.055MPa。

2）对梁 b 而言，随着 h 增加，σ_b 由 0.055MPa 逐渐增大，当 $h=0.26$m 时达到峰值 0.12MPa，然后开始降低，当 $h=0.3$m 时降为 0.11MPa，到 $h=0.6$m 时降为 0。

3）只要 $h>0$，则必有 $\sigma_a>0.055$MPa 或 $\sigma_b>0.055$MPa，即只要单梁开裂，其应力峰值就要增加。

2·叠合梁与组合梁

古建筑工程中，当单个木梁抗弯承载力不足时，往往需要采取加固措施，常见的做法有：①在梁底附加木梁；②在梁底附加钢梁；③在梁底附加木梁，黏合密实，并用铁箍包裹，使之成为一个整体；④在梁底附加钢梁，黏合密实，并用铁箍包裹，使之成为一个整体。实际上方法①、②形成了叠合梁，方法③、④可近似认为形成了组合梁。叠合梁受力后各个梁各自变形，但接触面相互贴合，在纯弯曲条件下可认为中间层无约束，在小变形且各个梁截面高度远小于梁的曲率半径时可认为各个梁的曲率半径相等，总弯矩由各个梁分别承担，而当叠合梁的各个梁之间连接得极为紧密时则形成组合梁，组合梁像整体梁一样产生变形。

上述 4 种方法加固的梁弯曲应力分布有何区别？如何针对上述不同的加固方法进行加固梁的弯应力峰值计算？下面将详细分析。

1. 叠合梁

考虑图 8-2(b)中的矩形木梁 a，假设其抗弯承载力不足，在底部附加梁 b，此时形成叠合梁。对于式(8-1)～式(8-5)，设梁 b 的宽度为 B，高度为 H，其他参数不变，则式(8-4)、式(8-5) 分别变为

$$I_a = bh^3/12,\ I_b = BH^3/12 \tag{8-7}$$

$$\sigma_a = M_a h/(2I_a),\ \sigma_b = M_b H/(2I_b) \tag{8-8}$$

联立式(8-1)～式(8-3)、式(8-7)和式(8-8)，得

$$
\begin{cases}
M_a = (E_a bh^3)M/(E_a bh^3 + E_b BH^3) \\
M_b = (E_b BH^3)M/(E_a bh^3 + E_b BH^3) \\
\sigma_a = (6ME_a h)/(E_a bh^3 + E_b BH^3) \\
\sigma_b = (6ME_b H)/(E_a bh^3 + E_b BH^3)
\end{cases}
\tag{8-9}
$$

对于木梁 a，假设材料为油松，弹性模量 $E_a=1\times10^{10}\,N/m^2$，抗弯承载力容许值 $\sigma_m=13MPa$[1]。取 $b=h=0.3m$，$M=100kN\cdot m$。未采用梁 b 加固时，解式（8-9）得$M_a=M=100kN\cdot m$，$\sigma_a=22.2MPa>\sigma_m$，抗弯承载力不足。将$\sigma_a=13MPa$ 代入式（8-9），得 $M=58.5kN\cdot m$，即为木梁 a 能承受的极限弯矩。

1）对梁 a 进行加固，将梁 b 附在梁 a 底部，宽度与梁 a 相同（$B=b$），形成叠合梁，截面见图 8-5。若梁 b 为木材，$E_a=E_b$；若梁 b 为 Q235 钢材，$E_b=20.6\times10^{10}\,N/m^2$，容许弯应力 $\sigma'_m=190MPa$[2]。将 M、E_a、E_b、B、b、h 代入式(8-9)，并绘出 H 在 0～1m 范围内的 H-M_a，H-M_b，H-σ_a，H-σ_b关系曲线，见图8-6，其中 W 代表木梁加固，S 代表钢梁加固。

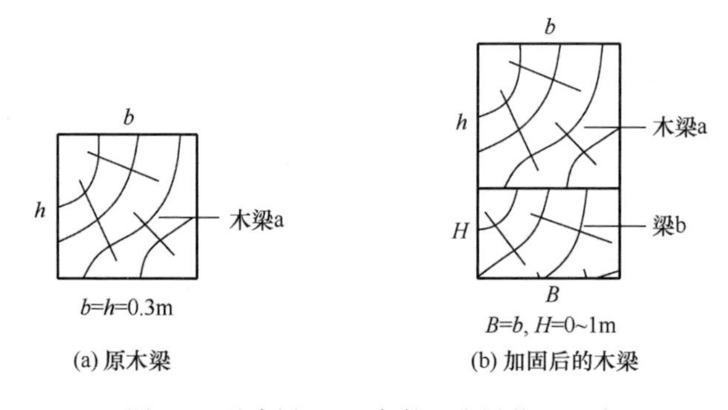

图 8-5　叠合梁 $B=b$ 条件下木梁截面尺寸

由图 8-6(a)、(b)可知，$B=b$ 时，随着梁 b 的高度 H 的增加，M_a减小，M_b增加，且钢材加固梁表现更明显。为保证梁 a 不发生破坏，当梁 b 为木梁时相应所需的 H 最小值为 0.27m，当梁 b 为钢梁时相应所需的 H 最小值为 0.1m。因此，梁 b 为钢梁时的最小截面高度远小于为木梁时。梁 b 为钢梁时，$H=0.37m$ 时就已承担了 97.5%的总弯矩，而梁 b 为木梁时承担相应弯矩所需的截面高度为 $H=1m$。

由图 8-6(c)、(d) 可知，$B=b$ 时，随着梁 b 的高度 H 的增加，σ_a减小，σ_b先增加后减小，且钢材加固梁表现更明显。为保证 $\sigma_a<\sigma_m$，梁 b 为木梁时所需的最小截面高度 $H=0.27m$（$\sigma_b=11.6MPa$，在木材容许值范围内），梁 b 为钢梁时所需的最小截面高度为 $H=0.1m$（$\sigma_b=86.6MPa$，在钢材容许值范围内）。图 8-6(d)中，梁 b 为木梁时峰值点为（0.24m，11.8MPa），梁 b 为钢梁时峰值

点为（0.09m，88.2MPa）。

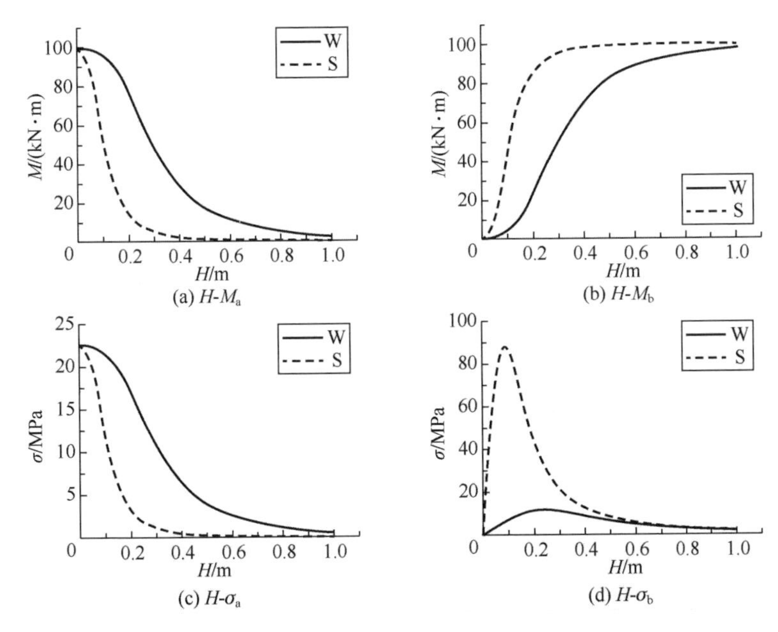

图 8-6　叠合梁 $B=b$ 条件下 H-M，H-σ 曲线

2）梁 b 与梁 a 形成叠合梁且 $H=h$ 时，相应截面尺寸见图 8-7，B 为 0～1m 时 B-M_a，B-M_b，B-σ_a，B-σ_b关系曲线见图 8-8。

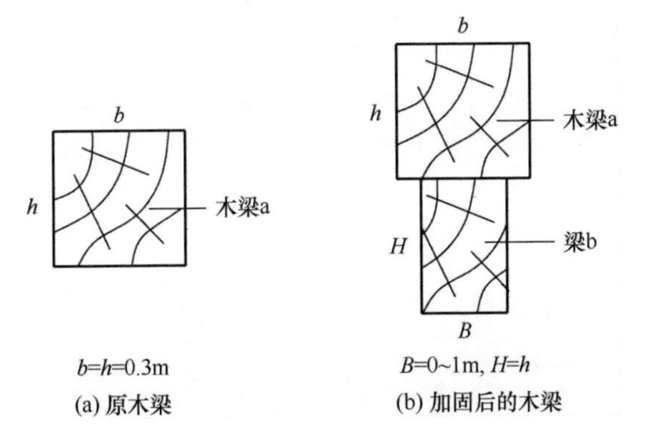

图 8-7　叠合梁 $H=h$ 条件下木梁截面尺寸

由图 8-8(a)、(b)可知，$H=h$ 条件下，随着梁 b 的宽度 B 增加，M_a减小，M_b增加，且钢材加固梁表现更明显。为保证梁 a 不发生破坏，当梁 b 为木梁时相应所需的最小 B 值为 0.25m，当梁 b 为钢梁时相应所需的 B 值为 0.02m。因此，梁 b 为钢梁时的最小截面宽度远小于为木梁时。梁 b 为钢梁时 $B=0.05$m 就

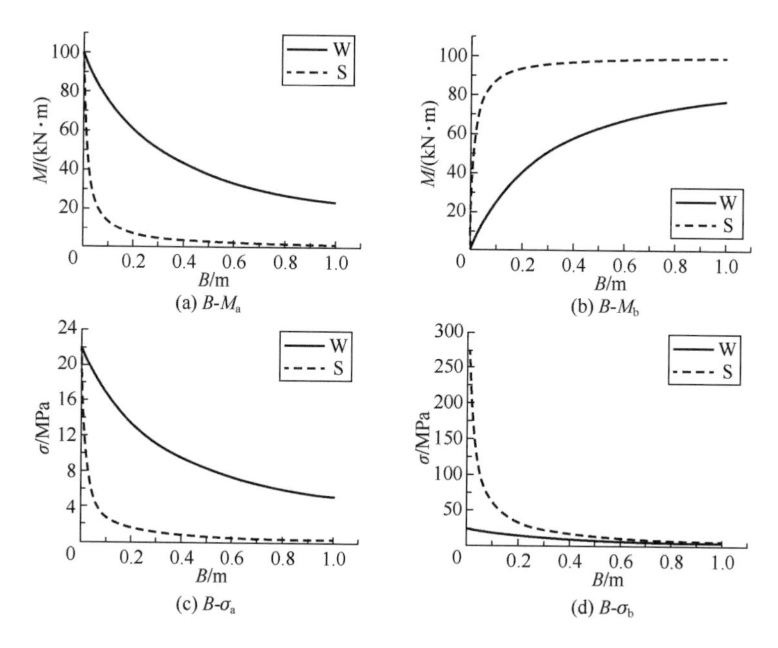

图 8-8　叠合梁 $H=h$ 条件下 B-M，B-σ 曲线

已承担了 76.9％的总弯矩，而梁 b 为木梁时承担相应弯矩所需截面宽度为$B=1$m。

由图 8-8(c)、(d)可知，$H=h$ 条件下，随着梁 b 宽度 B 增加，σ_a、σ_b减小，且钢材加固梁表现更明显。为保证 $\sigma_a<\sigma_m$，梁 b 为木梁时所需最小截面宽度 $B=0.25$m（此时 $\sigma_b=12.3$MPa，在木材容许值范围内），梁 b 为钢梁时所需最小截面宽度为 $B=0.02$m（此时 $\sigma_b=193$MPa，在钢材容许值范围内）。

还可以看出，加固木梁形成叠合梁时，竖着放比横着放抗弯效果更好，且节约材料。

2. 组合梁

仍对矩形木梁 a 进行分析，但考虑加固梁 b 与梁 a 固接在一起形成组合梁。此时同样要考虑两种情况：

1）梁 b 为木梁，可不考虑结合面上的剪切强度，近似认为梁 a、b 形成一根单梁，见图 8-9(a)。

2）梁 b 为钢梁，形成的组合梁不能用单梁受弯计算公式直接求解，可将两种材料等效转换为一种材料进行分析，见图 8-9(b)、(c)。

1）同种材料组合梁，最大弯应力为

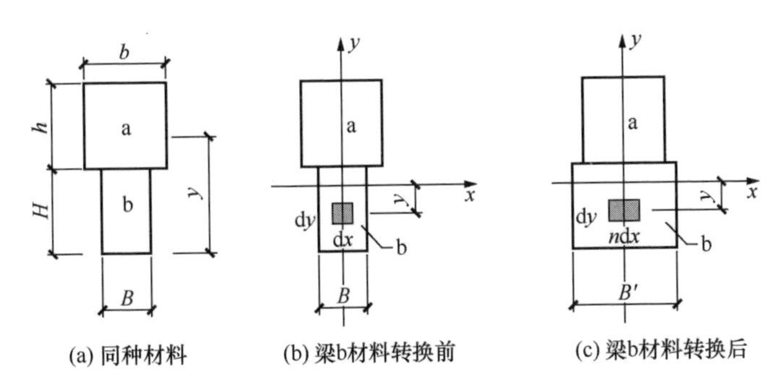

图 8-9　组合梁截面

$$\begin{cases}\sigma_a = M(H+h-y)/I \\ \sigma_b = My/I \\ y = \sum(y_iA_i)/\sum A_i = [BHH/2+bh(H+h/2)]/(BH+bh) \\ I = (bh^3/12)+(BH^3/12)+bh(H-y+h/2)^2+BH(y-H/2)^2\end{cases} \tag{8-10}$$

当梁 b 为木梁，且 $B=b$ 时，将上文的 M、B、b、h 代入式（8-10），绘出 H 在 0～1m 范围内的 H-σ_a，H-σ_b关系曲线，见图 8-10。易知 $\sigma_a=\sigma_b$，且随着 H 增加，σ_a、σ_b减小，当 $H=0.1$m 时应力降至木材容许弯应力容许值，故此值为梁 b 的最小高度。$H=1$m 时，$\sigma_a=\sigma_b=1.18$MPa。

当梁 b 为木梁，且 $H=h$ 时，将 M、b、h、H 代入式（8-10），绘出 B 在 0～1m 范围内 B-σ_a，B-σ_b关系曲线，见图 8-11 中实线及虚线。易知随着 B 增加，σ_a由 22.2MPa 减小，σ_b由 66.7MPa 减小，且 σ_b表现更明显。为保证梁抗弯强度低于容许值，要求 $\sigma_a<\sigma_m$，相应 $B=0.03$m；$\sigma_b<\sigma_m$，相应 $B=0.1$m。取大值，即 $B=0.1$m，为保证组合梁抗弯性能的最小截面宽度。$B=1$m 时，$\sigma_a=4.16$MPa，$\sigma_b=2.39$MPa。

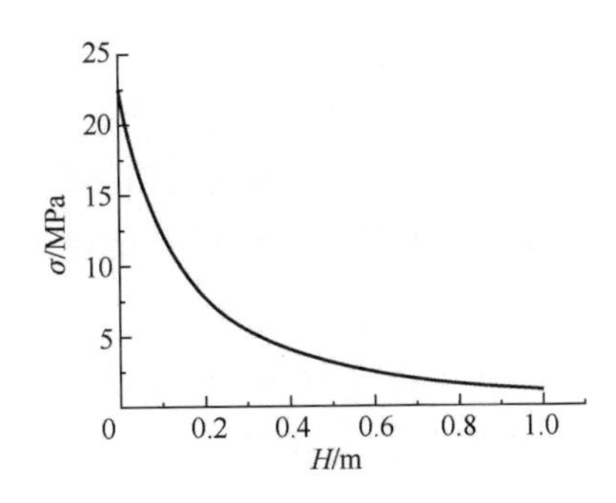

图 8-10　同种材料组合梁 $B=b$ 条件下 H-σ 曲线

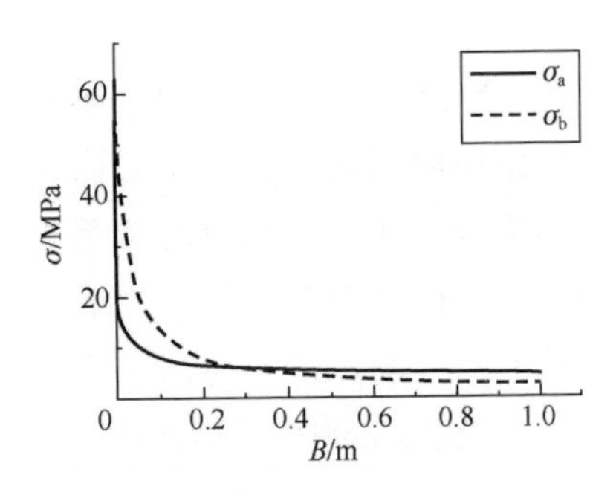

图 8-11　同种材料组合梁 $H=h$ 条件下 B-σ 曲线

2）梁 b 为钢梁，组合梁受到弯矩作用时，假设整个横截面变形后仍然保持为平面，于是正应变将线性地从中轴线的零变化到离轴最远的最大值。在材料接合处，由于弹性模量发生突变，应力也发生突变。为了满足截面上分布应力产生的合力为零以及中性轴力矩为零的条件，可将组合梁换成单一材料组成的均匀梁。此处将钢材替换为木材。材料代换时为了保持截面应变分布不变，不能改变梁 b 的高度 H，仅能改变宽度 B。

对于图 8-9(b)中梁 b 的任意微元，其宽度为 $\mathrm{d}x$，高度为 $\mathrm{d}y$，作用的外力满足[3]

$$\mathrm{d}F=\sigma_{\mathrm{s}}\mathrm{d}A=E_{\mathrm{s}}\varepsilon_{\mathrm{s}}\mathrm{d}x\mathrm{d}y \tag{8-11}$$

等效换为木材后，考虑到 ε_{s} 及 H 不能变，将微元宽度变为 $n\mathrm{d}x$，作用的外力满足

$$\mathrm{d}F'=\sigma_{\mathrm{w}}\mathrm{d}A'=E_{\mathrm{w}}\varepsilon_{\mathrm{s}}n\mathrm{d}x\mathrm{d}y \tag{8-12}$$

以上式中，σ_{s}、E_{s}、ε_{s}分别为钢材的应力、弹性模量及应变；σ_{w}、E_{w}、ε_{w}分别为木材的应力、弹性模量及应变。

由 $\mathrm{d}F=\mathrm{d}F'$，代入式(8-11)和式(8-12)，解得

$$n=E_{\mathrm{s}}/E_{\mathrm{w}}=20.6$$

因此，将钢材替换为木材后，梁 b 宽度变为 $B'=nB$，见图 8-9(c)。求解弯应力时，σ_{a} 不变，σ_{b} 由于梁 b 截面面积被放大了 n 倍，应乘以相应的系数，式(8-10)变为

$$\begin{cases}\sigma_{\mathrm{a}}=M(H+h-y)/I\\ \sigma_{\mathrm{b}}=nMy/I\\ y=\sum(y_iA_i)/\sum A_i=[nBH^2/2+bh(H+h/2)]/(nBH+bh)\\ I=(bh^3/12)+(nBH^3/12)+bh(H-y+h/2)^2+nBH(y-H/2)^2\end{cases} \tag{8-13}$$

当梁 b 为钢梁，且 $B=b$ 时，将 M、b、h、B、n 代入式（8-13），并绘出 H 在 0～1m 范围内 H-σ_{a}，H-σ_{b}关系曲线，见图 8-12 中实线及虚线。当梁 b 为钢梁且 $H=h$ 时，将 M、b、h、H、n 代入式（8-13），并绘出 B 在 0～1m 范围内 B-σ_{a}，B-σ_{b}关系曲线，见图 8-13 中实线及虚线。

由图 8-12 可知，梁 b 为钢梁且 $B=b$ 条件下，随着 H 增加，σ_{a}由 22.2MPa 开始减小，σ_{b}由 458MPa 开始减小，且比 σ_{a}表现更明显。当 $H=0.02$m 时，$\sigma_{\mathrm{a}}=12.1$MPa，即梁 a 进入安全区，相应 $\sigma_{\mathrm{b}}=79.2$MPa（该值小于钢材的容许弯应力），因此可以认为此时的 H 值是组合结构所需钢梁的最小高度值。到 $H=1$m 时，$\sigma_{\mathrm{a}}=0.14$MPa，$\sigma_{\mathrm{b}}=1.9$MPa。

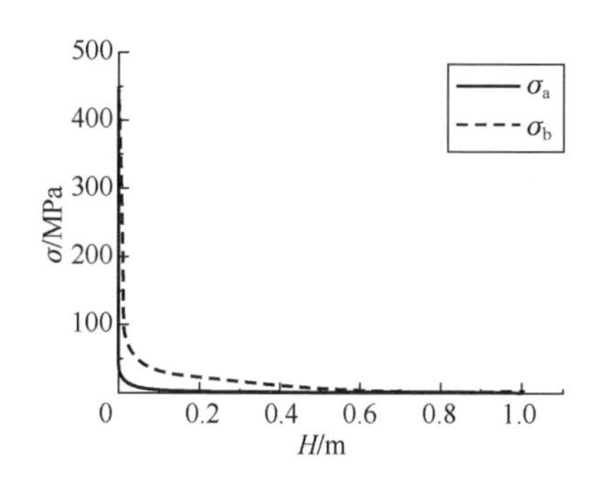

图 8-12　不同种材料组合梁 $B=b$ 条件下 H-σ 曲线

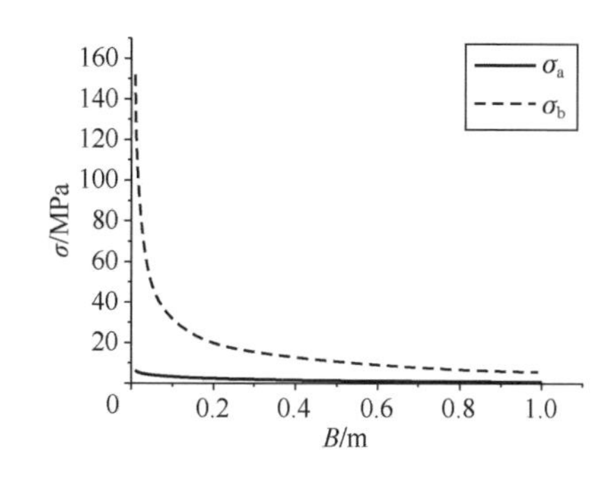

图 8-13　不同种材料组合梁 $H=h$ 条件下 B-σ 曲线

由图 8-13 可知，梁 b 为钢梁且 $H=h$ 条件下，随着 B 增加，σ_a、σ_b迅速减小，且比图 8-12 相应值表现更明显。当 $B=0.01$m 时，$\sigma_a=6.13$MPa，即梁 a 进入安全区，相应 $\sigma_b=152$MPa（该值小于钢材的容许弯应力），因此可以认为此时的 B 值是组合结构所需钢梁的最小高度值。此后，随着 B 增加，σ_a、σ_b曲线下滑平缓。

对比图 8-12、图 8-13 可知，组合梁结构中梁 b 竖着放比横着放要节约材料，且效果更好。

3. 对比分析算例

对于矩形木梁 a，材料、截面几何条件及承载弯矩同 1 中，假设采用矩形梁 b 加固，$B\times H=0.3\text{m}\times0.3\text{m}$，绘出 4 种情况截面应力分布图：①梁 b 为木梁，与梁 a 叠合；②梁 b 为钢梁，与梁 a 叠合；③梁 b 为木梁，与梁 a 组合；④梁 b 为钢梁，与梁 a 组合。上述 4 种情况的截面应力分布如图 8-14 所示。易知叠合梁的应力由各梁各自承担，组合梁应力由各梁共同承担；不同种材料结合时，结合面应力不连续，组合梁应力突变更明显。

3・工字形截面

古建筑叠合梁的一个重要特征是采用工字形截面，图 8-1(a)、(b)所示的梁均为此做法。工字形截面与等高度的矩形截面有何差别？在满足抗弯要求方面工字形截面的运用是否有一定科学道理？下面以故宫太和殿明间脊檩三件截面为例分析。

当脊三件（脊檩、脊垫板、脊枋）组成叠合梁时，脊三件承受的总弯矩为

$$M=M_1+M_2+M_3 \tag{8-14}$$

式中，$M_1\sim M_3$分别为脊檩、脊垫板和脊枋承受的弯矩。

假设 3 个构件的曲率半径相等，则

$$1/\rho_1=M_1/EI_1=1/\rho_2=M_2/EI_2=1/\rho_3=M_3/EI_3 \tag{8-15}$$

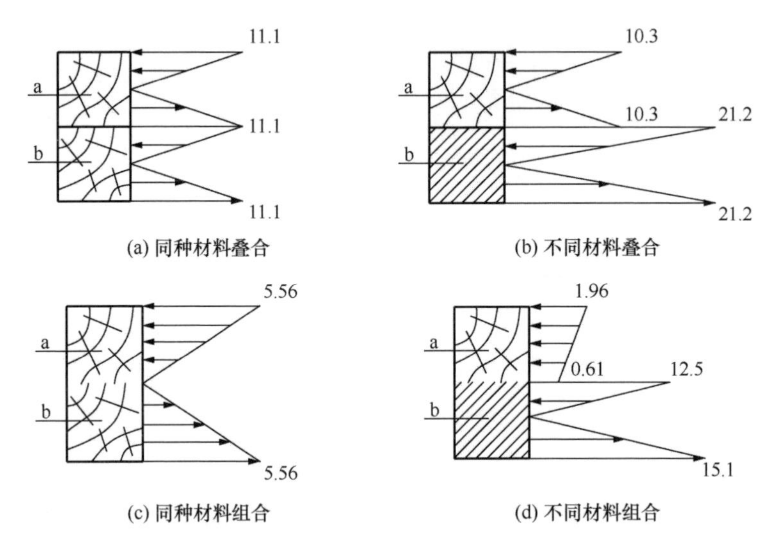

图 8-14 不同形式加固梁应力分布算例（单位：MPa）

式中，$\rho_1 \sim \rho_3$分别为檩、垫板、枋的曲率；$I_1 \sim I_3$分别为檩、垫板、枋的截面惯性矩。

$$\begin{cases} I_1 \approx \pi D^4/64(\text{檩}) \\ I_2 = B_2 H_2{}^3/12(\text{垫板}) \\ I_3 = B_3 H_3{}^3/12(\text{枋}) \end{cases}$$

式中，D 为檩径；B_2、H_2分别为垫板的宽和高；B_3、H_3分别为枋的宽和高。

太和殿脊檩三件相关尺寸为：$D=0.45\text{m}$，$H_2=0.31\text{m}$，$B_2=0.15\text{m}$，$H_3=0.47\text{m}$，$B_3=0.32\text{m}$。由以上公式可得叠合梁条件下垫板承受的弯矩为

$$M_2 = MB_2 H_2{}^3/(3\pi D^4/16 + B_2 H_2{}^3 + B_3 H_3{}^3) \tag{8-16}$$

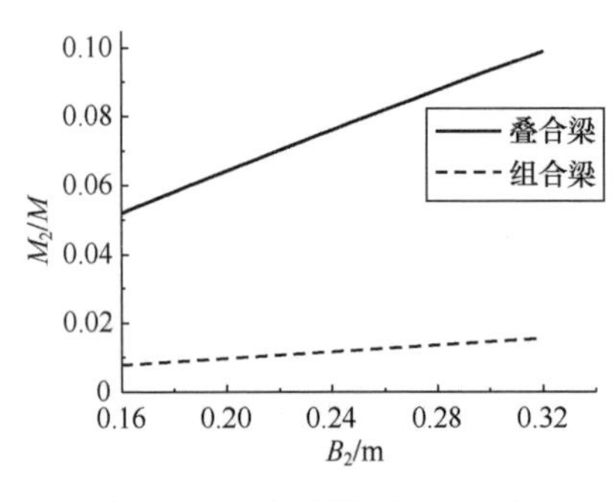

图 8-15 工字形截面 B_2-M_2/M 关系曲线

将 D、H_2、H_3、B_3 值代入式(8-16)，绘出 $B_2=0.15\sim0.32\text{m}$（即檩垫板宽度由原尺寸增大到檩枋宽度时）时相应 M_2/M 的变化曲线，见图 8-15 中实线。易知当 B_2 为 $0.15\sim0.32\text{m}$ 时，M_2 承受的弯矩为 $(0.05\sim0.1)M$，且呈线性变化。该值非常小，也就是说，外力弯矩主要由檩和枋承担，且垫板的截面宽度适当缩小时对垫板本身受弯承载性能影响不大，因此工字形截面是合理的。

当檩三件被加固，形成组合梁形式时，檩、垫、枋组成整体共同承受弯矩。

由于垫板承受弯矩的计算过程较为复杂，下面仅给出 B_2＝0.15～0.32m 时 M_2/M 的变化曲线，见图 8-15 中虚线，为一条近似直线。在 B_2的变化范围内，M_2承受的弯矩仅为（0.008～0.016）M，且改变很小。因此，可以认为工字形截面节约材料且不影响檩三件的受弯性能。

4·小结

1）古建筑木梁单梁在完全开裂后，虽然所受弯矩不变，但是弯应力峰值急剧增加，因此很可能产生受弯破坏。

2）古建筑木梁加固时组合梁比叠合梁加固效果更好且更节约材料。

3）采用钢梁加固古建筑，木梁所需截面尺寸小，但是接合面应力突变明显；采用木梁加固古建筑，木梁接合面应力突变小，但是所需截面尺寸大；加固梁立着放比横着放效果相对更好且节约材料。

4）古建筑木梁加固时，随着附加梁 B、H 值增加，对于叠合梁做法，原有梁弯矩及应力逐渐减小，附加梁弯矩逐步增大，应力峰值先增大后减小（$B=b$ 条件下）或逐步减小（$H=h$ 条件下）；对于组合梁做法，组合后梁应力峰值逐渐减小。

5）古建筑叠合梁及组合梁工字形截面与等高度矩形截面梁相比，受弯承载力影响不大。

第 2 节　古建筑糟朽角梁受力性能分析

古建筑木结构的角梁位于屋面转角位置，由老角梁和仔角梁组成，其力学功能为仔角梁与老角梁形成叠合梁，共同承担翼角椽子及脊兽传来的竖向荷载；在美学上则具有挑出深远、反宇向阳的作用，可使古建筑屋顶造型优美生动[4]。图 8-16 即为故宫建福宫东南角梁的构造及尺寸示意图，其构造特点为：老角梁前置正侧两檐桁相交处，后端上皮做成桁碗以托承正侧两面相交的金桁；老角梁之上设仔角梁，其尾部下方做成桁碗反扣金桁，头部则挑出搭交挑檐桁之外。

根据木构古建施工工艺特点，仔角梁上部一般被望板、护板灰、铺瓦泥等材料覆盖，空气不畅及瓦面渗水等很可能造成仔角梁糟朽。勘查发现，建福宫东南角梁的仔角梁前部即出现糟朽问题，糟朽长度为从仔角梁头起约为 3.6m，最大糟朽深度达 0.15m，而老角梁完好，如图 8-16、图 8-17 所示。

对建福宫东南角梁剩余部分进行受力性能分析具有重要的意义，其主要原因在于：

1）该角梁上有脊兽，且分布在角梁前部，由于角梁前部为悬挑构造，为避

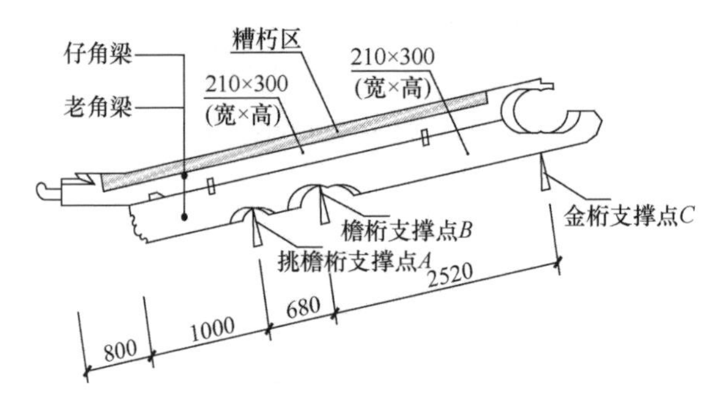

图 8-16　建福宫东南角梁构造及尺寸示意图（单位：mm）

(a) 揭瓦前

(b) 揭瓦后

图 8-17　建福宫东南角梁情况

免角梁因承载力不足而产生折断，有必要验算其承载力。

2）该角梁两侧均承担数根翼角椽传来的竖向荷载，且远大于屋面正身部位的荷载值，这对角梁的有效承载截面尺寸有一定的要求。

3）仔角梁糟朽后，角梁整体有效承载截面减小，需要分析仔角梁糟朽情况下角梁剩余截面的承载能力。

基于此，本节采取计算机编程方法研究基于糟朽现状的建福宫东南角梁受力性能，提出可行性建议，为糟朽角梁的修缮保护提供理论参考。

1·计算简图

本节主要从静力角度研究建福宫东南角梁的承载性能。该角梁受到的荷载包括角梁及上部屋面自重（恒）荷载及活荷载。其中，活荷载由角梁两侧望板传来，按《古建筑木结构维护与加固技术规范》（GB 50165—1992）[5]规定，取为700N/m^2；自重荷载则根据角梁分层构造获得。该角梁及上部构造组成为：角梁→翼角椽（直径105mm）→30mm厚望板→两侧瓦面（含护板灰、底瓦、盖瓦，厚度共计180mm）→脊件及小兽（高度约500mm）。在进行荷载计算时，材料密度取值为[6]：木材，500kg/m^3；瓦件、灰背，2000kg/m^3。在进行荷载组合时，恒载组合系数取 1.2，活载组合系数取 1.4。

基于上述信息进行荷载计算，根据结果绘制角梁的计算简图，见图 8-18，图中 F_1 为仔角梁悬挑部分荷载（长 0.8m），F_1＝2628.4N/m；F_2 为仔角梁与老角梁中间段承受的荷载（长 3.11m），F_2＝2998.8N/m；F_3 为两侧望板传来的竖向荷载，分布在角梁后尾 1.09m 长度段，F_3＝12 461N/m。易知传到角梁的荷载主要由角梁后尾承担，该部分荷载可提供部分抵抗弯矩，以减小角梁前端产生倾覆的可能性。此外，计算简图中的边界条件分别表示角梁搭接在挑檐桁、檐桁及金桁上时受到的支撑作用。

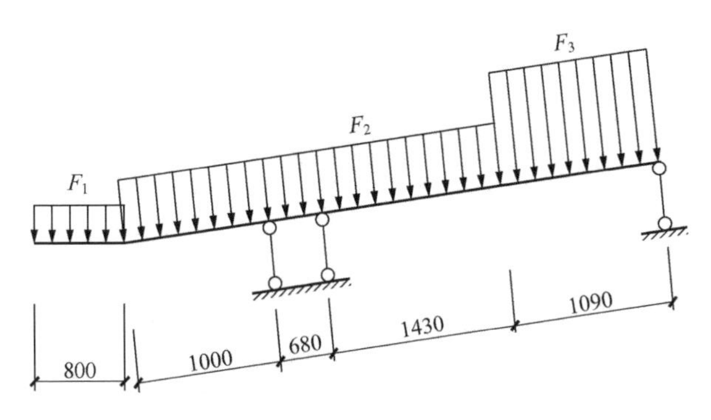

图 8-18　角梁计算简图（单位：mm）

该角梁采用的木材属硬木松，容许变形和强度值按照《木结构设计规范》（GB 50005—2003）（以下简称《规范》）[1]取值为：变形 $[u]=l/200$，l 为角梁计算长度；抗弯 $[\sigma_m]$＝13MPa；顺纹抗剪 $[\tau]$＝1.5MPa。

2·受力分析

1. 变形

采取计算机编程方法，可获得不同条件下的角梁整体变形状况，如图 8-19 所示。易知仔角梁完好时角梁的最大变形位置为仔角梁前端，变形值为 0.23×10^{-3}m；而仔角梁糟朽 3.6m 长、0.15m 深后，角梁剩余部分的最大变形值为 0.69×10^{-3}m，位置仍在仔角梁前端，小于古建筑木梁变形容许值（$l/200=9\times10^{-3}$m）。由此可知，仔角梁糟朽对角梁整体变形影响不大，究其原因，主要是老角梁提供了较为充足的承载截面。

2. 抗弯

基于计算结果，绘制角梁的弯矩分布图，如图 8-20 所示。易知角梁的最大弯矩位置在角梁前侧，即图 8-16 中 A 点，为 4390.9N·m。下面以该点为例分析角梁抗弯承载力。

设仔角梁的截面尺寸为 $b\times h$（宽×高），弹性模量为 E_a，老角梁的截面尺寸

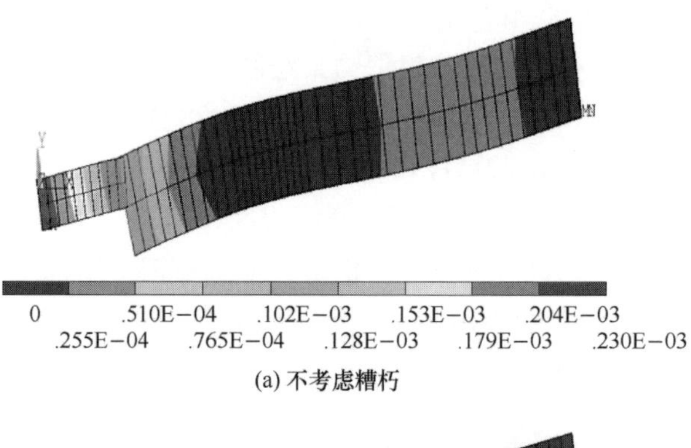

(a) 不考虑糟朽

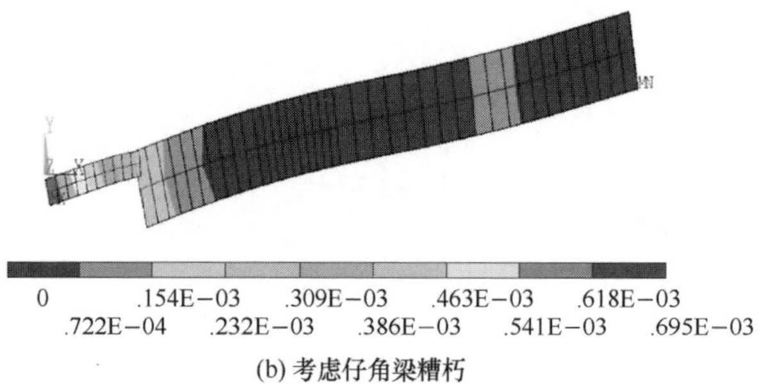

(b) 考虑仔角梁糟朽

图 8-19　角梁变形图（单位：m）

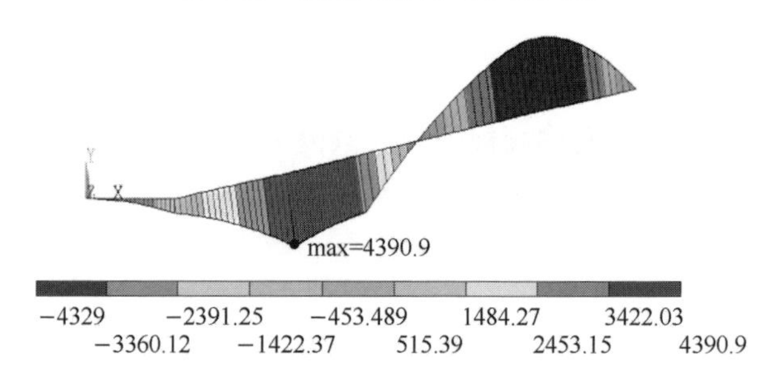

图 8-20　角梁弯矩分布图（单位：N·m）

为 $B\times H$（宽×高），弹性模量为 E_b，M 为计算截面的弯矩值，则 $E_a=E_b=1\times10^{10}\mathrm{N/m^2}$，$b=B=0.21\mathrm{m}$，$h$ 及 H 根据计算位置取值为 $h=0.15\mathrm{m}$（仔角梁原有高度－糟朽深度），$H=0.3\mathrm{m}$。另假设仔角梁受到的弯矩及产生的弯应力峰值为 M_a 及 σ_a，老角梁受到的弯矩及产生的弯应力峰值为 M_b 及 σ_b，则基于材料力学公式，可得

$$M_a=(E_abh^3)M/(E_abh^3+E_bBH^3) \tag{8-17}$$

$$M_b=(E_bBH^3)M/(E_abh^3+E_bBH^3) \tag{8-18}$$

$$\sigma_a=(6ME_ah)/(E_abh^3+E_bBH^3) \tag{8-19}$$

$$\sigma_b=(6ME_bH)/(E_abh^3+E_bBH^3) \tag{8-20}$$

将上述参数代入式（8-17）～式（8-20），解得 $M_a=487.9\text{N}\cdot\text{m}$，$M_b=3903\text{N}\cdot\text{m}$，$\sigma_a=0.62\text{MPa}<[\sigma_m]=13\text{MPa}$，$\sigma_b=1.24\text{MPa}<[\sigma_m]$。由此可知，在仔角梁糟朽 0.15m 的情况下，老角梁和仔角梁均能满足受弯承载力要求。

为探讨仔角梁糟朽深度对角梁抗弯性能的影响，以点 A 为参考位置，基于方程（8-17）～方程（8-20）编写相关程序，获得 h 为 0～0.3m 时 h-M_a，h-σ_a，h-M_b，h-σ_b关系曲线，即仔角梁糟朽深度变化时角梁受弯承载力的变化曲线，如图 8-21 所示。易知仔角梁与老角梁承受的弯矩为互补关系，且无论仔角梁糟朽深度如何，仔角梁和老角梁承受的最大弯应力均小于容许应力$[\sigma_m]$，究其原因，主要是老角梁提供的有效截面已满足抗弯强度需求。

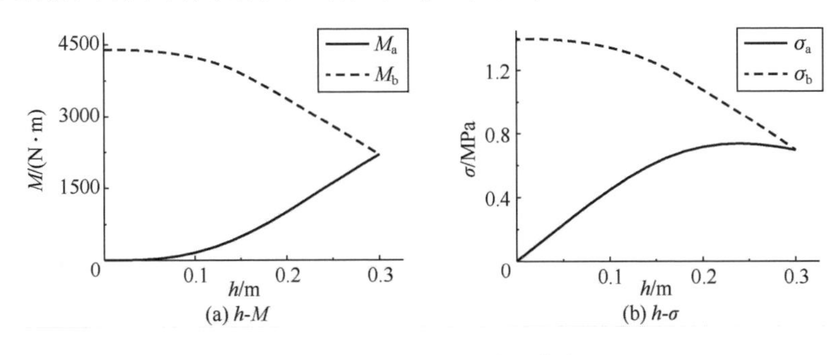

图 8-21　h 与 M、σ 关系曲线

3. 抗剪

基于计算结果，绘制角梁的剪力分布图，如图 8-22 所示。易知角梁的最大剪力位置在角梁后尾，即图 8-16 中 C 点。由于仔角梁在 C 点所在截面并未产生糟朽，而在 A、B 截面有糟朽，选择 A、B、C 截面进行抗剪承载力分析。

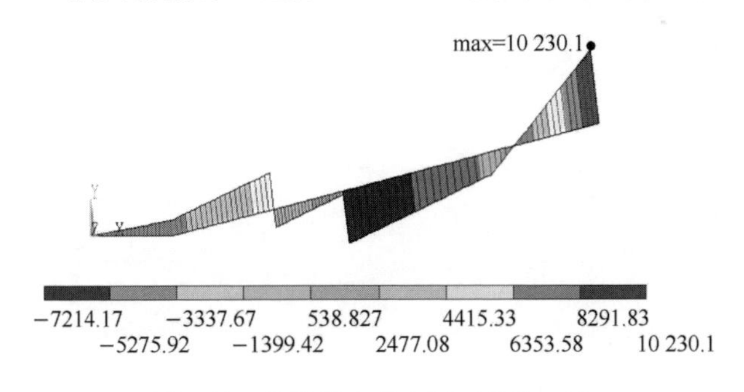

图 8-22　角梁剪力分布图（单位：N）

假设仔角梁受到的剪力及产生的剪应力峰值为 F_a 及 τ_a，老角梁受到的剪力及产生的剪应力峰值为 F_b 及 τ_b，F 为计算截面的剪力值，则基于材料力学公式，可得[7]

$$F_a = (E_a bh^3)F/(E_a bh^3 + E_b BH^3) \tag{8-21}$$

$$F_b = (E_b BH^3)F/(E_a bh^3 + E_b BH^3) \tag{8-22}$$

$$\tau_a = (3FE_a h^2)/2(E_a bh^3 + E_b BH^3) \tag{8-23}$$

$$\tau_b = (3FE_b H^2)/2(E_a bh^3 + E_b BH^3) \tag{8-24}$$

联立式(8-21)～式(8-24)，可解得上述指定位置仔角梁、老角梁承担的剪力值以及剪应力峰值，如表 8-1 所示。易知在上述指定位置老角梁和仔角梁的剪应力峰值均小于容许值[τ]=1.5MPa，即在糟朽现状条件下，老角梁和仔角梁均不会产生受剪破坏。

表 8-1　抗剪分析结果

截面	A	B	C
F/N	4998.3	7214.2	10 230
F_a/N	555.4	801.6	5115
τ_a/MPa	0.03	0.04	0.12
F_b/N	4442.9	6412.6	5115
τ_b/MPa	0.11	0.15	0.12

为探讨仔角梁糟朽深度对角梁抗剪性能的影响，以点 B（该位置剪应力最大）为参考位置，基于方程（8-21）～方程（8-24）编写相关程序，获得 h 为0～0.3m 时 h-F_a，h-τ_a，h-F_b，h-τ_b关系曲线，即仔角梁糟朽深度变化时角梁受剪承载力的变化曲线，如图 8-23 所示。易知仔角梁与老角梁承受的剪力为互补关系，且无论仔角梁糟朽深度如何，仔角梁和老角梁承受的最大剪应力均小于容许应力[τ]，究其原因，主要是老角梁提供的有效截面已满足抗剪强度需求。

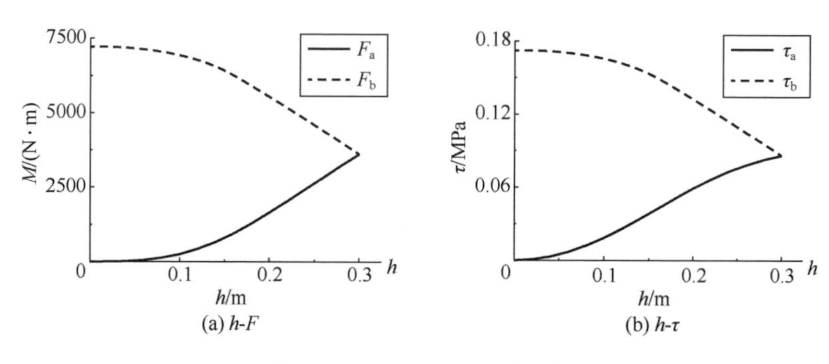

图 8-23　h 与 F、τ 关系曲线

3・小结

本节采取计算机编程分析方法研究了建福宫东南角梁糟朽后的受力性能，得出如下结论：

1）角梁受力体系的最大弯矩位置在角梁前侧，而最大剪力位置在角梁后尾。

2）在仔角梁产生 0.15m 深糟朽的情况下，角梁剩余截面仍能满足抗弯、抗剪和变形要求，其主要原因是老角梁已提供充足的承载截面。

第3节　古建筑糟朽叠合梁受弯性能分析

我国古建筑木结构主要特点之一是叠合梁的大量运用，如在屋架檐步、金步及脊步等部位常采用檩三件构造，即檩、垫板、枋上下叠合，共同承担屋面传来的荷载。竖向荷载作用下，叠合梁受力后各个梁各自变形，但接触面相互贴合，且各个梁的曲率半径近似相等，总弯矩及剪力由各个梁分别承担。与单梁形式相比，叠合梁可承担更大的上部荷载，从而减小破坏的可能性。然而，由于木材有易糟朽等缺陷，叠合梁中的部分构件易产生破坏，从而影响叠合梁的整体受力性能。如图 8-24(a)所示的故宫英华殿东耳房后檐檩三件即存在糟朽问题。该东耳房始建于明代，是一座单层硬山式古建筑，清代曾历经数次修缮。由于檩三件外侧被包砌在墙体中，空气不流通，历经数百年后，檩、枋产生糟朽。为简化分析，考虑糟朽截面均为矩形，糟朽尺寸按最大值位置考虑。基于勘查结果，测得

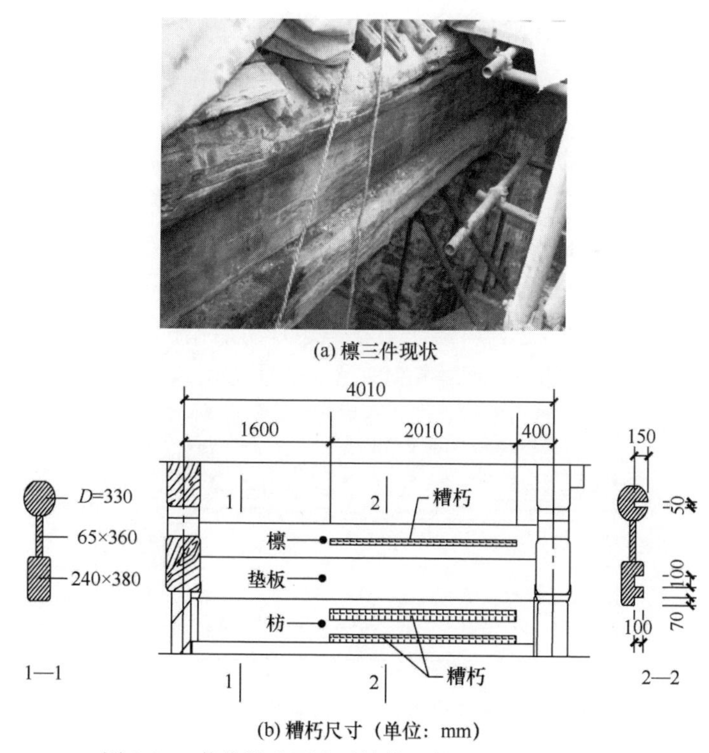

(b) 糟朽尺寸（单位：mm）

图 8-24　英华殿东耳房后檐檩三件现状及糟朽尺寸

后檐檩糟朽位置有1处，尺寸为2.01m×0.05m× 0.15m（长×高×深）；枋糟朽位置有2处，为中部及底部，中部糟朽尺寸为2.01m×0.1m×0.1m（长×高×深），底部糟朽尺寸为2.01m×0.07m×0.1m（长×高×深）。该檩三件糟朽位置及截面尺寸见图8-24（b）。

关于古建筑木结构叠合梁的受弯性能，现有的研究较少。本节采用数值模拟方法，以故宫英华殿东耳房后檐檩三件为例，初探基于糟朽现状的古建叠合梁受弯性能，评价糟朽组件的安全性能，并提出可行性加固建议。

1・计算简图

1. 荷载计算

本节主要从静力角度研究英华殿东耳房后檐檩三件糟朽后的承载性能。该檩三件组成叠合梁，主要承担上部屋面自重（恒）荷载及活荷载。其中，活荷载按《古建筑木结构维护与加固技术规范》（GB 50165—1992）规定[5]，取为700N/m^2。该檩三件及上部构架组成为：檩三件→椽子（95mm×110mm，间距110mm）→30mm厚望板→瓦面（含护板灰、底瓦、盖瓦，厚度共计180mm）。在进行荷载计算时，材料密度取值为[6]：木材，500kg/m^3；瓦件、灰背，2000kg/m^3。在进行荷载组合时，恒载组合系数取值1.2，活载组合系数取值1.4。基于上述荷载信息，解得传到檐檩上的荷载设计值为q=22 966N/m。

2. 计算简图

根据明清时期木结构的构造特点[4,8]，檐檩、檐枋端部一般做成燕尾榫形式，插入檐柱头中。这种榫卯节点具有一定的转动能力，可认为处于半刚性约束状态。由文献[9]～[11]的研究成果，可取燕尾榫节点转角刚度值$K_1=2.02\times10^4$N•m•rad^{-1}。另檐垫板与檐柱采用直榫形式连接，这种节点也具有一定的转动能力。由文献[12]、[13]的研究成果，可取直榫节点转角刚度值$K_2=2.54\times10^5$N•m•rad^{-1}。由上述假定，可绘出英华殿东耳房后檐檩三件静力计算简图，如图8-25所示，其中阴影部分表示糟朽区，A为跨中截面，B为糟朽端部截面。

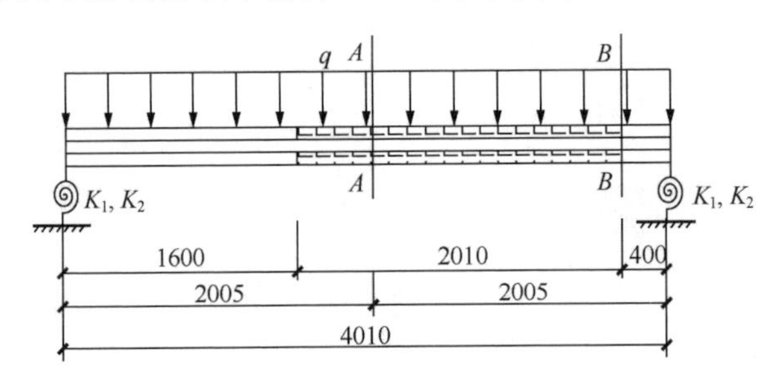

图8-25　檩三件叠合梁受力简图（单位：mm）

2·有限元模型

1. 榫卯节点

采用ANSYS有限元程序模拟檐檩、檐垫板及檐枋组成的叠合梁受力性能。考虑到檩、垫、枋端部与柱顶均采用榫卯节点的连接方式（图8-26），由已有的研究成果，可采用三维虚拟弹簧单元组模拟榫卯节点的半刚性特性，该弹簧单元组由6根互不耦联的弹簧组成，其刚度取值分别为K_x、K_y、K_z和K_{rotx}、K_{roty}、K_{rotz}，其中前3个参数分别表示沿x、y、z轴的拉压刚度，后3个参数表示绕x、y、z轴的转动刚度，如图6-9(a)所示。分析时，按虚拟弹簧一端连接榫头、另一端固定约束处理。在用ANSYS程序进行有限元分析时，用MATRIX27单元模拟虚拟弹簧。该单元没有定义几何形状，但是可通过两个节点反映单元的刚度矩阵特性，其刚度矩阵输出格式如图6-9(b)所示。

图8-26 柱和檩、枋的连接

本节仅考虑榫头绕卯口转动引起的拔榫，则对于檩、枋端部榫卯节点各参数取值为

$$K_x = K_y = K_z = 3.276 \times 10^{20}\mathrm{N \cdot m \cdot rad^{-1}}（取一个较大值）$$

$$K_{rotx} = K_{roty} = K_{rotz} = K_1$$

对于垫板各参数取值为

$$K_x = K_y = K_z = 3.276 \times 10^{20}\ \mathrm{N \cdot m \cdot rad^{-1}},\ K_{rotx} = K_{roty} = K_{rotz} = K_2$$

2. 有限元模型

采用BEAM189单元模拟檩、垫、枋，MATRIX27单元模拟榫卯节点边界条件，CONTA178单元模拟檩枋间的接触关系，且考虑到檩枋叠合作用，CONTA178单元的节点I和节点J的间隙取为檩、枋中心距离。本节主要考虑木材顺纹方向的受力性能，建模时输入的木材参数有：密度ρ=500kg/m^3，泊松比μ=0.3，弹性模量考虑年代长久折减，取值为$E=9\times10^9$N/m^2。由上述计算简图、约束条件、材料参数及ANSYS模拟方法，可建立基于檩三件剩余有效截面的有限元分析模型，如图8-27所示，其中含梁单元78个，半刚性弹簧节点单元6个，接触单元105个。

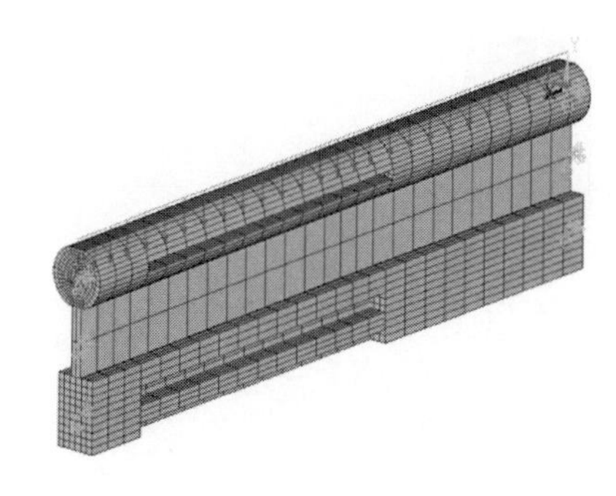

图8-27 基于檩三件剩余有效截面的有限元分析模型

3·受力分析

根据相关资料[14]，该中金檩-枋体系采用的木材属硬木松，容许变形和强度值取值为[1]：变形$[l]$=0.03m，顺纹抗拉$[\sigma_t]$=8MPa，顺纹抗压$[\sigma_c]$=10MPa，抗弯$[\sigma_m]$=13MPa，顺纹抗剪$[\tau]$=1.4MPa。下面对基于糟朽现状的檩三件叠合梁在竖向荷载作用下的内力及变形进行分析。

1. 变形

由有限元分析方法，获得考虑剩余有效构件的檩三件变形状况，如图 8-28所示。易知竖向静载作用下，后檐檩三件变形峰值为 0.007m<$[l]$，位置在跨中。由此可知，檩三件在竖向荷载作用下不会产生过大的变形。

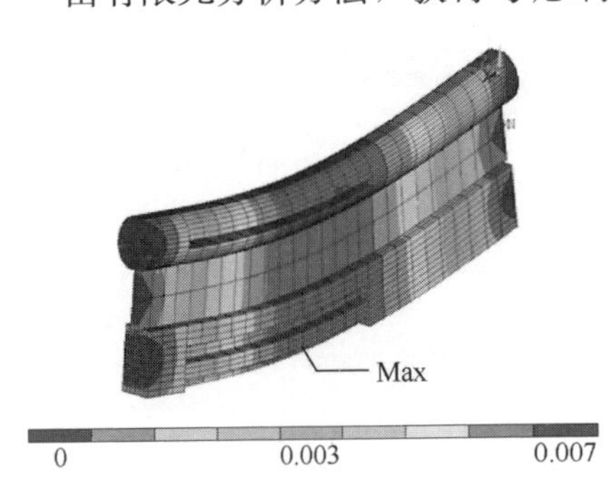

图 8-28　变形结果（单位：m）

2. 主应力

图 8-29 为檩三件主拉应力分布图，易知拉应力峰值发生在枋底部糟朽位置[图 8-29(a)、(c)]，为 σ_t=5.62MPa<$[\sigma_t]$；对于檩，主拉应力峰值发生在跨中

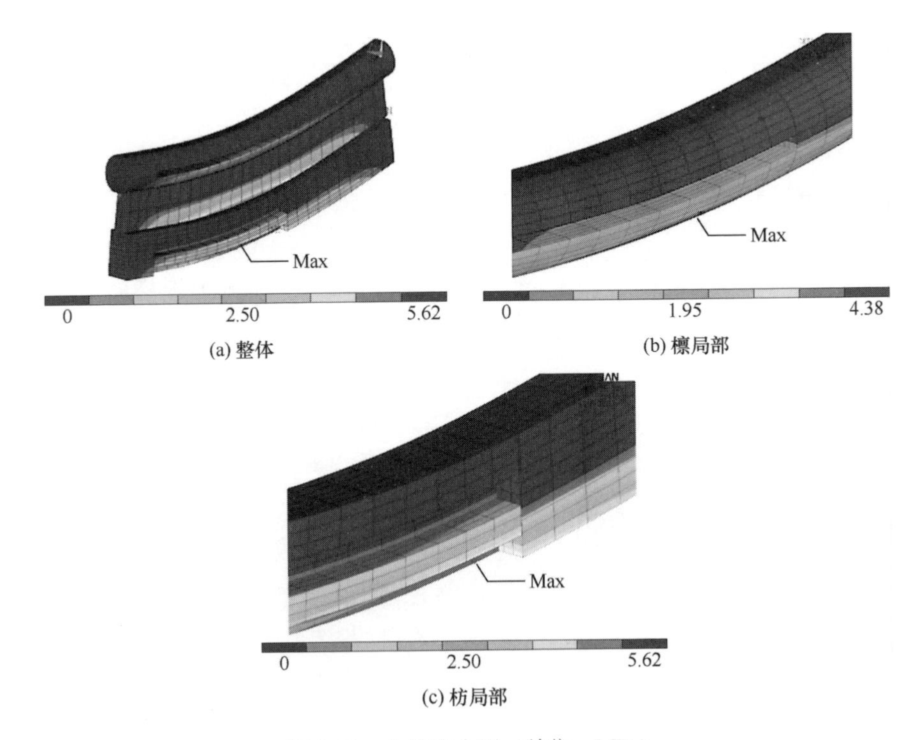

(a) 整体　(b) 檩局部

(c) 枋局部

图 8-29　主拉应力图（单位：MPa）

底部位置，为 $\sigma_t=4.38$MPa［图 8-29(b)］。图 8-30 为檩三件主压应力分布图，易知峰值发生在枋跨中顶部［图 8-30(a)、(c)］，为 $\sigma_c=5.61\text{MPa}<[\sigma_c]$；对于檩，主压应力峰值发生在跨中顶面［图 8-30(b)］，为 $\sigma_c=4.28$MPa。由此可知，在竖向静载作用下檩、枋剩余截面仍然不会产生受拉或受压破坏。

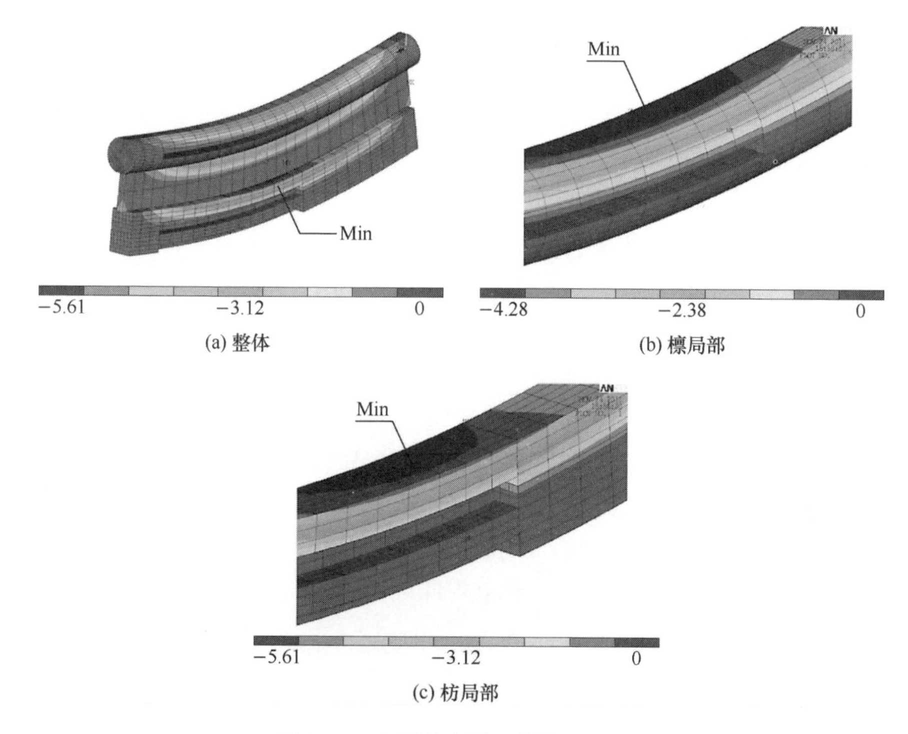

(a) 整体

(b) 檩局部

(c) 枋局部

图 8-30　主压应力图（单位：MPa）

3. 弯应力

由计算结果绘制檩三件的弯矩分布图，如图 8-31 所示，易知枋承担的弯矩最大，垫板承担的弯矩最小。考虑到 A 处截面（位置详见图 8-25）弯矩值最大，且截面存在削弱现象，选取 A 截面分析檩三件的弯应力峰值。

当檐檩三件（檐檩、檐垫板、檐枋）组成叠合梁时，有

$$M=M_1+M_2+M_3 \quad (8\text{-}25)$$

式中，M 为檐檩三件承受的总弯矩，$M_1 \sim M_3$分别代表檐檩、檐垫板和檐枋承受的弯矩。

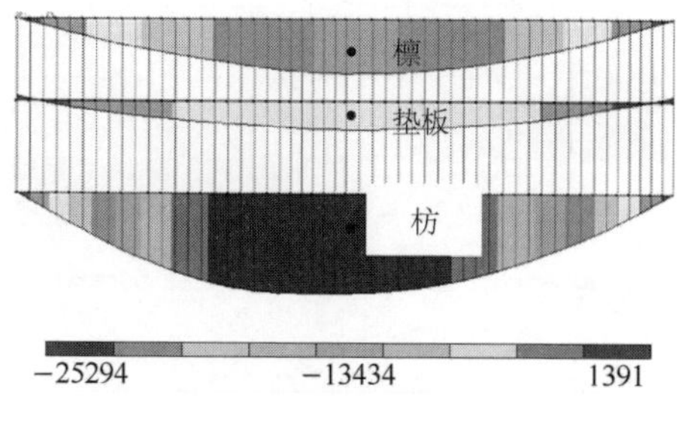

图 8-31　弯矩分布图（单位：N・m）

对于叠合梁，其组成各梁的曲率半径相等，则

$$1/\rho_1 = M_1/EI_1 = 1/\rho_2 = M_2/EI_2 = 1/\rho_3 = M_3/EI_3 \tag{8-26}$$

式中，$\rho_1 \sim \rho_3$分别为檩、垫板、枋的曲率，$I_1 \sim I_3$分别为檩、垫板、枋的截面惯性矩，E为木材弹性模量。三个构件的截面惯性矩分别为

$$\begin{cases} 檩：I_1 \approx \pi D^4/64 \\ 垫板：I_2 = B_2 H_2{}^3/12 \\ 枋：I_3 = B_3 H_3{}^3/12 \end{cases} \tag{8-27}$$

式中，D为檩径，B_2、H_2分别为垫板的宽和高，B_3、H_3分别为枋的宽和高，则D=0.33m，H_2=0.36m，B_2=0.065m，H_3=0.38m，B_3=0.24m。

另设檩、垫板、枋产生的弯应力峰值为$\sigma_1 \sim \sigma_3$，则联立式（8-25）～式（8-27），并基于材料力学相关公式，可得[7]

$$M_1 = (M\pi D^4/64)/(\pi D^4/64 + B_2 H_2{}^3/12 + B_3 H_3{}^3/12) \tag{8-28}$$

$$M_2 = (MB_2 H_2{}^3/12)/(\pi D^4/64 + B_2 H_2{}^3/12 + B_3 H_3{}^3/12) \tag{8-29}$$

$$M_3 = (MB_3 H_3{}^3/12)/(\pi D^4/64 + B_2 H_2{}^3/12 + B_3 H_3{}^3/12) \tag{8-30}$$

$$\sigma_1 = (M\pi D/2)/(\pi D^4/64 + B_2 H_2{}^3/12 + B_3 H_3{}^3/12) \tag{8-31}$$

$$\sigma_2 = (MH_2/2)/(\pi D^4/64 + B_2 H_2{}^3/12 + B_3 H_3{}^3/12) \tag{8-32}$$

$$\sigma_3 = (MH_3/2)/(\pi D^4/64 + B_2 H_2{}^3/12 + B_3 H_3{}^3/12) \tag{8-33}$$

由公式（8-28）～式（8-33），解得檩三件弯矩及弯应力峰值，结果见表8-2。易知在檩、枋产生糟朽的情况下，剩余构件截面能够满足抗弯要求。

表 8-2　A 截面弯矩及弯应力峰值计算结果

构件	檩	垫板	枋
M/(N·m)	13 602	7060	25 294
σ/MPa	4.16	5.02	5.04
σ>[σ_m]?	否	否	否

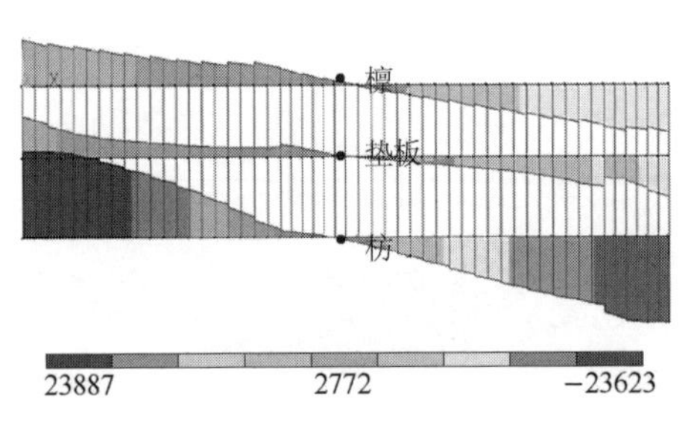

图 8-32　剪力分布图（单位：N）

4. 剪应力

基于计算结果，绘制檩三件的剪力分布图，如图 8-32 所示，易知枋承担的剪力最大，垫板承担的剪力最小。考虑到 B 处截面（位置详见图 8-25）剪力值较大，且截面存在削弱现象，选取该截面分析檩三件的剪应力峰值。

假设檩、垫、枋受到的剪力为$F_1 \sim F_3$，产生的剪应力峰值为$\tau_1 \sim \tau_3$，F为计算截面的剪力值，则基于材料力学公式，可得[7]

$$F_1 = (F\pi D^4/64)/(\pi D^4/64 + B_2 H_2{}^3/12 + B_3 H_3{}^3/12) \tag{8-34}$$

$$F_2 = (FB_2 H_2{}^3/12)/(\pi D^4/64 + B_2 H_2{}^3/12 + B_3 H_3{}^3/12) \tag{8-35}$$

$$F_3 = (FB_3 H_3{}^3/12)/(\pi D^4/64 + B_2 H_2{}^3/12 + B_3 H_3{}^3/12) \tag{8-36}$$

$$\tau_1 = (FD^2/12)/(\pi D^4/64 + B_2 H_2{}^3/12 + B_3 H_3{}^3/12) \tag{8-37}$$

$$\tau_2 = (FH_2{}^2/8)/(\pi D^4/64 + B_2 H_2{}^3/12 + B_3 H_3{}^3/12) \tag{8-38}$$

$$\tau_3 = (FH_3{}^2/8)/(\pi D^4/64 + B_2 H_2{}^3/12 + B_3 H_3{}^3/12) \tag{8-39}$$

由公式（8-34）～公式（8-39），解得檩三件剪力及剪应力峰值结果，如表 8-3 所示。易知 B 位置檩剩余截面不满足抗剪要求，很可能产生水平剪切裂缝，而垫板、枋仍满足抗剪承载力要求。因此，参照《古建筑木结构维护与加固技术规范》（GB 50165—1992）第 6.7.1 条的规定，对糟朽檩宜采取更换构件的加固方法，对糟朽枋宜采取贴补、打箍的加固方法。不考虑截面糟朽时，解得 B 位置檩截面的剪应力峰值为 $\tau=0.08\text{MPa}<[\tau_m]$，即檩枋完好条件下檩满足抗剪要求。

表 8-3　*B* 截面剪力及剪应力峰值计算结果

构件	檩	垫板	枋
F/N	10 219	8181	17 226
τ_{max}/MPa	3.85	0.52	0.45
$\tau_{max}>[\tau_m]$?	是	否	否

4·小结

1）基于檩、枋糟朽现状，英华殿东耳房后檐檩三件在竖向静载作用下仍满足变形、抗拉、抗压及抗弯承载力要求。

2）现有的檩截面不能满足抗剪要求，很可能产生水平剪切裂缝并加剧檩构件的破坏；现有的垫板、枋仍满足抗剪承载力要求。

3）参照《古建筑木结构维护与加固技术规范》（GB 50165—1992）相关规定，对檩宜采取更换构件的加固方法，对枋宜采取贴补、打箍的加固方法。

第 4 节　古建筑糟朽梁头墩接加固分析

故宫英华殿东耳房位于英华殿东北侧，始建于明代，清代历经数次修缮，现有建筑尺寸为 13.27m×6.95m×6.69m（长×宽×高），是一座单层硬山式古建筑，如图 8-33 所示。该古建筑为木构架承重体系，墙体仅起维护作用。东山五架梁外侧由于被包砌在墙体中，空气不流通，历经数百年后，后端梁头糟朽，见图 8-34。基于勘查结果，测得五架梁后端糟朽长度约为 600mm。

为充分、有效利用原有的木料承担上部荷载，拟采取类似墩接的方法加固，

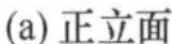
(a) 正立面

(b) 背立面

图 8-33 英华殿东耳房

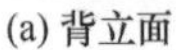
(a) 背立面

(b) 正立面

图 8-34 英华殿东山五架梁梁头糟朽情况

即将糟朽的旧料截去，再用新料墩接，然后将新、旧料固定，具体做法为：

1）将五架梁糟朽段截去，在剩余旧料右侧截去 Z 字形尺寸，其中上部尺寸为 955mm，下部尺寸为 155mm，上下部高度尺寸均为梁高的 1/2。

2）依据截去的所有尺寸，采用硬木松新料制作五架梁后端梁头。

3）在新料与旧料的接触区采用上下各一层钢夹板固定，钢夹板选用 Q245 钢，厚度为 10mm，夹板梁端超出新旧料搭接边界 100mm。

4）上下层钢夹板之间采用 4 根 $\phi20$ 螺栓固定新、旧料，螺栓为 4.6 级普通螺栓，间距为 200mm。加固方案详见图 8-35。需要说明的是，该五架梁前端露

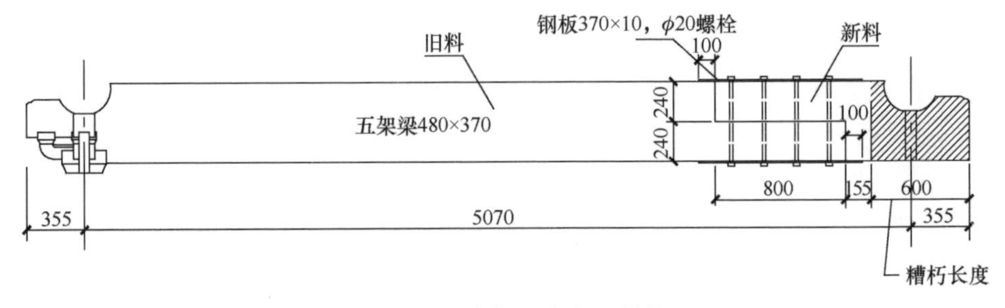

图 8-35 五架梁梁头加固方案（单位：mm）

明，后端则包砌在墙内，因而构造不同。

为评价该加固方案的可行性，本节将采取数值模拟方法对加固后的五架梁进行静力承载能力分析，重点探讨加固区域新、旧料的内力和变形情况。

1·计算简图

勘查表明，该五架梁承受的上部竖向荷载主要包括上部木构架、屋面板的自重和屋面活荷载，位置在前后檐檩及三架梁底部。基于相关规范[5,15]，解得檩传来的荷载设计值 F_1＝18 258N，分配到五架梁前后侧的荷载为 F_2＝25 072N。由五架梁加固尺寸及上述荷载信息，考虑五架梁端部为铰接约束，可得加固后五架梁的计算简图如图 8-36 所示。

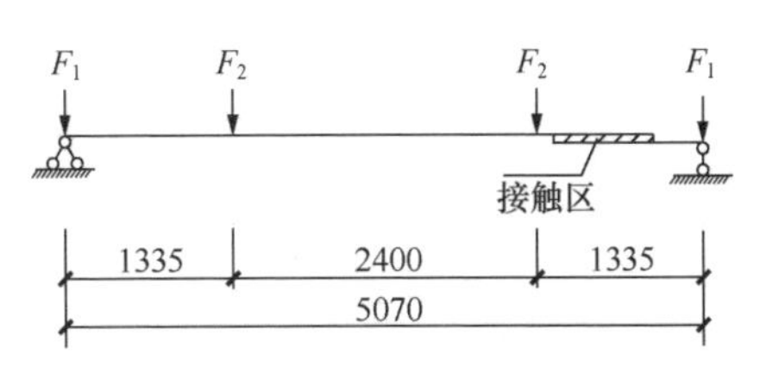

图 8-36　计算简图（单位：mm）

2·有限元模型

采用有限元程序 ANSYS 模拟五架梁加固后的受力性能。考虑采用 SOLID45 单元模拟五架梁及钢板，CONTACT173 单元模拟新料、旧料、钢板、螺栓之间的接触面，TARGE170 单元模拟相应的目标面，建立加固后的五架梁有限元模型，如图 8-37 所示，其中含旧料单元 2088 个，新料单元 728 个，钢板及螺栓单元 944 个，接触单元 740 个，目标单元 740 个。需要说明的是，采用的螺栓直径（20mm）与五架梁长度（5070mm）相比很小，建立有限元模型后，螺栓网格形状类似于矩形，为简化分析，采用边长的 20mm 的矩形截面代替螺栓截面，这样做一方面可简化分析，另一方面对结果影响不大（根据类似工程分析结果，误差在 10%以内）。

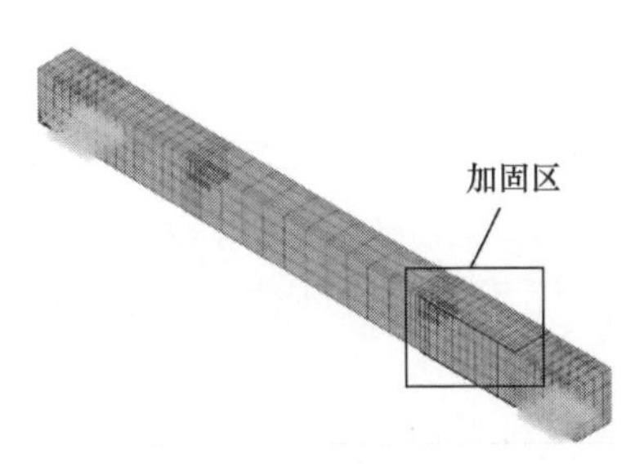

图 8-37　五架梁有限元分析模型

对五架梁主要采用接触分析方法研究加固效果。基于 3D 接触分析对象，绘制接触面与目标面示意图，如图 8-38 所示，其中 C 表示接触面，T 表示目标面。不同编号表示的接触面为：1，上部钢板与新料顶部接触面；2，螺栓与周边木梁接触面；3，新料底面与旧料顶面接触面；4，新旧料

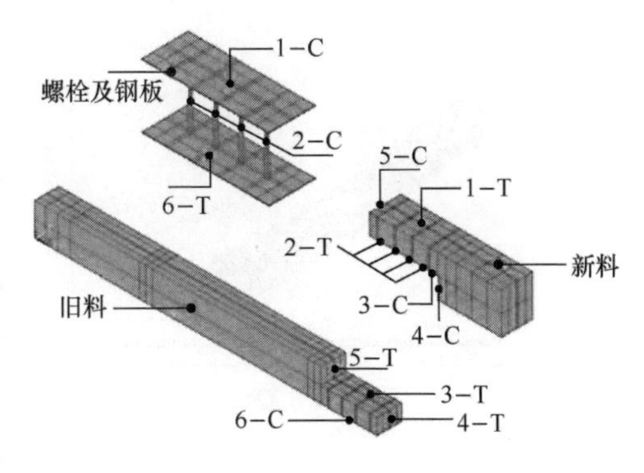

图 8-38　接触对

右侧接触面；5，新旧料左侧接触面；6，旧料底部与底部钢板接触面。建立有限元分析模型后，上述6组接触对形成1480个接触对单元、1640个接触对节点。

3·分析结果

由分析结果获得加固后的五架梁内力、变形分布特征，以及新旧料之间的接触状态及应力分布，如图8-39～图8-42所示。根据相关资料[14]，本五架梁采用的材料为楠木，其强度容许值远大于加固采用的硬木松材料。分析中木材强度容许值按硬木松考虑，按照《木结构设计规范》(GB 50005—2003)[1]取值为变形$[l]=0.02\mathrm{m}$，顺纹抗拉$[\sigma_t]=8\mathrm{MPa}$，顺纹抗压$[\sigma_c]=10\mathrm{MPa}$。按《钢结构设计规范》(GB 50017—2003)[2]相关规定，对于加固钢板，抗拉、抗压容许强度取值为$[f]=205\mathrm{MPa}$。

1. 变形

图8-39为加固梁在竖向荷载作用下的变形分布，易知五架梁的最大变形位置为新旧料交接左侧，为$u_{max}=5\times10^{-4}\mathrm{m}<[l]$。图中钢板之间的木料虽然有轻微翘曲变形，但在规范容许的范围内。由此可知，加固后的五架梁变形不大，满足要求。

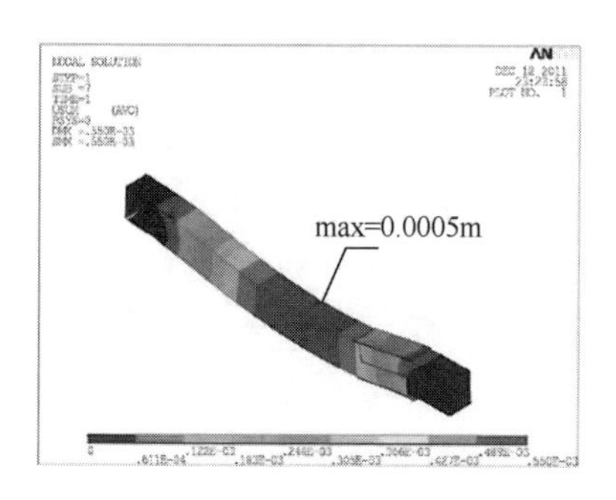

图8-39　变形分布

2. 主应力

图8-40为加固梁的主拉应力分布，易知旧料主拉应力峰值在旧料右侧顶部，为$3.36\mathrm{MPa}<[\sigma_t]$；新料主拉应力峰值在新料与顶部钢板相交位置，为$3.51\mathrm{MPa}<[\sigma_t]$；钢结构主拉应力在右侧螺栓与钢板底部相交位置，为$22.8\mathrm{MPa}<[f]$。由上述分析可知，采取加固方案后，新旧木料及钢结构（含钢板及螺栓）均能满足抗拉承载力要求。

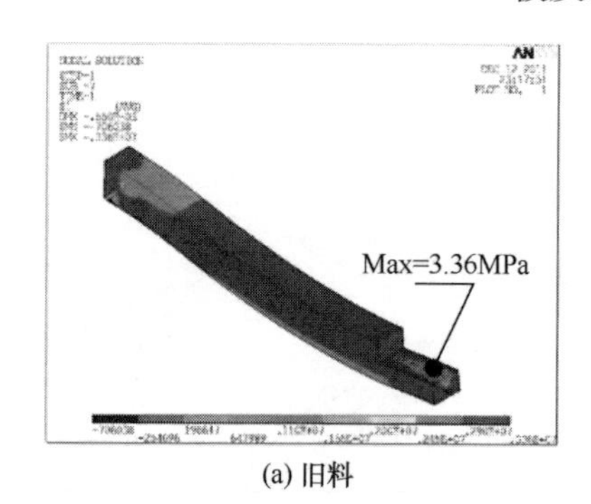

(a) 旧料

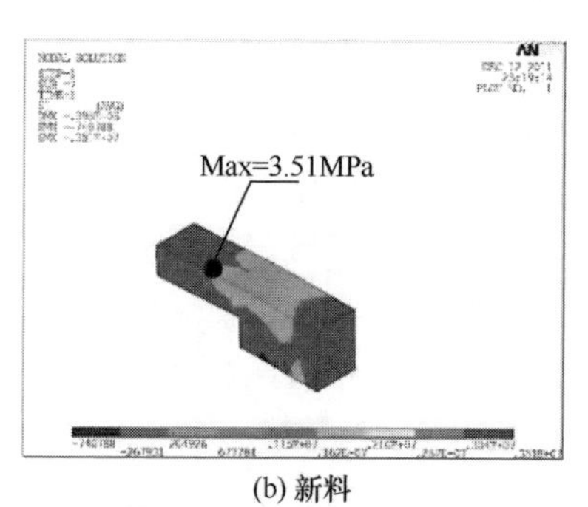

(b) 新料

图8-40　主拉应力分布

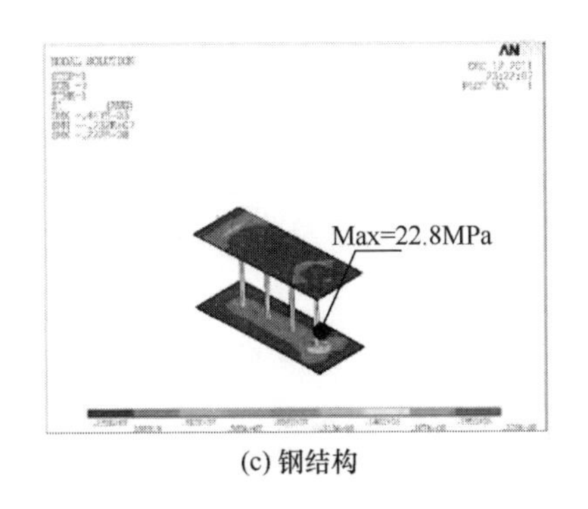

(c) 钢结构

图 8-40　主拉应力分布（续）

图 8-41 为加固梁的主压应力分布，易知旧料主压应力峰值在新旧料交接位置右侧底部，为 1.94MPa<[σ_c]；新料主压应力峰值在新旧料交接位置右侧顶部，为 1.68MPa<[σ_c]；钢结构主压应力在右侧螺栓与底部钢板相交位置，为 5.62MPa<[f]。由上述分析可知，采取加固方案后，新旧木料及钢结构均能满足抗压承载力要求。

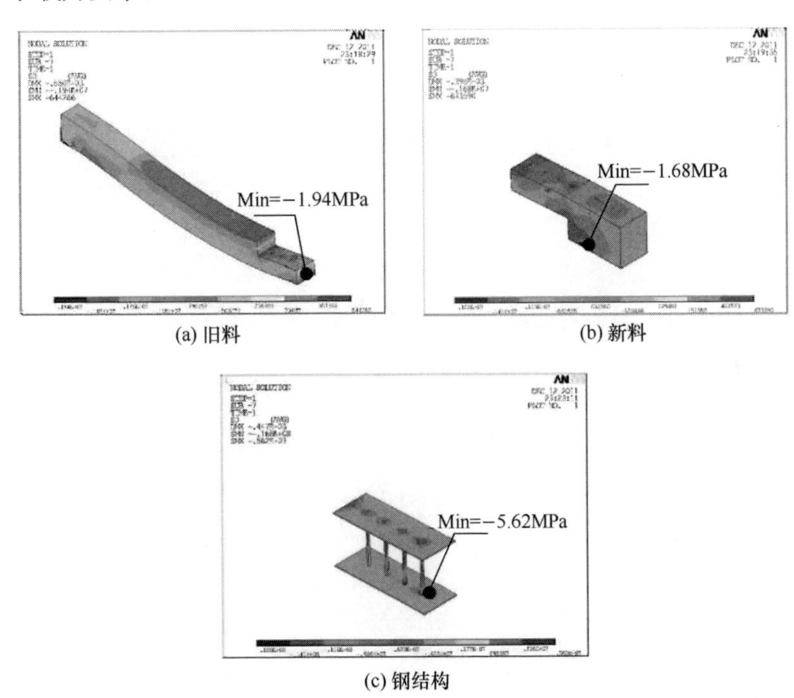

(a) 旧料　(b) 新料

(c) 钢结构

图 8-41　主压应力分布

3. 接触应力

图 8-42 表示了旧料、新料、钢板间接触面的接触应力分布情况，其中

图 8-42(a)中深色部分显示了新旧料接触面产生滑动的位置，这些位置主要包括新、旧料接触面左侧上部及右侧下部，螺栓与底、顶部钢板相交位置等。上述位置由于竖向荷载作用而产生挤压变形，但从图 8-42(b)显示的峰值来看，接触应力峰值为 8.22MPa≈$[\sigma_t]$，即新旧料接触位置不会发生受力破坏。

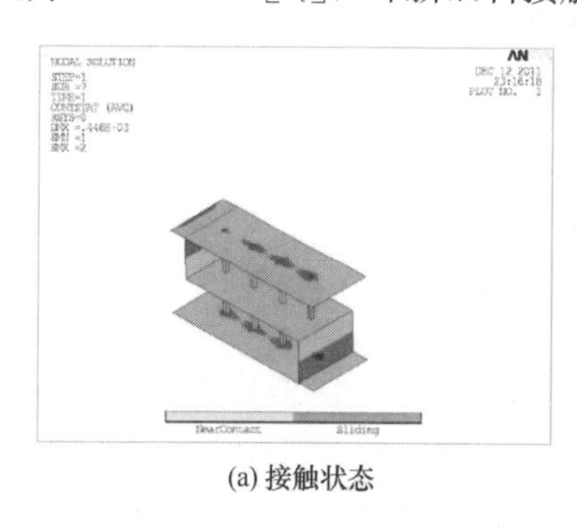

(a) 接触状态

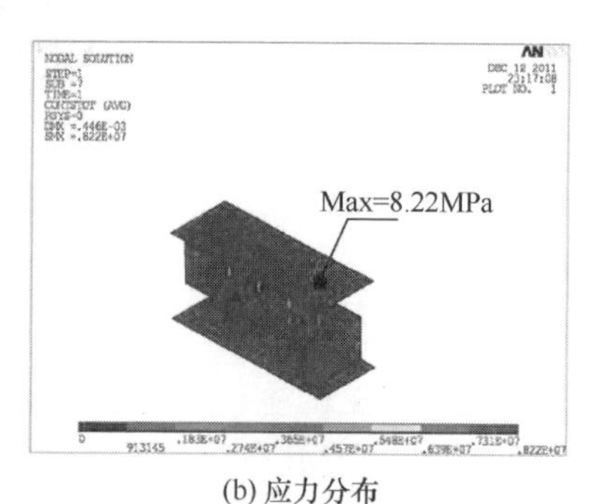

(b) 应力分布

图 8-42　接触应力

由上述分析可知，采取本加固方案后，五架梁满足变形和内力要求。

4・小结

本节基于英华殿东耳房东山五架梁梁头糟朽现状提出了采用新料＋钢结构（钢板及螺栓）的墩接加固方法，并采用数值模拟手段对加固后五架梁的内力及变形能力进行了分析，结果表明：该方法能满足加固后五架梁的内力及变形要求，因而具有可行性。

第 5 节　传统铁箍墩接加固底部糟朽木柱轴压试验

由于木材材性的缺陷，古建筑不可避免地会出现残损问题，典型问题之一即柱根糟朽。古建木柱有的为露明做法，有的则包砌在墙内。露明的柱子由于通风良好，不容易产生糟朽；而包砌在墙内的柱子由于空气密闭而容易糟朽，见图 8-43(a)。木柱糟朽一般从柱根和外表皮开始，然后逐渐由外向内、由下向上蔓延[16]。柱根糟朽减小了柱子的有效受压截面，使柱子处于偏心受压状态，很容易使周边木构架产生倾斜或不均匀沉降，不利于木结构整体受力，并造成上部结构开裂、变形等，因而需采取加固措施。

墩接柱根是古建木柱修缮时常用的一种方法，主要是针对柱根糟朽采取的加固措施。其做法主要是将柱子的糟朽部分截掉，换上新料，再用铁箍包裹加固区，见图 8-43(b)。墩接加固法适用的柱根糟朽尺寸范围为：柱根糟朽面积占柱截面 1/2，或有柱心糟朽现象，糟朽的高度为柱高的 1/5～1/3；加固做法包括刻半榫墩接及抄手榫墩接两种[4]。刻半榫墩接将接在一起的柱料各刻去直径的1/2作为搭接部分，搭接长度一般为柱径的1～1.5倍，端头做半榫，以防搭接部分移位；抄手榫墩接将柱子截面按十字线锯作四瓣，各剔除对角两瓣，然后对角插在一起。

(a) 加固前

(b) 加固后

图8-43　木柱墩接加固

与完整木柱相比，铁箍墩接后的木柱在材料组成、整体性能方面有着较明显的差别，其承载性能也不一定完全相同。从结构安全角度考虑，掌握墩接木柱的承载力与变形能力的恢复程度极其重要。然而从已有成果来看，传统铁箍墩接加固木柱柱根的承载性能研究很少。相关的主要研究成果包括：文献[17]～[19]讨论了传统墩接加固的工艺，并从工程实践角度论证了古建木柱墩接加固的可行性；文献[20]研究了CFRP布加固底部开裂、腐朽木柱的轴压受力性能，并认为CFRP布具有较好的加固效果；文献[21]研究了改进巴掌榫和抄手榫加固局部残损木柱后的承载性能，认为CFRP布材料适于两种榫连接形式的加固，而铁箍仅适用于巴掌榫加固木柱；文献[22]研究了CFRP布加固开裂木柱的偏压受力性能，认为CFRP布的铺贴方向对改善偏压木柱的承载力起重要作用。本节将基于以上成果，采取静力加载试验方法，研究传统铁箍墩接加固木柱的轴压受力性能，探讨其加固机理。

1·试验概况

试验选用故宫大修常用的红松材料制作圆形木柱模型。根据中国林业科学研究院木材工业研究所提供的参数，木材顺纹抗压强度为34.6MPa，弹性模量为9316MPa，密度为460kg/m^3，含水率约为13.2%。以故宫某古建前檐柱为对象，制作了4个1∶2缩尺模型。其中，完好木柱1根，编号为C0；铁箍墩接木柱3根，编号为C1～C3。木柱模型截面直径为d=180mm，长L=1500mm。墩接加固木柱所用的铁箍厚度为3mm，宽度为35mm，数量为2条，分别包裹墩接位置的上、下端，铁箍中心间距250mm，采用铆钉固定。

采取刻半榫墩接法制作加固后的木柱模型。其制作工艺为[5,23]：第一步，取一根完整木柱作为旧料，见图 8-44(a)；第二步，假设木柱底部糟朽，根据墩接工艺做法，截除木柱底部高 600mm 部分，其中最底部 300mm 高的部分全部截除，上部 300mm 高部分仅截除一半截面，见图 8-44(b)；第三步，加工新料，尺寸同第二步截除的旧料，见图 8-44(c)；将旧料与新料拼合在一起，拼合部分的上、下端分别用铁箍包裹，见图 8-44(d)。

为获得木柱在轴压受力过程中的变形情况，采用 SZ120-100AA 型应变片对称粘贴在加固区中部，其中水平向、竖向各布置 1 个，合计 4 个；为获得木柱的竖向变形，在木柱底部两侧各布置百分表（量程 50mm）1 个，合计 2 个。将木柱固定在 2000kN 万能试验机上加载，见图 8-45。正式试验前对木柱进行预压，以减少试验产生的系统误差。试验时，采用 DH3815 静态数据采集仪采集数据。试验采取连续加载方式，加载速度控制在 0.04mm/s 左右，加载至木柱破坏，然后卸载至极限荷载的 80%左右，试验结束。

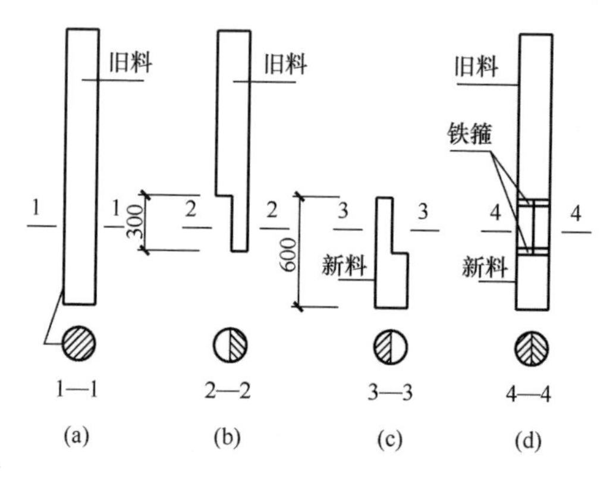

图 8-44　木柱墩接工艺（单位：mm）

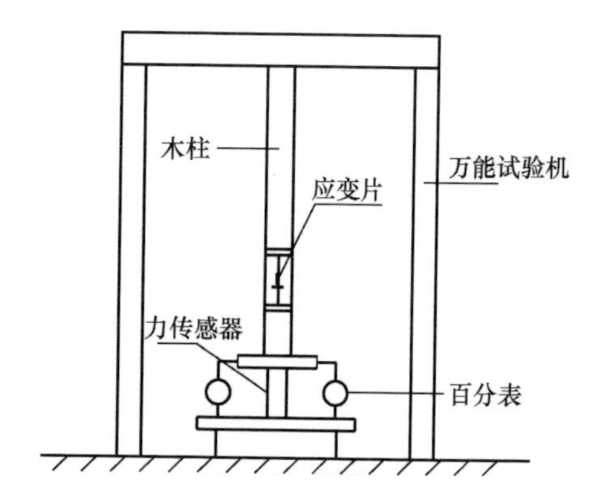

图 8-45　试验装置示意图

2·试验现象

1. 完好木柱 C0

刚加载时木柱“嘭”地响了一声，应该是木柱底面与加载装置挤紧时发出的声音。荷载 F 增大初始阶段无明显试验现象。F 增加到极限荷载 F_u 的 20%左右时，木柱上部传来零星劈裂声。随后在加载过程中，百分表读数加快，说明柱竖向变形比开始时加速。继续加载，木柱中上部劈裂声变得明显，柱头位置开始产生局部倾斜。F 进一步增大，劈裂声越来越明显，并带有“噼啪”声，且集中在木柱上部。F 增大到 F_u 的 70%左右时，劈裂声开始由上往下传递，但仍在木柱中上部位置，且次数比以前增多，声音明显、清脆，上部变形也明显，但木柱承载力尚好。随后，木柱上部劈裂声越来越明显，但木柱表面未见明显裂缝。接近

F_u时，木柱上部传来巨大的“啪啪”声，并冒出白烟，可认为木柱接近破坏，此时劈裂声变频繁，但尚能加载。F 增至极限荷载 F_u时，木柱上部的倾斜突然变大，柱头产生弯折，并产生持续“噼啪”声，荷载无法继续增大，预示木柱产生破坏。木柱破坏前无明显征兆，可认为是脆性破坏。经观察，木柱破坏主要出现在中上部，表现为开裂并折断，其他位置完好，初始裂缝未产生扩展。试验前后的木柱见图 8-46，其中破坏位置见圆圈标记，虚线处为水平折断破坏裂缝。

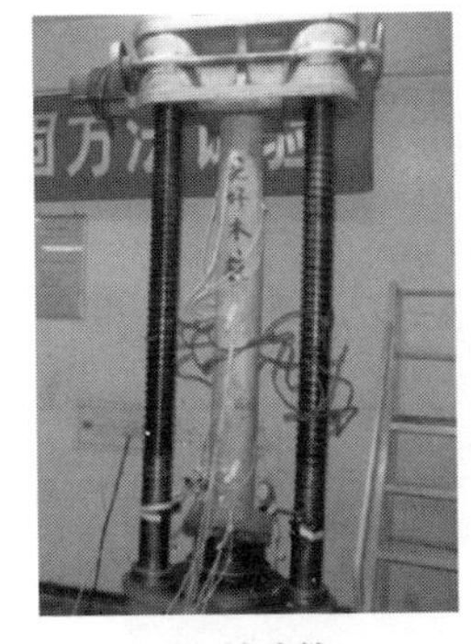

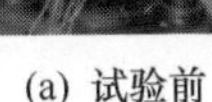

(a) 试验前

(b) 试验后

图 8-46　完好木柱试验前后

2. 铁箍加固木柱

(1) C1 柱

一开始顶部传来挤压声，这是木柱被挤紧的声音，此时木柱无明显的试验现象。F 增加到约 30%F_u时，木柱上部传来劈裂声，但不明显。随后，上部声音变频繁、明显，木柱上部有局部开裂迹象。F 增大，劈裂声开始由上往下传递。F 增加到约 70% F_u 时，木柱上部突然产生较大的崩裂声，反映上部产生开裂，预示木柱进入破坏状态。F 增加到 F_u时，即使 F 不再增大，上部劈裂声仍不断，反映木柱的变形不断增大。此时，木柱加固区已出现鼓裂。随后，F 开始下降，木柱变形及爆裂声持续进行，此时发现下部加固区下层铁箍包裹位置的木柱出现鼓裂（上层铁箍加固位置良好），分析认为木柱进入破坏阶段，外力即使不增加，但裂缝一直由上往下延续，至加固区时，使加固区原有的开裂位置重新破坏，并伴有原有墩接区的水平接缝的扩展，同时发现墩接区产生折断式变形。当荷载降到 F_u的 75%左右时，试验结束。试验前后的木柱见图 8-47，其中破坏位置见圆圈标记，虚线处为破坏裂缝。

(2) C2 柱

初始加载阶段，木柱无明显试验现象。F 增加到 F_u的 20%左右时，木柱上部开始传来“吱吱”声，反映木柱产生明显挤压。随后，木柱加固位置传来轻微劈裂声，反映该位置逐渐受到竖向传来的荷载。F 增加到 40%左右的 F_u时，木柱中上部开始传来轻微劈裂声。随后，木柱加固位置传来劈裂声，声音逐渐频繁，但不太大，反映加固区受到的挤压力逐渐增大并开始有局部破坏迹象。F 增大，加固区（主要指下层铁箍位置）开始产生爆裂声，声音变大，并逐渐产生扭曲。F 继续增大，加固区爆裂声持续进行，此时尽管未加载，但加固区的变形及爆裂声持续增大。当 F 达到 F_u左右时，爆裂及变形增大，此时荷载已不能施加，并开始逐渐下降，下降过程中加固区扭曲明显，随后原有加固区新旧木柱接缝位置的裂缝产生扩展，导致加固区折断。此时 F 降至 F_u的 80%左右。木柱上部在整个加载过程中始终完好。试验前后的木柱见图 8-48，其中破坏位置见圆圈标记，虚线处为破坏裂缝。

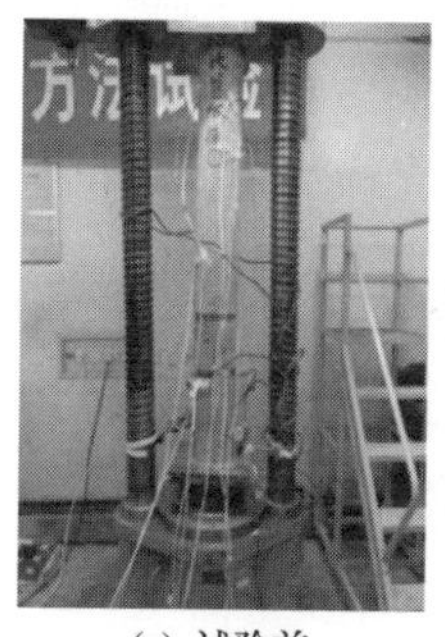

(a) 试验前

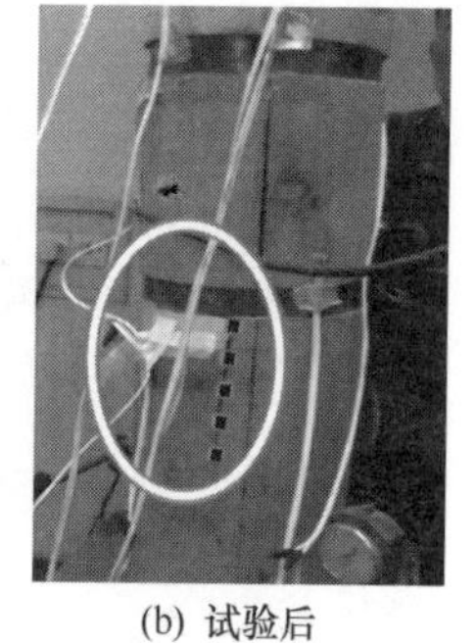

(b) 试验后

图 8-47　加固木柱 1 试验前后

(a) 试验前

(b) 试验后

图 8-48　加固木柱 2 试验前后

(3) C3 柱

木柱有细小的纵向初始裂纹。加载初始阶段，木柱有轻微的爆裂声，分析可能是木柱上部局部不平整造成的挤压所致。F 增大，木柱无明显试验现象。F 为 F_u的 25%左右时，木柱上部传来零星“噼啪”声，反映上部局部产生轻微开裂，但木柱整体尚完好。F 增大，下层铁箍位置变形开始明显。F 为 F_u的 75%左右时，加固区位置开始传来“噼啪”声。随后，木柱加固区的“噼啪”声逐渐明显，反映该位置裂纹有扩展。F 继续增大，加固区“噼啪”声不断产生，上层铁箍有折断的趋势，但加固区产生破坏后木柱仍有一定承载能力，反映其有较好的延性。F 增大到 F_u时，加固区爆裂声明显，反映木柱进入破坏阶段。随后，荷载开始逐步下降（不是急剧下降），木柱在加固区爆裂声明显、急促，木柱加固区折断变形增大，底部铁箍加固区出现明显外鼓纵向裂纹，反映木柱已破坏。F 降至 F_u的 80%时，停止加载，但木柱“噼啪”声不断，声音响亮。紧接着一声响亮的劈裂声，原有外鼓纵向裂纹迅速扩展到柱底，木柱在加固区明显折断。仔细观察，木柱上部完好，原有裂纹未产生明显扩展。

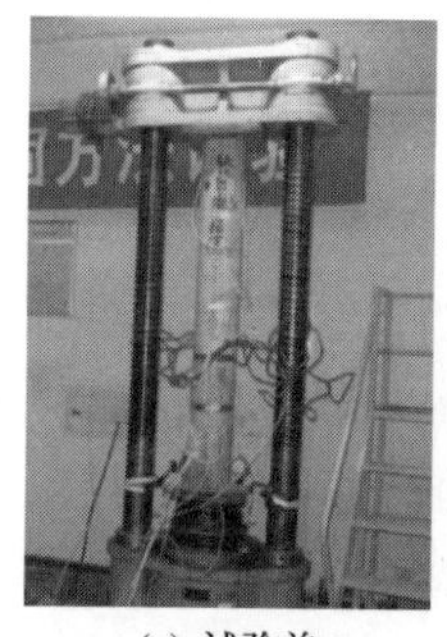

(a) 试验前

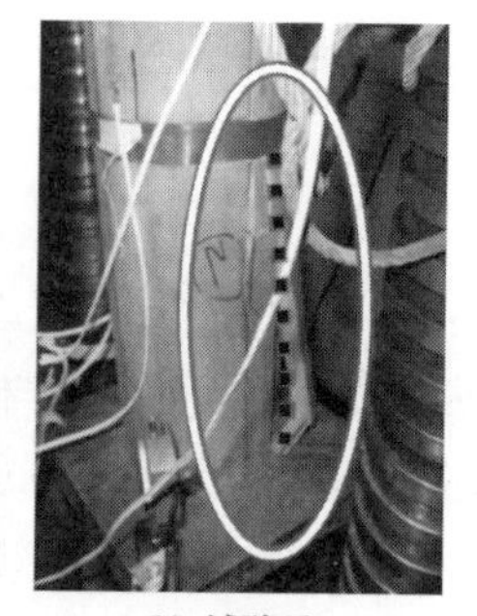

(b) 试验后

图 8-49　加固木柱 3 试验前后

木柱破坏主要产生在加固区，表现为纵向鼓裂。试验前后的木柱见图 8-49，其中破坏位置见圆圈标记，虚线处为破坏裂缝。

3 · 试验分析

1. 荷载-位移（F-u）曲线

由试验相关数据获得木柱加固前后荷载-竖向位移（F-u）曲线，见图 8-50。该曲线的主要特点为：

1）从曲线形状看，荷载 F 增加至极限荷载 F_u 前，各曲线均表现为木柱的竖向位移 u 与 F 成近似线性关系，即 F 随 u 增大而呈近似线性增大；F 增加到 F_u 以后，随着 u 值增大，F 值有不同程度的降低，但各木柱的 F-u 曲线下降段曲率均较为平缓，反映各木柱破坏后仍有较好的变形能力。

2）从曲线 F 对应的峰值即 F_u 来看，完整木柱的 F_u 值最大，铁箍墩接加固底部糟朽木柱后极限荷载值有不同程度的减小，反映铁箍墩接加固木柱的承载力不能完全恢复至完好状态。

3）从曲线 F_u 对应的竖向极限位移 Δ_u 来看，木柱加固前后 Δ_u 值的大小顺序为：C0(11.38mm)＞C1(11.31mm)＞C3(9.72mm)＞C2(9.63mm)，且墩接加固后木柱的 Δ_u 均值为 10.09mm，由此可反映铁箍墩接后的木柱极限位移略小于完好木柱。

图 8-51 为木柱墩接加固前后的 F_u 对比图，易知 C0 木柱的极限承载力最大，为 F_u＝540.6kN；铁箍墩接加固木柱后，木柱极限承载力有不同程度的降低，C1 为 492.3kN，C2 为 517.4kN，C3 为 478.9kN。相对于完好木柱，各底部糟朽木柱采取铁箍墩接方法加固后，F_u 值的恢复比例分别为 91.1％（C1）、95.7％（C2）、88.6％（C3），均值为 91.8％。该值反映了铁箍墩接加固方法并不能完全使木柱的承载能力得到恢复，但加固后的木柱承载能力与完好木柱的承载力相近。

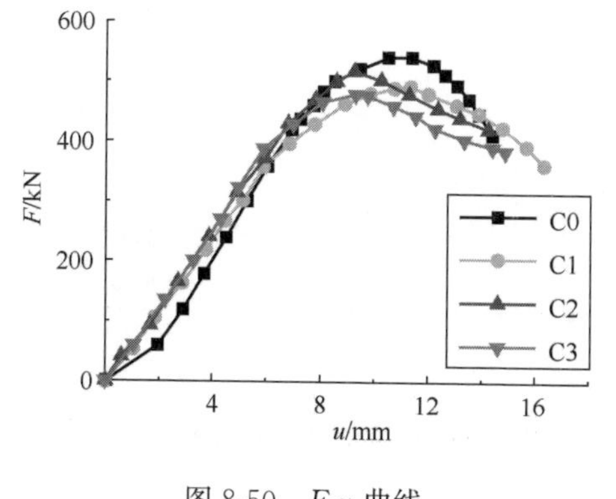

图 8-50　F-u 曲线

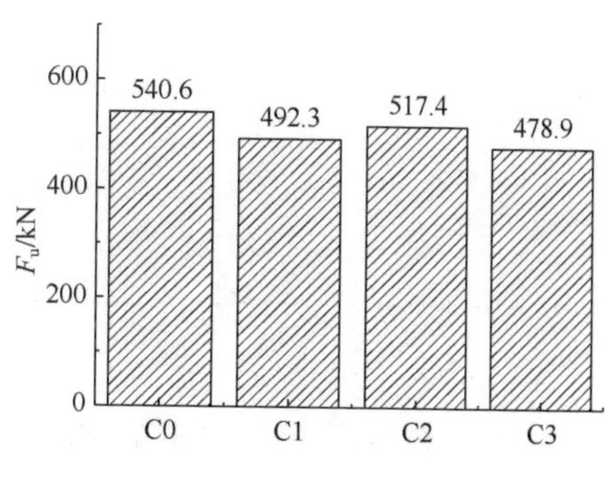

图 8-51　木柱 F_u 值对比

2. 延性系数

构件的延性是指构件的某个截面从屈服开始到达最大承载能力或到达以后而承载能力还没有明显下降期间的变形能力，其量化指标一般为延性系数，包括曲率延性系数、位移延性系数和转角延性系数[24]。此处采用位移延性系数 μ_Δ 评价木柱加固前后的变形能力。μ_Δ 是无量纲量，μ_Δ 值越大，反映木柱的变形能力越好。μ_Δ 的计算公式为

$$\mu_\Delta = \Delta_u / \Delta_y \tag{8-40}$$

式中，μ_Δ 为延性系数；Δ_u 为极限状态时木柱在力作用方向的位移；Δ_y 为屈服状态时木柱在力作用方向上的位移。当构件屈服点不明显时，可参考文献[25]提供的方法，即在图 8-52 的 F-u 曲线中过力的最大值点 S 作平行于 x 轴的直线，过坐标原点作 F-u 曲线的切线，两直线相交于 A 点；过 A 点作垂直于 x 轴的直线，并与 F-u 曲线相交于 B 点；连接 O 点与 B 点，线段 OB 的延长线与 AS 线交于 C 点，过 C 点作垂直于 x 轴的直线，并与 F-u 曲线相交于 Y 点，则 Y 点即为近似屈服点。

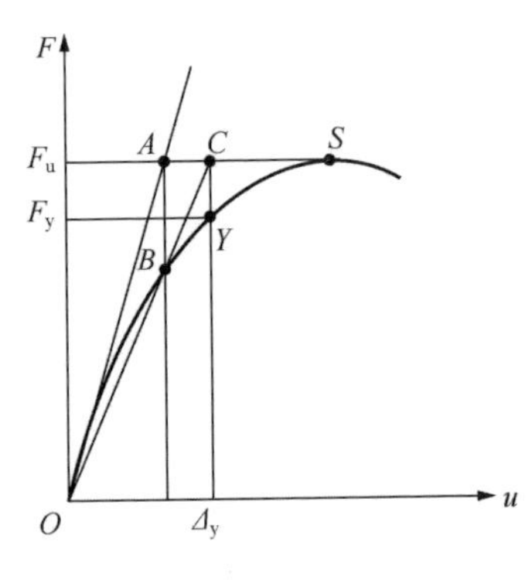

图 8-52 屈服点的确定

采用图 8-52 的方法可获得木柱加固前后的 Δ_y 值，依据公式(8-40) 可获得各木柱的 μ_Δ 值，见表 8-4。易知，采取墩接法加固木柱后，μ_Δ 值与完好木柱基本接近，均值为 1.16，为完好木柱的 98.3%，即加固后的木柱延性比完好木柱略低。这反映了传统铁箍墩接法加固的木柱延性性能可基本恢复，其主要原因在于铁箍强度远高于木材，加固木柱底部糟朽位置后，一方面由于铁箍的侧向约束作用，加固后木柱整体的变形能力得到恢复；另一方面由于铁箍的使用量不大（仅两道铁箍包裹，且铁箍直径很小），加固后木柱与完好木柱的整体刚度相差不大。

表 8-4 木柱 μ_Δ 值

木柱	C0	C1	C2	C3
Δ_u/mm	11.38	11.31	9.63	9.72
Δ_y/mm	9.61	9.47	8.44	8.31
μ_Δ	1.18	1.18	1.14	1.17

3. 应变分析

由试验数据绘制各木柱的水平及竖向平均应变（s）-荷载（F）曲线，见图 8-53，可知：

1）从曲线形状看，无论是水平应变还是竖向应变，其与荷载 F 的关系曲线

在形状上均相近，可反映传统铁箍墩接法加固底部糟朽柱根后，加固柱的受力性能与完好柱基本一致，其承载力和延性性能均可得到较好的恢复。

2）从应变峰值来看，加固后木柱在水平及竖向的极限应变均略小于完好木柱。其中，水平极限应变 C0 为 1246$\mu\varepsilon$，C1 为 1250$\mu\varepsilon$，C2 为 1167$\mu\varepsilon$，C3 为 1218$\mu\varepsilon$，加固后木柱水平极限应变恢复率均值为 97.2%；竖向极限应变 C0 为 2899$\mu\varepsilon$，C1 为 2855$\mu\varepsilon$，C2 为 2170$\mu\varepsilon$，C3 为 2290$\mu\varepsilon$，加固后木柱竖向极限应变恢复率均值为 84.1%。这亦反映加固后的木柱极限变形要小于完好木柱，其主要原因在于铁箍墩接木柱后形成的加固柱刚度大于完好木柱。

3）木柱轴心受压时，其荷载-应变曲线基本为直线，且加固区竖向应变普遍大于水平应变。

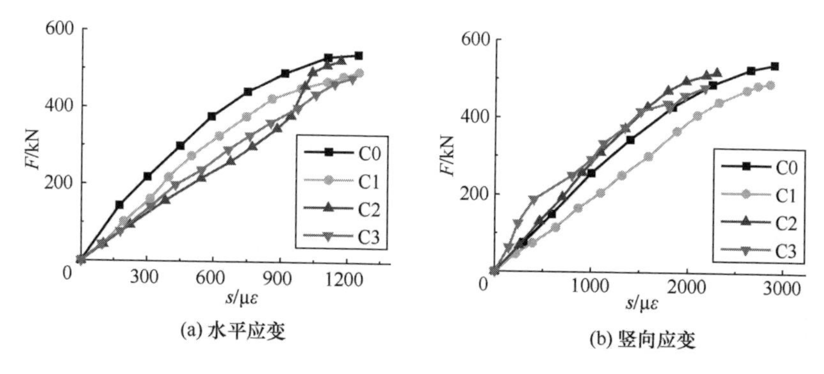

图 8-53　木柱 s-F 曲线

4. 竖向刚度

为研究铁箍墩接加固底部糟朽木柱后在轴压荷载作用下的竖向刚度变化情况，参考图 8-50 中的 F-u 曲线及图 8-52 中木柱屈服点的近似计算方法，按下式计算各木柱的近似屈服、破坏阶段的竖向刚度：

$$K_1 = \frac{F_y}{\Delta_y} \tag{8-41}$$

$$K_2 = \frac{F_u - F_y}{\Delta_u - \Delta_y} \tag{8-42}$$

以上式中，F_y、Δ_y分别表示木柱近似屈服时的荷载及竖向变形；F_u、Δ_u分别表示木柱破坏时的荷载及竖向变形；K_1、K_2分别表示木柱在近似屈服阶段及破坏阶段的竖向抗压刚度值。利用式（8-41）、式（8-42）求解各木柱的 K_1、K_2值，结果见表 8-5。易知铁箍墩接加固后的木柱在近似屈服和破坏阶段的竖向刚度均大于完好木柱，其均值分别为 54.71kN/mm 和 13.57kN/mm。上述值反映了铁箍墩接加固底部糟朽木柱后，其在木柱近似屈服阶段的竖向刚度比完整木柱略有增长，而在破坏阶段的竖向刚度明显增大，即铁箍提供的侧向约束作用在木柱破坏阶段比屈服阶段更明显。

表 8-5 木柱竖向刚度 (单位：kN/mm)

柱	C0	C1	C2	C3
K_1	54.63	49.42	59.59	55.11
K_2	8.47	12.50	12.61	15.60

5. 加固机理分析

由以上试验结果可以看出，铁箍墩接加固底部糟朽木柱的轴压受力机理为：

1）铁箍墩接加固后可使木柱轴压承载性能得以改善。尽管加固木柱底部由包墩接料和旧料两部分组成，但铁箍的强度远大于木材强度，铁箍包裹加固区外皮后，可提供较大的侧向约束力，使得墩接部位（加固区）的新、旧料紧密连接，且抑制了竖向荷载作用下加固区的侧向变形及裂缝扩展。轴压作用下，铁箍与木柱共同作用，可增大底部糟朽木柱的轴压承载力，并改善其延性。

2）铁箍并不能使底部糟朽木柱的承载性能完全恢复。荷载作用下，尽管铁箍提供的侧向约束力能够抑制木柱加固区的变形和开裂，但由于铁箍的包裹范围有限，加固木柱的整体受力性能仍低于完好木柱，因而在竖向荷载作用下，加固区尤其是新旧料相交位置仍为加固后木柱的最终破坏位置，破坏时承受的荷载要小于完好木柱。从这一角度讲，加固木柱的承载力要低于完好木柱。

3）铁箍墩接加固木柱并不能使木柱的延性得到完全恢复。由于铁箍材料强度远大于木材，且仅仅墩接加固木柱底部，加固后木柱的整体性略差，且在木柱底部形成刚度相对较大的区域，加固柱的刚度要大于完好木柱。轴压荷载作用下，加固柱的变形能力要低于完好木柱，其延性性能并不能完全恢复至完好木柱的状态。

4 · 小结

1）采取传统铁箍墩接法加固底部糟朽木柱后，在轴压荷载作用下产生破坏的主要位置为加固区，尤其是新旧料接缝位置。

2）与完好木柱相比，铁箍墩接加固后木柱的极限承载力可恢复约 91.8%，延性性能可恢复约 98.3%，水平极限应变恢复率约为 97.2%，竖向极限应变恢复率约为 84.1%。

3）铁箍墩接加固后木柱的竖向刚度大于完好木柱，且在木柱破坏阶段表现明显。

4）由于铁箍与木材的材料强度差别较大，且加固范围有限，加固后木柱整体性能低于完整木柱，因而承载性能略差。

参考文献

[1] 中华人民共和国国家标准. 木结构设计规范（GB 50005—2003）[S]. 北京：中国建筑工业出版社，2003.

[2] 中华人民共和国国家标准. 钢结构设计规范（GB 50017—2003）[S]. 北京：中国计划出版社，2003.

[3] R C Hibbeler. 材料力学 [M]. 汪越胜，译. 北京：电子工业出版社，2006：252-257.

[4] 马炳坚. 中国古建筑木作营造技术 [M]. 北京：科学出版社，1995：200-202.

[5] 中华人民共和国国家标准. 古建筑木结构维护与加固技术规范（GB 50165—1992）[S]. 北京：中国建筑工业出版社，1993.

[6] 中华人民共和国国家标准. 建筑结构荷载规范（GB 50009—2012）[S]. 北京：中国建筑工业出版社，2012.

[7] 朱立军. 受集中力作用的双材料叠合悬臂梁的研究 [D]. 合肥：合肥工业大学，2009.

[8] 宾慧中，路秉杰. 浅识宋材份制与清斗口制 [J]. 安徽建筑，2003（3）：1-2.

[9] 赵鸿铁，张海彦，薛建阳，等. 古建筑木结构燕尾榫节点刚度分析 [J]. 西安建筑科技大学学报，2009，41（4）：450-453.

[10] 周乾，闫维明. 古建筑榫卯节点抗震加固数值模拟研究 [J]. 水利与建筑工程学报，2010，8（3）：23-27.

[11] 周乾，闫维明，周锡元，等. 古建筑榫卯节点抗震性能试验 [J]. 振动、测试与诊断，2011，31（6）：679-684.

[12] 李佳韦. 中国传统建筑直榫木接头力学性能研究 [D]. 台北：台湾大学，2006.

[13] 赵鸿铁，董春盈，薛建阳，等. 古建筑木结构透榫节点特性试验分析 [J]. 西安建筑科技大学学报（自然科学版），2010，42（3）：315-318.

[14] 中国林业科学研究院木材工业研究所. 故宫英华殿木结构材质状况勘察报告 [R]. 北京，2006.

[15] 刘大可. 古建筑屋面荷载汇编（上）[J]. 古建园林技术，2001（3）：58-64.

[16] 马炳坚. 中国古建筑的构造特点、损毁规律及保护修缮方法（上）[J]. 古建园林技术，2006（03）：57-62.

[17] 张峰亮. 天安门城楼角檐柱墩接技术研究及施工 [J]. 古建园林技术，2004（02）：51-53.

[18] 周乾，闫维明，李振宝，等. 古建筑木结构加固方法研究 [J]. 工程抗震与加固改造，2009，31（1）：84-90.

[19] 周乾，闫维明，纪金豹. 明清古建筑木结构典型抗震构造问题研究 [J]. 文物保护与考古科学，2011，23（2）：36-48.

[20] 许清风，朱雷. CFRP 布维修加固局部受损木柱的试验研究 [J]. 土木工程学报，2007，40（8）：41-46.

[21] 许清风. 巴掌榫和抄手榫维修圆木柱的试验研究 [J]. 建筑结构，2012，42（2）：170-172.

[22] 欧阳煜，龚勇．碳纤维布加固破损木柱偏心荷载作用下的性能试验［J］．上海大学学报（自然科学版），2012，18（2）：209-213.
[23] 杜仙洲．中国古建筑修缮技术［M］．北京：中国建筑工业出版社，1983.
[24] 高大峰，李飞，刘静，等．木结构古建筑斗拱结构层抗震性能试验研究［J］．地震工程与工程振动，2014，31（1）：131-139.
[25] 范立础，卓卫东．桥梁延性抗震设计［M］．北京：人民交通出版社，2001.

第九章

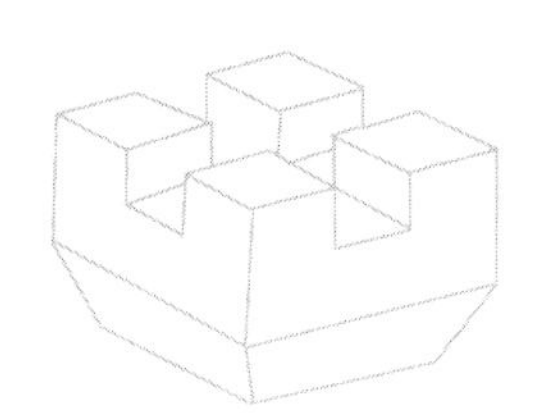

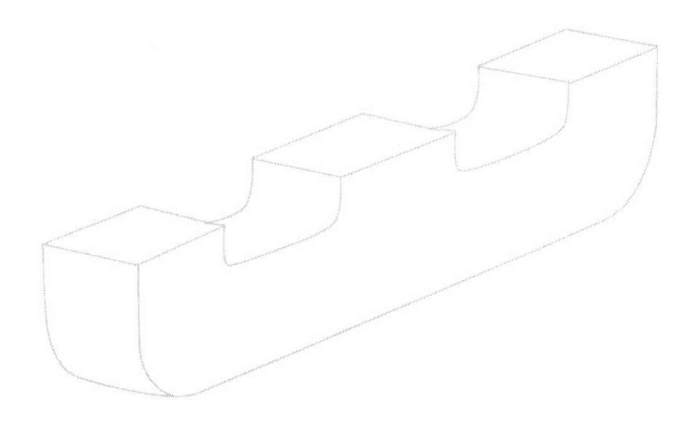

故宫古建筑榫卯节点残损及加固

榫卯连接是我国古建筑

大木构件之间典型的连接形式

根据资料

我国古建筑榫卯节点类型至少有21种

包括故宫古建筑中的

管脚榫、馒头榫、燕尾榫等

在外力作用下

榫卯节点常会产生破坏现象

威胁古建筑结构的整体稳定性

因而有必要对榫卯节点进行残损评估

并采取有效的加固措施

本章包括两部分内容：

1）故宫古建筑榫卯节点典型残损问题分析。基于故宫古建筑榫卯节点的构造和受力特征，对其典型残损问题进行归纳和汇总，分析问题产生的原因，提出加固建议，并通过典型实例进一步论证。

2）CFRP 布加固榫卯节点 M-θ 滞回曲线定性分析。采取低周反复加载试验方法，以故宫太和殿某开间榫卯节点为研究对象，定性研究 CFRP 布加固榫卯节点的抗震效果。基于试验获得的节点 M-θ 滞回曲线，对每个滞回环曲线的承载力、刚度、延性、耗能等力学参数变化进行详细对比论述，在此基础上定性评价 CFRP 布加固榫卯节点的抗震效果。

第 1 节　故宫古建筑榫卯节点典型残损问题

1・引言

榫卯连接是我国古建大木构件之间的典型连接形式，即两个连接的构件，一个端部做成榫头形式，另一个则做成卯口形式，两个构件搭扣后即形成榫卯节点。榫卯节点常用于垂直构件、水平构件与垂直构件相交、水平构件相交、构件重叠、板缝拼接等不同形式的构件连接。根据文献[1]提供的资料，我国古建筑榫卯节点类型至少有 21 种。然而从木构架整体安全性考虑，起关键作用的榫卯节点应为梁与柱组成的榫卯节点形式。对于故宫古建筑而言，用于梁柱连接的榫卯连接形式有多种，如在柱根及童柱、瓜柱或柁墩与梁架相交处使用的管脚榫［即固定柱脚的榫，见图 9-1(a)］，柱头与梁头相交部位使用的馒头榫［位于柱顶，主要用于避免梁水平移位，见图 9-1(b)］，大额枋、顺梁、金枋、脊枋、承椽枋、花台枋等连系构件与柱相交部位使用的燕尾榫［即外形类似燕尾的榫，见图 9-1(c)］，山面、檐面额枋处使用的箍头榫［即枋与柱在尽端或转角部位相交时采用的榫，且柱头以外部分做成箍头形式，见图 9-1(d)］，以及透榫、半榫、十字卡腰榫、十字刻半榫等。从力学性能考虑，上述榫卯节点又可简化为直榫和燕尾榫两类。直榫顾名思义，即榫头无明显的宽度变化，常用于搭（扣）接连系构件；燕尾榫形状是端部宽、根部窄，呈大头状，常用于拉扯以及连系构件。

在常年的自然力（地震、雨雪作用）或人为破坏作用下，榫卯节点常会产生破坏现象，并威胁古建筑结构的整体稳定性，因而有必要对榫卯节点进行残损评估并及时采取有效的加固措施。故宫古建大木结构属抬梁式（即在立柱上架梁，梁上重叠数层瓜柱和梁，再于最上层梁上立脊瓜柱，组成一组屋架），其榫卯节点的残损评估参照《古建筑木结构维护与加固技术规范》（GB 50165—1992）的规定，包括如下内容[2]：榫头拔出卯口的长度不应超过榫头长度的 2/5；榫头或

实物图　　　　　　　　　　　　　　　　示意图

(a) 故宫神武门脊瓜柱与三架梁相交所用的管脚榫

①脊瓜柱；②三架梁

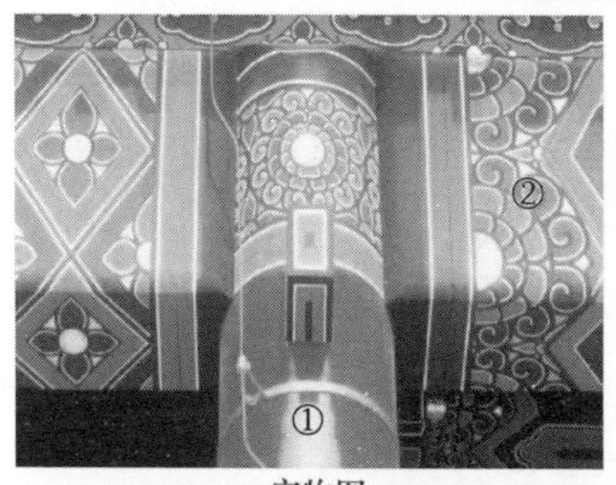

实物图　　　　　　　　　　　　　　　　示意图

(b) 故宫军机处檐柱与抱头梁相交所用的馒头榫

①檐柱；②抱头梁

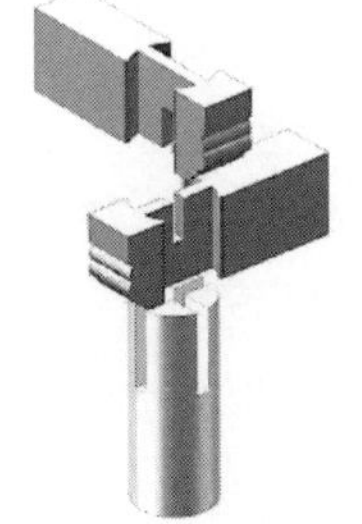

实物图　　　　　　　　　　　　　　　　示意图

(c) 故宫神武门前檐柱与额枋相交所用的燕尾榫

①檐柱；②额枋

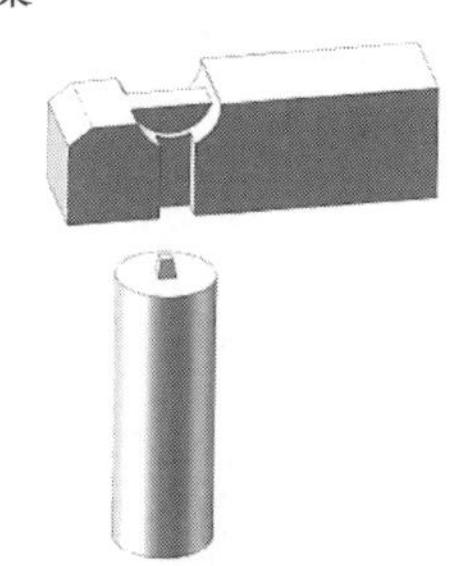

实物图　　　　　　　　　　　　　　　　示意图

(d) 故宫东北角楼角柱与额枋相交所用的箍头榫

①角柱；②额枋

图 9-1　典型榫卯节点构造

卯口无糟朽、开裂、虫蛀，且横纹压缩变形量不得超过 4mm。下面将对故宫古建梁柱榫卯节点的典型残损问题进行分析，为故宫古建筑的维修和保护提供参考。

2・典型问题

基于大量工程现场勘查结果，归纳出故宫古建筑榫卯节点的典型残损问题包括如下几种。

1. 拔榫

从力学上讲，木构古建榫头与卯口之间的连接属于半刚性连接，节点刚度较小[3]。在外力作用下（风、地震、人为因素等）下，榫头与卯口之间会产生相对滑移和转动，其间榫头不可避免地要与卯口产生间隙，形成拔榫，见图 9-2。一般而言，尺寸较小的拔榫量（如前所述，一般小于榫头长度的 2/5）可耗散部分外力产生的能量，从而使大木构架的破坏减轻，即对结构整体的安全性是有利的[4]。然而榫头从卯口中拔出的尺寸过大时，一方面会削弱榫头与卯口的连接，另一方面使得榫头实际参与受力的有效截面尺寸减小，很可能使榫头产生受力破坏或脱榫，从而诱发大木构架局部失稳。需要说明的是，拔榫不同于脱榫，拔榫构件仍有一定的连接和承载力，大木结构尚处于完好状态，及时采取加固措施可避免构架破坏。脱榫则不同，脱榫是指榫头完全从卯口拔出，造成梁柱连接失效，是大木结构的破坏形式之一。拔榫不一定脱榫，但拔榫可能导致脱榫，因而需要及时采取加固措施。

图 9-2　拔榫

2. 榫头变形

榫头变形是指榫头在卯口中产生相对运动过程中，榫头受到卯口挤压而产生的变形，见图 9-3。

榫头变形主要包括榫头下沉和榫头歪闪。完好的榫头与卯口本来为紧密结合状态，但在外力作用下，榫头受到卯口挤压后产生压缩、扭曲等变形，导致尺寸减小，即形成榫头下沉问题。榫头下沉使得榫头与卯口在竖向有一定间隔，见图 9-3(a)。榫头下沉实际意味榫头的有效受力截面尺寸减小，因而在外力作用下产生弯、剪破坏的可能性增大。榫头下沉亦削弱了榫头与卯口的连接，使得外力作用下产生拔榫的可能性增大。榫头歪闪一般是指在水平外力作用下榫头与卯口之间产生水平向的相对错动或扭转，致使榫头产生扭曲变形，见图 9-3(b)。当卯口变形不严重时，榫头歪闪很可能反映榫头已产生开裂或局部扭断，因而需要采

(a)下沉

(b)歪闪

图 9-3　榫头变形

取加固措施。

3. 榫头糟朽

糟朽是木材的材性缺陷所致。在潮湿环境下，木材受到木腐菌侵蚀时，不但颜色发生改变，而且其物理、力学性质也发生改变，最后变得松软、易碎，呈筛孔状或粉末状等，即称为糟朽[5]。故宫木构古建的榫卯节点存在榫头糟朽的残损问题。图 9-4 为故宫某古亭攒尖木构架榫头糟朽。榫头糟朽问题常见于屋顶部位或隐蔽在墙体内的榫卯节点，上述位置的共同特点是易形成潮湿环境，且潮湿的空气不易排出。当屋顶或墙体渗水流入榫卯节点位置时，在缺乏通风的条件下，榫头长期处于潮湿的环境中，因而产生糟朽问题。榫头糟朽使榫头有效受力截面减小，且榫头与卯口之间的连接性能受到削弱。外力作用下，榫卯节点的拉结力迅速降低，很容易产生脱榫，并导致木构架局部失稳，从而使得结构整体安全性受到影响。

4. 榫头开裂

木材具有易开裂的材性缺陷，其主要原因是木材在干缩过程中，由于各部分收缩不一致而产生内应力，致使薄弱环节开裂[6]。位于梁端的榫头同样存在开裂问题。由于本身干缩或外力作用原因，榫头易产生裂纹。如图 9-5 所示的双步梁出现了水平贯穿裂纹，直至榫头。该榫头裂纹由梁身破坏引发。由于榫头破坏，榫卯节点的承载力降低，双步梁出现了局部下沉问题。榫头与卯口相互作用过程中，受到卯口挤压和咬合影响，榫头亦产生开裂[7]。榫头产生裂纹后，其与卯口的连接性能迅速降低，在外力作用下更易产生拔榫，并易导致木构架局部失稳。此外，对于开裂的榫头而言，其与卯口之间的咬合不再紧密，这使得微生物、雨水等易沿着裂纹位置进入榫卯节点内部，易造成其他残损问题。由此可知，对于榫头开裂的残损问题应采取及时有效的加固措施。

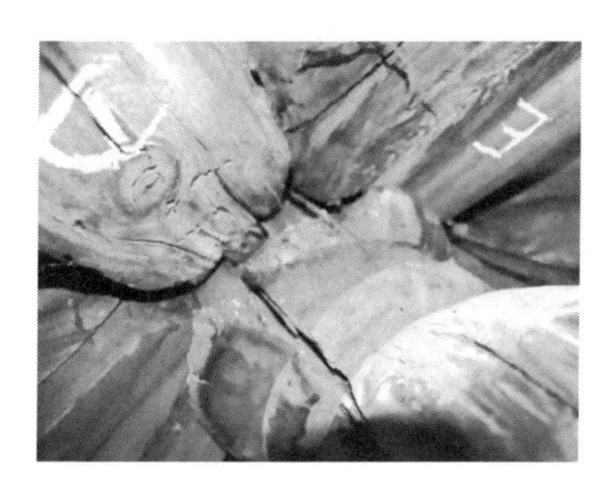

图 9-4　榫头糟朽

图 9-5　榫头开裂

5. 加固件松动

此处的加固件是指铁件。铁件是明清官式木构古建加固的主要材料[8]。加固件用于榫卯节点加固时，在一定情况下会出现松动问题。故宫加固榫卯节点一般以铁件加固为主，如采用铁钉、铁片连接梁柱节点。铁件加固法虽然可提高节点的强度和刚度，但是由于铁件自身易锈蚀，加固件在历经数年后会产生锈蚀，并导致本身松动。从铁件拉结方向上看，部分加固方法是拉结水平向的榫卯节点，但是加固件由竖向钉入，如图 9-6 所示。在这种情况下，若梁身受到的竖向力（方向向下）大于铁件对梁端的嵌固力（方向朝上），则很可能导致加固件被拔出。此外，铁件加固木构件在短时间内有较好的效果，但随着时间增长，木构件产生变形、开裂等，榫卯节点与铁件的连接亦会减弱，导致铁件松动。加固件出现松动后，榫卯节点的强度回到了未加固状态，其承载能力迅速降低，从而对结构整体的稳定性构成威胁。

图 9-6　加固件松动

需要说明的是，榫卯节点的典型残损还包括卯口的变形、开裂等，由于其破坏原因及加固方法与榫头类似，故不再详细论述。

3·原因分析

由大量现场勘查及分析结果可知故宫古建榫卯节点典型残损问题主要原因包括如下几个方面。

1. 构造原因

榫卯节点的构造特征表现为：无论是梁端的榫头还是柱顶的卯口，在连接处都要削掉一定尺寸再连接，见图 9-7。尽管榫卯节点的构造特征有利于其发挥摩擦耗能能力，但该特征也是榫卯节点产生残损问题的主要原因之一。这种构造特征一方面使得榫头、卯口的截面尺寸均小于其他位置的截面尺寸，在外力作用下更容易产生拔榫等形式的破坏[9]；另一方面，榫卯节点是由两个构件连接而成的，与单一的梁、柱构件相比，其整体性要差，即在外力作用下节点位置更容易产生拉、压、弯等形式的破坏[10]。榫卯连接形式虽然使得木构件之间得以拉结，但对于构件本身而言，无论其采用何种形式的榫卯节点形式，其榫头或卯口的截面尺寸及有效受力截面尺寸均不足，因而在该位置易发生承载力不足，并产生拔榫、开裂、变形等残损问题。

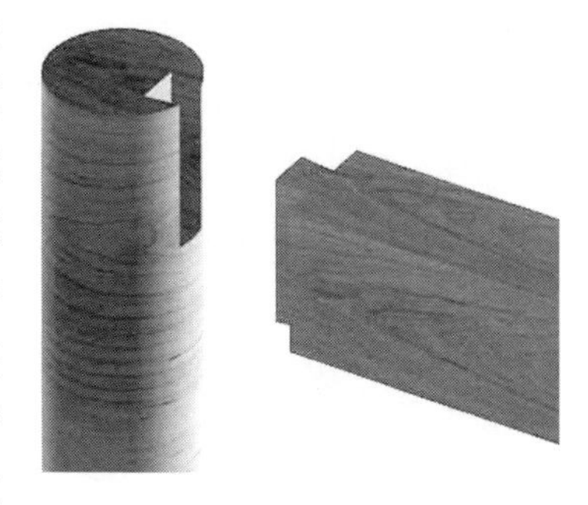

图 9-7　榫头与卯口构造示意图

2. 外力原因

榫卯节点的榫头与卯口之间存在挤压、摩擦、咬合等作用，这是榫卯节点承载力的主要来源。这种承载方式有利于耗散外部能量，减少木结构的整体破坏。但相对于地震、风力等外力作用而言，榫卯节点提供的承载力是较低的。外力作用下，榫卯节点很容易产生不同形式的破坏。在水平外力（如风、地震）作用下，榫头绕卯口转动尺寸过大时，很容易导致榫头从卯口拔出。图 9-8 所示为 2008 年 5 月 12 日汶川地震造成的四川省剑阁县某古建筑木构架拔榫，并直接导致该木构架产生侧移（局部达 0.22m），严重威胁古建筑的安全[11]。外力作用下，榫头或卯口亦可能产生强度破坏。如当外力超过榫头的抗压、抗弯、抗剪承载力时，榫头会产生变形、开裂等问题。

图 9-8　地震造成的拔榫

3. 材料原因

木材虽然有良好的变形和抗压、抗拉性能，但存在不利于受力的材性缺陷。树木在生长过程中，由于生理过程、遗传、外部环境等因素的影响，不可避免地产生疖子、裂纹等天然缺陷。加工使用后的木材由于干缩、菌类侵蚀、外部作用等原因，很容易出现开裂（裂纹扩展）、糟朽等缺陷。以木材常见的开裂问题（图 9-9）为例，木材干缩特性使其易出现不同方向的裂纹。而外力作用下，其开裂程度加剧。对于榫卯节点而言，其有效受力截面本来就很小，一旦榫头或卯口出现上述缺陷，其破坏的可能性要增大。木材材料的物理特性为各向异性，这使得外力作用下木材沿各方向受力不均。对于榫卯节点而言，各向异性的材料特性不利于其受力。此外，对于故宫常采用的铁件加固材料，虽然其具有较强的拉结力，可在一定程度上抑制节点变形，但铁件材料在空气中易锈蚀，因而很容易产生松动并降低加固效果。

4. 施工问题

由于榫卯节点是由梁端榫头和柱顶卯口拼合而成的，任一构件或整个节点的施工出现不利于拼合的问题时，均有可能使榫卯节点产生残损问题。榫卯节点的施工问题包括加工问题、运输问题及安装问题。加工问题即由于材料变形、初始裂纹、加工技术水平等原因造成榫卯节点的加工尺寸与理论尺寸存在偏差，并存在残损隐患。运输问题是指加工后的榫卯节点在运输过程中因为外力作用而产生局部破坏。如图 9-10 所示的某燕尾榫榫头，在工地中尚未安装，但榫头左上角因加工或运输而出现小的缺角（见圆圈内部分），榫头下部有轻微水平裂纹（见虚线部分），这些都不利于榫卯节点的安装及受力。安装问题即榫卯节点安装过程中出现接缝不严，或由于用力不当，或技术水平有限造成的残损问题。如梁或柱的位置未完全对齐，或者榫头、卯口尺寸不完全匹配，或者用力不当造成榫头或卯口损坏、变形，上述原因均可使榫卯节点产生变形、开裂等残损问题。

图 9-9　木材干缩裂纹

图 9-10　某工程待安装的燕尾榫头

4 · 加固方法

1. 铁件加固法

铁件加固法是故宫古建筑榫卯节点加固时常用的方法，即利用铁件材料体积小、强度高的优点，将其固定在榫卯节点位置，并通过参与受力减小甚至避免榫头或卯口破坏。如图 9-11(a) 所示用于梁柱连接的燕尾榫节点，通常采用铁片连接，然后用铆钉固定。图 9-11(b) 所示的檩头节点，由于榫头和卯口所属构件均为水平向，通常采用的加固方法为将铁片两端削尖并做成弯钩形式，钉入檩头内，通过铁片的弯钩部分对木构件的约束作用限制檩头的水平拔榫。

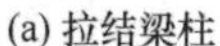

(a) 拉结梁柱　　(b) 拉结檩头

图 9-11　铁件加固法

对于图 9-12 所示的榫卯节点，由于柱的卯口完全被贯穿，且插入的榫头为容易拔榫的直榫形式，采取的加固方法为用 5～20mm 厚的铁片从卯口上、下端分别拉结榫头，然后用铆钉固定，古建工艺也称为“过河拉扯”。清《工程做法》卷五十一规定[12]：“凡过河拉扯按柱径加二份定长”，“每长一尺，用平面钉五个”。上述做法中，节点的部分承载力主要由固定铁片的铆钉承担[8]。

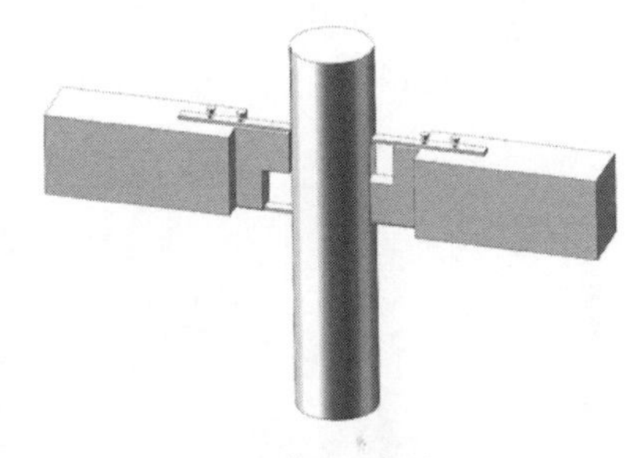

(a) 过河拉扯(故宫云光楼)　　(b) 构造示意图

图 9-12　过河拉扯做法

2. 改进的铁件加固法

故宫古建筑采取的传统铁件加固方法可提高榫卯节点的强度和刚度，但也存在破坏木构件、不利于检修等问题。如图 9-13 所示的扒锔子，加固檩端部的榫卯节点后，虽然可提高节点的抗拉强度，但是对檩头也造成了破坏，使得檩头产生破坏裂缝。此外，在檩头固定扒锔子属不可逆加固操作，扒锔子无法灵活拆卸或更换。因此，对铁件加固法应进行合理改善，即铁件不仅要满足加固强度要求，还要对木结构无破坏，且符合可逆性原则。

故宫博物院与某大学联合开发了一种适用于古建筑木结构榫卯节点的加固装置[13]，该装置包括一个用于套住、固定梁的组件 1 和一个用于套住、固定柱的组件 2。组件 1 与组件 2 由连接件固定连接，组件 1 包括两个能对称扣合锁固在

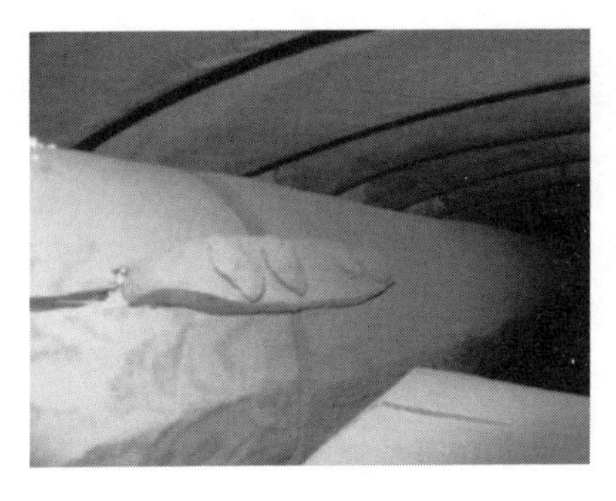

图 9-13　铁件对木构件的破坏

梁表面的扁钢卯与扁钢榫，组件 2 包括两个能对称扣合锁固在柱表面的扁钢卯与扁钢榫，相关尺寸及应用见图 9-14。具体加固方法为：将组件 1 套在梁端，将组件 2 套在柱身，梁、柱钢箍的伸长部分置于梁端顶部位置并开孔，用螺栓固定。由于梁、柱钢箍均为榫头卯口形式，安装时仅需将榫头与卯口扣住即可，安装后钢箍榫头与钢箍卯口拉紧。随后用螺栓穿过加固梁、柱的钢箍并用螺母拧紧。这种“包裹”形式的加固方法实际上利用钢箍与木材表面的摩擦力抵抗部分拔榫力，同时钢箍梁提供附加支座预防木梁因拔榫过大造成的局部失稳，因此适用于不同破坏程度的节点。由于该加固件是可拆装的，且摩擦力大小可通过对螺母的拧紧程度进行控制，具有拆装方便、保护木结构等优点。此外，螺栓、螺母的位置在梁顶正中部，参观者站在地面不易察觉，从而保证了节点的外观不受影响。试验结果表明[14]：采取这种加固方法可有效地提高榫卯节点的承载力和刚度。此外，由于该法采取的铁件易于拆装，可有效解决原有加固件失效后无法更换的问题。

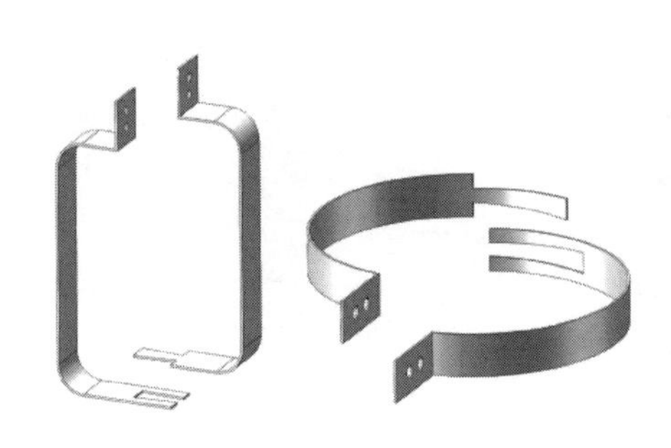

(a) 加固装置

(b) 加固节点正立面

图 9-14　一种合理改进的榫卯节点加固方法

3. 支顶加固法

支顶加固法是指在柱内侧增设辅柱，用辅柱柱顶支撑拔榫榫头的加固方法，见图 9-15。对于拔榫的节点，榫头在卯口内的搭接量不足很可能引起节点受力破坏或脱榫（即榫头完全从卯口拔出），从而导致节点失效。而辅柱支顶方式可有效解决榫头搭接量不足的问题。与铁件加固法相比，该法有一定的不足之处，主要表现为：在水平外力（如地震、风）作用下，榫头晃动尺寸过大时，仍有可能从辅柱顶部脱落。其主要原因是辅柱仅提供了对榫头的竖向支撑，没有限制榫头绕卯口的转动。

4. 钢-木组合结构加固法

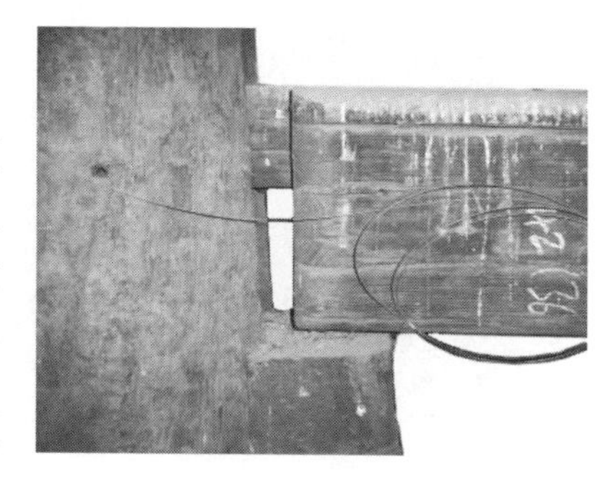

图 9-15 支顶加固法

这种方法主要用于变形、破坏比较严重的榫卯节点的加固。如故宫午门梁架加固及太和殿顺梁榫头加固均采用此法[10,15]。该种加固方法的操作工艺为：制作“门”字形平面木框架，框架中各木构件之间用钢板连接。平面框架主要用于支撑下沉的梁枋，而梁枋产生下沉的主要原因是其端部榫卯节点变形、开裂、糟朽、截面尺寸不足等导致的承载力不足。下面以太和殿三次间正身顺梁榫头加固为例进行说明。

2006 年，工程技术人员对故宫太和殿进行大修勘查时发现三次间正身顺梁端部榫卯节点位置与童柱上皮落差较大，榫头下沉约 100mm，且固定童柱与顺梁的铁件已发生变形、脱落。揭去屋面部分对节点进一步观察，发现除榫头产生破坏外，梁架其他部位基本较好。分析认为，榫头下沉的主要原因是该位置拉、弯、剪应力过大。加固前的榫卯节点如图 9-16 所示。

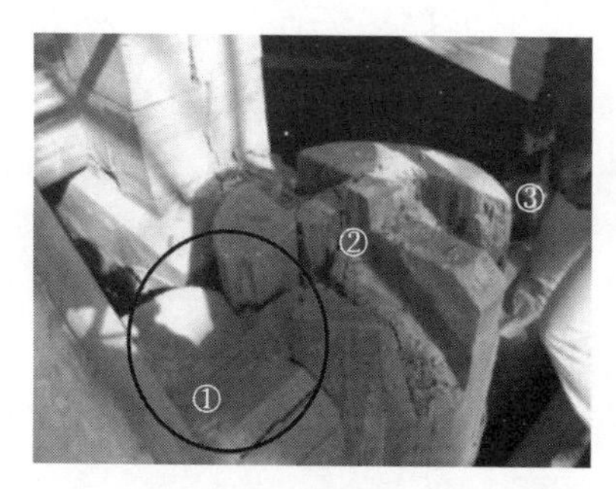

(a) 节点俯视

(b) 梁架整体

图 9-16 正身顺梁加固前

注：①顺梁；②童柱；③天花枋

经研究，采用钢-木组合结构对下沉的顺梁进行加固。具体做法为：顺梁下由三根 0.3m×0.3m 的硬木松组成类似龙门戗的结构作为支顶，横梁与斜戗采用钢板与螺栓连接固定。斜戗底部与童柱的固定方法为：在童柱底部设置钢箍，底部钢板一侧与钢箍焊牢，另一侧与斜戗下部用螺栓固定。由于顺梁传给龙门戗顶部的荷载通过两个斜戗传到童柱底端，为防止两根童柱底部因受力产生外张，通过设置花篮螺丝对童柱进行拉结。为增加荷载作用端卯榫节点的抗剪能力，在该端设置抗剪角钢。顺梁加固后如图 9-17 所示。

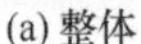

(a) 整体

(b) 下脚

图 9-17　正身顺梁加固后

5. 碳纤维布加固法

碳纤维增强材料（CFRP）是一种新型复合材料，主要由高性能纤维、聚酯基、乙烯基等材料构成，具有抗拉强度大、自重轻、施工方便、耐腐蚀、弹性好、可设计性强等优点。目前，CFRP 已广泛应用于各类加固工程中。CFRP 同样可以用来加固古建筑榫卯节点，其原理为：利用 CFRP 良好的抗拉性能，将 CFRP 条形材料（即 CFRP 布）包裹在榫卯节点区域。当节点产生变形时，CFRP 布产生拉力，对节点产生约束，抑制其变形，同时增大节点承载力，减小其破坏。图 9-18 所示为故宫太和殿某榫卯节点加固试验模型，加固方式为用一层 CFRP 布包裹榫卯节点，采用厂家提供的配套碳纤维胶粘贴。分别进行榫卯节点加固前和加固后的抗震性能试验，结果表明：CFRP 布加固后的榫卯节点承载力、刚度均有大幅度提高，且加固后的节点仍然有良好的抗震性能[16-17]。

图 9-18　CFRP 布加固榫卯节点试验模型

5 · 结论

本节以现场勘查与归纳分析相结合，探讨了故宫古建筑榫卯节点的典型残损问题，得出如下结论：

1）故宫古建筑榫卯节点的典型残损问题包括拔榫、变形、糟朽、加固件松动等。

2）榫卯节点残损的产生与木材及铁件材料性质、榫卯节点构造、外力作用等因素相关。

3）对于残损的榫卯节点，可采用铁件包裹、铁件拉结、木柱支顶、碳纤维布包裹等方法加固。

第 2 节　CFRP 布加固榫卯节点 M-θ 滞回曲线定性分析

CFRP（Carbon Fibre Reinforced Plastic）材料具有抗拉强度高、自重轻、耐腐蚀、裁剪方便等优点[18-19]，可用于古建筑榫卯节点的加固。通过低周反复加载试验获得的弯矩-转角（M-θ）滞回曲线是评价榫卯节点抗震加固的重要指标，其主要原因在于，榫卯节点在水平荷载作用下的滞回曲线是其抗震性能的综合体现，能反映节点的承载力、抗裂度、变形能力、耗能能力、刚度及破坏机制等[20]。一般来说，滞回环面积越大，说明节点的耗能能力越强，反之则说明节点耗能能力退化。滞回环曲线一般有四种形态[21]，即梭形、弓形、反 S 形及 Z 形，如图 9-19 所示。滞回曲线的形状与节点的受力类型、材料及反复荷载作用的次数有关。梭形曲线主要反映节点受弯、偏压为主的破坏；弓形曲线反映了节点滑移的一定影响，有明显的“捏拢”效应，表现为剪切为主的破坏；反 S 形曲线反映了较大的滑移影响；Z 形曲线反映了大量的滑移影响。许多节点的滞回曲线往往开始是梭形，然后发展到弓形、反 S 形或 Z 形。实际上，后三种曲线形状主要取决于滑移量的大小，滑移的量变将决定图形的质变。

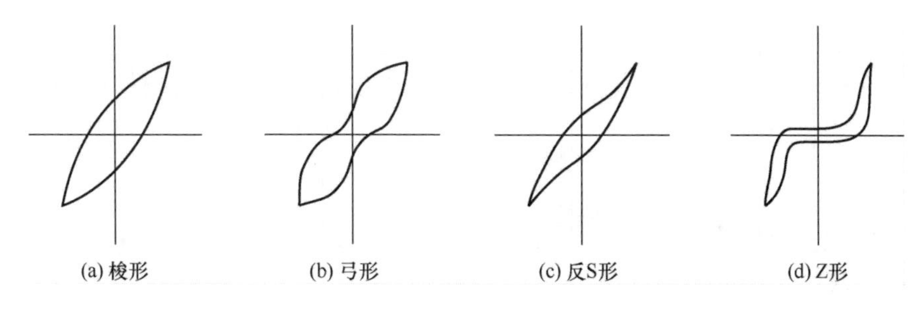

图 9-19　几种典型滞回曲线形状

不同于已有成果中对节点滞回曲线采取量化分析的研究方法[22-24]，本节主要从定性分析角度研究 CFRP 材料加固榫卯节点的抗震效果，即采用低周反复加载试验获得 CFRP 材料加固榫卯节点的 M-θ 滞回曲线，并对加载试验过程中的每一滞回环定性分析，试图从曲线的形状、曲率、峰值等相关指标的变化评价加载过程中榫卯节点抗震性能的变化，进而为量化评价 CFRP 加固榫卯节点的抗震效果提供依据。

1・试验概况

试验模型及加载方案如下[23-24]：参考故宫太和殿某开间的实际尺寸及《清式营造则例》相关规定，以故宫大修所用红松为梁柱材料，制作成 1∶8 的 4 梁 4

柱结构，榫卯节点选定为承重构架常采用的燕尾榫节点形式，顶板用混凝土板模拟，浮放于柱顶，柱础则采用单向铰形式。所选 CFRP 布的厚度为 0.11mm，采取厂家提供的配套碳纤维胶粘贴，粘贴层数为一层，粘贴方式为以 80mm 宽的 CFRP 布包裹每个节点梁部内外两侧，包裹长度为从柱边缘外延 250mm。为增强水平向 CFRP 布对节点的粘结约束力并防止在低应力下产生剥离破坏，采用 6 根 50mm 宽的 CFRP 布对节点两侧的梁进行竖向包裹，条间距为 50mm。构件及模型的具体尺寸如图 9-20 所示，CFRP 布加固尺寸如图 9-21 所示。

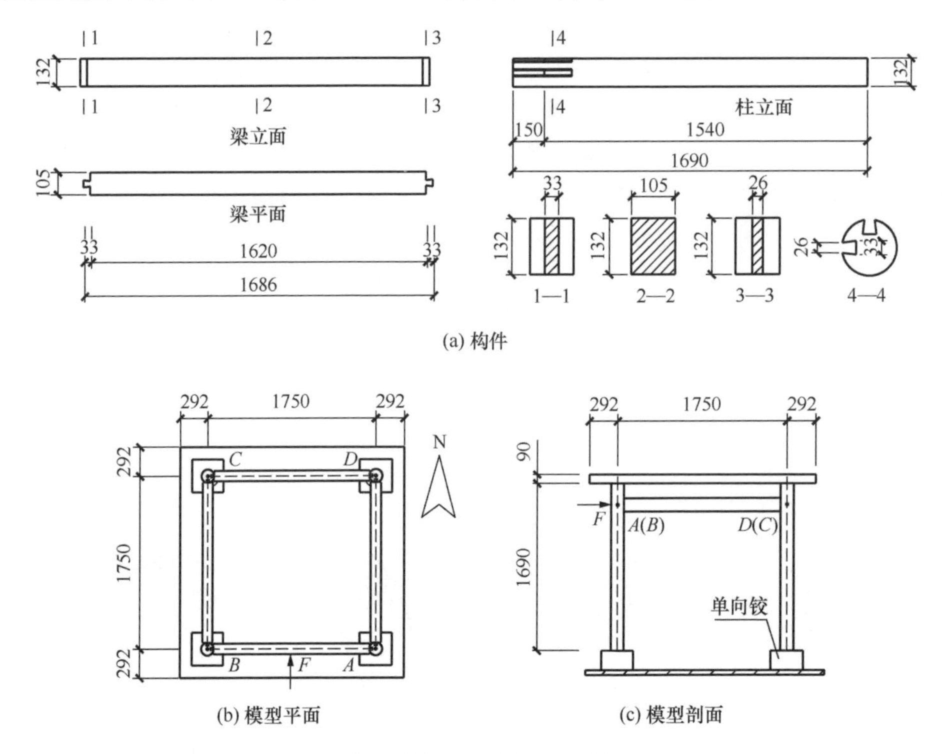

图 9-20　模型及榫卯节点尺寸（单位：mm）

为了测定节点弯矩，在每根柱子的内、外侧分别布置了电阻应变片；为了测定榫卯节点转角，在沿受力方向的两根梁上、下端部布置了两个量程为±100mm 的位移计，通过上、下位移计的读数获得节点转角。考虑到所需的外力不是很大，试验采用手动变幅位移控制的加载方式，加载的位移控制值为 0、±30mm、±60mm、±90mm、±120mm、±150mm，每级位移循环一次。试验共进行了 5 组，含 3 组未加固试件和 2 组 CFRP 布加固试件。节点加固前后的试验现象见表 9-1，试件见图 9-22。

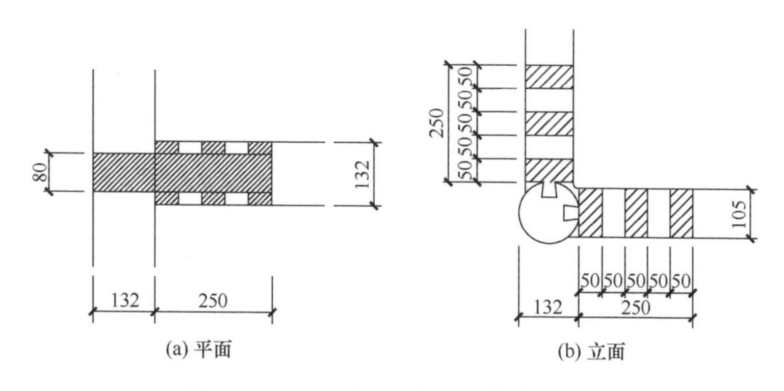

图 9-21　CFRP 布包裹尺寸（单位：mm）

表 9-1　试验现象

加固前	（1）节点拔榫 （2）节点部位传来“吱吱”声 （3）加载所需外力逐渐增加
加固后	（1）构架在侧移过程中不仅有“吱吱”声，而且有劈裂声，劈裂声为 CFRP 脱胶及破坏的声音 （2）加载过程中明显感觉外力增加，且当构架侧移增大时，由于 CFRP 对节点变形的约束作用，构架产生与加固前相同的位移时所需的外力急剧增加，甚至在控制位移处，由于 CFRP 的加固影响，人工加载已经有一定的困难 （3）节点拔榫量明显减小

(a) 整体

(b) 节点

图 9-22　试件

2 · M-θ 滞回曲线分析（加固前）

基于低周反复加载试验，获得了未加固 3 组模型的节点 M-θ 滞回曲线，如图 9-23 所示。

下面以第一组构架的节点 A 为例说明滞回曲线的特征。由于受推和受拉过程曲线特性相似，故以受推并回到平衡位置过程为例分析。

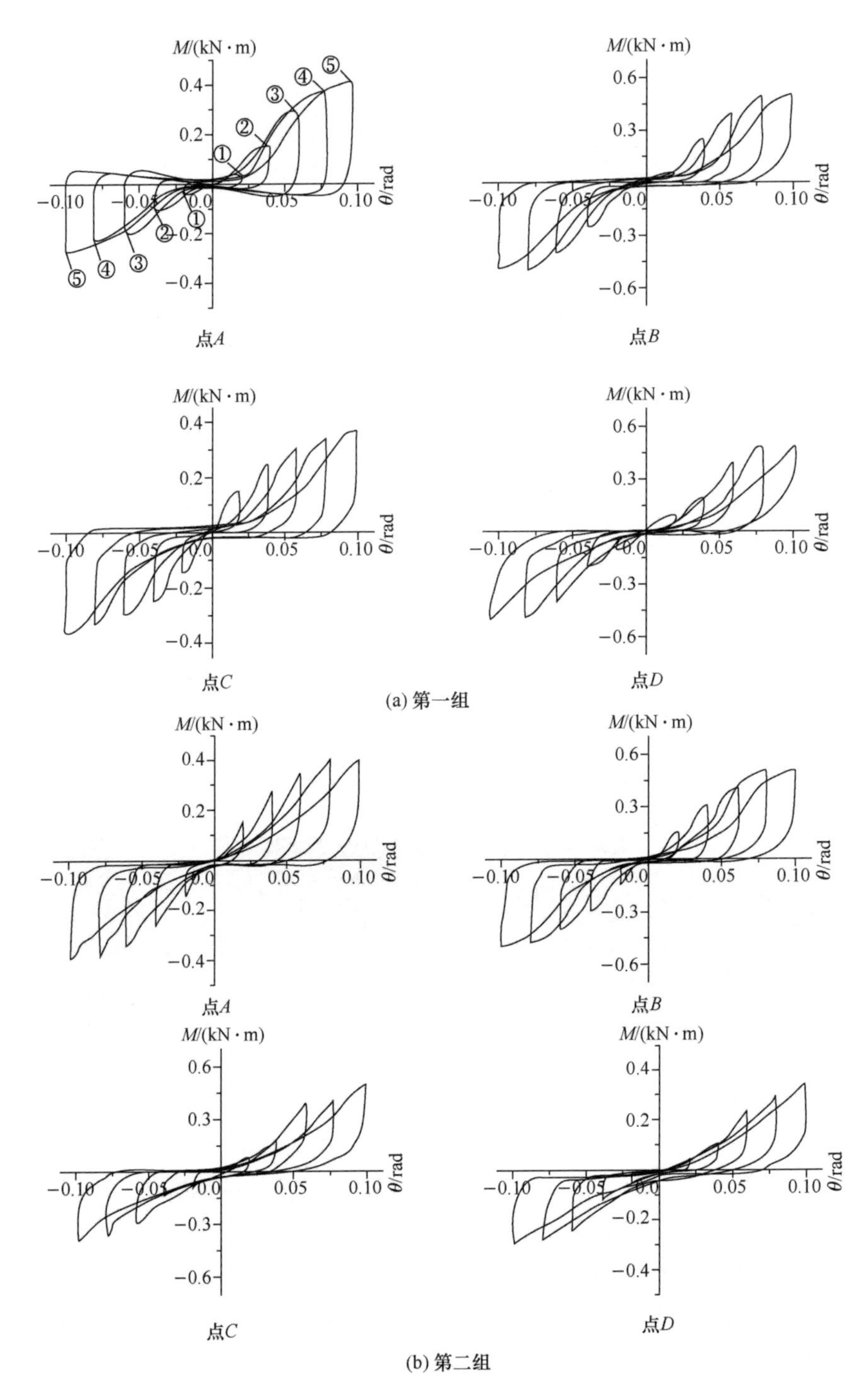

图 9-23　未加固榫卯节点 M-θ 曲线

注：①～⑤表示第一圈至第五圈

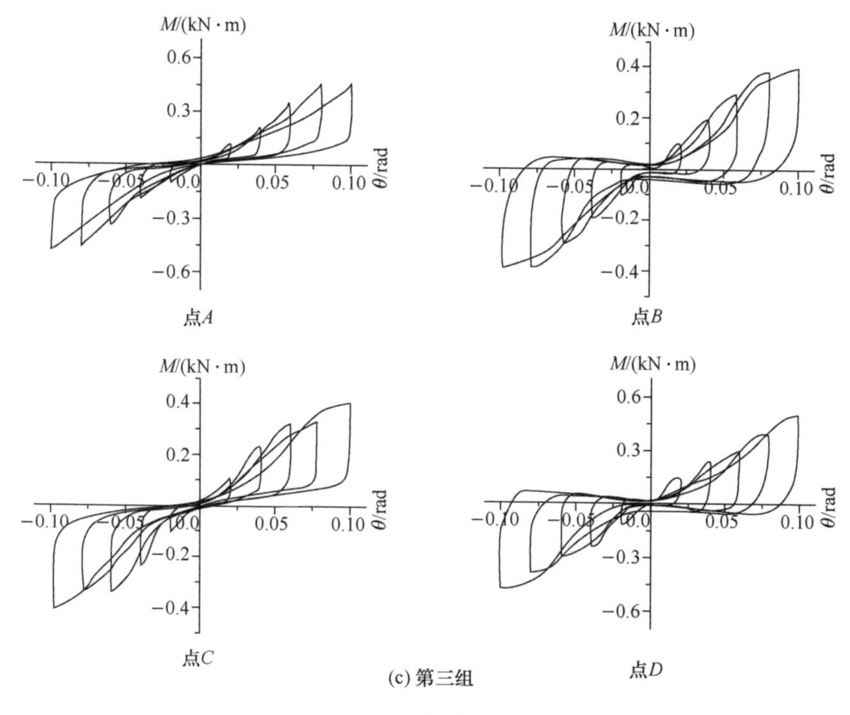

图 9-23 未加固榫卯节点 M-θ 曲线（续）

第一圈，构架被推拉 30mm，节点转角为±0.02rad（位移以推为正、拉为负），曲线形状为反 S 形。构架被推初始，曲线与 x 轴重合，该过程是榫和卯由初始状态开始咬合的过程；随着节点转角增大，榫卯挤紧并开始相对转动，榫和卯之间的摩擦和挤压对转动中心产生力矩，所需外力也增大，曲线斜率增大；在控制位移附近，曲线斜率减小，外力增长缓慢，节点刚度保持稳定状态；到达控制位移后，构架开始卸载，卸载初期曲线几乎与竖轴平行，反映了节点自身恢复力较差、相应的残余变形也很大的特征；随后外力反向变为拉力，节点变形逐渐恢复；拉力先增加随后保持稳定，反映了节点转角较大时所需的拉力较大，而随着转角减小，节点产生的抵抗弯矩减小，因而所需外力增长减慢。滞回环左右两侧不对称，且右侧峰值大于左侧，反映了节点受推时产生的抵抗弯矩更大。

第二圈，构架被推拉 60mm，节点转角为±0.04rad。从曲线形状看，曲线为反 S 形，但中间段明显趋向平缓。构架开始被推时（0～0.01rad）曲线几乎与 x 轴平行，这说明榫卯间留有一定的空隙，节点尚处于松弛状态，榫和卯在外力作用下产生相对运动，其间空隙被填充，榫卯开始咬合并产生相对转动；在 0.01～0.03rad 阶段，曲线迅速变陡，反映了榫卯咬合后转角不断增大，节点刚度也增大，产生的抵抗弯矩增大，所需推力也不断增大；在 0.03～0.04rad 阶段，曲线上升相对减慢，外力增长缓慢，反映了节点转角越大其转动刚度增加越不明显的特征；到达控制位移后，构架开始卸载，在 0.04～0.035rad 阶段，曲线几乎与竖轴平行，说明节点自身的恢复力很小，无法使节点变形自行恢复；到构架完全卸载时，节点尚有 0.035rad 的变形未能恢复，此时外力反向变为拉力；在 0.035～0.025rad 阶段，拉力不断增加，这是因为榫卯节点转角较大，产生的抵抗弯矩较大，因而所需拉力较大；随着节点转角的进一步恢复，拉力逐渐减小，说明节点转角减小，节点刚度降低，而构架自身恢复力相对增大，因此越接近平衡位置，节点变形恢复越快，所需外力也越小。由曲线可知，节点在受推时产生的抵抗弯矩更大。

第三圈，构架被推拉 90mm，节点转角为±0.06rad。曲线形状具有明显的 Z 形特征，且在平衡位置“捏拢”现象明显。构架开始被推时（0～0.015rad），曲线基本与 x 轴平行，即开始阶段曲线平缓的距离相对较大，反映了构架侧移增大，榫和卯之间的相对滑动距离也增大的特点；榫卯节点由松弛状态开始转动，节点的转动刚度很小；随着节点转角增大，在 0.02～0.045rad 阶段，曲线斜率增长迅速，该阶段节点转角增大，榫卯之间咬合越来越紧密，节点刚度不断增大，所需推力也不断增大；在 0.045～0.06rad 阶段，曲线变缓，即在控制位移附近节点刚度增加不明显；到达控制位移后，构架开始卸载，在 0.06～0.055rad 阶段，曲线几乎与竖轴平行，即节点自身恢复特性差，且随着转角增大，产生的塑性变形比前两圈大；到构架完全卸载后，节点尚有 0.055rad 的塑性变形不能恢复，需要反向加载；随后外力反向变为拉力，在 0.055～0.045rad 阶段拉力不断增加，这是因为节点的转角较大，其转动刚度也较大，因而所需的外力较大；随着节点变形的不断恢复，在 0.045rad～0 阶段，曲线变缓并向原点位置延伸，该阶段由于节点转角减小，节点刚度降低，所需的拉力也减小，节点在拉力和自身恢复力作用下变形不断恢复，且越接近平衡位置恢复越迅速，表现在曲线上则为“捏拢”现象很明显。

第四圈，构架被推拉 120mm，节点转角为±0.08rad，曲线形状为 Z 形。构架开始被推（0～0.022rad）阶段，曲线与 x 轴几乎平行，该阶段为榫卯节点由松弛状态滑移至挤紧阶段，且相对滑移距离相对第三圈增大，该阶段节点刚度很小；在 0.022～0.06rad 阶段，曲线斜率增大，外荷载增加，节点转角增大，榫卯间摩擦产生抗弯承载力，节点刚度迅速增大；在 0.06～0.08rad 阶段，曲线斜率下降，节点转角增大，但是节点刚度增加缓慢，所需外荷载也保持稳定；构架到达控制位移后开始卸载，在 0.08～0.077rad 阶段，曲线几乎与竖轴平行，由于节点自身恢复力很小，卸载后节点变形恢复很小，到构架完全卸载，节点尚有 0.077rad 的塑性变形未能恢复，外载反向变为拉力；在 0.077～0.07rad 阶段，节点转角逐渐减小，但所需的拉力逐渐增大，曲线斜率较大，主要是因为节点转角尚大，其抵抗弯矩也较大，所需外力相对较大；在 0.07rad～0 阶段，曲线斜率变小，外荷载减小至 0，该阶段节点转角逐渐减小，节点抗弯刚度越来越小，榫和卯之间的挤压作用越来越小，逐渐恢复至松弛状态，节点恢复力相对变大，因此所需外力减小。曲线在原点附近的“捏拢”特性非常明显。滞回环形状左右两侧不对称，节点在受推过程中转动刚度更大，曲线面积相对更饱满。

第五圈，构架被推拉 150mm，节点转角约为±0.1rad。从形状看，构架滞回曲线仍表现为榫卯相对滑移性能较强的 Z 形。构架被推过程中，在 0～0.03rad 阶段曲线为几乎与 x 轴平行的直线，反映该阶段榫卯由完全松弛到挤紧的过程，且与前几圈相比，节点滑移的距离更长，该阶段节点的抗弯刚度很小；在 0.045～0.08rad 阶段，曲线变陡，斜率增大，反映了随着节点转角增大，所需荷载逐渐增加的过程，榫卯转动角度增大产生抵抗弯矩，节点刚度也不断增大；在 0.08～0.1rad 阶段，曲线变缓，虽然节点转角不断增大，但是由于榫卯节点转动的同时产生拔榫，榫卯间的咬合受到影响，表现为在节点转角较大处节点的刚度增加缓慢甚至保持不变；到达控制位移后构架开始卸载，由于节点自身恢复力较差，在 0.1～0.092rad 阶段曲线与竖轴几乎平行，节点产生 0.092rad 的塑性变形；随后荷载反向变为拉力，曲线斜率表现为先增大后减小，拉力也是先增大后减小，至平衡位置时所需拉力几乎为 0，该过程反映了节点转角较大时由于抵抗弯矩较大，需要的外力较大，而随着节点转角的减小，榫和卯之间的咬合逐渐减弱并变为松弛状态，节点刚度不断降低，节点自身恢复力相对增加，所需外力也不断减小，节点变形恢复越来越迅速，使得曲线具有明显的“捏拢”特性。

点 A 在各圈加载循环中的滞回曲线形状如图 9-24 所示。

3 · M-θ 滞回曲线分析（加固后）

CFRP 布加固榫卯节点后，2 组构架节点的 M-θ 滞回曲线如图 9-25 所示。

仍以第一组构架的节点 A 为例说明。

第一圈，构架被推拉 30mm，节点转角为±0.02rad（位移以推为正，拉为负），曲线形状为反 S 形。构架被推加载时曲线较陡，说明节点刚度较大，由于榫卯尚处于松弛阶段，承载力由 CFRP 布提供；随着节点正向转角增大，榫卯挤紧并开始相对转动，榫和卯之间的摩擦和挤压对转动中心产生力矩，与 CFRP 布一并提供承载力，所需外力也增大；当构架被推到控制位移时开始卸载，由于节点产生的是塑性变形，卸载后变形不能恢复，而是需要反向加载；当节点变形恢复为 0 后构架受拉，反向荷载增加缓慢，曲线较平缓，反映了榫卯节点开始反向转动时榫和卯之间的相对滑移过程，且在 CFRP 布的约束作用下节点仍能提供承载力；随着节点反向转角增大，所需外力增大，由于节点产生拔榫，CFRP 布参

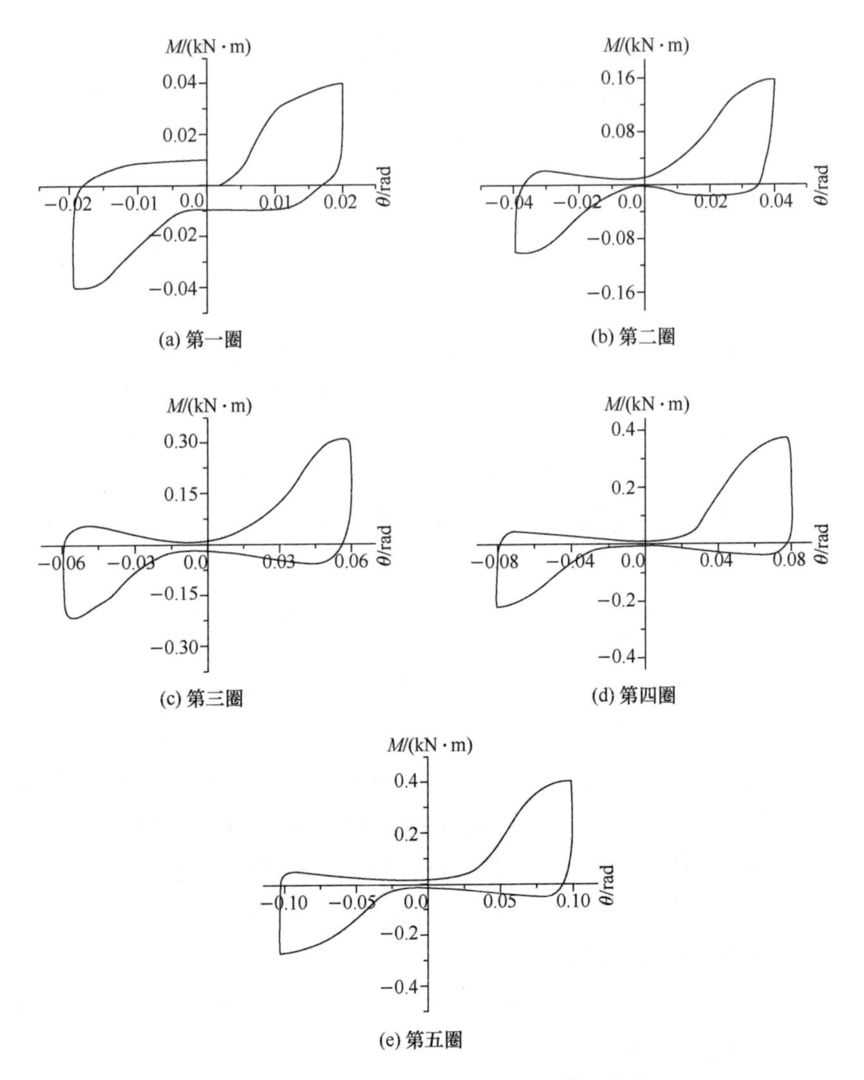

图 9-24　未加固节点 A 各圈 M-θ 滞回曲线

与受力的程度增加，受拉过程曲线平缓，是因为榫卯转角幅度尚小；构架由受拉至位移极限卸载时，由于 CFRP 布参与受力，卸载曲线相对平缓，另外，由于节点产生塑性变形，卸载后构架变形仍不能恢复，外力反向变为部分推力后才使节点变形恢复。滞回环左右两侧不对称，且右侧峰值要大于左侧，反映了 CFRP 布在该节点受推时的加固效果更明显。

第二圈，构架被推拉 60mm，节点转角为±0.04rad。从曲线形状看，曲线为反 S 形，但中间段明显趋向平缓。构架开始被推时（0～0.01rad）曲线较平缓，

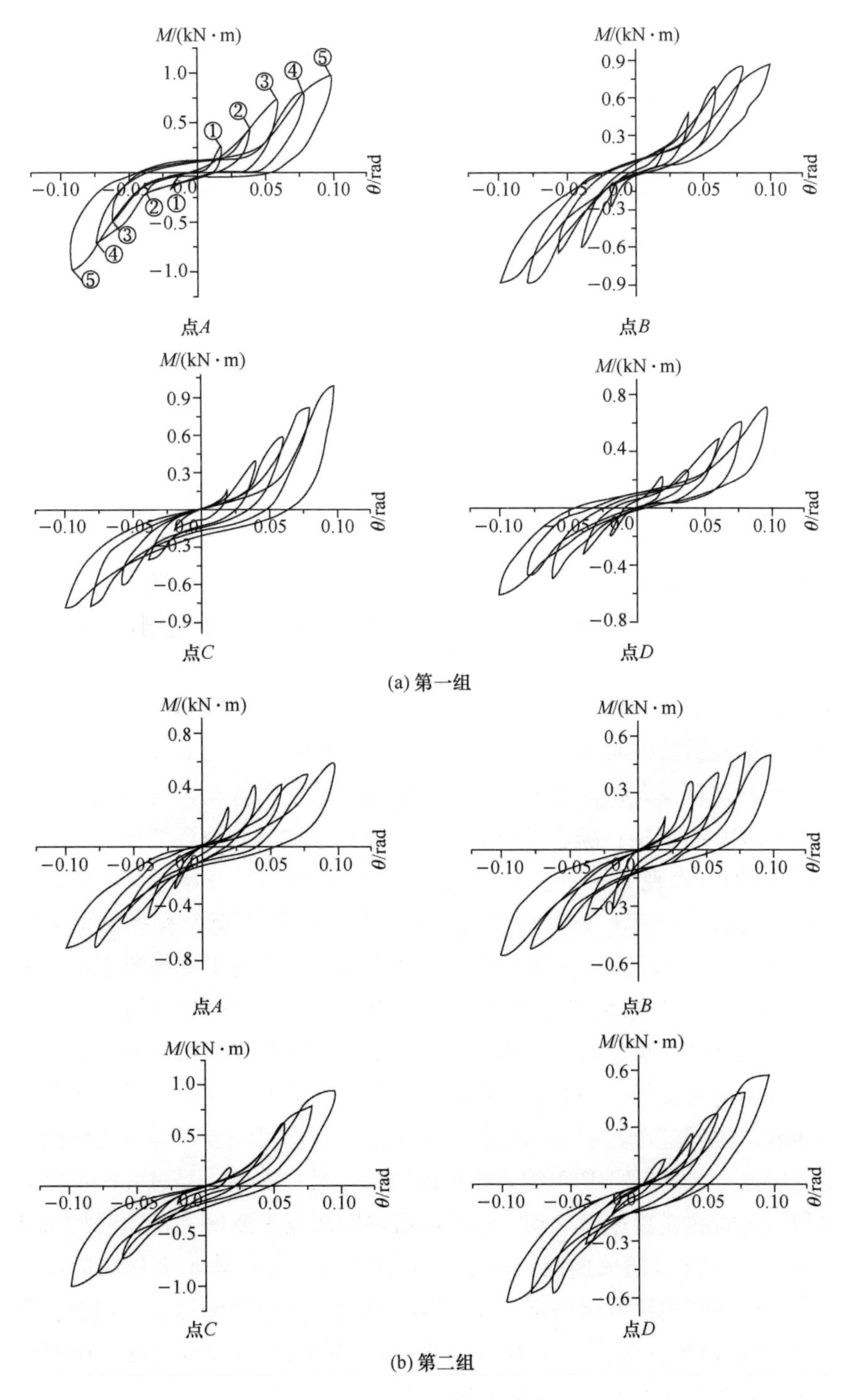

图 9-25　CFRP 布加固节点 M-θ 曲线

注：①～⑤表示第一圈至第五圈

但随后变陡，反映了节点刚度开始较小但随后立刻增大的过程，说明榫卯节点留有一定的空隙，榫卯较为松动，由原始状态滑移挤紧然后才开始正向转动，而CFRP布一开始就参与受力，在一定程度上提高了节点承载力；节点受推达到控制位移后开始卸载，在0.04～0.03rad阶段，滞回曲线较陡，反映了卸载过程节点变形恢复性较差，榫卯节点的恢复力较小，而CFRP布由于构架变形恢复产生部分弯折因而对节点的约束程度降低；随着变形进一步恢复，在0.03～0.015rad阶段曲线迅速变平缓，这是因为CFRP布参与受力，提高了节点的变形恢复作用，然而由于节点产生的是塑性变形，卸载后需反向加载节点变形才能完全恢复；随后构架受拉，节点产生反向转动，在0～－0.04rad过程中滞回曲线平缓，反映了榫和卯之间由松弛状态开始反向滑移到反向转动的过程，且CFRP布对提高节点的刚度作用相对较弱；在－0.04～－0.01rad过程中即构架由受拉位移限值恢复至平衡状态时，曲线仍保持平缓，说明节点变形恢复迅速，这是因为CFRP布对节点的约束作用提高了节点的恢复力，但由于节点的塑性变形，卸载后仍有少量变形未能恢复；在－0.01rad～0过程中外力反向改为推力，使节点变形完全恢复。滞回环左右两侧仍不对称，右侧峰值明显大于左侧，反映了CFRP布在构架受推过程中的加固效果更为明显。

第三圈，构架被推拉90mm，节点转角为±0.06rad。曲线形状具有明显的Z形特征。构架开始被推时（0～0.02rad），曲线基本与x轴平行，即开始阶段曲线平缓的距离相对较大，榫卯节点由松弛状态开始正向转动，此阶段的节点承载力主要由CFRP布承担；随着外荷载增大，节点正向转角也逐渐增大，在0.02～0.06rad阶段曲线表现为线性上升，节点与CFRP布同时开始承担弯矩，且随着节点拔榫量的增大CFRP布参与程度增加；当构架被推至位移控制值开始卸载时，在0.06～0.05rad阶段曲线几乎与纵轴平行，这是由于榫卯节点的恢复力较差，而CFRP布由于卸载造成暂时弯折，对节点的约束能力下降；在0.05～0.035rad阶段曲线稍微平缓，榫卯之间的摩擦及CFRP布同时提供抗弯承载力，而由于节点的塑性变形，卸载后变形尚未恢复；在0.035rad～0过程中曲线几乎与x轴重合，说明这个过程不需任何外力节点变形即可恢复，即节点的刚性及弹性恢复力增强，这是CFRP布约束作用的结果，另一方面，经过几次反复挤压咬合，榫和卯之间的连接逐渐松动，相应的滑移距离也逐渐增大；随后构架开始受拉，在0～－0.02rad阶段曲线仍几乎与x轴重合，节点处于由松弛向反向转动过渡状态，榫和卯相互滑移挤紧，而CFRP布的约束作用使得节点仍有较强的恢复力，继续使构架受拉；在－0.02～－0.05rad阶段曲线缓缓变陡，所需的外力反向变为拉力且逐渐增大，CFRP布的约束力与榫卯间的摩擦提供抵抗弯矩，节点转动刚度也逐渐增大；－0.05～－0.06rad阶段曲线更为陡峭，节点刚度迅速增大，这是因为构架侧移增大，虽然榫头拔榫造成节点刚度下降，但由于 CFRP 布的抗弯贡献程度增大，节点刚度仍然增加；当构架被拉至控制位移值时开始卸载，在−0.06～−0.04rad 阶段，卸载曲线开始迅速下降，随后下降幅度变缓，说明卸载开始过程中节点恢复力较差，随后 CFRP 布及榫卯共同产生恢复力，构架变形开始恢复，到节点转角为−0.04rad 时构架已完全卸载，但变形未能恢复，因此需要反向加载，使外力再次变为推力，以促使构架变形恢复；在−0.04rad～0阶段，曲线缓慢上升，随后与 x 轴几乎平行，说明该阶段榫卯转角松弛后完全处于滑移状态，另一方面说明随着构架侧移量增大，卸载过程中榫卯相对滑移的距离增长，而这个过程中节点的恢复力仍主要由 CFRP 布提供。滞回环右侧较左侧粗厚且峰值较大，反映了这个加载循环过程中 CFRP 布在构架被推阶段对提高节点刚度更有效。

第四圈，构架被推拉 120mm，节点转角为±0.08rad。曲线形状为 Z 形。构架开始被推 0～0.04rad 阶段，曲线与 x 轴几乎平行，该阶段为榫卯节点由松弛状态滑移至挤紧阶段，且相对滑移距离相对第三圈增大，该阶段节点的弯矩由 CFRP 布提供；在 0.04～0.08rad 阶段，曲线斜向上升，外荷载增加，节点转角增大，CFRP 布与榫卯间的摩擦共同产生抗弯承载力；构架被推到控制位移处后开始卸载，在 0.08～0.04rad 阶段，曲线表现为缓慢下降，与前面几圈相比，曲线斜率较小，这说明当节点转角较大时，其提供的抵抗弯矩及由于节点拔榫 CFRP 布被拉紧产生的抵抗弯矩增大了构架的恢复力，而当构架完全卸载时，节点转角为 0.04rad，构架变形尚未完全恢复；在 0.04rad～0 阶段，曲线表现为几乎与 x 轴重合，说明 CFRP 布的加固作用使得构架恢复力增大，构架已具备自动恢复变形的能力；随后构架受拉产生负位移，在 0～−0.02rad 阶段，曲线仍与 x 轴重合，该阶段榫与卯尚处于松弛阶段，而 CFRP 布的加固作用使得构架在自身恢复力作用下产生受拉变形；在−0.02～−0.08rad 阶段曲线斜率逐渐增大，说明随着构架侧移增大，榫卯节点反向转角增大，与 CFRP 布共同产生抵抗弯矩；当构架被拉到位移控制值后卸载时，在−0.08～−0.04rad 阶段，荷载随着位移减小而逐渐减小，反映了 CFRP 布加固节点后构架恢复力的增强，构架卸载后节点转角仍为−0.04rad，尚存在残余变形，需要反向加载对构架施加推力；在−0.04rad～0阶段，曲线缓慢上升，由于榫卯节点逐渐松弛，节点抵抗弯矩主要由 CFRP 布提供。滞回环形状左右两侧基本对称，反映了 CFRP 布加固构架在受推与受拉阶段表现基本相同。

第五圈，构架被推拉 150mm，节点转角约为±0.1rad。从形状看，构架滞回曲线仍表现为榫卯相对滑移性能较强的 Z 形。构架被推过程中，在 0～0.045rad 阶段曲线为几乎与 x 轴平行的直线，反映该阶段榫卯由完全松弛到挤紧的过程，且与前几圈相比，节点滑移的距离更长，该阶段的抵抗弯矩主要由 CFRP 布提供；在 0.045～0.1rad 阶段，曲线缓慢上升，反映了随着构架变形增大，所需荷载逐渐增加的过程，另一方面榫卯正向转动角度增大，产生抵抗弯矩，而榫卯节点转动的同时产生拔榫，使得 CFRP 布被拉得更紧，CFRP 布提供抗弯承载力的贡献程度增大；构架被推到控制位移后开始卸载，在 0.1～0.05rad 阶段，曲线缓慢下降，随着节点转角的减小外荷载也逐渐降低，反映了 CFRP 布加固节点后在构架侧移较大时具有良好的恢复力特性，到节点转角为 0.05rad 时构架已完全卸载，而变形尚未完全恢复；在 0.05～－0.03rad 阶段曲线形状为几乎与 x 轴重合，且滑移长度大于前几圈，反映了该阶段榫卯节点变形恢复，随后又反向滑移挤紧的过程，同时也反映了 CFRP 布加固榫卯节点后提高了构架的恢复力，在恢复力作用下构架变形完全恢复并产生反向变形；在－0.03～－0.1rad 阶段，随着节点反向转角增大，荷载逐渐增加，榫卯之间的相对摩擦力与 CFRP 布共同提供抗弯承载力，且随着榫头的拔榫量增加 CFRP 布抗弯贡献增大；构架被拉到控制位移后开始卸载，开始时节点斜率很大，反映了 CFRP 布在－0.1rad 处由于皱褶而暂时不能发挥约束作用；随着转角的进一步恢复，CFRP 布又被拉伸，加固作用增强，节点的恢复力增大；到节点反向转角为－0.05rad 时，构架完全卸载，但节点变形没有恢复，需要反向施加推力；在－0.05rad～0 阶段，推力逐渐增大，节点变形恢复至 0，由于该阶段榫卯节点处于滑移松弛状态，节点抗弯承载力仍主要由 CFRP 布提供。滞回环左右两侧基本对称，反映了构架侧移较大时 CFRP 布加固节点后对构架受推和受拉阶段的贡献基本相同。

加固后的点 A 在各圈加载循环中的滞回曲线如图 9-26 所示。

4·讨论

1. 滞回曲线对比分析

对于未加固构架，节点在转动过程中的曲线特性如下：

1）节点滞回曲线的形状开始为反 S 形，随着节点转角增大，形状变为 Z 形。这说明节点在受力过程中有较大的滑移，且随着节点转角增大，滑移量也增大。

2）从每次加载循环曲线看，节点转角较小时，曲线基本与 x 轴平行，说明这个过程中榫卯节点由松弛向挤紧状态发展，节点耗能能力较弱；而当节点转角增大时，卯口增大，榫头开始产生拔榫，滞回环形状外鼓，即节点耗能能力增强；随着节点转角增大，所需外力也增大，且节点转角很小时节点刚度增加迅速，节点转角增大后，由于榫头从卯口拔出，节点刚度增加缓慢，表现为曲线斜率开始很大随后减小。

3）构架达到控制位移时卸载，变形并不能恢复，必须反向加载才能实现，且节点转角越大，产生的塑性变形越大，说明榫卯节点的恢复特性较差；而反向

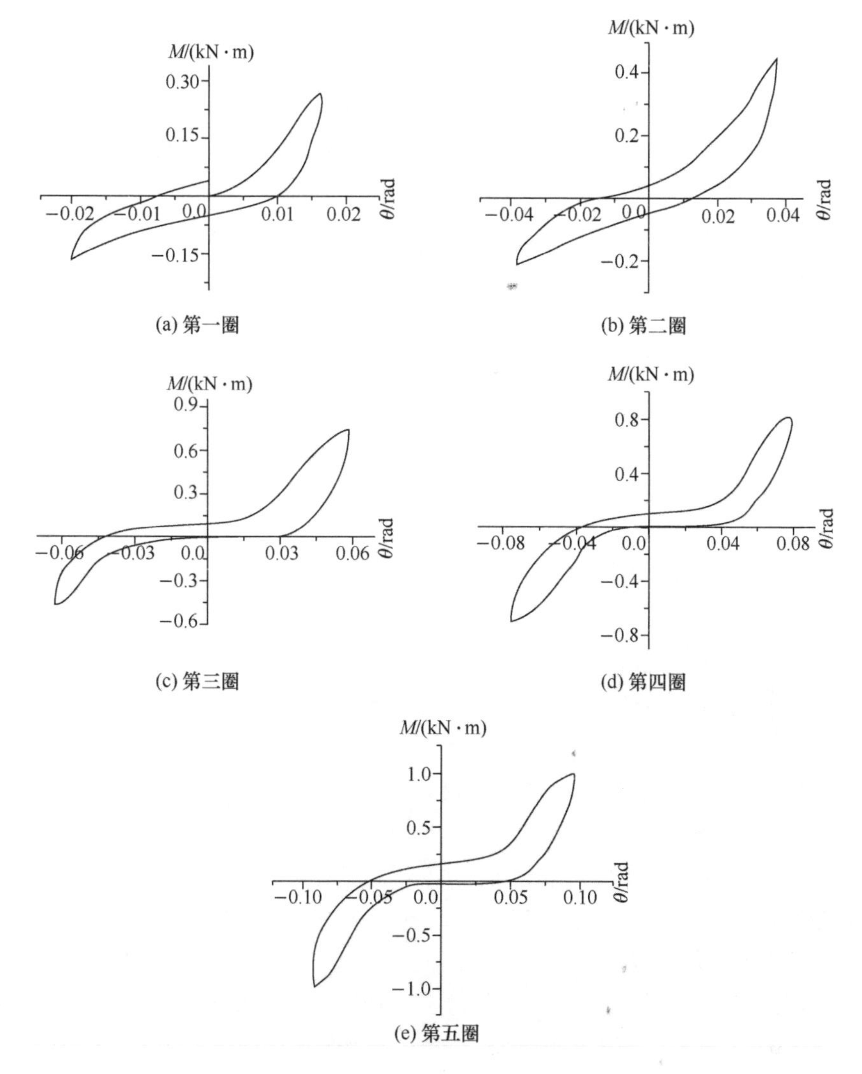

图 9-26　CFRP 加固节点 *A* 各圈滞回曲线

加载使节点变形恢复过程中，由于节点转角变小，所需外力减小，曲线表现出明显的“捏拢”特性。

对于 CFRP 布加固构架，节点在转动过程中的曲线特性如下：

1）节点滞回曲线的形状与未加固构架类似。这一方面说明节点在受力过程中有较好的延性，且随着节点转角增大，滑移的量也增大；另一方面，CFRP 布虽然具有较强的抗拉强度，但本身不具有刚度，因此对榫卯节点转动的限制能力较差，表现为节点的滑移性能明显及刚度增加不明显。

2）从每次加载循环曲线看，CFRP 布加固榫卯节点后，构架恢复力增强，且随着构架侧移增大而增大，具体表现为卸载曲线相对平缓及在平衡位置附近榫卯滑移距离增加等，说明 CFRP 布加固节点后提高了节点的承载性能。

3）对于每一圈滞回曲线，其滞回环面积形状基本为条形，说明 CFRP 布加固榫卯节点对提高节点耗能能力作用不明显，但比未加固节点的耗能性略强。另外，当构架侧移较小时，滞回环表现为左侧比右侧更饱满且峰值更大，说明 CFRP 布加固榫卯节点在构架受推过程表现明显；而当构架侧移增大时，滞回环左右两侧基本对称，说明 CFRP 布加固节点在受推和受拉的过程中表现基本相同。

4）构架开始受力时，榫卯节点尚处于松弛状态，节点弯矩开始由 CFRP 布提供；随着构架侧移增大，榫卯相互滑移挤紧，节点转角逐渐增大，榫卯间的相对摩擦和挤压对转动中心产生弯矩。此外，当节点转角增大时，节点产生拔榫，CFRP 布由于被拉得更紧，其参与抗弯的贡献也增大，在一定程度上能提高节点的转动刚度。

无论节点加固与否，其弯矩-转角滞回曲线图形并不对称，大概有如下几个原因：

1）木构架及榫卯节点制作、安装尺寸存在误差。

2）由于木材各向异性，各节点破坏形式不一定完全相同。

3）测量弯矩时应变片贴片位置及垂直度存在误差。

4）榫卯节点间的干摩擦效应不一致。

2. 量化分析验证

为验证上述定性分析的可靠性。对图 9-23、图 9-25 中的 M-θ 滞回曲线进行处理，获得各滞回曲线的均值骨架曲线，见图 9-27，易知：

1）节点承载力及转动刚度明显提高。

2）对于 CFRP 布加固节点而言，在节点转角达到约 0.01rad 时，由于构架在推拉之初榫卯节点尚处于松弛状态，故该阶段的承载力主要由 CFRP 提供，反映了 CFRP 布加固榫卯节点对提高其初始刚度的有利影响，此时的荷载约为最大值的 12%；而当节点转角增大至 0.057rad 时，曲线出现了较为明显的转折，反映了节点进入屈服阶段，此时的荷载约为最大荷载的 65%；当转角增大至 0.1rad 时，曲线出现承载力下降趋势，反映了节点达到极限承载状态。

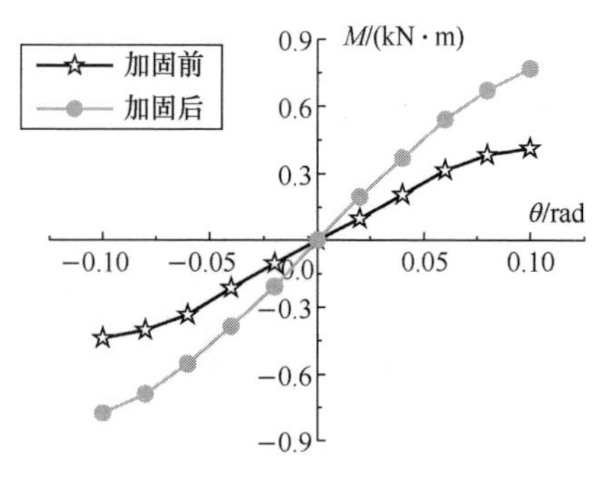

图 9-27　M-θ 均值骨架曲线

3）节点的骨架曲线相对平缓，反映了

CFRP 布加固榫卯节点后仍具有较好的延性。

根据文献[25]的建议，无论榫卯节点加固与否，其延性可以通过节点拔榫量与挤压量之和与榫头（或卯口）全长之比表示，即

$$\beta_L = (\delta_T + \beta_L)/L_S \tag{9-1}$$

式中，β_L为节点的相对变形值，δ_T为榫头上（下）边缘拔出量，δ_L为榫头下（上）边缘挤压量，L_S为榫头（卯口）的全长。节点承载力没有明显下降时，β_L越大，节点的延性越好。

对试验数据进行处理，可得加固前榫卯节点的相对变形值为 0.437～0.615，均值为 0.505，CFRP 布加固榫卯节点后榫卯节点的相对变形值为 0.47～0.554，均值为 0.511，与节点加固前的均值相近，且以上值远大于反映混凝土结构延性的节点相对变形值，反映了榫卯节点加固前后均有较好的变形能力和延性。

采用等效黏滞阻尼系数 h_e表示 CFRP 布加固榫卯节点的耗能能力，h_e的计算公式为[21]

$$h_e = \frac{1}{2\pi}\frac{S_{ABC}}{S_{\triangle OBD}} \tag{9-2}$$

式中，S_{ABC}为图 9-28 中 ABC 的面积，$S_{\triangle OBD}$为$\triangle OBD$ 的面积。

根据对 CFRP 布加固榫卯节点滞回曲线的分析结果，CFRP 布加固榫卯节点后的节点弯矩-转角滞回曲线由 S 形过渡到 Z 形，反映了节点耗能能力表现并不明显。构架在受推拉过程中各榫卯节点 h_e的均值曲线见图 9-29。

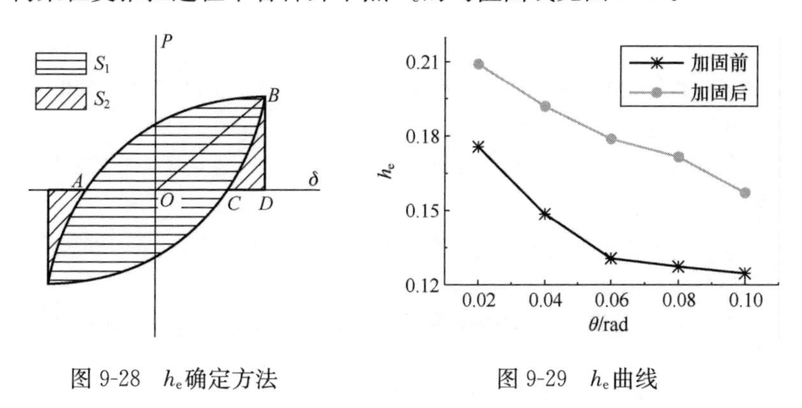

图 9-28　h_e确定方法

图 9-29　h_e曲线

由图 9-29 易知：

1）CFRP 布加固榫卯节点后，节点耗能能力相对加固前有所提高。

2）节点等效黏滞阻尼系数值 h_e随着构架侧移增大逐渐减小，反映了构架侧移增大，节点转角相应增大，榫卯节点 M-θ 滞回曲线的“捏拢”程度越来越明显，榫卯间的相对滑移距离增大，节点耗能性能降低；CFRP 布加固节点后的等效黏滞阻尼系数均值在构架转角为 0.02rad 时为 0.21 左右，到构架转角为

0.1rad 时降为 0.16 左右。

由以上分析可知，CFRP 布加固榫卯节点后，可有效提高节点的承载力和刚度，加固后的节点仍有较好的延性与耗能性能，且量化分析结果与定性分析结果基本一致。

5 · 结论

基于对 CFRP 布加固榫卯节点前后的 M-θ 滞回曲线的定性分析，可得出以下结论：

1）榫卯节点加固前具有较好的延性与耗能性能，但承载力及转动刚度较差。

2）CFRP 布加固榫卯节点后，可有效提高节点的承载力及转动刚度，且加固后的节点仍具有较好的延性和耗能性能。

3）定性分析结果与量化分析结果基本吻合。

参考文献

[1] 马炳坚. 中国古建筑木作营造技术 [M]. 北京：科学技术出版社，1995.

[2] 中华人民共和国国家标准. 古建筑木结构维护与加固技术规范（GB 50165—1992）[S]. 北京：中国建筑工业出版社，1993.

[3] 周乾. 中国古建筑榫卯结构抗震性能与加固方法研究 [D]. 北京：北京工业大学，2012.

[4] 周乾，闫维明，周锡元，等. 古建筑榫卯节点抗震性能试验 [J]. 振动、测试与诊断，2011，31（6）：679-684.

[5] 徐有明. 木材学 [M]. 北京：中国林业出版社，2006.

[6] 周乾，杨娜，杨塑. 故宫古建木梁典型残损问题分析 [J]. 水利与建筑工程学报，2016，14（3）：7-13.

[7] 周乾，杨娜. 故宫古建檩三件典型残损问题分析 [J]. 水利与建筑工程学报，2016，14（5）：61-69.

[8] 周乾，闫维明. 铁件加固技术在古建筑木结构中应用研究 [J]. 水利与建筑工程学报，2011，9（1）：1-5.

[9] 周乾，闫维明，杨小森，等. 汶川地震导致的古建筑震害 [J]. 文物保护与考古科学，2010，22（1）：37-45.

[10] 周乾. 故宫太和殿某正身顺梁榫卯节点加固分析 [J]. 防灾减灾工程学报，2016，36（1）：92-98.

[11] 周乾，闫维明，杨小森，等. 汶川地震古建筑震害研究 [J]. 北京工业大学学报，2009，35（3）：330-337.

[12] 王璞子. 工程做法注释 [M]. 北京：中国建筑工业出版社，1995：279-281.

[13] 周乾，闫维明，李振宝，等. 用于古建筑木结构中间跨榫卯节点的加固装置：200920108277.0 [P]. 2010-04-21.

[14] 周乾，闫维明，周宏宇，等. 钢构件加固古建筑榫卯节点抗震试验 [J]. 应用基础与工

程科学学报，2012，20（6）：1063-1071.
[15] 傅连兴. 古建修缮技术中的几个问题 [J]. 故宫博物院院刊，1990（3）：23-30.
[16] 周乾，闫维明. Experimental study on aseismic behaviors of Chinese ancient tenon-mortise joint strengthened by CFRP [J]. 东南大学学报（英文版），2011，27（2）：192-195.
[17] 周乾，闫维明，李振宝，等. 古建筑榫卯节点加固方法振动台试验研究 [J]. 四川大学学报（工程科学版），2011，43（6）：70-78.
[18] Taheri F，Nagaraj M，Cheraghi N. FRP reinforced glue laminated column [J]. FRP International，2005，2（3）：10-12.
[19] Borri A，Corradi M，Grazini A. A method for flexural reinforcement of old wood beams with CFRP materials [J]. Composites：Part B，2005，36：143-153.
[20] 吴轶，何铭基，郑俊光. 耗能腋撑对钢筋混凝土框架抗震加固性能分析 [J]. 广西大学学报（自然科学版），2009，34（6）：725-730.
[21] 李忠献. 工程结构试验理论与技术 [M]. 天津：天津大学出版社，2003.
[22] 谢启芳，赵鸿铁，薛建阳. 中国古建筑木结构榫卯节点加固的试验研究 [J]. 土木工程学报，2008，41（1）：28-34.
[23] 周乾，闫维明，纪金豹. 三种材料加固古建筑木构架榫卯节点的抗震性能 [J]. 建筑材料学报，2013，16（4）：649-656.
[24] Zhou Qian，Yan Weiming. Experimental study on aseismic behaviors of Chinese ancient tenon-mortise joint strengthened by CFRP [J]. Journal of Southeast University（English Edition），2011，27（2）：192-195.
[25] 于业栓，薛建阳，赵鸿铁. 碳纤维布及扁钢加固古建筑榫卯节点抗震性能试验研究 [J]. 世界地震工程，2008，24（3）：112-117.

第十章

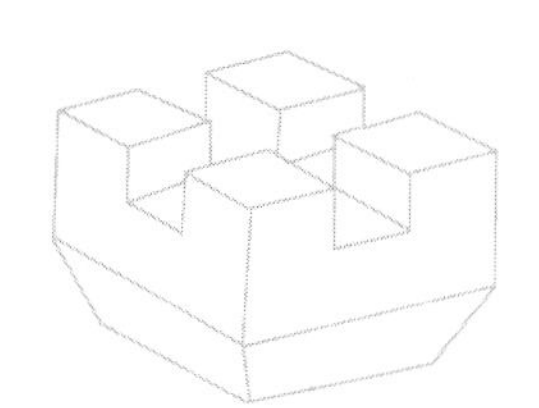

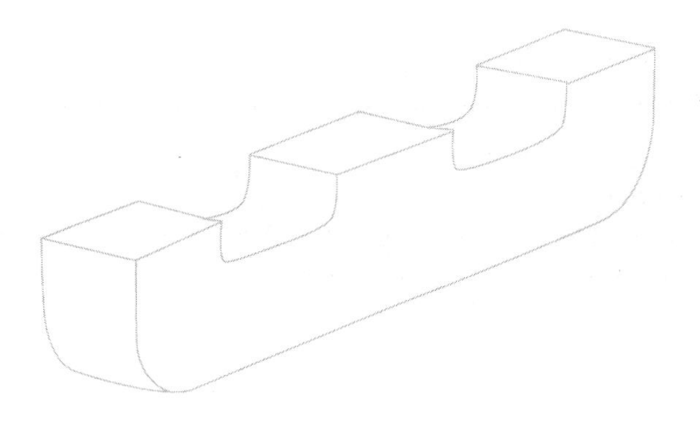

故宫古建筑城墙的受力性能

古城墙作为古建筑的组成部分

其建造的最初目的是

防御外敌入侵

其上城楼在历史上主要用于屯兵警卫

故宫城墙及角楼随紫禁城修建而成

现已成为城市景观之一

由于城墙间有城台土及其上的建筑物

城墙还起挡土墙的作用

在静止状态时

城墙通过侧限作用抵抗土体侧压力

而保持平衡状态

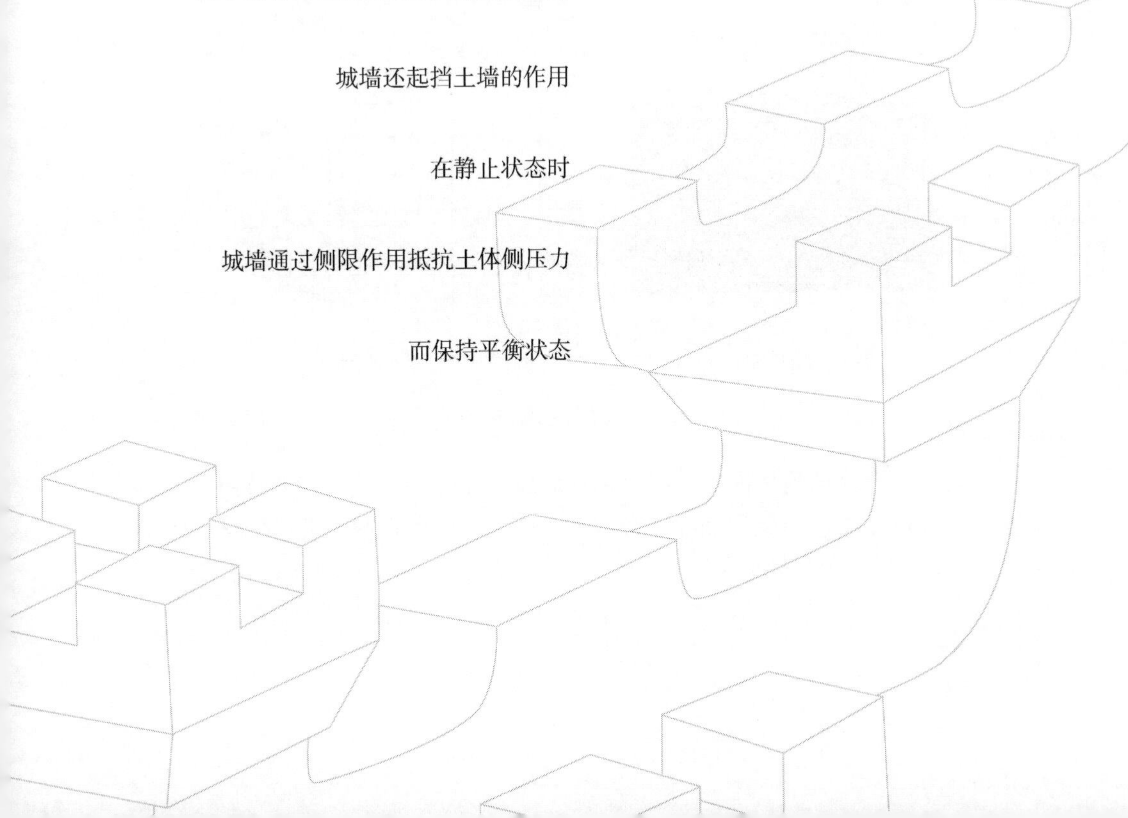

本章包括两部分内容：

1）故宫角楼城墙承载性能研究。根据城墙砌体及城土的本构模型，建立角楼处城墙有限元模型，并进行静力分析。分别考虑角楼内增设文物前后两种工况，研究城墙的内力和变形，获得不同条件下角楼处城墙的承载能力。

2）考虑含孔洞土的古城墙受力分析。根据神武门段城墙勘察报告，针对报告提出的该侧城墙土存在局部下沉问题，考虑不同深度内存在的孔洞影响，利用土体及城墙砌体相关参数，建立城土及城墙的有限元模型，进行力学分析。通过建立三种荷载工况，分别获得自重条件、活载条件及渗水条件下城墙及城土的变形、应力及应变状况。

第1节　考虑集中荷载的故宫角楼城墙的受力性能

古城墙作为古建筑的组成部分，其建造的最初目的是防御外敌入侵，其上城楼在历史上主要用于屯兵警卫。故宫城墙及角楼在1406～1420年随紫禁城修建而成，现已成为城市景观之一，其现状如图10-1所示。明清时期城墙在施工材料上一般采用石灰糯米坐浆砌筑，砖要求烧制良好，外墙为砖砌体，内墙为黄土护坡回填；在施工工艺上则要求护坡为1∶1.7，护坡顶部铺2～3m的砖，墙高9.0m以内，墙体收分为1/10[1]。由于城墙间有城台土及其上的建筑物，城墙实际还起挡土墙的作用。城墙在静止状态时，通过侧限作用抵抗土体侧压力而保持平衡状态。

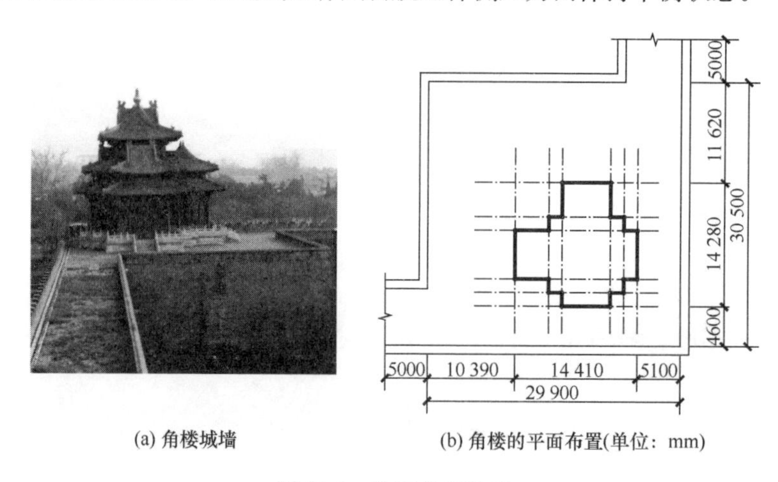

(a) 角楼城墙　　(b) 角楼的平面布置(单位：mm)

图10-1　故宫角楼城墙

为充分利用故宫角楼内部空间，拟在城墙上东、西、南、北四个角楼内存放文物，每个角楼增设的文物重量为0.77×10^6N。角楼自身总重为2.61×10^6N，由20根直径为0.425m的柱子承担。由于角楼及增设的文物均坐落于城台上，增设的文物会增加城台土对城墙的侧压力，进而影响城墙的强度及稳定性。本节将研究角楼内存放文物前后城墙的安全性能，为古城墙及文物保护提供理论依据。

1・本构模型

1. 土体的本构模型

土属于颗粒状材料，它的受压屈服强度远大于受拉屈服强度，且材料受剪时颗粒会膨胀，常用的 Von Mises 屈服准则不适用。在土力学中，可用 Drucker-Prager（DP）屈服准则准确描述土的强度准则。DP 屈服准则是 Mohr-Coulomb 准则的近似，是在 Von Mises 屈服准则的基础上考虑平均主应力对土抗剪强度的影响而发展的一种准则。该准则的屈服强度随着侧限压力的增加而增加，考虑了由于屈服而引起的体积膨胀，在对土进行有限元分析时可获得较为精确的结果。

DP 屈服准则可表示为

$$\sigma_e = 3\beta\sigma_m + \sqrt{\frac{1}{2}\{S\}^T[M]\{S\}} = \sigma_y \tag{10-1}$$

$$\beta = \frac{2\sin\varphi}{\sqrt{3}\times(3-\sin\varphi)} \tag{10-2}$$

$$\sigma_y = \frac{6c\cos\varphi}{\sqrt{3}\times(3-\sin\varphi)} \tag{10-3}$$

式中，σ_e 为等效应力，σ_y 为屈服应力，β 为材料常数，σ_m 为平均应力，$\{S\}$为偏应力，$[M]$ 为常系数矩阵，φ 为材料的内摩擦角，c 为材料的黏聚力。对于 DP 材料，当材料参数 β、σ_y 给定后，屈服面为一圆锥面，此圆锥面是六角形的摩尔-库仑屈服面的外切锥面。

由于无城墙土试验数据，现根据文献[2]提供的资料，取土的容重为 $\gamma=1980\text{kg/m}^3$，弹性模量为 $E=171\text{MPa}$，孔隙比 $e=75.2\%$，饱和含水率 $\omega_{sat}=27.6\%$，故可得土的黏聚力 $c=36\text{kPa}$，内摩擦角 $\varphi=16°$[3]。

2. 墙体的本构模型

城墙砌体的单轴本构模型可按下式确定[4]：

$$\frac{\sigma}{\sigma_{max}} = 6.4\left(\frac{\varepsilon}{\varepsilon_0}\right) - 5.4\left(\frac{\varepsilon}{\varepsilon_0}\right)^{1.17} \tag{10-4}$$

式中，σ_{max}为应力峰值，ε_0 为应变峰值。

由于无试验数据，由相关资料，城砖强度取值如下[5]：

$$E = 2.23\times10^6\text{kPa},\ \mu = 0.1,\ \sigma_c = 3225\text{kPa},\ \sigma_t = 289\text{kPa}$$

其中，E 为弹性模量，μ 为泊松比，σ_c 为抗压强度，σ_t 为抗拉强度。

按照《砌体结构设计规范》（GB 50003—2001）附录 B.1.1 条，城墙砌体的平均强度可按下式确定：

$$f_m = k_1 f_1^{\alpha} \cdot (1+0.07f_2)k_2 \quad (10\text{-}5)$$

其中，$f_1=3225$kPa，为城砖的抗压强度；f_2 为砂浆的抗压强度，由于无试验资料，按文献[6]（西安大雁塔相关数据）取 $f_2=0.4$MPa。又 $k_1=0.78$，$\alpha=0.5$，$k_2=0.6+0.4f_2$。解式（10-5）得 $f_m=0.84$MPa，为城墙砌体的抗压强度容许值。砌体抗拉强度主要考虑砌体沿齿缝破坏，按《砌体结构设计规范》（GB 50003—2001）附录 B. 1. 1 条取 $f=0.25\sqrt{f_2}=0.158$MPa。

2 · 接触分析

1. 受力模型

参考《营造法式》中城墙做法及相关图纸，取角楼处城墙计算高度为 10m，下部墙宽 1.5m，按 1%收分，上部墙宽 0.5m，计算剖面如图 10-2 所示。

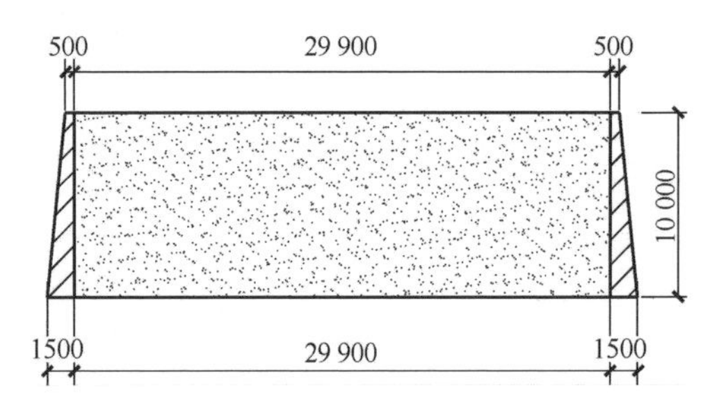

图 10-2　城墙计算剖面（单位：mm）

角楼处城墙的荷载传递路线为角楼荷载→城土→城墙。当增加文物时，城台除受到角楼传来的自重 2.61×10^6N 外，还受到增加的文物及存放架自重荷载 0.77×10^6N。由图 10-1 可知城台平面受压范围为 30.5m×29.9m，而马道部分由于距离很长，故取较小范围计算（此处取马道计算长度为 5m），并且可认为该计算区域为刚性材料约束区。

采用有限元分析程序 ANSYS 中的 SOLID45 单元模拟城墙及土，考虑墙体及城台土底面均为竖向约束，马道侧面土为固定约束，建立有限元受力模型如图 10-3 所示，其中图 10-3(a)为未增设文物时的城墙模型，图 10-3(b)为增设文物后的城墙模型。下面分析这两种工况条件下的城墙内力和变形。

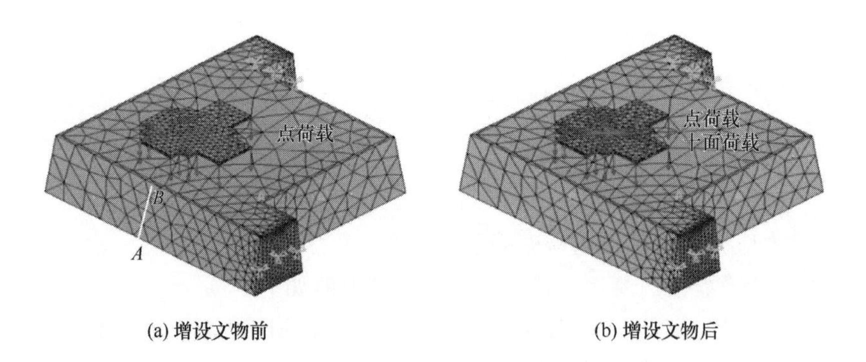

图 10-3　角楼处城墙受力模型

2. 变形分析

图 10-4～图 10-6 分别为两种工况条件下的城墙及城土整体变形、城墙的水平和垂直变形。易知未增设文物时城墙整体变形峰值为 6.61mm，增设文物后整体变形峰值增加至 6.77mm，变化很小；未增设文物时城墙在水平方向的最大变形为 3.94mm，增设文物后整体变形峰值增加至 3.99mm，变化同样可忽略；增设文物前城墙在竖直方向的变形峰值为 1.1mm，增设文物后竖向变形峰值基本未变化。因此，增加文物对城墙及城土的变形几乎不产生影响。

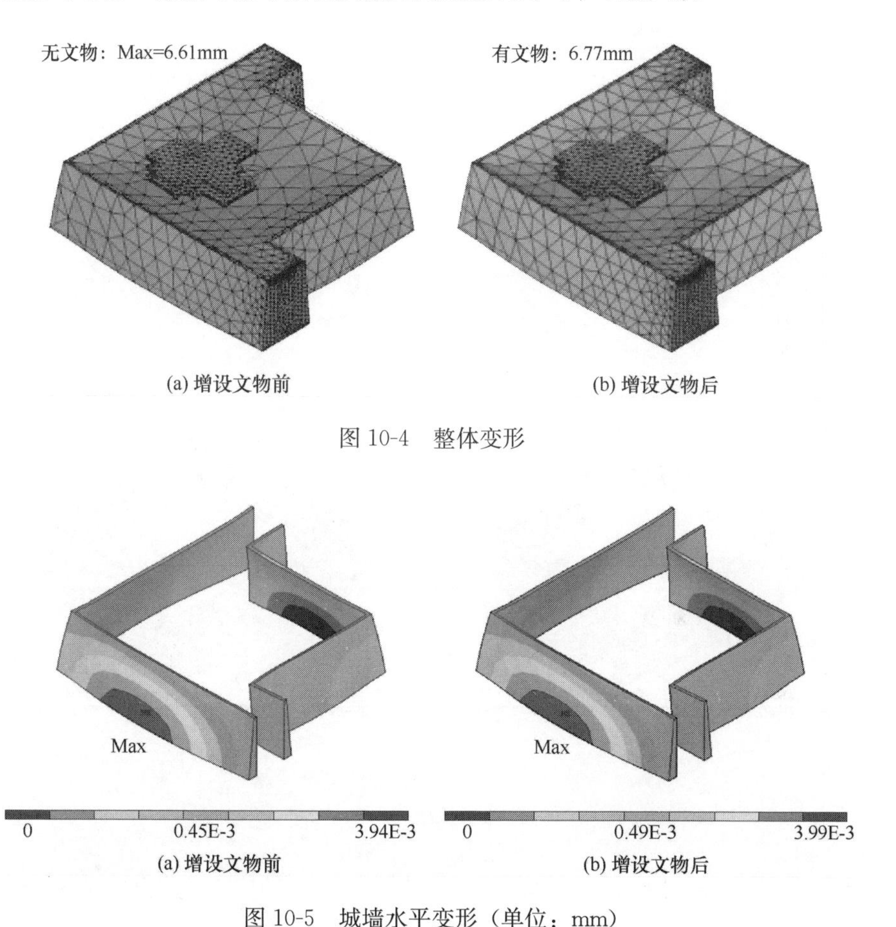

(a) 增设文物前　(b) 增设文物后

图 10-4　整体变形

(a) 增设文物前　(b) 增设文物后

图 10-5　城墙水平变形（单位：mm）

3. 内力分析

图 10-7 和图 10-8 为城墙的主拉、主压应力图。由图 10-7 可知两种工况条件下城墙最大主拉应力位置均在假设约束刚性区，可不予考虑。而对于圆圈标记所示位置（节点编号 503）的拉应力值，增设文物前该值为 0.2175MPa，增设文物后为 0.3374MPa，比增加文物前增大了 0.12MPa。实际上，由于城墙

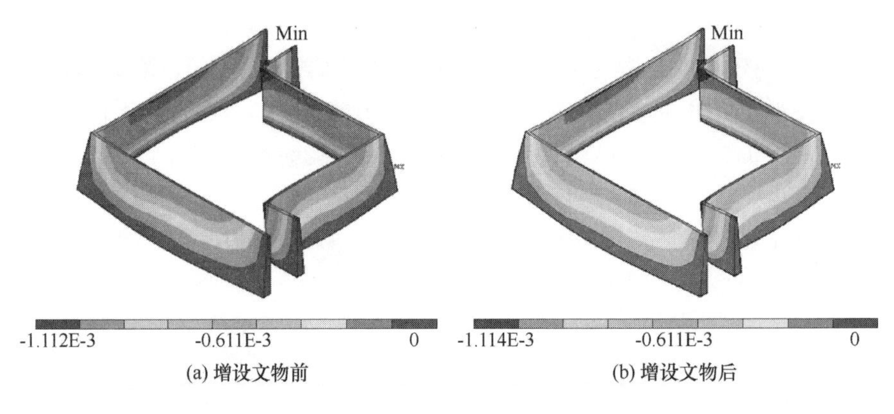

(a) 增设文物前　(b) 增设文物后

图 10-6　城墙垂直变形（单位：mm）

的容许抗拉强度为 0.158MPa，无论增设文物与否，城墙现有抗拉强度均不满足要求，而增设文物后拉应力增大，加剧了受拉破坏的危险。另由图 10-8 可知，增设文物前城墙的主压应峰值为 0.752MPa，增设文物后城墙的最大主压应力为 0.753MPa，比增设文物前增大 0.001MPa，但满足城墙砌体容许压应力要求。

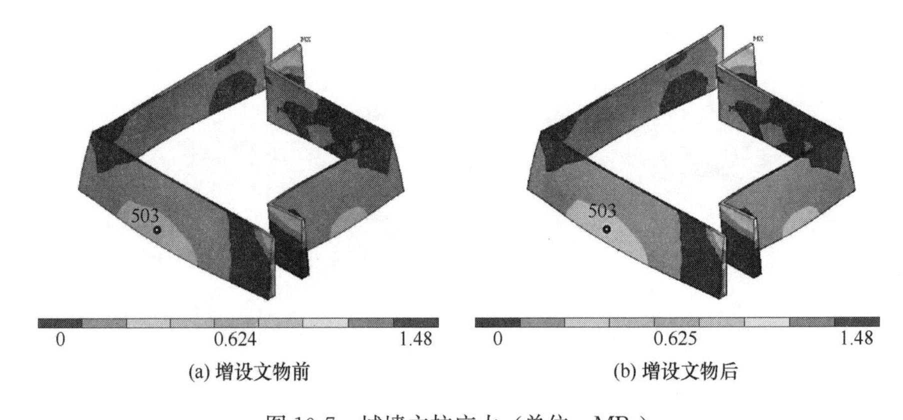

(a) 增设文物前　(b) 增设文物后

图 10-7　城墙主拉应力（单位：MPa）

图 10-9 为城墙某截面 AB（图 10-3）沿高度方向的应力变化图，其中 N 表示增加文物前，Y 表示增加文物后。易知随着城墙高度增加，主拉、主压应力绝对值均有所下降，且增加文物后的主拉（压）应力绝对值均大于增加文物前的值。因此，增加文物无疑增加了城墙的负重，不利于城墙的保护。

3 · 小结

本节通过分析角楼处城墙，得出如下结论：

1）参照《砌体结构设计规范》，增设存放文物前后角楼城墙的变形及抗压强

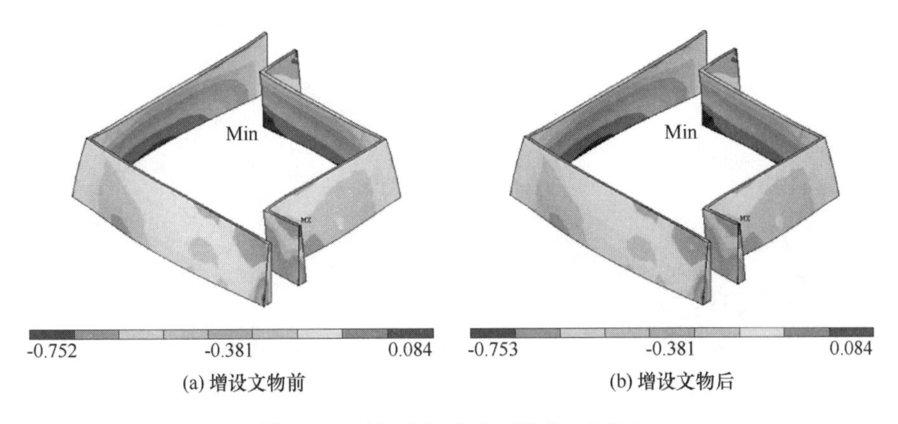

(a) 增设文物前　(b) 增设文物后

图 10-8　城墙主压应力（单位：MPa）

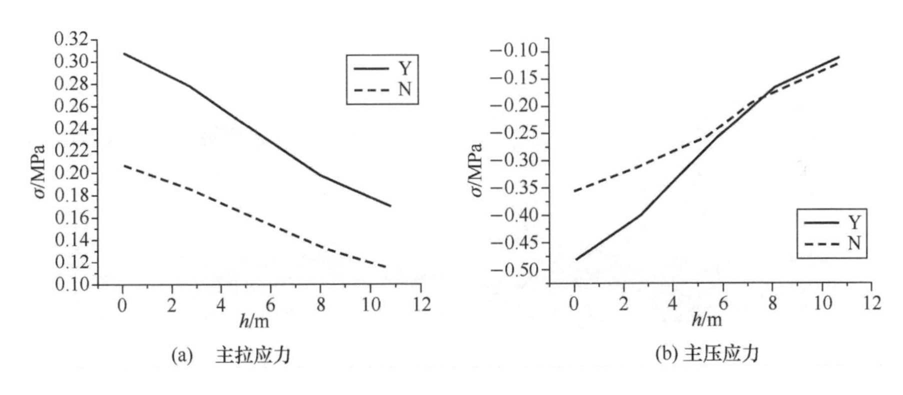

(a)　主拉应力　(b) 主压应力

图 10-9　城墙应力变化曲线

度满足要求。

2）参考西安大雁塔相关数据及《砌体结构设计规范》，无论增设存放文物与否，现有角楼处城墙的抗拉强度均超出容许值。

3）为减小角楼处城墙的拉应力，角楼内不宜增设存放文物，同时应控制城墙上的施工或其他活载，以保护城墙。

第 2 节　含孔土对故宫城墙受力性能的影响

图 10-10(a)为故宫现存神武门某部分城墙外观。根据施工勘查资料，发现该城墙部分土层存在局部下沉现象，如图 10-10(b)所示。选取土体下沉明显位置进行探井勘查，发现城墙土分层多达 6 种，且在不同深度范围内有大小不一的孔洞，如图 10-11 所示。根据勘查分析结果，推测城墙土产生孔洞的主要原因为城墙土体不均匀沉降及雨水渗流，或为城墙施工时预留的施工洞[7]。

(a) 城墙外立面局部

(b) 面层砖土局部下沉

图 10-10　城墙现状

(a) 不同分层土

(b) 土层内孔洞

图 10-11　土层勘查情况

为研究该部位城墙土面层下沉原因及孔洞的存在是否对城墙有不利影响，本节根据勘查数据资料进行有限元分析，获得含有孔洞的城墙土在不同工况条件下的变形及强度，为古城墙的保护与修缮提供理论依据。

1·力学参数

1. 孔洞参数

根据勘查资料，探井位置在城墙土开裂处，直径为 1m。为研究探井附近不同深度孔洞及外部荷载、雨水渗透等因素作用下城墙及城墙土的力学特性，选取分析剖面如图 10-12 (a)所示。在确定城墙剖面形状时，考虑到故宫城墙建于明代，根据参考文献[1]、[7]提供的相关资料，并利用部分实测数据，绘出推测的城墙的近似剖面图及相关孔洞位置，如图 10-12(b)所示，孔洞详细信息如表 10-1 所示。

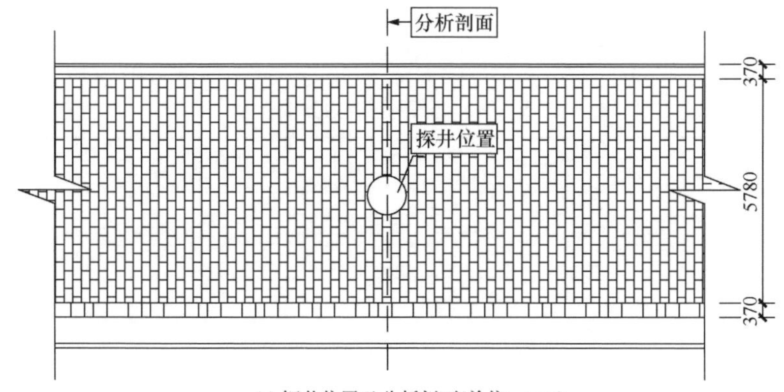

(a) 探井位置及分析剖面(单位：mm)

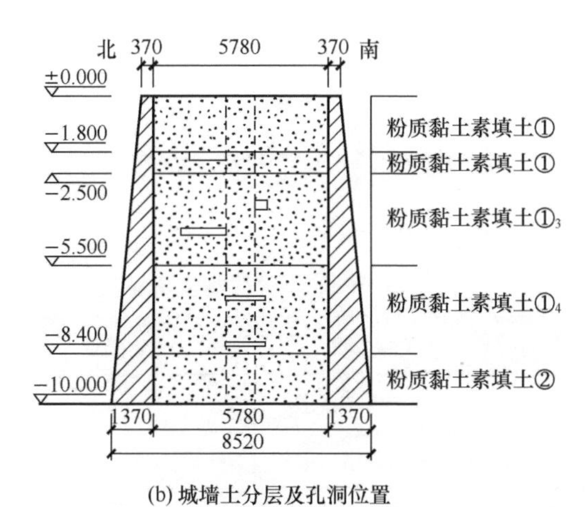

(b) 城墙土分层及孔洞位置

图 10-12　孔洞位置及城墙剖面

表 10-1　孔洞信息

孔洞所处深度/m	孔洞方位	孔洞描述
1.9	北侧壁，南北向	直径 0.3m，长 1.2m
3.4	南侧壁	两孔，约 0.3m 见方
4.3	北侧壁，南北向	直径 0.2m，长 1.5m
6.5	南北侧壁，南北向	直径 0.12m，长 1.3m
8.0	南北侧壁，南北向	直径 0.2m，长 1.3m

2. 土体参数

根据勘查数据，按不利条件土质进行分析，将城墙土按工程特性近似分为四类，如图 10-12 (b)所示，不同位置的孔洞均用空白矩形表示。各层土的力学特性如表10-2所示，其中城墙土自由膨胀率小于40%，故土体无膨胀性[7]。计算时，可取膨胀角小于摩擦角，按10°考虑。

表10-2　分层土体力学参数

土层名称	容重/(kN/m³)	摩擦角/(°)	黏聚力/kPa	膨胀角/(°)
粉质黏土素填土①	19.6	21.8	69	10
粉质黏土素填土①$_3$	19.6	26	54	10
粉质黏土素填土①$_4$	20	21.3	57	10
粉质黏土素填土②	20.1	20.1	72	10

参照勘查报告提供的资料，不同厚度分层土的压缩模量可按表10-3取值。建模时，土体的变形模量E与压缩模量E_s的关系可用下式表示[3]：

$$E=\left(1-\frac{2\mu^2}{1-\mu}\right)E_s=0.74E_s \tag{10-6}$$

式中，土体的泊松比可取为$\mu=0.3$。

表10-3　土分层类型及强度

土层高度/m	土类型取值	土层强度	压缩模量/MPa
0～1.8	粉质黏土素填土①	差	5
1.8～2.5	粉质黏土素填土①	极差	3
2.5～5.5	粉质黏土素填土①$_3$	差	5
5.5～8.4	粉质黏土素填土①$_4$	一般	10
8.4～10	粉质黏土素填土②	较好	12

2·有限元模型

采用有限元分析软件ANSYS对该城墙土进行点-点接触分析。其中，用CONTA172单元模拟接触单元，用TARGE169单元模拟目标单元，建立城墙-城土、城土-城土接触对共7组。

在进行有限元分析时，墙体参数如下[8]：弹性模量$E=4.59\times10^9$Pa，泊松比$\mu=0.1$，密度$\rho=1900\text{kg/m}^3$，抗拉强度$\sigma_t=0.442$MPa，抗压强度$\sigma_c=5.33$MPa。

根据实测资料，城墙顶部厚度为0.37m，考虑1/10侧脚尺寸，底部厚度取1.37m。另考虑城墙及土体底部约束条件为固接，建立城墙体系受力模型，如

图 10-13 所示。

3 · 力学分析

1. 工况确定

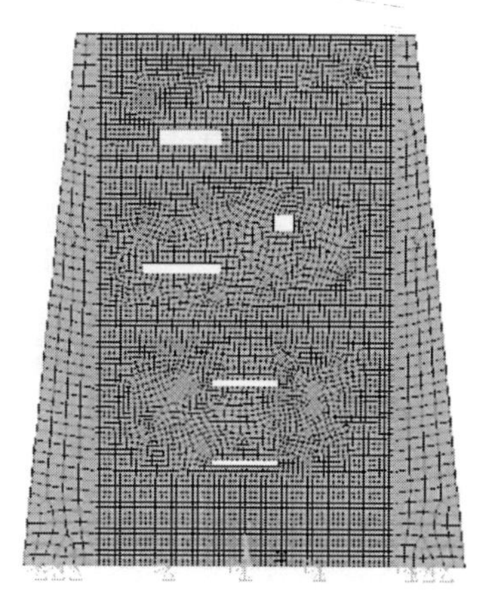

图 10-13　城墙剖面有限元模型

为研究不同条件下含有孔洞土层的城墙的力学性能，考虑如下三种工况进行分析。

工况 1：仅考虑城墙及城墙土自重；根据勘查结果按表 10-2、表 10-3 确定不同分层土的工程特性。

工况 2：自重＋均布活载；各层土的工程特性同工况 1；另考虑施加均布外载，按《建筑结构荷载规范》，取 2500N/m^2。

工况 3：自重＋均布荷载＋雨水渗透，本工况主要研究城墙土渗水对城墙本身的力学影响。考虑土体材料性能变化，可用减小黏聚力及摩擦角值模拟土体剪切强度的降低，还应考虑土的饱和重度增加及变形模量降低。当雨水渗透时，考虑最不利情况，即各层土孔隙全部充满水，此时容重均按 23kN/m^3考虑[3]，各层土弹性模量可按下降 10%～50%考虑，黏聚力和内摩擦角按下降 5%～40%考虑[9]。

在进行不同工况条件下城墙土力学性能分析时主要研究如下内容：

1）变形。分析土体的竖向变形及墙体的侧向变形；对于土体，对比研究每个孔洞位置的变形。

2）主拉、主压应力分布。考虑城墙强度峰值是否超出容许值。

3）塑性应变。考虑土体，研究其塑性区发展情况。

4）对于分层土，研究三种工况下的剪切强度是否超出容许值。

2. 变形分析

为研究不同工况条件下城墙土的变形状况，利用力学分析结果绘出城墙土竖向变形分布，如图 10-14 所示。

由图 10-14 可知，在工况 1 条件下，城墙土的竖向变形峰值为 0.0133m，位于第一层土体；孔洞周边土（由上至下）变形峰值为：孔洞 1，0.0133m；孔洞 2，0.0103m；孔洞 3，0.0119m；孔洞 4，0.0076m；孔洞 5，0.0044m。在工况 2 条件下，城墙土变形峰值为 0.0138m，位置仍在第一层土，比工况 1 条件下的变形峰值增大 0.0045m。由此可知，在城墙面层加载情况下，土体变形并不明显增加；而从孔洞周边土变形峰值来看，结果与工况 1 相差无几。由工况 3 变形结果可知，城墙土变形峰值达 0.0317m，即面层土下沉峰值几乎是工况 1、2 条件下峰值的 3 倍。此时各孔洞周边土的变形峰值为：孔洞 1，0.0317m；孔洞 2，

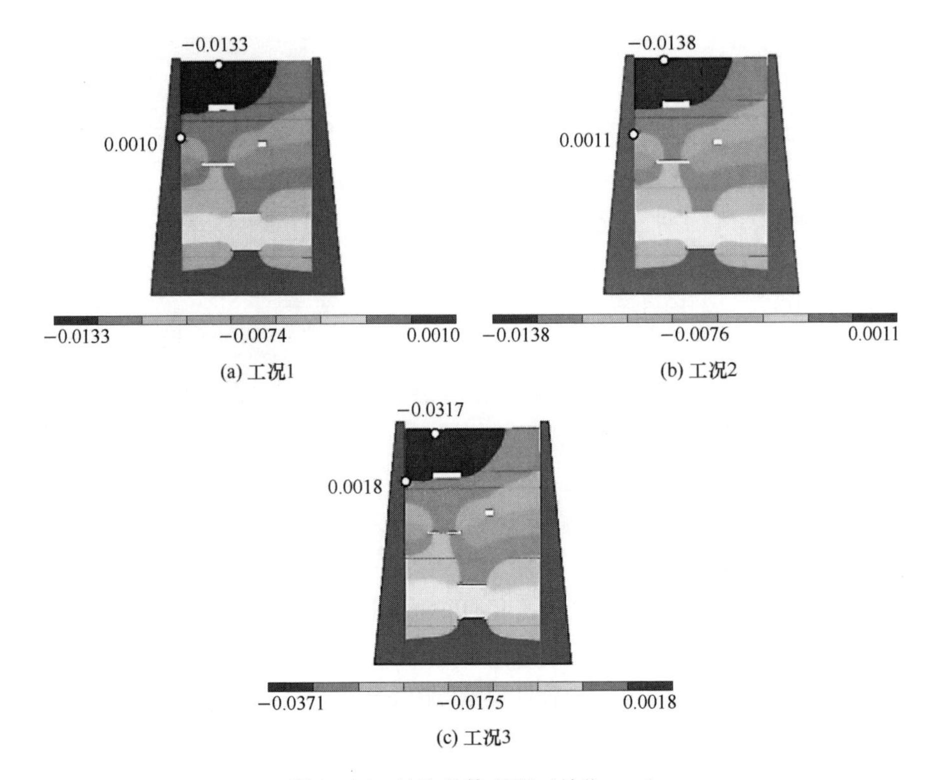

图 10-14　结构整体变形（单位：m）

0.0246m；孔洞 3，0.0282m；孔洞 4，0.0175m；孔洞 5，0.0104m。由此可知，工况 3 条件下各孔洞周边的土层变形远大于工况 1 和工况 2。就各孔洞本身而言，工况 3 条件下孔洞 3、4、5 变形极其明显。由此可知，城墙土渗水造成土体本身弹性模量下降，黏聚力及内摩擦角减小，密度增加，最终导致土体大面积下沉，这是城墙土面层开裂的主要诱因。

此外，通过对城墙侧向变形分布进行分析，发现工况 1 条件下城墙侧向相对变形峰值为 0.0300m，位置在墙体上部；工况 2 条件下城墙侧向相对变形峰值为 0.0311m，比工况 1 仅仅增加 0.0011m。由此可知，在城墙土表面增加荷载并不能使城墙侧向变形明显增加。工况 3 条件下城墙侧向相对变形峰值为 0.048m，明显大于工况 1、2。因此，城墙土渗水导致城墙变形明显增加，若不进行控制与处理，很可能在城墙体面层形成开裂。

3. 城墙应力

为研究不同工况条件下城墙的内力状况，计算列出城墙的主应力峰值，如表 10-4 所示。

表 10-4　不同工况下的城墙应力峰值及所在位置

工况	拉应力峰值/MPa	压应力峰值/MPa
1	2.44，位置在墙体内侧根部	2.26，位置在墙体外侧根部
2	2.51，位置同上	2.32，位置同上
3	3.55，位置同上	3.19，位置同上

从表 10-4 中数据结果看，三种工况条件下墙体的主拉应力峰值均超过容许值（0.442MPa），而主压应力均在容许值范围内（5.33MPa）。因此，在城墙根部内侧一定范围内（工况 1 条件下）城墙内侧根部有可能因抗拉强度不足沿齿缝开裂。另一方面，工况 2 条件下城墙主应力峰值比工况 1 略有增加，而工况 3 条件下城墙主拉应力峰值远大于工况 1 和工况 2，这充分说明土体渗水对城墙造成破坏的严重性。土体渗水不仅降低了土体本身的强度，而且增加了城墙土的重量，甚至会使土体膨胀，增大侧墙的负荷；长期渗水会加快墙体劣化，破坏砂浆的粘结性，使侧墙的承载力降低，从而加剧墙体的破坏。

由主应力分析结果可知，保护城墙，不仅要控制城墙土上的游客数量或物品堆放以减小外部荷载，而且要做好面层的防水，防止渗水带来更恶劣的影响。

4. 土体塑性应变

利用力学分析结果，绘出不同工况下土体塑性应变云图，如图 10-15 所示。

由图 10-15 可知，工况 1 条件下，土体塑性应变峰值为 0.044，塑性区主要集中在孔洞 4、5 附近；工况 2 条件下，土体塑性应变峰值为 0.046，塑性区分布同工况 1。由此可知，外部荷载作用对土体塑性应变的发展并无较大影响。工况 3 条件下，土体的塑性应变迅速增大到 0.190，且分布位置集中在孔洞 3、4、5，分布范围较工况 1 和工况 2 明显增大。这说明在工况 3 条件下，孔洞 3、4、5 很可能因塑性区发展出现局部塌落（分布在第 3、4 层土体内）。因此，土体渗水将导致部分孔洞坍塌，造成土体局部下沉或开裂。

5. 土体分层破坏情况

利用力学分析结果绘出不同工况条件下不同土层的剪应力分布范围，并与给定的数据资料进行对比，将各层土剪切应力与法向应力取绝对值，建立关系曲线。相关结果与所提供的土体抗剪指标线进行对比，分析各土层土体破坏情况。

分析结果表明：工况 1、2 条件下各层土均未产生剪切破坏，土体法向应力-剪应力曲线相差不大，说明上述给定的外部荷载作用对土体强度破坏影响不大；而工况 3 条件下，各土层法向应力-剪应力曲线与剪切强度边界线距离大大接近，且第 3、4 层土体（含孔洞 3、4、5）与边界线相交，说明工况 3 条件下各层土体受到的剪切应力大大增加，且部分 3、4 层土体已产生破坏，如图 10-16 所示

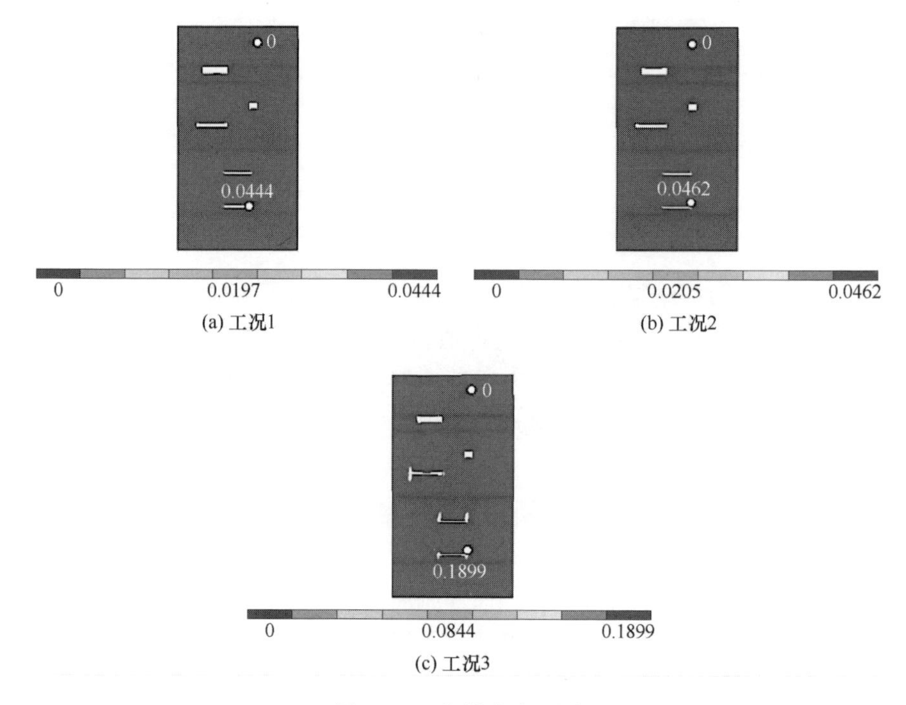

图 10-15　塑性应变云图

(其中直线为土体剪切强度边界线)，这与各层土的塑性变形分析结果吻合。因此，在含有孔洞的各土层中，土体渗水是土体强度破坏的“罪魁祸首”。

6. 城墙现状考虑工况

在城墙及城墙土表面有防水保障条件下，可按工况 2 考虑；当城墙土顶面层局部开裂下沉时，按工况 3 考虑。从强度方面考虑，工况 2、3 条件下，根据上文分析结果，除城墙背部根部位置局部抗拉强度超出容许值外，其余部分抗拉、抗压强度均符合要求。从变形方面考虑，工况 3 条件下的城墙及土体变形远大于工况 2，其原因主要是墙体渗水。

4 · 结论与建议

1）现存故宫神武门某段城墙面层局部下沉的主要诱因是土体渗水导致土体强度及弹性模量下降。

2）计算结果表明，影响城墙强度与稳定性的最主要因素是土体渗水，渗水将降低土体与城墙的强度，增大土体对墙体的侧压力，加剧墙体的破坏。

3）现有土体内孔洞的存在对城墙的强度及稳定性不会产生较大影响。

4）加强城墙及土体保护，除了控制游客数量及控制在城墙上堆放物品外，最重要的是做好墙体及土体面层的防水工作。

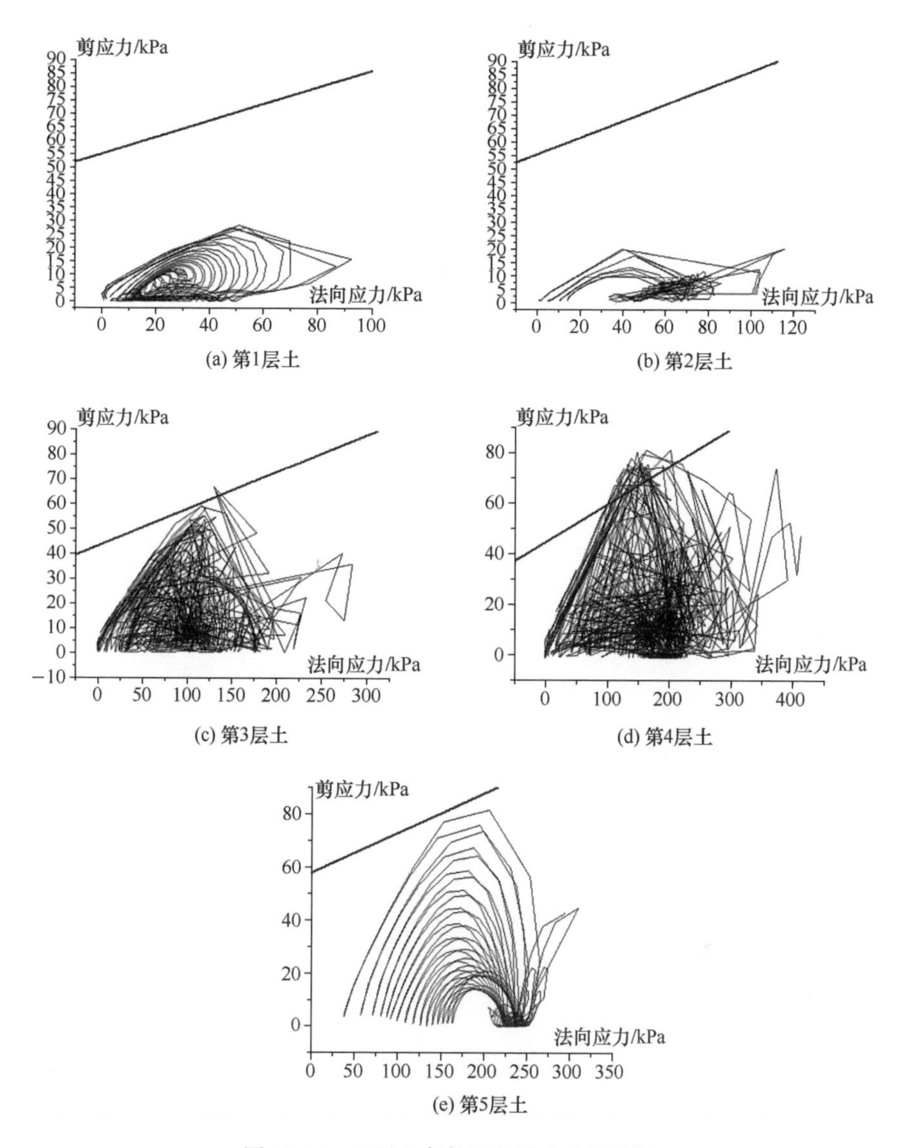

图 10-16　工况 3 条件下各层土破坏状况

5）由于城墙土本身并不承受任何建筑荷载，不会出现任何因为土体开裂或下沉而造成的建筑事故或隐患。

6）对于已经出现的土体开裂下沉问题，建议按常规方法处理并做好防水。

7）应加强城墙的日常保养、监控及修缮工作。

参考文献

[1] 王新生. 古城墙修缮技术及运用初探 [J]. 古建园林技术，2004（1）：20-22.

[2] 白丽娟，王景福. 北京故宫建筑基础 [G] //单士元，于倬云. 中国紫禁城学会论文集(第一辑). 北京：紫禁城出版社，1997.
[3] 陈希哲. 土力学地基基础 [M]. 北京：清华大学出版社，2005.
[4] 施楚贤，徐建，刘桂秋. 砌体结构设计与计算 [M]. 北京：中国建筑工业出版社，2003.
[5] 赵均海，杨松岩，俞茂宏，等. 西安东门城楼有限元动力分析 [J]. 西北建筑工程学院学报（自然科学版），1999，16 (4)：1-5.
[6] 沈治国. 砖石古塔的力学性能及鉴定与加固方法的研究 [D]. 西安：西安建筑科技大学，2005.
[7] 中国兵器工业勘察设计研究院. 故宫北侧城墙东段探井勘察报告 [R]. 北京，2008.
[8] 邓春燕. 砖土城门结构的安全性分析及加固技术研究 [D]. 南京：东南大学，2004.
[9] 李围. ANSYS土木工程应用实例 [M]. 北京：中国水利水电出版社，2007.

第十一章

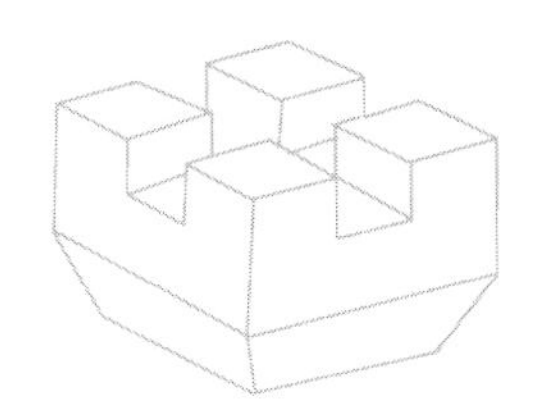

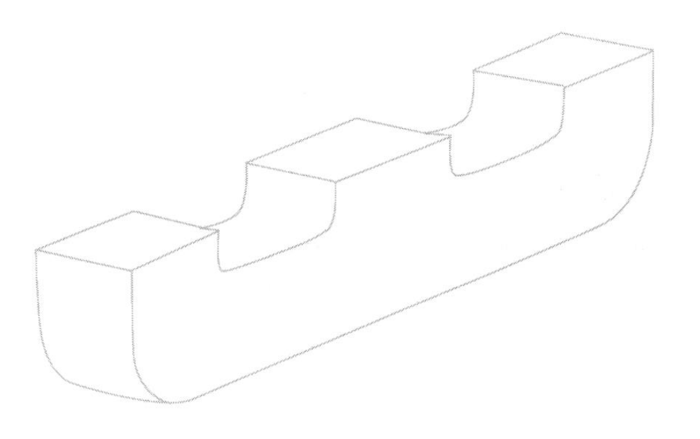

故宫古建筑基础的构造及抗震性能

故宫内有明清时期古建筑9000余间

是我国木构古建筑的典型代表

由于种种原因

对于与古建筑结构稳定性密切相关的

基础构造研究，相关成果很少

文中基于故宫部分古建筑基础

开挖情况及相关文献

对部分建筑（遗址）基础构造

及抗震性能进行分析

探讨其构造的合理性及承载能力

本章包括两部分内容：

1）故宫古建筑基础构造特征。选取故宫部分建筑遗址及古建筑基础，分析其构造组成、工艺特征，初步评价其承载能力。

2）采用数值模拟方法，以故宫太和殿为例，研究古建筑基座对上部结构抗震性能的影响。基于太和殿基座、浮搁柱底、榫卯连接、斗拱等构造特征，建立2种有限元模型，即不考虑/考虑基座。通过模态分析，研究基座对太和殿上部结构自振特性的影响；通过8度常遇地震作用下的谱分析，研究基座对太和殿上部结构内力、变形分布及峰值的影响；通过8度罕遇地震作用下的时程响应分析，研究基座对太和殿上部结构加速度和位移响应的影响。

第1节　故宫古建筑基础构造特征

故宫内有明清时期古建筑9000余间，是我国木构古建筑的典型代表，具有重要的文物和历史价值。这些古建筑具有与我国木结构古建筑相近的构造特征[1]。从力学角度而言，掌握这些古建筑的安全性和结构稳定性，是对其开展保护的重要前提，部分学者亦开展了故宫古建筑力学性能研究[2-3]。然而，由于种种原因，对于与古建筑结构稳定性能密切相关的基础构造研究，相关成果很少。白丽娟等[4-6]和石志敏[7]采用调查分析方法，分别对故宫东华门区、皇极殿区、景运门外区、十八槐区、内务府及造办处区、保和殿东庑、坤宁宫两侧等位置的基础分层构造特征进行了研究，并初步分析了故宫工程及水文地质情况，获得了故宫古建筑基础构造做法及工程特性的宝贵资料。

为进一步探讨故宫古建筑基础构造特征，笔者基于故宫开展的地下消防管线检修、部分古建筑修缮施工的基础开挖情况，以及相关文献的分析结果，选择部分建筑（遗址）的基础进行构造分析，以获得故宫古建基础做法更为详尽的资料，探讨其构造的合理性及承载能力。

1·基础构造

1. 南三所外东城墙基础

南三所位于故宫外朝东路文华殿东北，为一组殿宇的总称。2014年施工人员进行消防管道检修时开挖了南三所外东城墙的基础［图11-1(a)］。通过发现的明代散水和被城墙包砖叠压土衬石，确认故宫东城墙墙体的原始露明部分开始于现代地面以下约0.9m深处。墙体基础与故宫内早期建筑的灰土与碎砖交替逐层夯筑的地下基础做法相同，厚约2.4m[8]。文献[4]提供了故宫城墙基础更为详尽的资料，认为城墙基础由自然地坪以下挖0.7～0.8m时为杂填土层，再往下则为27层黏土、碎石交错层，每层约为0.1m厚，之下则为柏木桩［图11-1(b)］，并认为使用木桩的主要原因是人工填土层下方土质较软，为避免城墙不均匀沉降而采用木桩。需要说明的是，根据我国古建筑基础施工特征[9]，竖桩之上应该有水平桩或承台相关的类似结构，但相关资料不多。

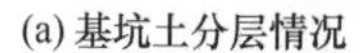

(a) 基坑土分层情况

(b) 文献[4]中的桩基础

图 11-1　南三所外东城墙基础

2. 咸安门西值房基础

咸安门西值房位于宝蕴楼西南侧，建于清乾隆时期，清末毁于火灾。故宫博物院考古研究所对西值房基础进行了勘查。取土尺寸为 0.4m×1.0m×2.1m（宽×长×深），取土位置南侧为原有墙基位置，见图 11-2。从获得的基础构造看，咸安门西值房的基础在上下向做法为素填土与杂填土交错分层，素填土分层厚约 0.18m，灰土厚约 0.1m。素填土颜色偏黄，密实而略有黏性。杂填土由碎砖、级配粒径约为 0.02m 的砂土组成，其中下部碎砖尺寸较小且均匀分布，直径约为 0.03m；上层碎砖大小不一，最大尺寸达 0.08m，观察发现曾受过扰动，而后又恢复。杂填土颜色为深灰，且夹杂白色，应是掺杂石灰所致。需要说明的是，从底部局部勘查孔洞的土层来看，现有勘查深度并非基础实际深度，实际深度应还向下延伸一定尺寸。该位置原有建筑为值房，属单层小式建筑，层高约 3m，墙体厚约 0.5m，墙体在地面以下深度约为 1m，下部再为分层基础。以上可反映故宫基础土的一般做法特征，即杂填土与素填土分层夯实。

(a) 土分层情况

(b) 南侧墙基

图 11-2　咸安门西值房基础

3. 南大库基础

南大库位于故宫西南角，早期曾是灯库、木库、武器库，现仅灯库留存。在南大库消防管道改线过程中，获得原有建筑柱基础及下部地基土情况，见图 11-3。柱础由上至下分层构造分别为柱顶石、磉墩（即支撑柱顶石的独立基础砌体[10]，此处含二层砖，平均层高 0.12m）、灰土与碎砖层分层交叉（厚约 0.8m，其中碎砖层厚约 0.05m，素填土厚约 0.15m）。柱顶石鼓镜厚约 0.10m，镜面直径约 0.55m，由此可判断柱础上柱子的直径约为 0.35m，属小式建筑做法[11]。鼓镜以下部分为立方体，平面尺寸为 0.7m×0.7m，深度约为 0.32m。图 11-3(c)中的虚线标记显示南大库分层土的厚度并不深，其底部距磉墩层的底皮尺寸为 1.0m。需要说明的是，此次发现的南大库建筑遗址磉墩层数很少，反映建筑规模及重要性均较低。

此外，调查发现南大库建筑遗址的其他位置大范围存在地基土分层情况，见图 11-3(d)，分析认为这是故宫基础的“满堂红”处理方法。文献[10]认为，古代重要宫殿建筑的基础常采用“满堂红”（又名“一块玉”）的开挖形式，即对建筑所在场地进行整体开挖，然后整体分层回填。这种基础既能防止基础本身不均匀沉降，又能把建筑与自然土壤有效地隔开，因此对建筑防潮十分有利。故宫古建筑普遍采用“满堂红”基础做法，而南大库基础则是挖掘出的“满堂红”基础

(a) 基坑开挖前的柱顶石

(b) 磉墩及分层土(柱顶石已挪)

(c) 磉墩下分层土底部

(d) 邻近土分层情况

图 11-3　南大库基础

之一。此外，从承载力角度分析来看，南大库为单檐小式建筑[11]，屋顶传至柱顶石底部的竖向荷载较小，不会造成分层土的局部过大变形。

4. 慈宁花园东遗址基础

慈宁花园东侧在明代为司礼监位置[12]，现仅存遗址。2014 年年底，故宫博物院考古研究所对建筑遗址进行了挖掘考古，笔者有幸看到了该处的基础构造，见图 11-4。其基础分层构造做法特点为：灰土层与碎砖层交替向下延伸（即一层灰土一层碎砖），灰土层和碎砖层各厚 0.1m，共分 18 层，合计 3.6m。最上面的碎砖层之上是 0.2m 厚的灰土层，再往上则为普通夯土地面。在最下层分层土之下为 0.16m 厚青石板一层，再往下分别为纵横向水平桩一层、竖桩（未见底）。以上可反映该位置基础构造较其他位置复杂，处理方法不仅包括换土分层回填，还包括使用青石板（类似现代桩基础的承台）、水平及竖桩。由于在考古发掘期间北京地区并没有降雨，而基坑却有水积存，因此可以推断竖桩往下穿过了地下井或渗水软土层，并支撑于坚硬土层上。故宫博物院考古研究所研究发现[8]，木桩用材有云杉、落叶松两种，桩现状完好；基础内的碎砖很可能源于明代，而碎砖间（灰浆）可能使用了黏结剂。根据我国古建瓦石营造工艺特点及相关研究成果[10,13]，该黏结剂很可能为强度大、韧性好、防渗性优越的糯米浆材料。

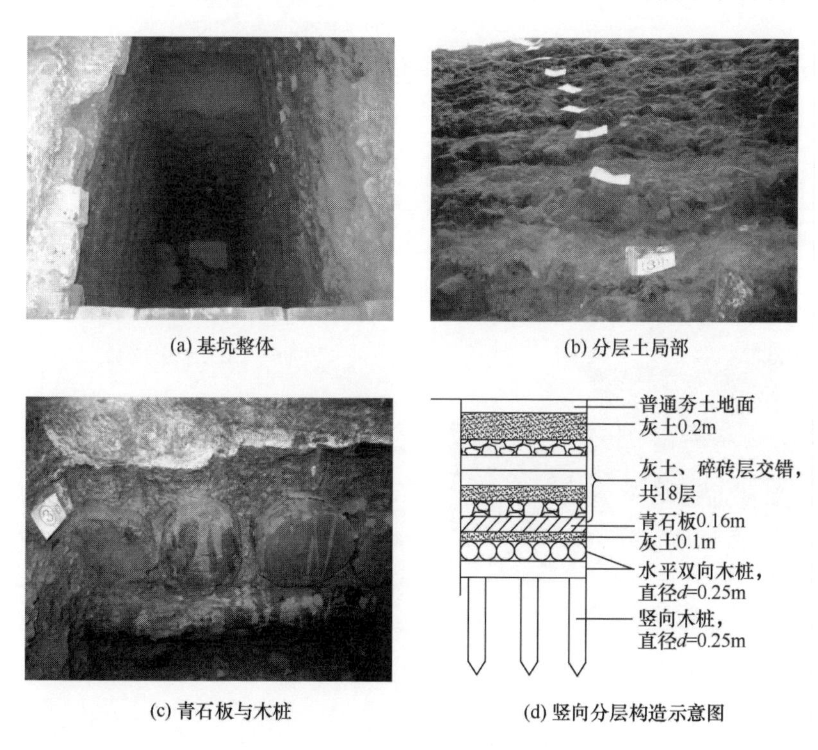

图 11-4　慈宁花园东遗址基础

文献[5]研究了位于慈宁花园北侧约 200m 位置的慈宁宫东侧的基础构造，其做法特点与慈宁花园东侧遗址基础相似。由此推断，故宫慈宁宫一区建筑群的基础可能大规模采取桩基做法。

5. 中和殿基础

1977 年故宫中和殿室内西北角安装避雷针时，经钻探和地质勘查，获得其地基的分层构造，见图 11-5[14]。可以看出，中和殿地基至少做过如下三方面加固处理：①木桩层。对软弱土层采用木桩加固，通过桩基将持力层选择在坚硬的土层上，可避免上部结构在地震作用下产生不均匀下沉问题。②横木层。横木层一般采用圆形横木，制成木筏形式，作为桩承台。地震作用下，水平横木层可产生滑动并增大上部结构运动周期，从而减轻结构破坏。③灰土分层。将基础下原有的松软层挖出，换填无侵蚀性、低压缩性的灰土材料，分层夯实，作为基础。灰土层具有一定的柔性，不仅增强了基础灰土的粘结力，而且可产生滑移减震效果。

由于故宫中和殿与太和殿、保和殿均坐落于高达 8.12m 的高台基之上，因而上述中和殿地基的分层构造可反映故宫三大殿高台基内部的分层构造。

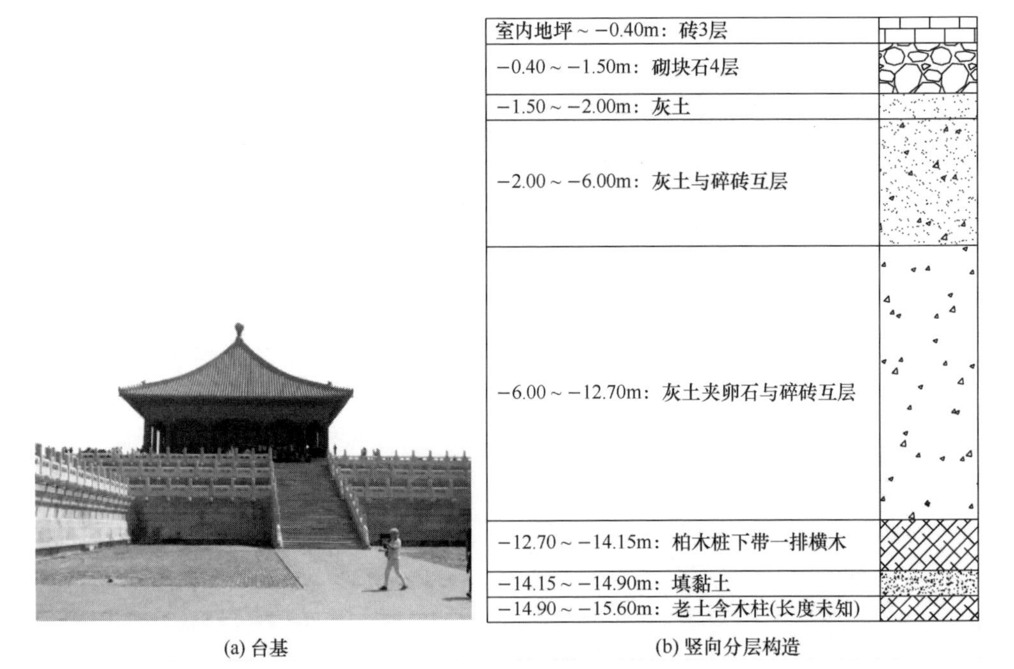

(a) 台基　　(b) 竖向分层构造

图 11-5　中和殿地基土分层

关于木构古建高台基础对结构整体抗震性能的影响，文献［15］由对西安东门城楼地震响应分析结果，认为台基的特征周期比较短，这样就与上部木结构建筑较长的振动周期拉开了距离，且台基可改变传入上部激励波的频谱特性，有利于减小上部木结构的地震响应。因此，故宫三殿高台地基同样可对其上部结构的地震响应起一定衰减作用，有利于保持上部结构的稳定。

6. 造办处南侧遗址基础

造办处位于紫禁城西侧中路，建于康熙十九年（1680年），是专为宫廷制作各种工艺品之所，辛亥革命后库房坍塌[16]。2015年4月施工人员在造办处南侧建筑遗址上进行消防管线检修时，挖出建筑旁边的基础，见图11-6。图中显示的消防沟深度约为2.2m，上面是厚0.8m的杂填土，接下来是灰土层（每层厚约0.12m）与碎砖层（每层厚约0.1m）交错分布，共露出7层。其中，碎砖尺寸大小不均，颗粒最大尺寸可达0.07m。消防管沟的端部为消防井，至少有4m深。从消防井周边的土层来看，人工处理的灰土与碎砖层由地面向下延伸到2.7m左右时，下部为原状土层，即未受扰动的土层，如图11-6(b)中虚线框所示。由此可认为，该位置建筑物进行人工地基处理的分层土厚度应该是地面以下2.7m。

(a) 消防管沟位置

(b) 消防井位置

图11-6　造办处南侧遗址基础

7. 南十三排房南侧基坑

故宫南十三排房位于故宫东城墙内侧，南北朝向，含13排房，均建于乾隆年间。南十三排房南侧为部分空地和树林。2015年4月施工人员对故宫南十三排南侧约200m长的路面进行开挖，深度约为2.2m，宽度约为1.5m，以进行消防管线检修。期间，施工人员发现了明代排水沟［图11-7(a)］，沟两边各砌筑了7层砖，约0.9m高，上皮则有一块0.1m厚的青石板覆盖，之上再为0.8m厚的杂填土。从土质来看，排水沟附近均为杂填土，且无分层现象。由基坑其他位置来看［图11-7(b)］，开挖的大部分位置为无序的杂填土，少部分为未受过扰动的原状土。这说明了紫禁城的基础并非“一块玉”的整体做法，而应该特指紫禁城的建筑基础为整体人工处理基础，且对于不同的建筑基础，人工处理方法不完全相同。

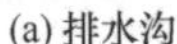

(a) 排水沟　　(b) 基坑侧壁

图 11-7　南十三排房南侧基坑

8. 十八槐遗址基础

十八槐位于故宫武英殿东侧的断虹桥一带［图 11-8(a)］，有元代种植的槐树 18 棵[17]。2015 年 4 月，施工人员进行消防管线检修时，开挖出部分建筑基础遗址（《乾隆京城全图》在该位置标注了一组规模不大的建筑）。开挖的管沟长约 100m，宽约 1.0m，深约 2.0m。从开挖的管沟来看，部分位置显示出了人工处理的基础，其做法与紫禁城其他位置类似，即碎砖层与夯土层交错，从地面开始，向下一直延伸到坑底，每层厚度约为 0.1m，见图 11-8(b)。夯土层呈黄白色，应含有白灰。碎砖层中的砖块尺寸大小不一，最大的边长可达 0.1m，最小的为粉末状，且状况保持完好，见图 11-8(c)。开挖的管沟深度未至人工填土的底层，因而无法确定人工基础的具体深度。但从开挖的长度来看，人工处理基础与原始土的边界一目了然，如图 11-8(d)中虚线所示。这说明十八槐区域仅部分位置进行了人工地基处理，且紫禁城基础处理并非整体“一块玉”做法。

9. 西河沿区域遗址基础

这里主要指位于故宫博物院西北侧的西河沿区域。据考古发现，该位置遗址规模简单，总体规格较低，且建筑基础在清朝道光年间被毁坏并彻底废弃[18]。故宫博物院在该区域规划文物保护综合业务用房工程，以腾退和保护以往被占用的文物古建筑。2013 年，对该区域进行了勘查，获得了该位置的地下分层典型构造，见图 11-9[19]。勘查结果表明：该区域人工填土层厚度不一，相对地面而言，最深处达 5.9m，最浅处仅 1.7m。填土层主要包括含建筑垃圾的杂填土、褐黄色的粉质素填土、碎砖填土等。填土层以下分别为粉土层、细砂层、黏土层、粉砂层、卵石层等。近城墙位置有 0.8～1.5m 厚的青砖及石板台阶层，之下为人工填土。

(a) 施工区近照

(b) 人工填土层

(c) 碎砖层局部

(d) 人工土层与自然土层交界

图 11-8　十八槐遗址基础

(a) 基础所在位置

(b) 基坑开挖后

图 11-9　西河沿区域遗址基础

2·讨论

1. 关于故宫基础的构造特征

由上述古建（遗址）的分层构造组成不难发现，故宫古建基础的典型构造特征是每座建筑的基础均采用人工基础做法。在拟建的场地，首先将建筑基址开挖至一定深度，然后采用灰土与碎砖土分层回填。上述做法与宋《营造法式》的相关做法相似，而与清代夯土基础做法有一定差别，现说明如下。

宋《营造法式》卷三规定[9]："凡開基址，須相視地脈虛實。其深不過一丈，淺止於五尺或四尺，並用碎墫瓦石札等，每土三分内添碎墫瓦等一分。""凡開基址，須相視地脈虛實"，说明开挖基槽时应观察地基土的虚实，检查土的成分、松密程度、含水量多少，土质是否均匀，是否有河道等不利地形等。"其深不過一丈，淺止於五尺或四尺"规定了基础开挖的深度，即四尺（1.2m）至一丈（3.1m）。需要说明的是，华北地区的冰冻线为0.8m，因此《营造法式》中规定的基础最小深度满足冰冻线深度。此外，木结构自重轻，一般浅基础即可满足承载需求。唯有当地基土"虚"，土质不均或含水量大时，才采用深基础。"並用碎墫瓦石札等，每土三分内添碎墫瓦等一分"，说明了基础回填方式，即采用碎砖、黏土分层回填。该做法有利于提高基础的强度，避免因土质不均或强度不足造成基础不均匀沉降等问题。上述基础做法的规定与故宫古建基础的实际做法基本一致。

清《工程做法》卷四十七规定[20]："凡夯筑灰土，每步虚土七寸，夯实五寸。素土每步虚土一尺，夯实七寸"，即对于各项土作（含基础），其主要做法为人工灰土或素土分层回填。清代官式基础的夯筑分为小夯、大夯两种做法。夯土有灰土、素土之分，用于房屋基础、筑城、石桥基岸与陵墓土工，做法精糙繁简互有出入，大体规矩基本一致。

对于故宫内特别重要的或有软弱土层的基址，古人则考虑在人工填土层之下埋设木桩，如前所述的慈宁花园东侧基础、中和殿基础等。《营造法式》卷三规定[9]："凡開臨流岸口修築屋基之制，開深一丈八尺，廣随屋間數之廣。其外分作兩擺手，斜隨馬頭，布柴梢，令厚一丈五尺。每岸長五尺，錠樁一條，长一丈七尺，径五寸至六寸皆可用，梢上用膠土打築令實。"这说明沿河岸修建建筑时，基础均采取竖向桩与水平筏基（柴梢）。一般而言，河岸或深沟附近的建筑基础土质较软弱，为保证建筑基础稳定，采用水平筏基，为基础提供一个平整的承载平台，竖向则采用桩基，木桩穿透软弱土层，使基础的持力层位于坚硬土层上，以提高结构的稳定性，桩长可达1丈7尺（5.5m），直径一般为0.16～0.2m。故宫部分古建筑的基础处理方法与上述规定基本相同。

清《工程做法》也有关于桩基使用的规定。如卷五十五"土作用料"规定[20]："如用地钉（木桩），按地势硬软，用钉之径寸疏密，临期酌定"。卷六十九"土作用工"规定："下丁每长四尺，径四寸，十四根用硪夫一名。每长五尺，径四寸，十二根用硪夫一名……每长一丈三尺，径四寸，一根用硪夫一名。每丁八十根，用盘头砍尖木匠一工。"以上说明清代木桩长度可达一丈三尺（约4.2m），直径一般为0.13m左右，且桩头有削尖做法。由于《工程做法》中并未提及水平桩的使用，且故宫古建筑始建年代为明代，而后来的维修或改建工程中很少有关于基础施工的记载，因而可认为故宫古建筑的桩基属明代，构造特征与宋《营造法式》的相关规定类似。

2. 关于故宫基础为“一块玉”的说法

民间有故宫（紫禁城）地下为“一块玉”的说法，认为故宫古建筑的基础是一个整体，整个故宫区域的建筑基础做法相同。实际上，由上述古建筑（遗址）基础的勘查结果不难发现，故宫并非所有区域都做了地下处理，地下处理仅用于建造建筑的地方。古建筑基础中即使采用人工处理的方法，人工分层夯土的总厚度也并非完全相同，部分重要建筑或地质条件较差位置的建筑还采用了石板和木桩。但对于故宫中的每一座建筑而言，其基础均做过处理，可认为是“一块玉”做法。也就是说，“一块玉”的基础做法是指故宫内各个古建筑的基础，而不是指整个故宫区域。

3. 关于故宫古建基础土的成分

故宫古建基础中是否含有糯米成分？日本学者武田寿一的著作中有这样一段关于故宫古建筑基础成分的描述[21]：“1975年开始的三年中，在建造设备管道工程时，以紫禁城中心向下5～6m的地方挖出一种稍粘有气味的物质。研究结果表明似乎是‘煮过的糯米和石灰的混合物’。主要的建筑全部在白色大理石的高台上建造，其下部则为柔软的有阻尼的糯米层。”文献[22]指出，古建基础中有灌江米汁（糯米浆）的做法。这是将煮好的糯米汁掺上水和白矾以后，泼洒在打好的灰土上。江米和白矾的用量为：每平方丈（10.24m^2）用江米225克，白矾18.75克。而清代官方对小夯灰土的做法有这样的描述[23]：“第二步须在此步上趁湿打流星拐眼一次，泼江米汁（糯米汁）一层。水先七成为好，掺江米汁，再洒水三成，为之催江米汁下行，再上虚，为之第二步土，其打法同前。”此外，文献[13]对西安明代城墙灰浆进行了试验，证明了其中含有糯米成分。尽管西安城墙与故宫古建筑基础无直接联系，但其施工工艺均为古建传统做法。以上充分说明故宫古建基础中含有糯米成分是可信的。

关于故宫古建基础的灰土成分，文献[20]认为：《工程做法》中的灰土主要由石灰和黄土掺和而成（或称三合土）。材料配比每种做法各有定额比例，石灰以斤计，黄土论方（每方虚黄土见方1丈，高2.5尺；1丈＝10尺，1尺＝0.32m）。按定额灰斤土方数字大致按体积比试算，小夯灰土的石灰与土各占约半数，或灰与土约四六比，或灰与灰土约二八比；大夯灰土约为一九比，大夯素土实际也并不纯用黄土，掺有少量石灰，约5％。在这里，小夯和大夯是清代夯筑的两种做法，后者夯头直径大、工序多。由于故宫古建基础做法为明、清官式做法，基础中的灰土成分主要为不同比例的石灰与黄土。

4. 关于柱底与柱顶石分离

以上内容均为故宫古建筑基础的地下构造。对于故宫古建筑基础顶部，其构

图 11-10 太和殿柱底与柱顶石

造特征普遍表现为柱顶石与柱底分离，即柱根不落入地下，而是浮搁在表面平整的柱顶石上。图 11-10 为太和殿前檐柱柱底及柱顶石。易知：柱顶石露明不但可以保护柱根的木材不腐朽，更重要的是可将上部结构和下部基础断离开来，使柱根不传递弯矩，只能靠摩擦传递部分剪力和竖向力，这就限制了结构中可能出现的最大内力。该浮放形式有利于结构减震，主要机理是：地震作用下，柱底产生滑移，且与柱顶石之间有摩擦作用，并通过摩擦耗散部分地震能量。

下面以太和殿柱底与柱顶石为例，分析故宫古建基础的上述构造对结构整体抗震性能的影响。

若把太和殿看成单质点刚体，则在地震作用下太和殿柱根不发生滑移的条件为

$$F_{\mathrm{EK}} \leqslant F = \mu(mg + F_{\mathrm{VK}}) \tag{11-1}$$

式中，F_{EK}、F_{VK}表示水平和竖向地震力；μ 为柱底与柱顶石之间的滑动摩擦系数，可取 $\mu=0.4$[24]。

按照现代建筑抗震设计规范，单质点水平地震力可按下式计算：

$$F_{\mathrm{EK}} = \alpha_1 G_{\mathrm{eq}}，F_{\mathrm{VK}} = \alpha_2 G_{\mathrm{eq}} \tag{11-2}$$

式中，α_1 和 α_2 分别为水平地震影响系数和垂直地震影响系数，当按 9 度常遇地震考虑时 $\alpha_1=0.32$，$\alpha_2=0.2$；G_{eq} 为等效重力荷载，取值为上部结构自身重量。

将式（11-2）代入式（11-1），解得式（11-1）左边值为 $0.32G_{\mathrm{eq}}$，右边值为 $0.48G_{\mathrm{eq}}$，即太和殿柱底平摆浮搁满足 9 度常遇地震作用下结构抗滑移要求。图 11-10中檐柱柱底直径为 $D=0.78\mathrm{m}$，而柱顶石鼓镜平面的直径为 $D_1=1.02\mathrm{m}$，地震作用下，即使柱根在鼓镜平面内产生滑动，也有 0.12m 的滑移范围。

5. 关于柱顶石高宽比

由于柱子直立在柱顶石上面，因而柱顶石可看作一种石基础。从外形来看，故宫古建筑柱顶石为下部方形、上部作类似阶梯形收缩形式，见图 11-11。《营造法式》卷三规定[9]，“造柱础之制：其方倍柱之径。方一尺四寸以下者，每方一尺，厚八寸；方三尺以上者，厚减方之半；方四尺以上者，以厚三尺为率。若造覆盆，铺地联华同，每方一尺，覆盆高一寸；每覆盆高一寸，盆唇厚一分。如仰覆莲华，其高加覆盆一倍。如素平及覆盆用减地平鈒、压地隐起华、剔地起突；亦有施地平鈒及压地隐起莲华瓣上者，谓之‘宝装莲华’”。假设柱径为 d，柱顶

石高 h，柱顶石台阶宽度为 b，则通过上述内容描述可获得柱顶石各部位尺寸，见图 11-11(a)，对括号内数字取均不利值，求得 $b/h \approx 0.42$。

清《工程做法》卷四十二也规定[20]：“凡柱顶以柱径加倍定尺寸，如柱径七寸，得柱顶石见方一尺四寸。以见方尺寸折半定厚，得厚七寸，上落古镜，按本身见方尺寸内每尺得六寸五分，为古镜圆的直径。古镜高按见方尺寸，每尺做高一寸五分。”仍采取以上 d、h、b 假设值，则通过上述内容描述，可获得柱顶石各部位尺寸，见图 11-11(b)，求得 $b/h=0.38$。

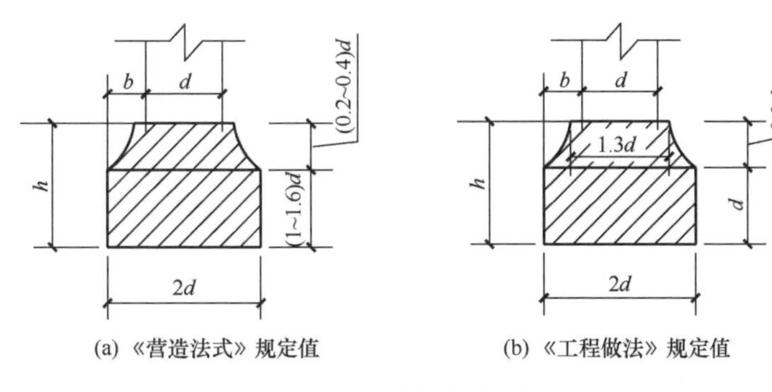

图 11-11 柱顶石尺寸

《建筑地基基础设计规范》(GB 50007—2011) 第 8.1.1 条规定[25]：“毛石基础台阶宽高比 b/h 的允许值不得超过 1∶1.25～1∶1.5 (0.67～0.8)。”上述柱顶石的相关尺寸均在此范围内。由此可以认为，故宫古建筑柱顶石宽高比的尺寸规定有利于避免刚性基础的冲切破坏。

6. 关于故宫古建地基承载力

从故宫古建基础构造来讲，自柱顶石以下其做法包括磉墩和拦土（磉墩之间砌筑的墙体）部分，见图 11-12，基础类型则类似于现代条形基础[10]，之下再为人工处理后的分层填土层。文献[7]基于现场勘查及实验室分析，认为故宫地层土质属永定河冲积扇中部沉积的黏性土-砂-卵石交互的地层，自磉墩和拦土以下主要包括人工填土层、黏质与砂质粉土层、粉细砂层、卵石层、粉质黏土与黏土层、中细砂层、卵石层，除人工夯土层中的房渣土层外，均可作为建筑物的天然地基，且故宫人工填土层的物理力学参数可取值为压缩模量 $E=$

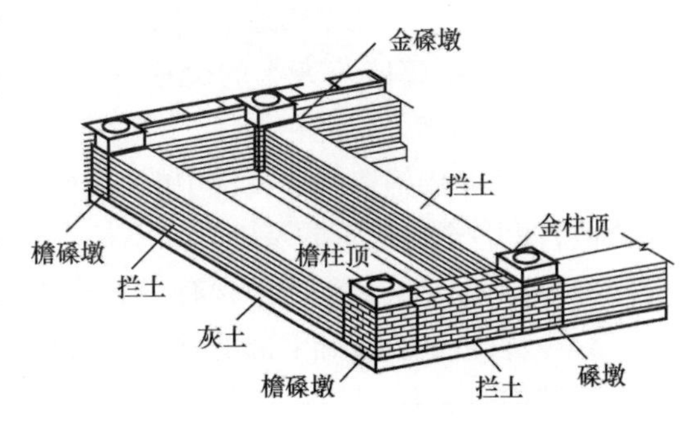

图 11-12 磉墩和拦土示意图

7.6MPa，泊松比 $\mu=0.3$，容重 $\gamma=19.8\text{kN/m}^3$。

下面以故宫英华殿为例分析故宫古建地基破坏形式及承载能力。文献[26]提供了英华殿的有限元模型，依此可计算出重力荷载作用下每根柱柱底受到的平均竖向静荷载为77 320kN。英华殿的基础构造情况未知，但由于故宫古建筑基础分层构造做法相似，可参考文献[27]提供的北上门中柱基础构造尺寸，取宽 $B=1.5\text{m}$，埋深 $D=1.2\text{m}$，则英华殿柱底传到基底持力层的荷载近似值为 $P=51.55\text{kPa}$（考虑沿长度方向 1m 的荷载量）。土的力学参数由已有成果保守取值为[28-29]内摩擦角 $\varphi=16°$，黏聚力 $c=20\text{kPa}$。

英华殿地基刚度指标 I_r、临界刚度指标 $I_{r(cr)}$ 计算公式分别为[30]

$$I_r=\frac{E}{2(1+\mu)(c+\gamma D\tan\varphi)} \tag{11-3}$$

$$I_{r(cr)}=\frac{1}{2}\exp\left[\left(3.3-0.45\frac{B}{L}\right)c\tan\left(45°-\frac{\varphi}{2}\right)\right] \tag{11-4}$$

考虑条形基础，取 $B/L=0$，解式（11-3）、式（11-4）得 $I_r=109>I_{r(cr)}=39.9$，即地基产生的可能破坏形式为整体剪切破坏。

英华殿地基土承载力 P_u 可按普朗德尔-瑞思纳公式计算[30]：

$$P_u=\gamma D\tan^2\left(45°+\frac{\varphi}{2}\right)e^{\pi\tan\varphi}+c\tan\varphi\cdot\left[\tan^2\left(45°+\frac{\varphi}{2}\right)e^{\pi\tan\varphi}-1\right] \tag{11-5}$$

将已知数据代入式（11-5），解得 $P_u=335.3\text{kPa}>P$，即英华殿地基承载力满足要求。另文献[27]求得故宫北上门中柱地基承受的竖向荷载为 187kPa，若考虑 φ、c 取值与英华殿相似，同样可得该位置地基承载力满足要求。因此，可以认为故宫古建人工填土层的深度和持力层的选择是合理的。

3·结论

本节基于对故宫内开挖的部分古建筑、消防管沟的地基土层的构造分析了故宫古建筑基础的构造特征及承载力情况，得出以下结论：

1）故宫古建筑基础构造的特征主要表现为每座古建筑的基础均采用人工处理的方法，包括碎砖与夯土的交错分层、水平与竖向木桩的使用，做法与宋代《营造法式》的相关规定相似。

2）故宫基础构造并非传说中的“一块玉”整体基础，“一块玉”的基础做法是指故宫内各个古建筑的基础，而不是指整个故宫区域。

3）故宫古建筑地基土中含有“糯米浆”的成分是可信的。

4）故宫古建筑基础上部的柱顶石与柱底分离、柱顶石高宽比尺寸的规定均有利于结构的受力。

5）从竖向承载力角度来看，故宫古建人工填土层深度和持力层的选择是合理的。

第2节　基座对古建筑抗震性能影响分析——以太和殿为例

1・引言

太和殿俗称金銮殿，位于故宫南北中轴线前朝位置，是明清皇帝举行重大仪式的场所。该建筑始建于明永乐十八年（1420年），明嘉靖四十一年（1562年）改称皇极殿，清顺治二年（1645年）改称太和殿。太和殿在历史上曾遭多次火灾并经多次重建，现存建筑属清康熙三十四年（1695年）建筑形制。建筑含房屋55间（按4柱1间计算），平面柱网尺寸为60.01m×33.33m，由72根柱子组成，其檐柱柱径为0.78m，金柱柱径为1.06m，且檐柱普遍收分14/1000柱高，外檐柱均有5/1000柱高的侧角。建筑室外地坪至屋顶两端正吻上皮高度为37.44m。斗拱由上檐斗拱和下檐斗拱组成，斗口尺寸0.09m。下檐斗拱为单翘重昂七踩溜金做法，拱高0.875m；上檐为单翘三昂九踩做法，拱高1.05m。纵向构件主要包括大小额枋、天花枋、承椽枋、脊桁、金桁、檐桁、挑檐桁、垫板等。横向梁架则由七架梁及随梁、五架梁、三架梁、瓜柱、柁墩等构件组成，其中梁截面高宽比约为1.2。墙体位于山面及后檐部位，采用低标号灰浆及砖石砌筑而成，厚1.45m，仅起维护作用。太和殿屋顶为重檐庑殿形式，属于中国木构古建筑屋顶的最高等级做法。太和殿建筑现状见图11-13。

(a) 正立面

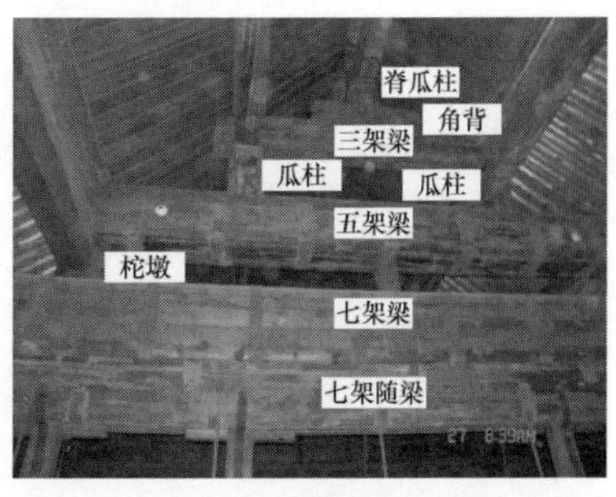

(b) 明间梁架

图11-13　太和殿现状

作为故宫内最重要的建筑，太和殿立于基座之上，而基座则由普通台基（亦称台明）和须弥座高台组合而成，见图11-14。

太和殿台基部分位于其结构下方，直接支撑结构整体，见图11-14(a)。经实测，台基总长64.00m，总宽37.21m，露明高度0.96m。露明高度与太和殿檐柱通高（8.43m）相比，所占比例较小，应该是考虑到了建筑群体的组合关系。台基之下为土台，其边界用石质须弥座周圈砌筑封闭。这种做法多用于宫殿建筑，极其重要的宫殿建筑甚至做成三层高台，简称“三台”，以衬托建筑物的雄伟。

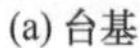

(a) 台基

(b) 高台

图 11-14　太和殿基座

太和殿基座的须弥座高台即为三台做法，见图 11-14(b)。每层须弥座由上至下包括圭角、下枋、下枭、束腰、上枭、上枋六部分。须弥座各层的名称虽然不同，但在制作加工时却可以由同一块石料凿出，称为“联办”或“联做”[10]。太和殿三台平面尺寸为 131.40m×107.64m（长×宽），见图 11-15。三台由上至下各分层高度为：第一层 2.59m，第二层 1.88m，第三层 3.66m。

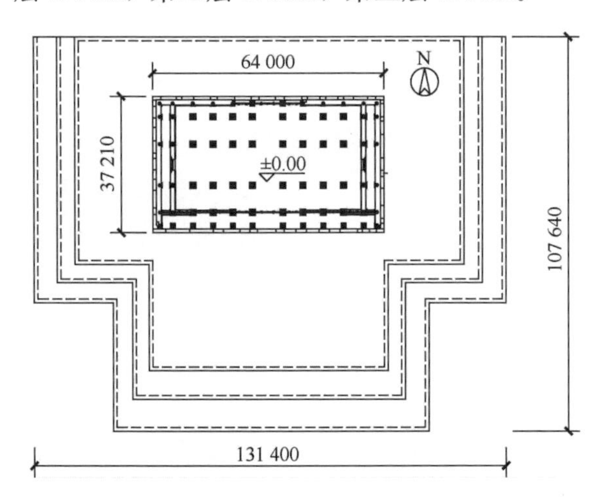

图 11-15　太和殿及基座平面图（单位：mm）

地震作用下，古建筑保持安全和稳定是对其进行有效保护的根本前提。尽管木构古建自身具有一定抗震性能，但其下部的基座对其抗震性能的影响不可忽视。部分学者研究了地震作用下木构古建基础与上部结构之间的影响关系。如孟昭博等[31]采用振型分解方法研究了西安钟楼上部木结构-台基-地基的地震响应，认为考虑相互作用的木结构 2 层相对位移反应增大了 2.12 倍，台基相对于地面间的相对位移增大了 44%。李志强[32]以西安东门城楼为研究对象，采取数值模拟方法，研究了考虑土-结构相互作用时上部结构的地震反应，认为其响应要大于刚性地基假定时结构的地震反应。赵鸿铁等[33]分别建立了西安鼓楼的高台基、上部木结构、整体结构的三维有限元模型，讨论了不同模型的振型和地震响应特征，认为高台基对上部木结构的高阶频率影响较大，并使上部结构的地震响应放大。汤永净等[34]采取动三轴试验方法，对两类软硬不同古建筑群地基土体施加多遇地震作用，发现软土的振陷主要发生在振动后的再固结过程中，而硬土在类似小幅多次振动下抗震性能较好。

就研究现状而言，考虑普通台基及三台做法的基座形式对木构古建抗震性能的研究成果仍非常少。北京处于8度抗震设防区，地震巨大的破坏性及不可预见性使得对古建筑采取及时有效的抗震保护措施极其必要[35]。对于太和殿而言，其基座的特殊性及建筑本身的重要性使得开展相关研究对于太和殿建筑的保护更具重要意义。本节以太和殿为研究对象，采用数值模拟手段，研究基座对太和殿上部结构抗震性能的影响，基于分析结果提出可行性建议，为太和殿及其他古建筑的保护和维修提供理论参考。

2・有限元模型

1. 基座部分

（1）基座构造特点

1）对于太和殿台基部分，其内部构造特征可由《太和殿纪事》推断获得。《太和殿纪事》是工部营缮清吏司郎中江藻编著的一本书，该书共分十卷，全面详细地记载了康熙三十四年重建太和殿工程的始末[36-37]。《太和殿纪事》所述太和殿工程实施情节中，台基部分是利用明代旧基础，经过拆刨清理后又重新码砌的。其中，“旧泥土渣五尺（1.6m）”是台基连埋深的通高尺寸，含地坪以上露明三尺（0.96m，属台基部分）及地皮下埋深二尺（0.64m，属须弥座部分）。殿座本身没有灰土垫层记录。其他记录包括檐金柱下砖砌磉墩（即柱独立基础），周围砌拦土（即独立柱础之间的条形基础）；前檐、金柱掐档（即砌筑条形基础）；周围台基随石背后砖，其余使用京窑稍早一般的新样城砖，室内地面使用金砖铺满等。另外，太和殿的填厢（即用糙砖将磉墩与拦土之间的空当填满）、背里（即砌筑台基石后面部分）工程一律改用糙砌城砖的办法满砌满填，这种特殊的处理异常少见。仅此一项，使用城砖169 774块，占全部砖工用砖数的一半。由以上描述可知，太和殿室内地坪及以下1.6m基座部分均为砖砌“满堂红”基础。上述台基主要部分的名称见图11-12。

2）对于台基下部的三台土，其构造除包括夯土和碎砖层外还包括卵石层，即在地面灰土下，土的分层包括黄黏土层—碎砖层—黄黏土层—卵石层—黄黏土层—碎砖层—黄黏土层—卵石层[27]。这种由常规做法的黏土—碎砖层改为黏土—碎砖层与黏土—卵石层交替使用的做法，主要原因可能是卵石层的颗粒级配要优于碎砖层，但卵石数量有限，因而卵石层较少。文献[27]给出了太和殿三台基础的上部分层局部图示，见图 11-16(a)，其中圆圈内部分为卵石层。

由于基础异常重要，古人进行基础施工时有较严格的要求。宋《营造法式》卷三“築基”部分规定[9]：“筑基之制，每方一尺，用土二担；隔层用碎砖瓦及石札等，亦二担。每次布土厚五寸，先打六杵，次打四杵，次打两杵。以上并各打平土头，然后碎用杵辗蹑令平；再攅杵扇扑，重细辗蹑。每布土厚五寸，筑实厚三寸。每布碎砖瓦及石札等厚三寸，筑实厚一寸五分。”这说明进行地基土施工时，要求碎砖与夯土分层回填，各层土平整密实，以满足上部结构承载力要求。从故宫内开挖的部分古建筑基础来看，其构造做法与《营造法式》的规定基本一致[9]。如图 11-16(b)为故宫慈宁花园东建筑遗址基础分层构造，可近似反映故宫古建筑基础的做法。但从施工工艺角度而言，太和殿各分层土（石）的分层回填及夯实做法与故宫内其他古建筑应相差不大。

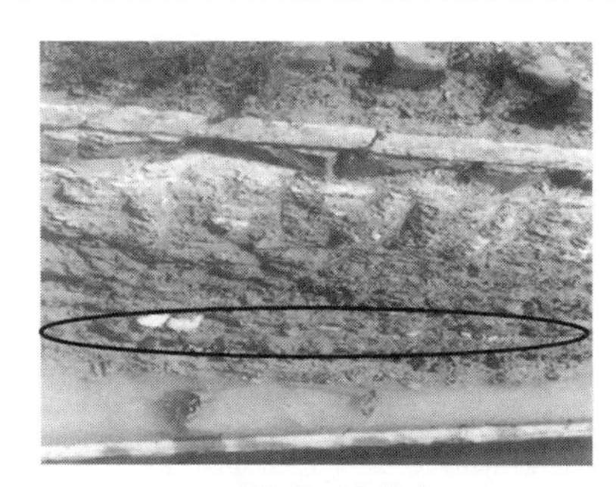
(a) 太和殿三台基础

(b) 慈宁花园东遗址基础

图 11-16　故宫古建筑基础构造对比

（2）基座模拟方法

1）砌体模型参数。太和殿基座砌体包括两部分：①台基部分，为满砌满填城砖砌体，尺寸为 64.00m×37.21m×0.96m（长×宽×高）。②须弥座部分，沿每层土台边缘周圈布置，具有类似于挡土墙的功能。须弥座材料类型为汉白玉[36]，有部分风化，但整体保持较好。为简化分析，假设其截面形状为矩形，高同每层土台高度，厚度按 0.85m 考虑。

建模时，砌体材料的应力-应变本构模型可表示为[38]

$$\frac{\sigma_c}{f_{cm}}=\begin{cases}\dfrac{\dfrac{E_0}{E_{c1}}\dfrac{\varepsilon_c}{\varepsilon_{c1}}-\left(\dfrac{\varepsilon_c}{\varepsilon_{c1}}\right)^2}{1+\left(\dfrac{E_0}{E_{c1}}-2\right)\dfrac{\varepsilon_c}{\varepsilon_{c1}}}, & 0\leqslant\varepsilon_c<\varepsilon_{c1}\\ 1-\dfrac{0.8(\varepsilon_c-\varepsilon_{c1})}{1.5\varepsilon_{c1}}, & \varepsilon_{c1}\leqslant\varepsilon_c\leqslant 2.5\varepsilon_{c1}\\ 0, & 2.5\varepsilon_{c1}<\varepsilon_c\end{cases}\tag{11-6}$$

式中，σ_c、ε_c为砌体的压应力和压应变；f_{cm}为砌体的抗压强度，基于文献[39]的研究成果，偏保守地取 $f_{cm}=1.0$MPa；E_0、E_{cl}为砌体的初始抗压弹性模量及峰值弹性模量，$E_0=E_b$，$E_{cl}=f_{cm}/\varepsilon_{cl}$；$\varepsilon_{cl}$为峰值应变，$\varepsilon_{cl}=0.003$。另 $\varepsilon_c=0.0075$ 时，可认为砌体完全被压碎，砌体材料退出工作。

$$\sigma_t=\begin{cases}E_{0t}\varepsilon_t & ,0\leqslant\varepsilon_t<\varepsilon_{tk}\\ \dfrac{6\varepsilon_{tk}-\varepsilon_t}{5\varepsilon_{tk}}f_t & ,\varepsilon_{tk}\leqslant\varepsilon_t<6\varepsilon_{tk}\\ 0 & ,6\varepsilon_{tk}\leqslant\varepsilon_t\end{cases}\tag{11-7}$$

式中，σ_t、ε_t为砌体的拉应力和拉应变；f_t为砌体抗拉强度，基于文献[12]的成果，偏保守地取 $f_t=0.04$MPa；$E_{0t}=E_b$，为砌体的初始抗拉弹性模量；ε_{tk}为砌体的峰值应变，$\varepsilon_{tk}=f_t/E_{0t}$。砖土之间接触摩擦系数按 $\mu=0.7$[40]计算。

采用 8 节点块体单元 SOLID65 单元模拟砌体材料，该单元每个节点有 3 个自由度（沿节点坐标系 x、y、z 方向上的平动），所建立的模型具有断裂、压碎、塑性变形等功能。砌体材料的其他主要输入参数包括密度 $\rho_b=20\text{kN/m}^3$，弹性模量 $E_b=420$MPa，泊松比 $\mu_b=0.1$。

2）土体模型参数。主要是指台基下的三台部分灰土。采用 ANSYS 程序中的 SOLID45 单元模拟土体，该单元为三维 8 节点结构实体单元，每个节点有三个自由度，即沿节点坐标系 x、y、z 向的平动位移，可用于模拟 3D 实体结构。此外，土体属于颗粒状材料，其应力-应变本构模型比较复杂。这种材料的主要特点是受压屈服强度远大于受拉屈服强度，且当土体材料处于受剪状态时，其颗粒会产生膨胀现象，常用的 Von Mises 屈服准则不适用。ANSYS 程序中的 Drucker-Prager（DP）屈服准则可较为准确地描述土体的屈服准则，其主要特点是[41]：

① DP 准则建立在 Von Mises 屈服准则上，在其基础上考虑平均主应力对土体抗剪强度的影响，亦是土体材料常用的 Mohr-Coulomb 准则的近似。

② DP 准则的材料本构模型采用理想弹塑性，可采用关联或非关联流动法则，其屈服面并不随着材料的逐渐屈服而改变，因而无强化准则，但是随着侧限压力增大而增加。

③ DP 准则条件下，材料的屈服考虑了土体由于屈服引起的体积膨胀，但不考虑温度变化的影响。

对于 DP 材料，其屈服准则可表示为[42]

$$3\beta\sigma_m+\left[\frac{1}{2}\{S\}^T[M]\{S\}\right]^{\frac{1}{2}}-\sigma_y=0\tag{11-8}$$

$$\beta=\frac{2\sin\varphi}{\sqrt{3}(3-\sin\varphi)}\tag{11-9}$$

$$\sigma_{y} = \frac{6c\cos\varphi}{\sqrt{3}(3-\sin\varphi)} \tag{11-10}$$

以上式中，β、σ_y表示土体材料常数及屈服强度，σ_m表示平均应力，$\{S\}$表示偏应力，$[M]$为常系数矩阵，φ表示土体材料的内摩擦角，c表示土体材料的黏聚力。

在运用ANSYS程序建立考虑土体参数（即考虑DP准则）的有限元模型时，还要输入土体的内摩擦角φ、黏聚力c、剪胀角φ'。其中，φ'用于确定土体流动法则类型。当$\varphi'=\varphi$时，考虑土体严重膨胀，此时采用关联流动法则；当$\varphi'<\varphi$或$\varphi'=0$时，考虑土体膨胀体积较小或者不发生膨胀，此时采用非关联流动法则。此外，ANSYS中的DP准则表现为六边形外角点的外接圆，而该六边形由Mohr-Coulomb准则在π平面形成。

由于条件所限，关于太和殿基座土力学参数的资料很少。文献[10]提出我国古建基础中含有“糯米汁”做法，但目前尚未有关于太和殿灰土基础中含有上述成分的实证，因而本文在确定太和殿灰土基础的力学参数时，从保守角度出发，不考虑土层的粘弹性作用。文献[43]采集并通过试验获得故宫城墙各分层填土的参数，其中粉质黏土夯填土层颜色为褐黄色，明显可见分层夯实填筑时夯锤的锤印，每分层夯后土层厚度为8～12cm，夯土密实，坚硬。由于太和殿基座与城墙的砌筑年代、施工材料及施工工艺相近，该层夯土参数可近似用于太和殿基座土，具体参数为：$c=57$kPa，$\varphi=21.3°$，$\varphi'=0$。建模时，土的其他参数取值如下。

灰土[19,43]：密度$\rho_s=19.02\text{kN/m}^3$，弹性模量$E_s=69.0$MPa，泊松比$\mu_s=0.347$。碎砖（卵石）[19,44]：密度$\rho_{s1}=23.40\text{kN/m}^3$，弹性模量$E_{s1}=2230$MPa，泊松比$\mu_{s1}=0.35$。

2. 上部结构

太和殿上部结构主要由木构架、瓦顶和维护墙体组成。其中，木构架主要包括梁、柱、斗拱、梁架。梁与柱采取榫卯节点形式连接，柱根浮放在柱顶石上。

采用有限元程序ANSYS模拟上述构件、节点的材料或力学特性。其中，采用BEAM189梁单元模拟梁、柱材料，COMBIN39弹簧单元模拟榫卯节点和斗拱弹性恢复作用，COMBIN40（阻尼＋弹簧）单元模拟柱根与柱顶石之间的相对摩擦滑移性能，SHELL181壳单元模拟墙体材料，MASS21质点单元模拟瓦顶质量附加于梁架。基于笔者的研究结果[3,45]，榫卯节点、斗拱及柱根-柱顶石的力学参数取值如下：

1）榫卯节点。其减震作用主要通过榫头与卯口在x、y、z向的相对转动产生。假设榫卯节点转动刚度值满足$K_{rotx}=K_{roty}=K_{rotz}=K_1$，且$K_1$与转角$\theta$满足

$K_1=3.602\text{kN}\cdot\text{m}$（$0\leqslant\theta\leqslant0.005\text{rad}$），$K_1=5.755\text{kN}\cdot\text{m}$（$0.005\text{rad}<\theta\leqslant0.070\text{rad}$），$K_1=1.781\text{kN}\cdot\text{m}$（$0.070\text{rad}<\theta\leqslant0.100\text{rad}$）。

2）斗拱。斗拱的减震作用主要通过构件间的挤压和咬合产生。其在 x、y、z 向的侧移刚度满足 $K_x=K_y=K_z=K_2$，且 K_2 与斗拱侧移值 Δ 之间满足 $K_2=1.0\times10^6\ \text{N/m}$（$0\leqslant\Delta\leqslant0.0045\text{m}$），$K_2=0.05\times10^6\ \text{N/m}$（$0.0045\text{m}<\Delta\leqslant0.0353\text{m}$）。

3）柱根-柱顶石。地震作用下，柱根与柱顶石之间的相对摩擦滑移可产生耗能减震作用。柱根产生滑移的起滑力 $P_0=2.01\times10^5\text{N}$，其与柱顶石之间的水平滑移刚度 K_3 与柱根位移 u 满足 $K_3=5.2\times10^4\ \text{N/m}$（$0\leqslant u\leqslant0.005\text{m}$），$K_3=0$（$0.005\text{m}<u\leqslant0.01\text{m}$）。

3. 边界条件

模型边界条件包括：基座底部考虑为固定约束；基座侧面，太和殿三台部分与其北侧的中和殿、保和殿的三台连为一体。建模时，太和殿三台北侧边界取其与中和殿之间正中位置的断面为侧面边界，其他三个侧面根据实际情况考虑为无约束状态。基于文献［46］提出的三维粘弹性边界法和人工边界条件，采用人工边界条件模拟三台北侧边界。在人工边界上施加连续的弹簧-粘性阻尼器系统，该系统一端固定，另一端与边界相连。其主要参数满足

法向 $$K=4G/R,\ C=\rho c_{\text{P}} \tag{11-11}$$

切向 $$K'=2G/R,\ C'=\rho c_{\text{S}} \tag{11-12}$$

以上式中，K、K'为法向、切向弹簧刚度；C、C'为法向、切向阻尼器阻尼；G 为介质剪切模量；R 为径向坐标，一般统一取坐标原点到人工边界面的最短距离；ρ 为介质密度；c_{P}、c_{S}为介质的 P 波、S 波波速。上述参数中，R 值由建模尺寸获得，其他参数依据文献[46]相关数据取值。

4. 有限元模型

此处主要分析基座对太和殿结构整体抗震性能的影响，考虑以下两种工况以便于对比：工况 1，不考虑基座，即太和殿有限元模型中略去基座部分，柱顶石底部改为固定约束；工况 2，考虑基座。基于前述各种假定，建立上述两种工况条件下的太和殿有限元模型，见图 11-17。模型中含梁单元 854 个，柱单元 2155 个，榫卯节点单元 120 个，墙体单元 1328 个，柱根-柱顶石弹簧单元 216 个，屋顶质点单元 2537 个，基座砌体单元 13 445 个，土体单元 39 878 个。

3·模态分析结果对比

模态分析属线性分析，模态是结构固有的振动特性，是指将结构解耦成多个正交的单自由度系统，即多个模态。各个模态均具有对应的频率、阻尼及振型。开展模态分析，有利于了解结构的自振特性及地震作用下的潜在破坏形式。基于

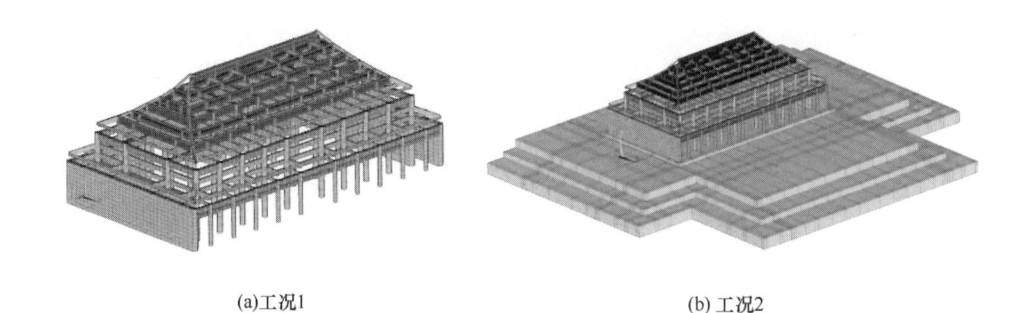

图 11-17　太和殿有限元模型

模态分析结果，获得两种工况条件下太和殿结构振动的前 10 阶模态，见表 11-1，其中 x 为横向，y 为竖向，z 为纵向。

表 11-1　振动分析结果对比

阶数	频率/Hz		x 向模态系数		z 向模态系数	
	工况 1	工况 2	工况 1	工况 2	工况 1	工况 2
1	0.90	0.70	0.23	0.01	1.00	1.00
2	1.58	0.82	1.00	1.00	0.03	0.01
3	2.04	1.17	0.05	0	0.38	0.09
4	2.39	1.44	0.05	0	0.19	0.39
5	2.73	1.71	0.07	0.47	0.03	0
6	3.06	1.73	0.04	0.01	0.01	0
7	3.24	1.80	0.00	0	0.02	0.26
8	3.45	2.11	0.02	0	0.05	0.02
9	3.75	2.88	0.02	0.02	0.05	0
10	3.85	3.46	0.06	0.16	0.04	0

注：工况 1、工况 2 在 y 向的模态系数为 0。

由表 11-1 可知，工况 1（不考虑基座）条件下，太和殿结构基频 $f_1=0.90$Hz；工况 2（考虑基座）条件下，太和殿结构整体的基频 $f_2=0.70$Hz，且结构的频率分布更为密集，其主要原因是地基土刚度较柔，且土非线性振动易导致结构基本周期增大[47]。

模态系数是指参与振型的有效模态质量与结构总质量之比，模态系数最大可反映结构参与该振型振动的比例最高[48]。表 11-1 中模态系数的主要特点是：

1）工况 1 和工况 2 的主振型相同，见图 11-18。第 1 主振型均表现为 z 向的平动，第 2 主振型均表现为 x 向平动，且各振型在 y 向的模态系数均为 0，即在 y 向不参与振动。这一方面反映太和殿结构布局可避免地震作用下产生竖向振动，另一方面考虑基座后太和殿结构的主振型不会产生明显改变。

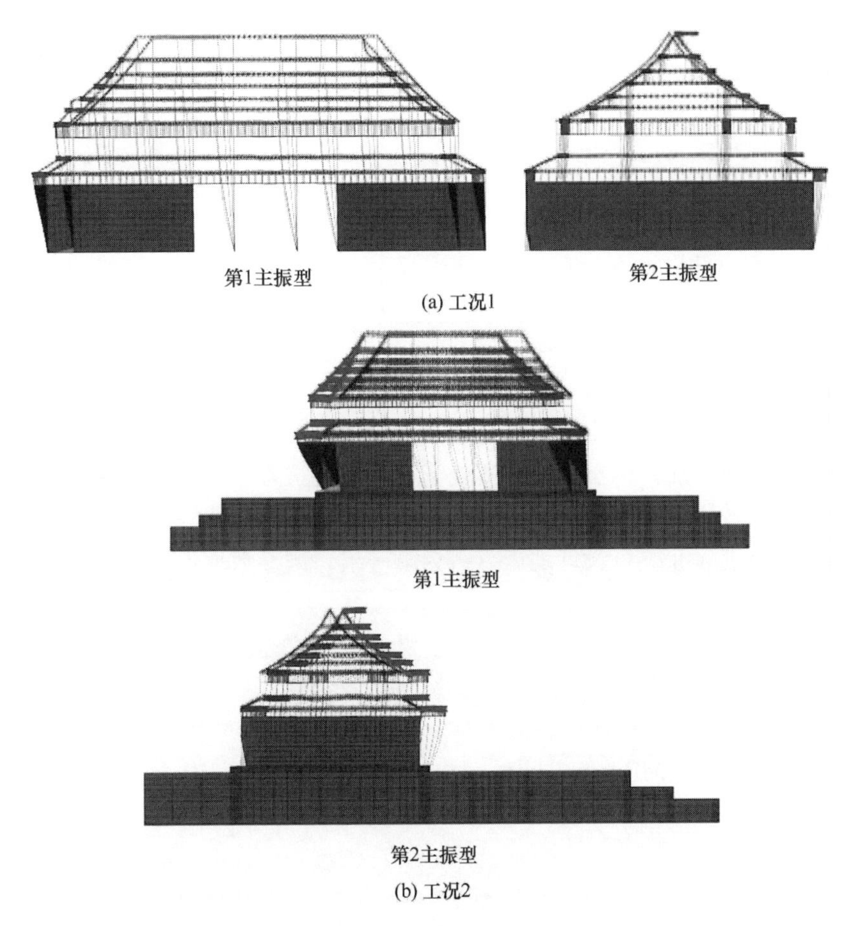

图 11-18　太和殿主振型图

2）工况 1 和工况 2 主振型参与比例不同。与工况 1 相比，工况 2 条件下结构的平动表现更明显，其在第 1 主振型中 x 向振型参与比例及第 2 主振型中 z 向参与比例更小，反映基座对上部结构的稳定振动有一定促进作用。

表 11-2 为不同工况条件下太和殿各模态的振动表现形式对比。易知除主振型外，两种工况条件下的各振动表现形式并不相同，这反映基座对太和殿结构的振动形式有一定影响，其主要原因是土台的存在改变了结构整体的自振特性。

表 11-2　各模态振动形式对比

振型阶数	振动形式	
	工况 1	工况 2
1	z 向整体平动	z 向整体平动
2	x 向整体平动	x 向整体平动
3	前后木构架沿 x 向局部平动	前后木构架绕 y 轴局部扭转
4	东山面木构架沿 z 向局部平动	结构整体绕 y 轴扭转
5	前后屋架沿 x 向局部平动	前后木构架沿 x 向局部平动
6	前后屋架绕 y 轴局部扭转	东、西端木构架沿 z 向局部平动（正向）
7	东段木构架沿 z 向局部平动	东、西端木构架沿 z 向局部平动（反向）
8	东山面木构架绕 y 轴局部扭转	前后木构架绕 y 轴局部扭转
9	后部木构架绕 y 轴局部扭转	正脊部位木构架沿 x 向局部平动
10	东山面屋架绕 y 轴局部扭转	后部木构架沿 x 向局部平动

4 · 谱分析结果对比

采用单点响应谱分析方法，对比研究 8 度常遇地震作用下两种工况太和殿的内力和变形分布特征。依据太和殿所处场地类型及抗震设防烈度要求，将其地震影响系数曲线转化为频率-谱曲线，并作用于结构，获得结构的地震响应。太和殿所处场地类别为Ⅱ类，设计地震分组为第一组，谱参数取值同文献[45]，并考虑 x、z 双向等比例作用于结构。

进行抗震分析时，太和殿结构的主要内力容许值包括：木构架，拉应力 $[f_{t\text{-}t}]$=8.50MPa，压应力 $[f_{c\text{-}t}]$=12.00MPa[45]；墙体、砖基础，拉应力 $[f_{t\text{-}w}]$=0.25MPa，压应力 $[f_{c\text{-}w}]$=1.50MPa[28]；三台砌体，拉应力 $[f_{t\text{-}m}]$=0.04MPa，压应力 $[f_{c\text{-}m}]$=1.87MPa[39]；土体，拉应力 $[f_{t\text{-}s}]$=0.09MPa，压应力 $[f_{c\text{-}s}]$=0.54MPa[38,49]。

1. 主拉应力

太和殿木构架主拉应力分布见图 11-19，易知两种工况的主拉应力分布相同点是：

1）主拉应力较大区域分布相近，均位于脊瓜柱与三架梁相交处的榫卯节点、前后檐挑檐檩与桃尖梁相交处的榫卯节点、前后檐柱与额枋相交处的榫卯节点以及角梁位置，这说明榫卯节点是结构在地震作用下易产生破坏的部位，这与木构古建筑实际地震作用下易产生拔榫问题的震害症状基本一致[50]。

2）二者主拉应力峰值均在容许范围内，可反映 8 度常遇地震作用下木构架具有较好的抗震性能。

其不同点是：

1）主拉应力峰值位置不同。工况 1 条件下主拉应力最大值出现在三架梁与脊瓜柱相交的榫卯节点位置，而工况 2 条件下的最大值出现在角梁位置，不难理解，该位置从构造上讲有较厚重的小兽，且是翼角椽相交位置，易出现应力集中。这亦与地震作用下古建筑易产生瓦件、小兽掉落的震害基本吻合[35]。该状况也可反映基座的存在使得地震力在木构架下部的作用更明显。

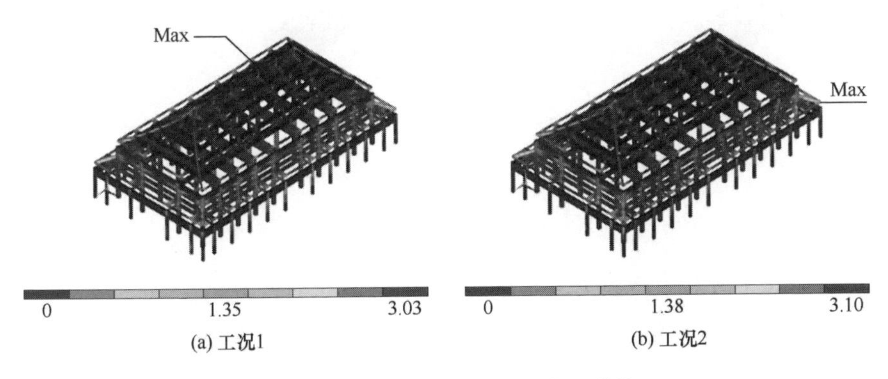

图 11-19　太和殿木构架主拉应力分布（单位：MPa）

2）主拉应力峰值大小不同。工况 2 条件下木构架的主拉应力峰值大于工况 1，是工况 1 条件的 1.02 倍。该值可反映由于基座的影响，木构架所受的地震作用放大，加大了木构架破坏的风险。

太和殿墙体主拉应力分布见图 11-20。两种工况作用下墙体主拉应力分布的相同点是：

1）主拉应力较大处均出现在墙体下部以及墙、柱接触的顶部，可反映地震作用下木构架产生侧移过程中，与墙体之间的相互作用主要发生在柱顶位置；墙体底部易在地震作用下产生受拉破坏。

2）主拉应力峰值出现的位置相同，即均出现在结构东南角与柱根相交位置附近，且均超过容许范围，可反映 8 度常遇地震作用下墙体易产生破坏的特点。这与古建筑典型震害症状亦基本吻合[35]。

其不同点主要有：

1）应力较大的范围区域不同。相对于工况 1，工况 2 条件下墙体主拉应力较大的范围明显减小，可反映基座参与结构抗震后，由于基座本身的运动墙体受到的地震作用减轻，对减小墙体地震破坏具有一定的促进作用。

2）应力峰值不同。工况 1 条件下，墙体主拉应力峰值超过容许范围，可反映墙体在 8 度常遇地震作用下很可能产生开裂破坏。而工况 2 条件下，墙体主拉应力峰值相对工况 1 减小，是工况 1 的 0.83 倍，且小于容许范围，因此考虑基座后上部墙体在地震作用下产生破坏的程度降低。分析认为，由于考虑基座，墙体底部约束条件得到改善，其刚度降低，地震作用下产生的拉应力减小。

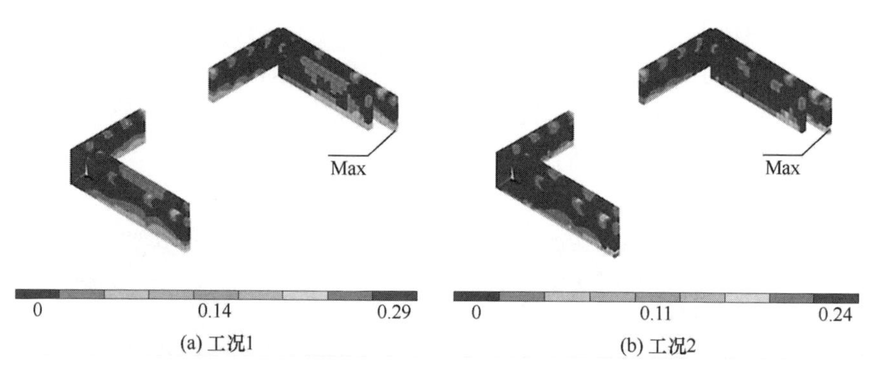

图 11-20 太和殿墙体主拉应力分布（单位：MPa）

太和殿基座部分主拉应力分布见图 11-21，其主要特点是：

1）三台土周边的须弥座部分拉应力普遍很小，可认为在地震作用下不产生受拉破坏。

2）“满堂红”砖基础部分，拉应力主要分布在结构四个角檐柱及明间后檐柱根位置，上述位置为传来的上部荷载较大的位置。从峰值来看，砖砌体的主拉应力峰值超过容许值，可反映 8 度常遇地震作用下太和殿砖基础有可能产生受拉开裂破坏，其结果可导致结构角部位置局部变形，这与古建筑典型震害的症状较吻合。分析认为，太和殿屋脊两端、角梁部位均有质量相对较大的吻兽，会影响结构整体的水平振动，并使得传到角部基础的应力相对其他位置偏大。

3）对于灰土部分，其主拉应力较大值分布在与砖基础较大拉应力相似的位置，但拉应力峰值在容许范围内，因而土体部分不会产生受拉破坏，反映出太和殿三台土基础的稳固和有效性。

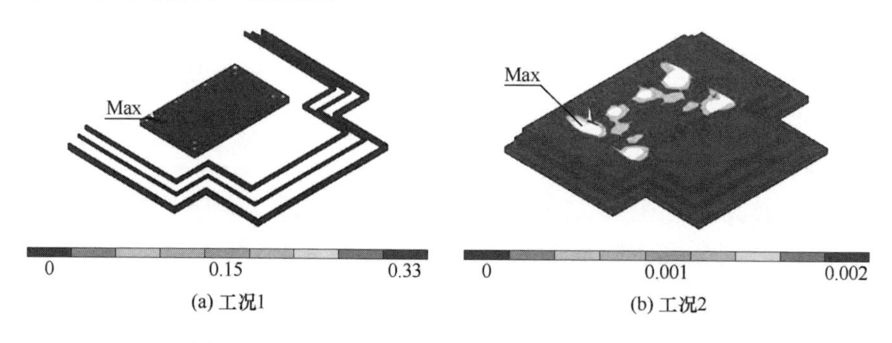

图 11-21 太和殿基座主拉应力分布（单位：MPa）

太和殿地基为人工地基，可认为是对天然地基的加固处理。研究表明[51]：加固地基从本质上改变了软黏土和松砂的物理、力学性能，并使软粒土的原有絮凝结构及砂土的松散状态得到改变，可有效提高地基的抗剪强度、变形模量及刚度，并增强地基本身的抗震性能。这与太和殿基座部分主拉应力分析结果基本吻合。

2. 主压应力

太和殿木构架主压应力分布见图 11-22。两种工况条件下，太和殿木构架主压应力分布的相同点主要有：

1）梁架部位以上的主压应力分布范围较相似，即较大值均分布在一、二层檐檩与桃尖梁相交的榫卯节点位置、各瓜柱底部、脊檩部位等，且峰值均出现在东侧檐檩与桃尖梁相交位置。该内力分布特点与古建筑木结构的构造特点有关，即榫卯节点为容易产生破坏的位置，而梁架部位的瓜柱由于截面尺寸小，所受荷载较大，易产生压应力集中。

2）主压应力峰值均在容许范围内，可反映两种工况条件下木构架所受的压应力均不大，不会产生受压破坏。

其不同点主要包括：

1）一层部位（木构架与墙体相交部位）的主压应力分布范围不同。与工况 1 相比，工况 2 条件下的木构架在该区域的主压应力略小，可反映该工况条件下木构架与墙体之间的作用不明显，主要原因是墙体底部约束条件得到改善。

2）主压应力峰值不同。工况 2 条件下木构架主压应力大于工况 1，是工况 1 的 1.09 倍，这是因为考虑基座后，地震波传输到木构架上部的距离变大，地震波放大作用明显增强。

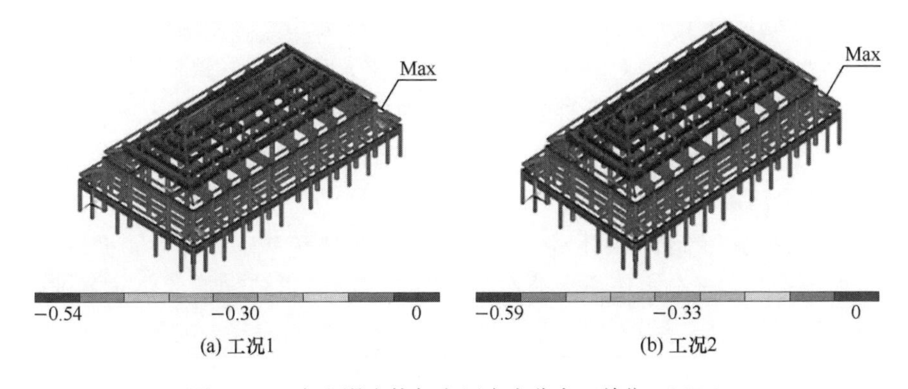

(a) 工况1　　(b) 工况2

图 11-22　太和殿木构架主压应力分布（单位：MPa）

太和殿墙体主压应力分布见图 11-23。两种工况条件下太和殿墙体主压应力分布的相同点主要有：

1）墙体主压应力较明显的部位大都相似，即主要在墙体中段和部分柱、墙相交位置，可反映地震作用下上述部位易产生受压破坏。

2）主压应力峰值均在容许范围内。两种工况条件下，墙体的主压应力峰值均小于容许值，即 8 度常遇地震作用下太和殿墙体不会产生受压破坏。

其不同点主要有：

1）主压应力峰值出现的位置不同。工况 1 条件下墙体主压应力峰值出现在西北侧墙体中段，而工况 2 条件下峰值则出现在东段墙体与木柱相交位置，可反映墙体的约束条件改变后对其主压应力分布有一定影响。

2）主压应力峰值大小不同。工况 2 条件下墙体所受的主压应力峰值略小于工况 1，是工况 1 的 0.75 倍，即考虑基座后墙体振动条件得到改善，在地震作用下产生受压破坏的风险降低。

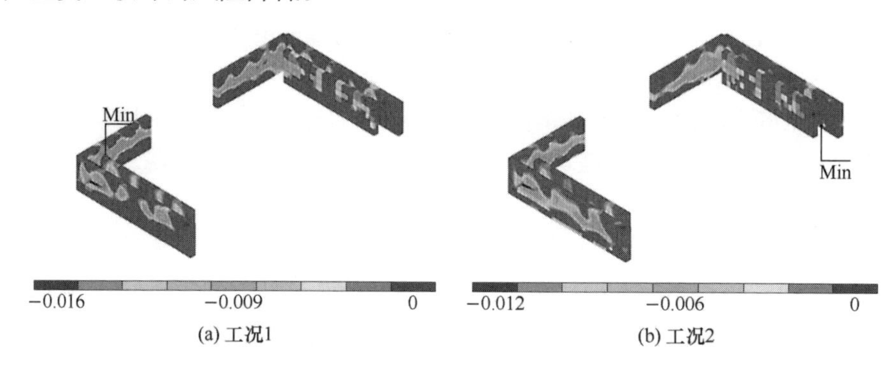

图 11-23　太和殿墙体主压应力分布（单位：MPa）

太和殿基座部分主压应力分布见图 11-24，其主要特点是：

1）砖基础部分主压应力主要分布在四个角柱底部及后檐明间柱底位置，可反映木构架在振动过程中对上述位置产生的压应力明显。砖基础主压应力峰值远小于容许范围，可反映采取人工处理的基础具有良好的承载性能。

2）对于三台须弥座砌体，其主压应力普遍很小，因此在 8 度常遇地震作用下不会产生受压破坏。

3）对于灰土基础部分，其主压应力主要分布在砖基础底部周圈檐柱柱根附近，近似为砖基础部分主压应力分布范围的扩展，且峰值在西北角砖基础底部。由于灰土受到的主压应力峰值小于容许范围，太和殿基座灰土部分在 8 度常遇地震作用下亦不会产生受压破坏。灰土良好的抗震性能有利于上部结构在地震作用下的稳定振动。

3. 变形

分析还获得了两种工况条件下结构整体的变形分布（相对于各自坐标原点平面），见图 11-25。从变形分布特点来看，两种工况的太和殿变形分布特点相似：变形较大的部位均为木构架部分。其中，位于明间梁架位置的木构架变形要明显大于其他位置，峰值位置均位于明间脊檩正中，且峰值均小于容许范围（x 向变

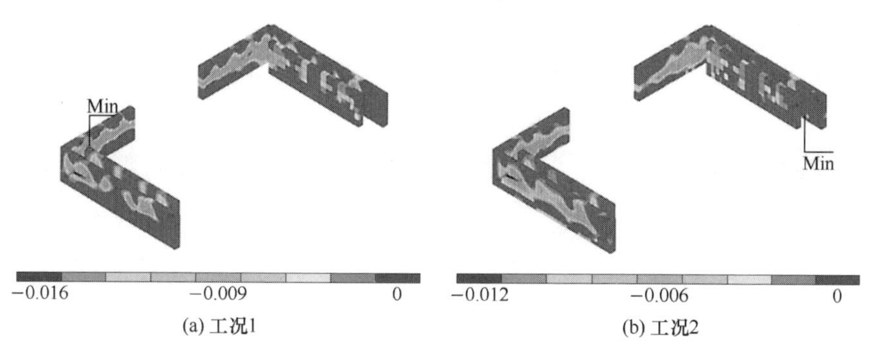

(a) 工况1　　(b) 工况2

图 11-24　太和殿基座主压应力分布（单位：MPa）

形容许值为 0.1m，z 向变形容许值为 0.05m[45]），即在 8 度常遇地震作用下，两种工况的太和殿均处于稳定状态。其不同之处在于，工况 2 条件下木构架变形较大区域明显比工况 1 要大，即考虑基座时太和殿木构架更易产生变形。从峰值来看，工况 2 条件下，太和殿变形峰值略有增大，是工况 1 的 1.24 倍。分析认为，基座的存在增大了结构整体的计算高度，地震作用通过基座传往结构上部时产生放大，结构晃动更明显。由工况 2 变形图可以看到，地震作用下，基座本身产生的变形非常小，由此可以推断，太和殿基座仅起到提供稳定、牢固支撑的作用，其减震作用未能体现。

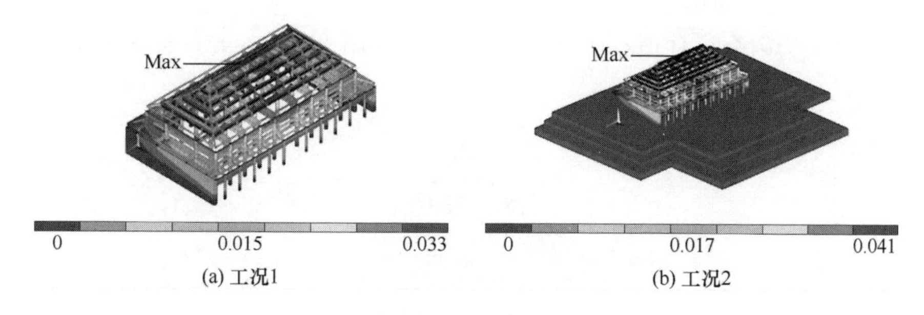

(a) 工况1　　(b) 工况2

图 11-25　太和殿变形分布（单位：m）

5·时程分析结果对比

采取时程分析法研究 8 度罕遇地震作用下基座对太和殿结构整体抗震性能的影响。分别选取适于Ⅱ类场地的 1940 年 El-Centro 波和 Taft 波作用于结构，地震波三向输入，各地震波时间间隔 0.02s，持时 30s，x 向加速度峰值为 $0.4g$，各个方向的加速度峰值比为 $x:z:y=1:0.85:0.65$，见图 11-26。采用 ANSYS 有限元程序开展时程分析时，地震波默认由绝对直角坐标系的原点输入。工况 1 条件下，坐标原点为太和殿西北角柱顶石底部；工况 2 条件下，坐标原点为太和殿基座西北角三台底部。

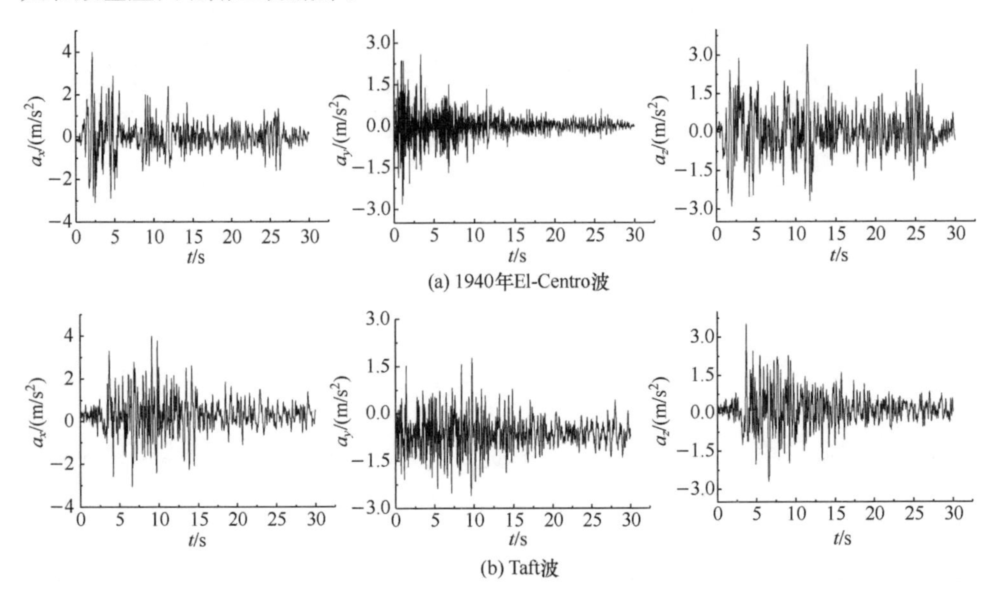

图 11-26　输入的地震波波形

为对比研究两种工况条件下太和殿结构的位移和加速度响应变化情况，选取图 11-27 所示东明间梁架上的 N1～N5 节点开展分析。各典型节点的具体位置说明如下：N1 为内金柱柱顶石底部，N2 为内金柱中上部，N3 为内金柱顶部，N4 为屋架中部，N5 为屋脊。

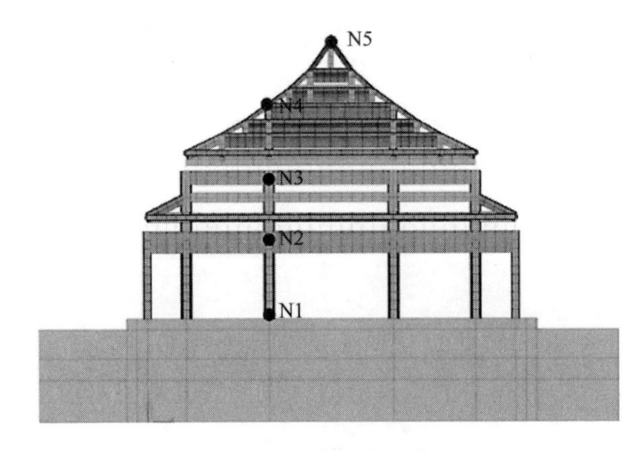

图 11-27　典型节点位置

1. 柱顶石底部加速度峰值影响

为探讨考虑基座后地震波传至太和殿柱顶石底部的加速度放大情况，以图 11-27 中N1 点为例进行分析。N1 点的加速度峰值放大系数可由 λ 表示：

$$\lambda = a_{2\max}/a_{1\max} \tag{11-13}$$

式中，$a_{1\max}$表示工况 1 条件下 N1 点输入地震波加速度峰值，单位为 m/s^2；$a_{2\max}$表示工况 2 条件下输入到 N1 点的加速度峰值，单位为 m/s^2；λ 为考虑基座效应的柱顶石底部加速度峰值放大系数，λ 越大，则地震波传至柱顶石底部的放大效应越明显。

各工况条件下的 λ 见表 11-3。易知，考虑基座后，传递到柱顶石底部的地震波在 x、y、z 向有不同程度的放大。其中，在 x 向放大最为明显，最大值可达 2.19 倍；在 y 向放大系数相对较低。分析认为，尽管太和殿建筑底部采取了人工处理的灰土基础，但该基础仅能提供牢固可靠的底部支撑。地震作用下，基座本身不会产生破坏，其自身能够始终保持稳固状态。然而，由于基座本身高度将近 9m（从三台底部至柱顶石底部），地震波向上传递过程中产生放大，导致传到基底的加速度峰值增大。λ 值在 x 向（横向）最大，亦可反映结构在该向产生的地震响应将更为明显。

表 11-3　λ 的确定

地震波	El-Centro 波			Taft 波		
	x 向	y 向	z 向	x 向	y 向	z 向
$a_{1\max}$	4.00	2.60	3.40	4.00	2.60	3.40
$a_{2\max}$	8.76	3.44	5.48	7.39	3.67	4.92
λ	2.19	1.32	1.61	1.85	1.41	1.45

2. 结构上部动力响应影响

（1）加速度峰值放大系数

采取类似式（11-13）的做法，通过加速度峰值放大系数讨论基座对太和殿上部结构动力响应的影响，见图 11-28。对于两种地震波，上述典型节点的加速度峰值放大系数特点近似，即：

1）加速度峰值放大系数均大于 1，可反映在结构上部，考虑基座影响后，结构的加速度响应有不同程度的放大。其中，x 向最大值为 2.75，y 向最大值为 1.93，z 向最大值为 2.03。

2）x 向加速度放大普遍要大于其他两个方向，可反映结构在横向更易受到地震破坏。

3）对于 x、z 向，N2 点加速度放大更明显，而 N3 点、N4 点加速度放大效应减小。分析认为，在结构底部，由于墙体参与振动，墙体与木构架之间的相互作用减小，木构架振动更明显，在地震作用下产生的内力更大。地震作用由 N2 点向上传递时，由于梁柱榫卯节点的挤压耗能及斗拱摩擦耗能作用，至 N3 点、

N4 点时加速度有了削弱，加速度放大效应不明显。在屋架部位，由于无明显的耗能减震构件，节点加速度响应峰值又有明显放大。

4）从 y 向加速度放大系数来看，其放大程度最小，反映地震作用下结构以水平振动为主；y 向地震作用下，结构下部不易产生破坏，而在结构屋顶部位很容易因地震作用放大而造成瓦件脱落等。

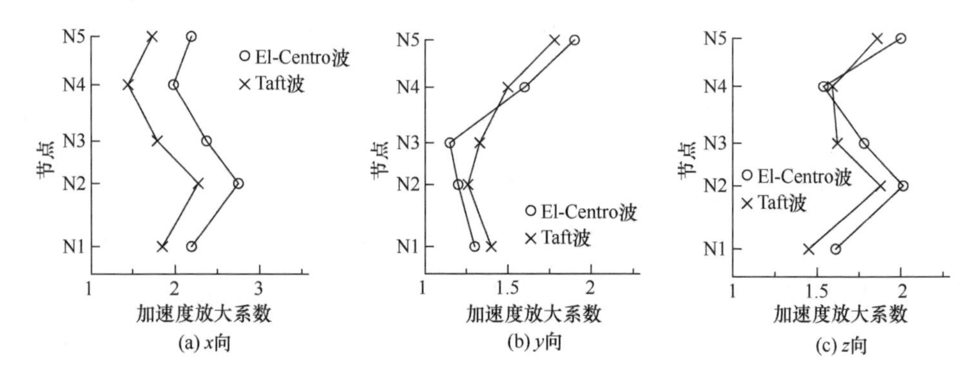

图 11-28　典型节点加速度峰值放大系数

（2）相对位移峰值

分析还获得了上述典型节点相对于 N1 点的位移峰值，见图 11-29。由图 11-29 可发现在两种地震波作用下各节点的相对位移峰值变化特点相似，即：

1）结构各节点的相对位移峰值随着高度增加而明显增大。其主要原因是结构下部有浮放柱根、梁柱榫卯节点及斗拱等构造，使得结构相对晃动增幅不明显；而位于屋架的 N4 点、N5 点，由于无减隔震构造，相对位移峰值放大明显。这与古建筑屋顶在实际震害中容易产生破坏的情况基本一致。

2）与工况 1 相比，工况 2 条件下各节点在 x、z 向的相对位移峰值增大，并随着结构高度增加而增大。其中，在 x 向的位移峰值放大系数（工况 2 条件下的相对位移峰值/工况 1 条件下的相对位移峰值）可达 1.29，在 z 向的位移峰值放大系数可达 1.19。其原因主要是基座的存在对地震波产生了放大作用，导致太和殿上部结构在水平向的晃动幅度增大。

3）工况 2 条件下，结构 y 向的相对位移峰值减小，其主要原因是基座本身具有一定的稳固性，使得结构的竖向振动（本来就很小）略降低。

6・结论

1）考虑基座后，太和殿结构自振特性改变，表现为基频减小、主振型参与系数增大。

2）考虑基座后，8 度常遇地震作用下，太和殿结构木构架主应力峰值略有放大（主拉应力为 1.02 倍，主压应力为 1.09 倍），墙体所受内力减小（主拉应

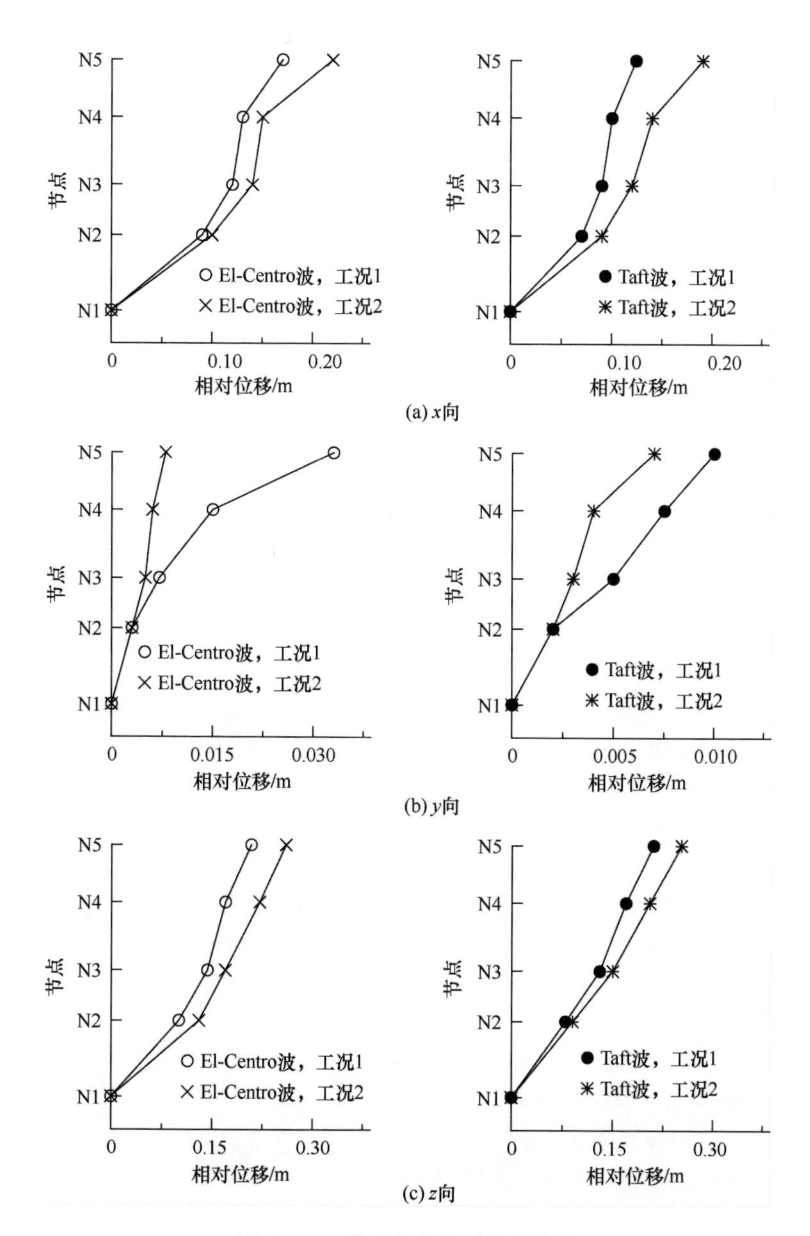

图 11-29　典型节点相对位移峰值

力为 0.83 倍，主压应力为 0.75 倍)，结构整体变形略有增大（1.24 倍)。其主要原因是基座在地震作用下参与结构振动，并使得太和殿结构整体刚度减小。

3）8 度常遇地震作用下，太和殿基座部分主拉、主压应力峰值在容许范围内。

4）8 度罕遇地震作用下，考虑基座后，太和殿典型部位的木构架加速度响应明显放大（x 向最大值为 2.75，y 向最大值为 1.93，z 向最大值为 2.03），水平向相对位移有一定程度的放大（x 向最大值为 1.29，z 向最大值为 1.19），而竖向相对位移略有减小。

5）对于实际类似古建筑工程的抗震分析，应考虑基座对上部结构的动力放大作用。

参考文献

[1] 吴二军，王建勇．中国古建筑的结构域受力性能［J］．四川建筑科学研究，2010，36（4）：78-83.

[2] 于倬云，周苏琴．中国古建筑抗震性能初探［J］．故宫博物院院刊，1999（02）：1-8.

[3] 周乾，闫维明，关宏志，等．罕遇地震作用下故宫太和殿抗震性能研究［J］．建筑结构学报，2014，35（S1）：25-32.

[4] 白丽娟．浅谈故宫古建筑基础［J］．故宫博物院院刊，1993（03）：26-33.

[5] 白丽娟．故宫的基础工程［J］．古建园林技术，1996（2）：38-44.

[6] 白丽娟，王景福．故宫建筑基础的调查研究［M］// 于倬云．紫禁城建筑研究与保护——故宫博物院建院 70 周年回顾．北京：紫禁城出版社，1995：286-322.

[7] 石志敏．故宫地基基础综合勘察［M］// 于倬云．紫禁城建筑研究与保护——故宫博物院建院 70 周年回顾．北京：紫禁城出版社，1995：273-285.

[8] 李季，王光尧，冀洛源，等．紫禁城内的考古发现——故宫明清建筑遗址 2014 年的发掘收获［N］．中国文物报，2015-01-09（008）.

[9] 李诫．营造法式［M］．北京：商务印书馆，1950.

[10] 刘大可．中国古建筑瓦石营法［M］．北京：中国建筑工业出版社，1993.

[11] 马炳坚．中国古建筑木作营造技术［M］．2 版．北京：科学出版社，2003.

[12] 孟凡人．明北京皇城和紫禁城的形制布局［M］// 中国明史学会．明史研究（第 8 辑）．合肥：黄山书社，2003.

[13] 杨富巍，张秉坚，曾余瑶，等．传统糯米灰浆科学原理及其现代应用的探索性研究［J］．故宫博物院院刊，2008（05）：105-159.

[14] 蒋博光．中和殿室内及三殿地质勘探实录［G］//于倬云．中国紫禁城学会论文集（第三辑）．北京：紫禁城出版社，2004：275-278.

[15] 张宇清．西安东门城楼动力特性及地震响应分析［D］．西安：西安交通大学，1997.

[16] 单士元．管理宫廷生活的清代内务府组织机构及其档案［J］．故宫博物院院刊，1986（03）：21-25.

[17] 王诚．紫禁十八槐［J］．紫禁城，1980（04）：29-30.

[18] 马思伟．故宫博物院举行文物保护综合业务用房启动暨故宫宝蕴楼修缮保护工程开工仪式［EB/OL］．（2014-01-06）［2015-07-16］．http://www.mcprc.gov.cn/whzx/zsdwdt/ggbwy_zsdw/201401/t20140106_425383.html.

[19] 建设综合勘察研究设计院有限公司．故宫博物院文物保护综合业务用房岩土工程详细勘

察报告 [R]. 北京，2013.
[20] 王璞子. 工程做法注释 [M]. 北京：中国建筑工业出版社，1995.
[21] 武田寿一. 建筑物隔震、防震与控振 [M]. 北京：中国建筑工业出版社，1997.
[22] 刘大可. 明、清古建筑土作技术（二）[J]. 古建园林技术，1988 (01)：7-11.
[23] 王其亨. 清代陵寝建筑工程小夯灰土做法 [J]. 故宫博物院院刊，1993 (03)：48-51.
[24] 姚侃，赵鸿铁. 木构古建筑柱与柱础的滑移摩擦隔震机理研究 [J]. 工程力学，2006，23 (8)：127-131.
[25] 中华人民共和国国家标准. 建筑地基基础设计规范（GB 50007—2011）[S]. 北京：中国建筑工业出版社，2011.
[26] 周乾，闫维明，周锡元，等. 中国古建筑动力特性及地震反应 [J]. 北京工业大学学报，2010，36 (1)：13-17.
[27] 白丽娟，王景福. 北京故宫建筑基础 [G] // 单士元，于倬云. 中国紫禁城学会论文集（第一辑）. 北京：紫禁城出版社，1997：238-252.
[28] 周乾. 考虑上部结构附加荷载的古城墙数值模拟 [J]. 科学技术与工程，2009，9 (22)：6891-6895.
[29] 魏骁勇，时旭东，李德山. 基于无损综合评估法的古建城台安全性能评估 [J]. 建筑结构，2009，39 (S)：305-307.
[30] 陈仲颐，周景星，王洪瑾. 土力学 [M]. 北京：清华大学出版社，1994.
[31] 孟昭博，吴敏哲，胡卫兵，等. 考虑土-结构相互作用的西安钟楼地震反应分析 [J]. 世界地震工程，2008，24 (4)：125-129.
[32] 李志强. 考虑土-结构相互作用的木结构古建筑地震反应分析 [D]. 西安：西安建筑科技大学，2008.
[33] 赵鸿铁，马辉，薛建阳，等. 高台基古建筑木结构动力特性及地震反应分析 [J]. 地震工程与工程振动，2011，31 (3)：115-121.
[34] 汤永净，赵文深. 多遇地震下古建筑地基土体振陷特性实验 [J]. 同济大学学报（自然科学版），2012，40 (10)：1486-1490.
[35] 周乾，闫维明，杨小森，等. 汶川地震导致的古建筑震害 [J]. 文物保护与考古科学，2010，22 (1)：37-45.
[36] 故宫博物院古建部. 故宫太和殿保护维修工程现状勘测报告及维修方案 [R]. 北京，2005，22-28.
[37] 张克贵，崔瑾. 太和殿三百年 [M]. 北京：科学出版社，2014.
[38] 余天和. 古建城台长期力学性能和安全度有限元分析 [D]. 北京：清华大学，2009.
[39] 周乾. 故宫灵沼轩结构抗震分析研究 [J]. 水利与建筑工程学报，2015，13 (2)：78-85.
[40] 中华人民共和国国家标准. 砌体结构设计规范（GB 50003—2011）[S]. 北京：中国建筑工业出版社，2011.
[41] 王新敏. ANSYS工程结构数值分析 [M]. 北京：人民交通出版社，2007：493-495.
[42] 殷跃. 无接触式测量在古建筑结构损伤分析中的应用 [D]. 哈尔滨：哈尔滨工业大

学，2009.
[43] 中国兵器工业勘察设计研究院. 故宫北侧城墙东段探井勘察报告 [R]. 北京，2008.
[44] 李吕英，张立勇，罗荣. 强夯砂卵石软基对水闸闸室应力变形影响分析 [J]. 人民长江，2013，44 (S1)：158-160.
[45] 周乾，闫维明，关宏志，等. 故宫太和殿抗震性能研究 [J]. 福州大学学报（自然科学版），2013，41 (4)：487-494.
[46] 刘晶波，王振宇，杜修力，等. 波动问题中的三维时域粘弹性人工边界 [J]. 工程力学，2005，22 (6)：46-51.
[47] 尚守平，鲁华伟，邹新平，等. 土-结构动力相互作用结构自振周期的研究 [J]. 地震工程与工程振动，2013，33 (2)：117-125.
[48] 卢文生，吕西林. 模态静力非线性分析中模态选择的研究 [J]. 地震工程与工程振动，2004，24 (6)：32-38.
[49] 任宇涛. 2∶8 灰土无侧限抗压强度、抗折与劈裂抗拉强度研究及灰土垫层质量评价方法探析 [D]. 西安：西安建筑科技大学，2010.
[50] 周乾，闫维明，杨小森，等. 汶川地震古建筑震害研究 [J]. 北京工业大学学报，2009，35 (3)：330-337.
[51] 王伟，杨尧志. 加固地基增强地基的抗震性能 [J]. 世界地震工程，2001，17 (1)：120-124.

第十二章

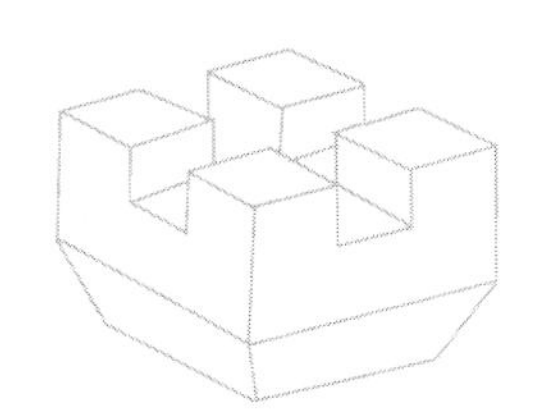

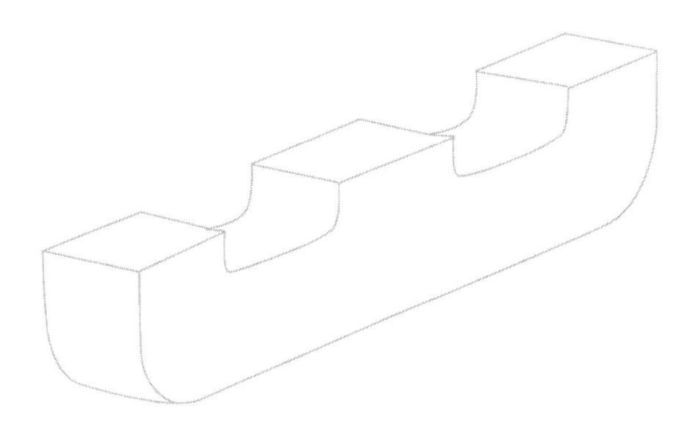

学者与故宫古建筑保护

大略地说

凸字形的北京

北半是内城，南半是外城

故宫为内城核心

由天安门起，是一系列轻重不一的宫门和广庭

金色照耀的琉璃瓦顶

一层又一层地起伏峋峙

就大都数的文物建筑而论

也都不仅仅是单座的建筑物

而往往是若干座合而成的整体

为极可宝贵的艺术创造

故宫就是一个最显著的例子

本章主要包括两部分内容：

1）梁思成与故宫古建筑。以文献调研与分析论证相结合，论述了梁思成先生在故宫古建筑维修、保护和研究等方面的主要成果及对故宫古建筑的影响。

2）故宫学者与故宫古建筑结构保护研究。以文献梳理方式对研究故宫古建筑结构保护的主要学者进行了归纳。

第1节　梁思成与故宫古建筑

梁思成先生是我国著名的建筑学家。他祖籍广东新会县，1901年出生于日本东京。1912年，他随父母从日本回国。1924年，梁思成与林徽因同往美国宾夕法尼亚大学学习。期间，他收到了父亲寄的一本重新出版的古籍“陶本”《营造法式》。这是一本北宋官订的建筑设计、施工的著作。它是中国古籍中最完美的一部建筑技术著作，是研究中国古代建筑必不可少的参考书。这激发了梁思成研究“中国建筑史”的愿望[1]。梁思成回国后，创建了东北大学建筑系，成为我国建筑教育的奠基人之一。1931年9月，梁思成到中国营造学社工作，研究中国建筑发展史。从1931年到1937年，他与学社同仁调查研究了几百座古代建筑和许多早期造像石窟。1946年，梁思成创办清华大学建筑系。从1949年起，先后任北平都市计划委员会副主任和北京市建设委员会副主任、北京市政协副主席、全国人大常委。

梁思成的一生中，除了在建筑教育、城市规划等方面做出开拓性的不朽贡献之外，最为突出的是古建筑文物的保护、调查和维修工作[2]。位于北京市中心的故宫，拥有世界上现存最大、数量最多的木结构古建筑群。作为一名建筑学家，梁思成先生对古建筑的调查、保护、研究与故宫古建筑有着千丝万缕的联系。此处梳理了梁思成先生为故宫古建筑保护做出的贡献，及其古建保护、维修、研究思想对推动故宫古建筑保护事业发展的影响，以纪念这位建筑先驱，激励后人。

1·梁思成与故宫古建筑的关系

1. 研究故宫古建筑

梁思成先生曾说过：“现存清代建筑物，最伟大者莫如北平故宫，清宫规模虽起自明代，然现存各殿宇，则多数为清代所建，今世界各国之帝皇宫殿，规模之大，面积之广，无与伦比”[3]。可见故宫在梁思成心中的地位。基于长期研究的成果，他形成了对故宫古建筑特征较为全面的评价，这种评价可概括为规模宏大、艺术生动、文法鲜明、富有韵律。相关描述可以从他的研究论著中反映，例举如下。

1946年，梁思成赴美讲学时，应《美国大百科全书》之约，完成了《中国的艺术与建筑》一文。其中对故宫的描述如下：北平故宫是宏伟的大尺度的佳例，显示了中国人构想和实现大范围规划的才能。紫禁城用大墙包围，面积为3350英尺×2490英尺（1020米×760米），其中有数百座殿堂和居住房屋。它们主要是明清两代的建筑。紫禁城是一个整体。一条中轴线贯穿紫禁城和围绕它的都城。殿堂、亭、轩和门围绕着数不清的院子布置，并用廊子连接起来。建筑物理在数层白色大理石台基上。柱子和墙面一般是刷成红色的。斗拱用蓝、绿和金色的复杂图案装饰起来，由此形成冷色的圈带，使檐下更为幽暗，显得檐部挑出益加深远。整个房屋覆在黄色或绿色的琉璃瓦顶之下。中国人对房屋整体所做的颜色处理，其精致与独创性举世无双。

1951年2月19～20日，梁思成在《人民日报》发表《我国伟大的建筑传统与遗产》一文，里面对故宫的描述如下：世界上没有第二个国家有这样以巍峨尊贵的纯色黄琉璃瓦顶，朱漆描金的木构建筑物，毫不含糊地连属组合起来的宫殿与宫廷。紫禁城和内中成百座宫殿是世界绝无仅有的建筑杰作的一个整体。

1951年，梁思成在4月出版的《新观察》第7期和第8期发表《北京——都市计划中的无比杰作》一文，里面对故宫的描述如下：大略地说，凸字形的北京，北半是内城，南半是外城，故宫为内城核心，也是全城布局重心，全城就是围绕这中心而部署的。……由天安门起，是一系列轻重不一的宫门和广庭，金色照耀的琉璃瓦顶，一层又一层地起伏峋峙，一直引导到太和殿顶，便到达中线前半的极点，然后向北，重点逐渐退削，以神武门为尾声。……就大都数的文物建筑而论，也都不仅仅是单座的建筑物，而往往是若干座合而成的整体，为极可宝贵的艺术创造，故宫就是一个最显著的例子。

1954年，梁思成在《建筑学报》第1期发表《中国建筑的特征》一文，主要以故宫古建筑为例，论述了中国建筑的构造特征，包括如下几方面内容：

1）个别的建筑物，一般由三个主要部分组成，即下部的台基、中间的房屋和上部翼状的屋顶。

2）在平面布置上，中国所称为一“所”房子是由若干座这种建筑物以及一些联系性的建筑物，如回廊、抱厦、厢、耳、过厅等，围绕着一个或若干个庭院或天井建造而成的。

3）这个体系以木材为它的主要结构方法。

4）在一榀梁架上，在立柱与横梁的交接处，柱头上有斗拱做法。

5）梁架上的梁是多层的，上层比下层短，两层之间的矮柱逐渐增高，即举架。

6）屋顶在中国建筑中素来占极其重要的位置，它的瓦面是弯曲的。

7）大胆地采用朱红作为大建筑屋身的主要颜色，用在柱、门窗和墙壁上，并且用彩色绘画图案来装饰木构架的上部结构。

8）在木结构建筑中，所有构件交接的部分都大半露出，在它们外表形状上稍稍加工，使成为建筑本身的装饰部分，如桃尖梁头、霸王拳、昂嘴等。

9）在建筑材料上，大量使用有色琉璃瓦，尽量利用各色油漆的装饰潜力。

以上特点都有一定的风格和手法，为匠师们所遵循，为人民所承认，可以称作中国古建筑的“文法”。

1962 年 5 月 20 日，梁思成在《人民日报》发表《千篇一律与千变万化》一文，里面对故宫古建筑特征描述如下：从（已被拆除了的）中华门（大明门、大清门）开始就以一间接着一间，重复了又重复的千步廊一口气排到了天安门。从天安门到端门、午门又是一间间重复着“千篇一律”的朝房。当然，这种貌似的“千篇一律”，实际犹如一曲描绘故宫古建筑的谱曲，是极其富有韵律的。因为从细部角度来看，太和门和太和殿、中和殿、保和殿成为一组的“前三殿”，与乾清门和乾清宫、交泰殿、坤宁宫成为一组的“后三殿”的大同小异的重复，就像乐曲中的主题和“变奏”；每一座的本身也是许多构件和构成部分（乐句、乐段）的重复；而东西两侧的廊、庑、楼、门又是比较低微的，以重复为主但亦有相当变化的“伴奏”。这种韵律既包括古建筑本体，还包括建筑上的彩画和雕饰，值得人们欣赏和回味。

2. 勘查故宫古建筑

中国古籍关于建筑学的术书有两部——清代工部颁布的《工程做法则例》和宋代遗留至今的《营造法式》。这两部书，普通人读懂都是一件极难的事。梁思成先生以《工程做法则例》为课本，以营造过故宫的老工匠为老师，以故宫为标本，对清代建筑的营造方法及则例开展了研究；以实测宋辽遗物与《营造法式》相比较，对宋代做法名称进行了研究[4]。

1932 年 10 月，故宫博物院总务处长俞星枢邀请梁思成先生等人调查故宫文渊阁楼面凹陷问题[5]。梁等调查了文渊阁东西五间、楼梯一间。他们首先从外观目测，发现各层书架前倾，上层地板中部凹陷，各层内外柱及墙壁大体完整。随后，他们卸下了二层次间顶板，发现支撑楼板的大柁为包镶拼合而成。通过进一步验算，他们发现拼合而成的大柁承载力偏低，并认为这是楼面凹陷的主要原因。基于分析结果，他们提出了采取丁字形钢筋水泥梁外加雀替的措施取代大柁。

1933 年，梁思成先生带领中国营造学社的成员调查实测了故宫外朝建筑，作为梁先生所著《清式营造则例》的实例。该书是认识中国建筑“文法”的课本，为后人学习中国古代建筑学开辟了道路。他们实测的故宫主要建筑包括太和殿右翼门、太和门、文华门、西北角亭、西南角亭、贞度门西朝房、体仁阁、文渊阁等。由于抗日战争的爆发，全部建筑的测绘工作没有完成，只完成了一部分建筑的测绘。这些珍贵的图纸被保存在天津英资麦加利银行的地下保险库里，由于遭遇水灾，图纸受到浸泡，损毁严重，现存不多[3]。

1935年，梁思成在《中国营造学社汇刊》第六卷第二期发表论文“清文渊阁实测图说”[6]。文中对故宫文渊阁的平面布置、建筑外观、大木结构及附属碑亭进行了详细描述，总结了文渊阁的五个特征：虽袭明代之旧，与明代异；阁之平面，大体以天一阁为法；为调和环境计，屋顶改硬山为歇山，覆琉璃瓦；斗拱异常丛密，与步架之非均等；为厌胜故，色彩以寒色为主。“清文渊阁实测图说”可以反映梁思成先生对故宫古建筑勘查的内容和方法。

3. 保护故宫古建筑

梁思成先生认为，包括故宫古建筑群在内，每一类、每一座古建筑都是过去劳动人民血汗创造的优美果实，是重要的文化遗产，对它们宝贵万分是理之当然[7]。

1950年2月，梁思成与建筑规划师陈占祥提出著名的“梁陈方案”，即《关于中央人民政府行政中心区位置的建议》[8]（以下简称《建议》）。《建议》提出，展拓北京城外西面郊区公主坟以东、月坛以西的适中地点，有计划地为政府行政工作开辟政府机关所必需足用的地址，定为首都的行政中心区域。《建议》强调，历史文化名城不容伤毁，行政中心区的确定涉及交通、拆迁、市民生活与工作的一系列重大问题，如果原则上发生错误，以后会发生一系列难以纠正的错误。提出上述建议的根本目的，就是要保护北京市的古建筑。

而在一些旧城改造支持者打算对包括故宫在内的古建筑拆改时，他痛心疾首，四处奔波，寻求保护方法。

1952年春，有人提出拆除北京古城墙，认为它们是封建帝王的遗迹。何祚庥曾于1955年批判梁思成：“旧北京城的都市建设亦何至于连一点缺点都没有呢？……北京市当中放一个大故宫，以致行人都要绕道而行，交通十分不便”[9]。梁思成以故宫、天安门为例进行了驳击：“这是偏差、幼稚的看法。故宫不是帝王的宫殿吗？它今天是人民的博物院。天安门不是皇宫的大门吗？中华人民共和国的诞生，就是毛主席在天安门城楼上昭告全世界的。”“我们不要忘记，这一切建筑体型的遗物是古代多少劳动人民创造出来的杰作，虽然曾经为帝王服务，被统治者所专有，今天已属于人民大众，是我们大家的民族纪念物了。”

1957年春，北京市规划委员会提出《北京城市建设总体规划初步方案》。该方案提出，要对北京城进行“根本性改造”，“坚决打破旧城市对我们的限制和束缚”。旧城改造者把目光瞄准了故宫。梁思成说，这个方案的制定，是把“旧”

技术人员一脚踢开，“拆掉一座城楼像挖去我一块肉；剥去外城的城砖像剥去我一层皮”。

1958年，有的领导干部提出要拆除故宫和天安门。梁思成得知这一消息后，立即写了一个反对拆除故宫和天安门的报告，送给周恩来总理。周恩来找北京市有关领导商量此事，并明确提出不要拆除故宫和天安门。北京市有关领导按照周恩来的意见，进行反复研究、协商后，于1958年9月发布《北京市总体规划说明（草稿）》，提出：“把天安门广场、故宫、中山公园、文化宫、景山、北海、什刹海、积水潭、前三门护城河等地组织起来，拆除部分房屋，扩大绿地面积，使成为市中心的一个大花园，在节日作为百万群众尽情欢乐的地方。”这个办法果然管用。一些主张拆除故宫和天安门的人见这个规划突出了群众性，也有建设人民大会堂等大工程，也就没有话说了[10]。

到了20世纪60年代初，又有人提出，北京交通紧张，要拆除故宫，在故宫中建一条马路，以方便交通，遭到梁思成等学者的坚决反对。在一片拆除声中，一个要在故宫里建一个东西向马路，把故宫中文华、武英二殿辟作娱乐场所的方案被提了出来。梁思成得知这一情况后，直接找到时任中宣部部长的陆定一及周恩来总理。陆定一为此事专门召开了一次会议，指出“故宫就是故宫，就是（要）地广人稀，就是（要反映）封建落后，这个地方不能搞现代化，我看，一万年也不要在里面搞电灯”，“今天在座的处长以上都是（保护故宫建筑的）保皇党。故宫博物院要以宫廷陈列为主（意在不能搞成娱乐场所）”[11]。周总理则向毛泽东反映了不赞成拆故宫的建议，获得了毛泽东同意。

由于梁思成等老一辈古建保护学者的奋力保护，故宫古建筑群一次次免遭拆除的危险，得以完整保存至今。

4. 指导故宫古建筑修缮

关于文物建筑保护和维修，梁思成先生认为应以“整旧如旧”为原则[12]，即旧的部分除了从内部结构上加固，或者把外面走动部分“归安”之外，尽可能不改，也不换料；维修时，选择工艺和材料要求“一切经过试验”，即大规模修缮前，先选小部分构件进行试验，效果良好后再大面积施工。此外，文物建筑不同于其他文物，其中大都在作为文物而受到特殊保护之同时，还要被恰当利用，如故宫整个建筑群被当作“展览”的文物。应当按每一座或每一组群的具体情况拟定具体的使用和保护方法，还应当教育群众和文物建筑的使用者尊重、爱护古建筑。

梁思成的古建筑保护和维修理念对故宫古建筑的保护和维修起了重要的指导作用。多年来，故宫古建筑保护和维修的领头人正是以梁思成的上述理念为指导，开展古建筑保护和维修工作。

故宫古建学家单士元先生为梁思成推荐的故宫古建筑首选修缮专家[13]。1956年，中央人民政府准备对国宝故宫进行维修。历经明清两代、北洋军阀、民国政府、日伪统治等历史沧桑的故宫，其时已是衰草丛生、满目疮痍。任务繁重，时任国家文物局局长的郑振铎找到建筑学家梁思成，让他推荐一个懂古建筑的专家，梁思成说："你不用到处找，故宫就有一个懂古建筑的，叫单士元。他30年代就是中国营造学社的。"

1957年，单士元先生提出故宫古建筑的维修方针，得到了时任院长吴仲超的支持。这个方针就是"着重保养，重点修缮，全面规划，逐步实施"，因此保养工程是主要任务[14]。损坏严重必须大修缮者予以修复。在保养和修缮中都是把这些建筑物作为文物看待，所以严格地保持它原来的形式及各种实用而又艺术的构件。为了把故宫保养工程做好，已开始对每座宫殿进行科学记录，将建筑形式、高度、面积、间数、窗格、瓦件、雕石、彩画各种材料及几百年来宫殿建筑的使用情况逐项通过照相、测绘、钩摹、查考文献等记录下来。除上述工作外，还增加了新的保护措施。故宫在落成后，曾不止一次因雷火触及而成灾，因此在高大的建筑物上安装了避雷针，可以防止雷火的危害。同时，还在各个宫殿院落里安装了消防水管网。

几十年来，单士元先生提出的故宫古建筑维修方针一直为故宫古建筑维护的基本准则。

2002年10月17日开始的故宫百年来的大规模修缮，与以往的维修有着很大的不同[15]。这一次保护维修的原则是"完整保护，整体维修"。保护工程有五大任务：保护故宫整体布局，彻底整治故宫的内外环境；保护故宫的文物建筑，通过合理和恰当的技术手段，全面保护其蕴含的文物价值；系统改善和配置基础设施；合理利用并发挥文物建筑的功能；改善文物展陈、保存环境，提高展陈质量。

2003年，时任副院长晋宏逵先生在回答《人民日报》记者关于故宫大修的问题时，认为："整旧如旧"这个说法是老一辈建筑学家、我国文物建筑保护事业开创者梁思成先生提出的，这是对古建筑保护原则一种形象的说法，并不是法律的语言[16]。中国文物保护事业的发展产生了更准确的表述，就是《文物法》规定的"不改变文物原状"。故宫此次整修就是以这个规定为根本原则。

2010年，郑欣淼先生在中国紫禁城学会第六次学术研讨会发言中指出，从故宫古建筑修建历程来看，对于每一座建筑物的修缮，都要仔细地、审慎地研究，从而决定维修方案，但必须坚持一个指导思想，就是最少干预、尽最大可能保存原构件，亦即尽可能多地保留原有建筑历史信息，保持文物的真实性和完整性，以达到"祛病延年"的目的[17]。此次大规模修缮的原则与梁思成的古建筑保护维修理念完全吻合。

2012年，单霁翔先生任故宫博物院院长。单霁翔先生师从吴良镛院士，而吴院士则是梁思成的学生。单霁翔院长的古建文物保护思路与梁思成的古建保护维修思想有着千丝万缕的联系。2012年，单霁翔院长首提“平安故宫”工程建议，经故宫博物院论证通过，并于2013年获国务院批准[18]。“平安故宫”工程的保护对象主要包括木结构宫殿古建筑群、故宫藏品及故宫游客的安全，争取在2015年前，有效缓解故宫防火、防盗、防雷、防震、防踩踏等方面的重大安全隐患；到2020年，基本实现故宫博物院进入安全稳定的健康状态，全面提升管理和服务水平，迈进世界一流的博物馆行列。由此可以看出，“平安故宫”工程中对古建筑的保护和利用，与梁思成的古建筑维修与保护理念高度一致。

5. 熏陶故宫古建筑研究

1944年，梁思成完成了第一本中国人自己编写的建筑史《中国建筑史》。在书中，梁思成先生提到了研究中国古建筑的目的和内容。他认为，研究中国建筑可以说是逆时代的工作[19]。他所处的时代中国人民的生活在剧烈的变化中趋于西化，社会对于中国固有的建筑及其附艺多加以普遍的摧残。他们虽不是蓄意将中国建筑完全毁灭，而在事实上，国内原有很精美的建筑物多被拙劣幼稚的所谓西式楼房或门面取而代之。为此，他提倡“以客观的学术调查与研究唤醒社会，助长保存趋势，即使破坏不能完全制止，亦可逐渐减杀。”在研究内容上，他认为，要能提炼旧建筑中所包含的中国质素，增加对旧建筑结构系统、平面部署、彩画雕饰及门窗细项的认识，研究这些工程上及美术上措施常表现着的中国智慧及美感，并以测量绘图摄影各法将各种典型建筑实物作有系统秩序的记录。此外，研究中还有一步不可少的工作，便是明了传统营造技术上的法则。

而实际上，故宫内学者对故宫古建筑的研究也受到了梁思成思想的熏陶。建院几十年来，故宫古建筑中关于建筑法式、建筑技艺、建筑结构、建筑彩画方面的学术研究成果层出不穷。这些成果基本上源于梁思成先生提出的古建筑研究理论。

1995年在故宫成立的中国紫禁城学会，正是故宫古建筑研究的升华。单士元先生在中国紫禁城学会成立仪式上发言说，本世纪初创办的营造学社，培养了梁思成、刘敦桢等大师和巨匠；中国紫禁城学会是研究紫禁城的学术团体，应继承营造学社的优良传统，在紫禁城历史、艺术、工程技术、保护等方面开展研究；同时，要重视建筑的功能，建筑本身就是文物。研究故宫，弘扬中国文化艺术，从学术上指导实际的古建筑保护工作，责无旁贷[20]。

2003年，郑欣淼先生开宗明义提出了“故宫学”的概念[21]。他回顾了“故宫学”发展和研究的历史，指出故宫学在性质上应该属于综合性学科，其研究范围主要包括故宫古建筑、院藏百万件文物、宫廷历史文化遗存、明清档案、清宫典籍、近 80 年故宫博物院的历程六个方面。紫禁城研究是故宫学研究的核心，而梁思成等一代古建筑大师开辟了故宫学建筑学研究的先河。

2009 年，晋宏逵先生基于故宫大修时的古建筑保护问题讨论了故宫的建筑特征和维修技术选择。晋先生认为，对于中国木结构建筑特点，梁思成先生的研究最为全面，且起到了很好的带头作用[22]。此外，梁先生还曾指出中国建筑思想方面与西方的差异，主要包括不求原物长存的观念，建筑活动受到道德观念和礼制制度的制约，以及建筑技术由师徒传授，绝少记载。故宫博物院古建筑修缮队伍所延续的另一个传统，就是由传统技术脱胎而来的、在现代保护思想指导下的维修技术。梁思成、刘敦桢等开创中国古代建筑科学研究事业的前辈学者十分重视从富有经验的匠师那里学习、收集和整理传统的工艺技术，与古建筑实例和传世专业书籍对照，沟通了冷僻的术语与建筑遗物的对应关系，使中国古代建筑及其历史的研究成为现代学术领域的一个学科。他们同时开创了中国建筑遗产保护的事业，他们介绍国际上的保护理念，出版研究专著，并直接进行了中国最初的保护工程的勘察设计工作，建立了基本的程序与理论。

2014 年，单霁翔院长在全国政协会议上提出关于建设国家明清官式建筑保护技术研究中心的提案[23]。他认为，在我国，对明清官式建筑的研究始自中国营造学社时期。1930 年，朱启钤先生创立中国营造学社，开始大量测绘及研究明清官式建筑，收集整理出版重要的建筑典籍，例如清代样式雷图档、《明代营造史料》以及《中国营造学社汇刊》。梁思成和刘敦桢先生作为明清官式建筑研究的先驱，更多从事的是通史和整体保护的研究，他们的学术继任者则将研究方向更多地投入到专题研究。此后，围绕明清建筑主题，故宫博物院及社会各界专家学者陆续进行了多项研究。纵观这些学术成果的研究素材，都无法脱离或主要是故宫古建筑群。故宫作为世界上建筑面积最大的古代宫殿建筑群，是对明清官式建筑保护技术进行综合及深入研究的理想基地。国家文物局经过专家论证，同意在故宫博物院设立明清官式建筑保护研究国家文物局重点科研基地。故宫作为世界上规模最大、保存最完整的木结构宫殿建筑群，努力将“古建筑修缮工程”真正上升为“古建筑保护研究工程”。

以上可以看出，梁思成提出的古建筑研究内容、研究方法的相关理论已被故宫古建筑保护和研究者所采用，并长期成为故宫古建筑保护和研究的重要指导方针。

2·梁思成对故宫古建筑的影响

1. 对故宫古建筑保护事业的直接贡献

从以上论述不难发现，梁思成先生对故宫古建筑的保护和完整有着巨大的贡献。梁思成先生对故宫古建筑保护事业的直接贡献包括如下方面。

(1）研究故宫古建筑

梁思成先生对故宫古建筑的客观评价源于他深入细致的研究。梁思成先生对故宫的古建筑充满着崇敬，故宫古建筑的造型、文法、色彩等对他产生了深深的吸引力。他认为故宫古建筑是中国建筑文明的精粹，是中国古建筑的典型代表，具有丰富的文化和艺术价值。他多次在自己的论著中歌颂了故宫的雄伟，而故宫的古建筑也是他列举中国古建筑发展过程、不同时代典型特征的典型代表，且作为了他的著作《清式营造则例》的典型例证。不仅如此，他在特殊时期捍卫故宫免遭破坏而受人尊敬，他提出故宫的保护和维修建议被专家和学者采纳，这都源于他对故宫古建筑的深入了解和研究。他围绕故宫而撰写的论著、绘制的插图至今成为众多学者开展古建筑保护工作的重要参考。

(2）保护故宫古建筑

梁思成先生尽自己最大的努力保护故宫古建筑群。在新中国成立之初，当北京市规划中要拆除故宫时，梁思成四处奔走，为避免故宫遭受破坏而竭尽全力。而当一些对故宫存在特别思想，认为故宫是封建帝制的象征，又要改造故宫时，梁思成奋起反驳，认为故宫古建筑是中国的建筑文化遗产，是劳动人民的血汗，是我国建筑艺术的瑰宝。历史的变化已经赋予故宫古建筑新的功能，它们已是文物研究、保护和展示的重要内容，故宫的古建筑不能受到任何破坏。他的每一个举动都对故宫古建筑免遭拆毁而做出了巨大的贡献。这座世界上规模最大、数量最多的古建筑群能够数次历经人为破坏的潜在风险而得以完整保存至今，可以说，梁思成先生功不可没。

(3）勘查故宫古建筑

20世纪30年代，梁思成率中国营造学社的部分成员勘查了故宫大量古建筑，尽管由于抗日战争爆发勘查工作不得不中止，但是这为梁思成研究故宫古建筑特征，以及提出故宫古建筑的维修、保护理念提出奠定了深厚的基础，并促使了其《清式营则例》的完成，推动了中国古建筑保护事业的发展。梁思成先生的勘查方法、勘查内容及勘查成果对故宫乃至我国古建筑的保护、维修、研究和人才培养起到了重要作用。

2. 对故宫古建筑保护事业的间接影响

(1）古建筑保护理念

梁思成先生是中国古建筑文化遗产忠实的守护者。他对古建筑的保护理念对故宫古建筑保护有着深刻的影响。正是因为他大力提倡古建筑的保护，才使得故宫这座建筑文化遗产得以保存下来。他的古建筑保护理念也影响着故宫古建筑保护人员。故宫历代古建保护的带队人，从单士元先生到单霁翔院长，对故宫古建筑均有特殊的关照。在他们的心中，故宫古建筑保护是第一位的，故宫的各项工作都是围绕故宫古建筑保护而开展的。正是由于梁思成先生古建筑保护理念的熏陶，才使得故宫古建筑得到了高度重视，并得到了及时、合理的维修和保护。

（2）古建筑维修理念

梁思成先生认为，修旧如旧是古建筑维修的基本原则，保持古建筑构架的核心为原装，一切以古建安全为出发点，开展古建筑维修，这是古建筑维修的重要指导方针。梁思成的古建筑维修理念也影响到故宫古建筑的维修。故宫博物院现有的古建三大部门——古建部、工程管理处及修缮技艺部都是围绕着故宫古建筑的保护和维修开展工作的。如古建部负责对古建筑的勘查和维修设计，工程管理处负责古建筑的施工管理，而修缮技艺部则负责古建筑维修施工及技艺传承。对于各部门而言，对古建筑认真勘查，发现其典型残损问题，采取合理的维修保养措施，首先要保证古建筑的安全，维修做法和工艺尊重古建筑的历史原状，这是故宫古建筑维修的方针。这些维修方针，从故宫博物院建院至今，形成了良好的传统。而事实上，这些维修方针的决策者是梁思成先生直接或间接的学生，或是对梁思成先生古建维修理念高度认可的人士，他们受到了梁思成先生古建维修理念的熏陶。

（3）古建筑研究理念

梁思成先生认为古建筑研究是很有必要的，只有开展和深化对古建筑的研究，才能深入了解中国古建筑的构造特征、发展历程和保护方法。故宫古建筑的研究受到了梁思成古建筑研究理念的影响。故宫博物院建院以来，故宫古建学者对故宫古建筑的结构、建筑、彩画等方面开展了深度研究，涌现了大量论文和著作，这与梁思成先生古建研究理念有着密切的关系。比如，《清式营造则例》是梁思成先生的清代（以故宫官式建筑为主）建筑研究成果，故宫学者的研究基本是参照该著作对故宫古建筑开展的，对相关的问题提出解决方法。中国紫禁城学会、故宫学、故宫古建筑研究保护中心、国家明清官式建筑保护技术研究中心的成立，离不开梁思成、刘敦桢等开创中国古代建筑科学研究事业的前辈学者的辛勤劳动成果。可以说，梁思成先生是故宫古建筑研究的奠基人之一。

梁思成先生为故宫古建筑保护事业做出了不懈努力，其古建筑研究、保护、维修理念对故宫古建筑保护产生了深远的影响。今天，故宫古建筑学者在缅怀这位伟大的建筑学家的同时，也在继承和发扬梁思成先生的古建筑保护优良传统，在古建筑领域不断努力，以更加科学、合理、有效地保护故宫古建筑群，使她能够“延年益寿，永焕光芒”（图 12-1～图 12-3）。

图 12-1　故宫古建筑群

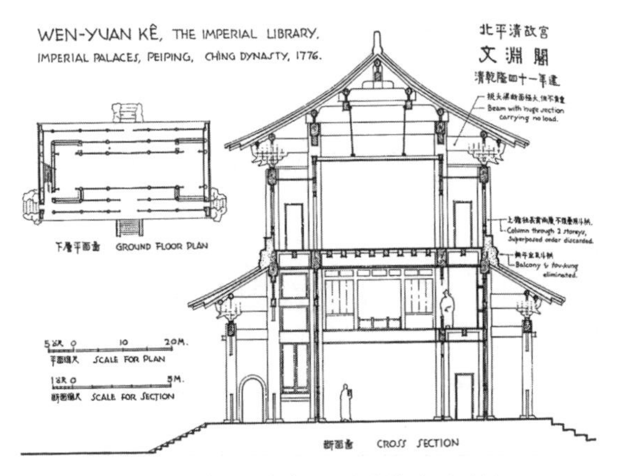

图 12-2　梁思成先生测绘故宫文渊阁

注：原载于梁思成著《中国建筑史》第 274 页，北京三联书店出版

图 12-3　梁思成先生工作中

第2节　故宫学者与故宫古建筑结构保护研究

故宫拥有古建筑9000余间，是世界上现存规模最大的木结构古代宫殿建筑群。这些古建筑具有重要的文化、历史和文物价值，保护意义重大。自建造至今近600年里，故宫古建筑历经各种自然灾害和人为破坏而保存完好，体现了一定的受力性能。然而，由于长时间的外力作用，以及木材本身的缺陷，这些古建筑不可避免地会出现开裂、拔榫、变形等关乎结构安全的问题，需要对它们采取科学的手段分析、保护和维修。与之密切相关的古建筑保护研究，如古建筑受力形式、破坏特征、加固方法、稳定性能、安全评估等与结构性能相关的研究，对古建筑的保护具有重要的参考作用。然而长期以来，对于故宫古建筑的保护研究，大部分学者主要侧重于故宫古建筑文化、历史、艺术方面的研究，而关乎古建筑本身安全性能的研究则很少。令人欣慰的是，自故宫博物院成立以来，仍有一批学者，他们致力于故宫古建筑结构保护的研究或实践，并做出了突出的贡献。为弘扬这些学者的学术成果，更好地保护故宫古建筑，此处归纳分析了这些学者的学术贡献，相关结果可望为故宫古建筑的结构保护提供理论、实践指导。

1・主要学者及其成果

1. 单士元

单士元先生是我国著名的明清历史学家，也是古建筑保护专家。对古建筑结构保护，他有较深刻的见解。他认为，我国的古建筑木结构具有良好的抗震性能，这与其构造特征密切相关，即“梁柱之上有檩、枋、椽、拱等构件，上下左右纵横联系均以榫卯相衔接。这种结构具有良好的抗震性能。震波迫及，榫卯可略出错节而无散架之意。在房屋地基处理上，传统工艺是夯土，用夯分层夯筑，层间亦有土柱榫卯，数千年来经过考验，得到证实。”这说明，我国古建筑基础、榫卯节点、斗拱、梁架等构造均能在一定程度上发挥抗震作用，使很多古建筑得以保存至今，比如“北京故宫至1990年，已570岁，中间经过数次较大地震，未塌毁一间大殿”。

古建筑维修保养方面，单先生认为应遵守以下十六字原则，即“着重保养、重点修缮、全面规划、逐步实施”[24]。从结构角度分析，这是有一定的科学依据的。保养为主的措施可避免对古建筑大拆大改，进而减小古建筑因受力形式或传力途径改变导致的结构破坏的可能性。重点修缮的原则是指遇到散架坍塌的古建筑，根据原状恢复，且尽量使用原有木构架，这是有一定力学依据的。木材一般含有水分，且内部存在一定空隙。古建筑木材历经长久的时间，其水分已基本挥发，构件内部因挤压而变得密实，其物理、力学性能也比新料稳定。若该木料无糟朽或裂缝之类的残损，则非常适合作为古建维修加固用木料。后两句从力学角度考虑，则为对古建筑修缮前全面勘查、调研，确定修缮方案，并逐步实施及完善，使结构既能最大限度地发挥使用功能，在受力方面又满足稳定性要求。

2. 于倬云

故宫博物院研究员于倬云先生重视古建筑力学研究。他以斗拱构造为例讨论了其结构力学意义[25-26]。他认为，斗拱的运用是我国古代工匠对结构力学的一大贡献，其主要功能表现在以下六个方面：

1）在柱头上使用斗拱，改进了木构架中纵向构件与横向构件的搭接方法，加强了梁桁与立柱的搭接点，扩大了支座的承压面。

2）斗拱加强了木结构中水平构件之间的联系，把纵向的梁与横向的檩联系在一起，加强了构件搭接的薄弱环节。

3）斗拱减轻了大木的弯矩和剪力，主要因为斗拱构造使得构件计算跨度减小。

4）斗拱具有悬挑出檐作用，且在挑檐上起承托屋面静重和风雪荷载的功能。

5）斗拱是纵横构件的弹性节点，在地震时像一个弹簧，能起到以柔克刚的作用，可减小古建筑遭受的地震破坏。

6）斗拱的演化使得檐枋、挑檐枋受力形式由简支梁变成多跨连续梁，有利于减小其受到的外力。

仅从斗拱角度，他谈到了研究古代建筑局限性与科学性方面的体会：

1）从古代斗拱的运用情况来看，不仅选择栋梁之材以适合需要，而且运用斗拱改变梁枋内力，使木架结构更加牢固。

2）挑金、溜金斗拱后尾层层叠合，并用伏莲销贯穿，其作用与今天木结构中的“板销”“键”“销钉”相似。

3）过去在建筑史（含斗拱）研究中，侧重于建筑造型艺术、法式演变、时代特征与细部手法，但对建筑构造中的技术发展情况研究太少，因而对古建筑中有些构件的发生、发展与消亡的根本原因未搞清楚。通过对中国古代建筑技术史研究讨论，不仅对古代建筑技术的发展有了初步认识，而且对建筑史中“法式”的演变，从工程技术方面、力学原理方面、结构与构造方面全面分析，才能了解它的来龙去脉。

于先生通过调查分析，对中国古建筑木结构的抗震机理也进行了探讨[27]。他认为，我国古代木构架建筑形成后，房屋的全部重量由木构架承担。在长期实践中，人们运用杆件组合、节点设计与杠杆原理，加强纵横杆件在节点中的整体性，防止外力在杆件中造成过大压力及倾覆力矩造成的损失。中国古建筑木结构抗震措施主要表现在：①柱网布置形式有利于构件之间紧密结合，形成有机整体。②木柱和墙体的侧角构造有利于产生向心的水平分力，从而提高结构整体的稳定性能。③建筑构件之间采用榫卯形式拉结，可形成一定弹性连接，榫头与卯口之间的挤压和摩擦有利于卸载部分地震作用。④斗拱具有一定弹性作用，地震时可以柔克刚，减小木构架的破坏。

3. 蒋博光

故宫博物院原古建部高级工程师蒋博光对紫禁城建立以来历年遭受的地震进行了统计，对古建筑抗震构造与抗震加固方法进行了调查和分析，对不同类型古建筑的抗震加固方法提出了可行性建议[28]。

蒋先生认为，我国劳动人民经过长期观察显示地壳不寻常运动的迹象，掌握了一些预防地震的经验，在建筑方面相应地采取了一些具体防震措施。他归纳了木结构体系的优点，如重量轻、强度高、耐振动等。同时，他对宋《营造法式》中木构古建抗震构造做法进行了总结，如梁柱上的“摄口鼓卯”，梁柱对卯“藕批搭掌萧眼穿串”，桁檩“螳螂头口”，平板枋“螳螂头口”，“勾头搭掌”，合柱鼓卯“暗鼓卯”，“儹楔盖鞠明鼓卯”等做法。而对明清木构古建的抗震经验，他也总结了额枋与柱相交的“银锭榫”，额枋本身的“回肩”“抱肩”做法，柱身的“管脚榫”“馒头榫”做法，承托桁檩的“桁碗”“刻半榫”“刻半搭角榫”“椽窝”“海眼”“穿梢”“暗梢”等做法。

对于民间古建房屋，蒋先生认为，通过采取“地脚枋”“穿枋”“三间穿”“三间箍”“挂秤”“穿梢”“啄子”等做法，有利于减小地震对房屋的破坏。

对于古建筑砖石结构、地基、基础、屋顶、墙壁等部分，他认为主要的抗震做法包括：重要建筑注意选择地形、土质、水文；基础必要时筑打木桩，或采用深厚灰土、多层碎砖黏土间层基础；在地震较多的地区建筑一般民房，挖基础要挖到很深的“本土”，屋顶用泥较薄，用草或树枝而不用浮铺的瓦顶，不做或少做不必要的装饰等；楼房或大面积库房墙身砌体并有铁锭拉扯；平面布局采取均衡对称方式；砖砌体采用黏力较强的灰浆，在石活榫间用铁灌注或铁箍加固等。

就故宫古建筑木结构、砖石砌体、城墙、宫墙、台基、地下基础等勘查和修缮过程中发现的问题，他归纳了如下防震注意事项：木构架的榫卯要归安、严丝合缝；因故开挖基础后，回填基础土时要恢复或加强原有基础刚度和整体性；墙身要有适当的厚度和收分，以加强整体性和抗震性；在砖砌体的横缝中放置3～6mm直径的钢筋，以加强墙壁的整体性；转角或纵横交错位置的墙体，要保证砌砖的牢固结合；木楼盖必须将木梁锚固在墙上，并将楼板钉在木梁上，使之成一整体；屋顶重量要减轻，加强琉璃瓦捉节夹垄灰的粘结力；高耸的砖石建筑、空间突出部分、屋顶饰物、山石、塑像等，应加强拉结；砌筑墙体用的灰浆标号要增大；室内天花板支条相交部分应采取十字、丁字铁活拉结等。

4. 茹競华

故宫博物院原高级建筑师茹競华认为，保护好紫禁城宫殿，应结合力学知识，“认识科学价值与保护原状”[29]。比如，故宫的建筑在柱网布局、大木构架等方面仍然沿袭宋代做法，其主要特点即房屋开间很大。从力学角度看，这不能不说是古建筑的发展。另外还有一些较特殊的结构，显示出明代对力学的理解及木材性能的极端熟悉。中国木构架的屋顶，厚厚的防水层加上瓦，外观看起来很笨重，但是往往利用各应力之间的互相抵消作用，变笨重的不利因素为可利用因素，加强了建筑的稳定性。

关于古建筑的抗震性能，她认为，前些年的地震使故宫的古建筑承受了新的考验。一些矮小的、无斗拱的民间建筑倒塌了，而高大巍峨的宫中殿堂，同样受到震灾，却丝毫未动，完好如初，这与宫殿建筑牢固的基础相关，同时也反映了带斗拱的大木构架具有良好的抗震性能。

她认为故宫古建筑基础力学机理也应值得研究。其主要原因在于，故宫基础成分复杂，坚实且有韧性，用现代的风镐也很难破坏。在地震作用下，基础牢固可靠，避免了大木构架的不均匀沉降。

关于古建木构材料保护和利用，茹先生仍认为力学评估起重要作用。对于大木构架而言，经过力学分析，予以受力补助，原物照用。把“更换残损”转变为“保护原物”，以“减少自然损坏”“延长寿命”作为努力方向。这既能使古建大木构架尽可能维持原材料和原貌，又能保证维修后构架的整体安全性。

5. 傅连兴

故宫博物院原古建部高级工程师傅连兴对木构古建筑的结构保护有独到的见解。他认为，中国古代建筑以木结构为主，自成体系。古建筑的健康与否主要取决于其大木结构是否稳定完好。随着时间的推移，木构件在种种自然侵蚀下产生老化，承载力衰减是不可避免的。木结构发生歪闪、下沉，构件出现变形、劈裂、腐朽的现象时有发生。如何根据不同情况，正确解决上述问题，是文物建筑保护与维修的关键所在。

1962年在午门维修工程的前期勘查中发现，绝大部分的五架梁在瓜柱以下最大弯矩处出现了垂直断裂，严重威胁结构整体安全。傅先生经过分析，认为该问题产生的主要原因在于清顺治四年午门复建时，在结构上对上下层进行了调整，缩小了檩枋等构件的跨度，并相应减小了承重构件的截面尺寸，致使五架梁截面面积比原有尺寸缩小40%，五架梁受弯承载力减小了54%。

在讨论加固方案时，傅先生认为[30]，如果采用更换五架梁的方式，不仅上层檐的屋顶要全部揭起，而且五架梁以上的大木全需落架，这对结构受力是不利的。这是因为在一座建筑建成之后，在荷载作用下，建筑各构件有一个挤压密实过程。在300余年的荷载作用下，午门每一个构件与相邻构件已形成相对完善的受力关系，构成一个协调的体系。一旦拆卸，这种协调就要受到破坏，会对建筑造成一些不可见的损害。经过分析，采取夹板式支撑桁架加固五架梁，即在原五架梁随梁下增加门式木架，节点采用钢板及螺栓连接。这使得五架梁受力情况发生改变，即“不再承受弯矩，而是成为一个传递荷载的联系过渡构件”。

他还认为，运用现代科学技术对做好古建筑保护工作具有十分重要的意义[31]。这里的现代科学技术，即指结构力学知识。同样的糟朽或劈裂，以不同的形式出现在不同的构件上，或者发生在同一构件的不同部位，其危害程度不同，有时可以说是本质上的差异，这需要以结构力学知识进行分析。比如柱子作为轴心受压构件，竖向裂缝对其受力性能影响不大，主要原因是柱子有效受压截面并未受到削弱；但对于受弯的梁而言，跨中出现竖向裂缝时，很可能因弯应力过大而折断，主要原因是梁有效受弯截面减小。

6. 白丽娟

古建筑基础是古建筑结构的重要组成部分。基础的稳定性能决定上部构架的安全性能。故宫博物院原高级工程师白丽娟以故宫部分建筑基础资料为依据，初步探讨了故宫的基础工程[32-33]。其主要工作包括以下几个方面：

1）1993年做午门东侧城墙上的消火栓时，获得了紫禁城城墙基础的资料，即紫禁城的基础由土衬石往下，由碎砖黏土层和木桩共同组成。碎砖瓦片厚5～8cm，共计27层。

2）通过对西华门墩台基础进行调查，发现墩台的须弥座下为砖砌体，由白灰浆砌筑，共6层。城砖下面分别为灰土层、碎砖黏土层、水平木筏层（木筏直径20cm左右）以及桩基层（长2.1m）。

3）通过对故宫三大殿三台基础进行调查，发现三台基础由黄黏土层、碎砖层及卵石层交替组成。卵石层深度为地面以下1.1m，且三台边7m位置为基槽的外边缘。该资料可基本描述三台内部构造和基槽外边缘的形态。

4）通过对保和殿东庑进行调查，发现该基础建立在2m高的砖台上，砖台则由碎砖黏土层夯筑而成。从施工挖的槽坑中可以获得基槽的总深度为2.03m。槽坑显示，碎砖黏土层呈深处短、浅处长的变化，以此可计算出开槽时的放坡为1∶0.6。这是古建基槽施工为数不多的资料。

5）通过对北上门基础进行调查，发现基槽全部由碎砖黏土层夯筑。

综上所述，白先生认为故宫基础做法有两种：一种是换土法，即将基础下一定范围内的软弱土挖出，换填无侵蚀性、低压缩性的散体材料，再分层夯实；另一种是加固法，即对软弱土层利用木桩进行加固，以桩挤压密实土层。为防止高大重要建筑物产生不均匀沉降，还使用木筏作为承台。

她还认为，故宫建筑基础的做法印证了宋《营造法式》中有关基础的论述[34]。如开挖基槽方面，《营造法式》规定："凡開基址，須相視地脈虚實……淺止於五尺或四尺，並用碎塼瓦石札等，每土三分内添碎塼瓦等一分"，这与故宫基础应考虑土质好坏、基础不宜太深、基坑开挖后采用碎砖瓦回填等要求一致。基础夯筑方面，《营造法式》规定："每方一尺用土两担，隔层用碎砖瓦及石扎等易两担……然后碎用杵辗蹑，令平……每布碎砖石渣等厚三寸，筑实后一寸五分"，这与故宫古建基础采用碎砖分层夯筑做法一致。桩基运用方面，《营造法式》规定："凡開臨流岸口修築屋基之制，開深一丈八尺，廣随屋間數之廣……布柴梢，令厚一丈五尺。每岸長五尺，錠樁一條，梢上用膠土打築令實。"这说明沿河岸修建建筑时，基础均采取竖向桩与水平筏基（柴梢）。一般而言，河岸或深沟附近的建筑基础土质较软弱。为保证建筑基础稳定，采取水平筏基方式，为基础提供一个平整的承载平台，竖向则采用桩基，使木桩穿透软弱土层，使基础的持力层位于坚硬土层上，以提高结构的稳定性。故宫部分古建筑地基土软弱，采取桩基础做法与上述规定基本一致。

7. 晋宏逵

故宫博物院研究员晋宏逵先生在主持故宫大修期间，注重古建筑的结构保护，并将其与古建筑维修紧密结合。晋先生基于长期的调查和实践结果，提出了故宫大木构架的主要维修加固方法[35]，包括：

1）全面检修。古建大木构架承受屋顶重量过大，时间长久，材料老化，榫卯节点松动，使得构架承载能力降低。对大木结构进行全面检修有利于及时发现问题。

2）修补加固。根据现状勘查和揭露检查的结果，决定对构件进行处理的措施。轻微的材料老化和腐朽，采取修补方法；较明显的裂缝，可采取打箍加固方法；糟朽柱根，可采取墩接方法；梁、檩、枋的竖向挠度，需要经过计算确定是否需要维修或具体加固措施。

3）纠正归安。对于出现歪闪的构件，如檩滚动、翼角下垂、斗拱外倾等，通常进行拨正归安，并采取适当的措施固定。

4）原制更换。建筑构件损伤严重而无法继续使用时，需进行更换。更换要保证原形制、原工艺，且保证构件的承载性能。

晋宏逵先生对故宫古建结构保护的重要贡献还包括其提出的太和殿三次间正身顺梁加固方法[36]。根据故宫博物院古建部太和殿项目组提供的资料，太和殿东、西三次间正身顺梁两端与童柱上皮落差 0.1m，固定童柱与顺梁的铁件已发生变形、脱落。经计算，现有顺梁榫头截面位置抗拉、抗弯、抗剪承载力明显不足，导致榫头下沉。在讨论加固方案时，晋先生提出了采用钢木组合体系加固顺梁的思路。该加固方案中，顺梁下由三根 0.3m×0.3m 的硬木松组成类似龙门戗的结构作为支顶，横梁与斜戗采用钢板与螺栓连接固定。斜戗底部与童柱的固定方法为：在童柱底部设置钢箍，底部钢板一侧与钢箍焊牢，另一侧与斜戗下部用螺栓固定。由于顺梁传给龙门戗顶部的荷载通过两个斜戗传到童柱底端，为防止两根童柱底部因受力产生外张，通过设置花篮螺丝对童柱进行拉结。为增加荷载作用端卯榫节点的抗剪能力，在该端设置抗剪角钢。对加固体系进行计算，结果表明：该加固方法既能解决顺梁端部弯剪承载力不足的问题，又能保证对天花枋不产生任何扰动。

2·研究成果总结

对上述故宫学者的研究成果进行归纳，可以得出故宫古建筑结构保护领域的主要研究成果有以下几个方面。

（1）故宫古建筑抗震性能研究

抗震性能是木构古建筑重要的力学性能，也是其安全性能、稳定性能评价的主要标准之一。故宫古建筑数百年来历经多次地震而得以完好保存，反映了它们具有一定的抗震性能。单士元、于倬云、蒋博光、茹競华等学者均肯定了故宫古建筑木结构的抗震性能。这些抗震性能主要包括建筑平面布局有利于结构的稳定性，柱身侧角可以提供水平向心力，榫卯节点的摩擦挤压可以削弱部分地震力，斗拱弹性恢复力可以减小地震对大木构架的破坏，地基的牢固稳定可减小上部结构的不均匀沉降等。

（2）故宫古建筑加固方法研究

加固方法包括古建筑加固原则、古建筑抗震加固方法、大木构架的维修加固方法及木构件加固实例等。如单士元先生提出“着重保养、重点修缮、全面规划、逐步实施”的维修加固原则，茹競华先生提出把古建筑材料“更换残损”转变为“保护原物”，以“减少自然损坏”“延长寿命”作为努力方向，上述理论可为古建筑结构保护提供指导。蒋博光先生就故宫古建筑木结构、砖石砌体、城墙、宫墙、台基、地下基础等勘查和修缮过程中发现的问题归纳了防震注意事项，包括加强薄弱部位的连接，提高施工材料强度等。晋宏逵先生对故宫大木构架的维修加固提出了全面检修、修补加固、纠正归安、原制更换等建议。傅连兴先生、晋宏逵先生分别对午门、太和殿木构架的力学问题提出了可行性加固方案，使得古建筑力学理论在工程实践中得到运用。

（3）故宫古建筑构造及力学性能研究

部分学者对故宫古建筑的结构构造及力学性能进行了研究。如白丽娟先生通过对故宫部分古建筑基础进行调查分析，获得了故宫古建筑基础的构造特征，并从力学角度剖析其对上部结构稳定性能的有利影响。于倬云先生通过归纳斗拱的力学功能，认为斗拱的运用是我国古代建筑技术的重要贡献，其发展演变均存在科学依据和力学机理，应全面开展保护和研究。

故宫学者对故宫古建筑开展的上述力学研究有利于故宫古建筑的科学保护和技术实践。

3·研究展望

随着科技的进步和社会的发展，故宫古建筑结构保护研究将基于已有的成果，在以下方向发展：

1）故宫木构古建筑受力机理研究。即故宫古建筑基础、榫卯节点、斗拱等部位在外力作用下的力-变形特征、受损模式、抵抗外力方式等力学相关机制的研究，通常采用理论与试验相结合的方法开展。研究故宫古建筑的受力机理，有利于掌握其在外力作用下的力学特性，以便在实际工程中及时找到易受损或宜加固的部位，并及时采取可靠的加固措施，以提高结构整体的安全性能。

2）故宫木构古建筑安全评估方法研究。古建筑历经百年，在长时间外力作用下不可避免地会出现残损，并威胁结构整体安全。对古建筑进行安全评估，有利于及时采取维修加固或保护措施，避免出现巨大的安全隐患。现代科技手段的应用使得古建筑安全性能评估的有效性逐步提高。如采取目测、尺量法获得构件外观残损情况，采取无损检测方法获得构件内部残损情况，采取三维激光扫描法获得结构变形情况，基于此建立古建筑安全评估模型，并进行可靠性校正，在此基础上计算分析，研究古建筑内力和变形是否在容许值范围内，从而评价其安全现状，并及时采取相关措施，使得古建筑得到及时有效的保护。

3）故宫木构古建筑加固技术研究。对于残损的古建筑，采取适当可行的加固方法极其重要。现有加固方法如墩接法、打箍法、支顶法虽然在一定程度上可提高构件承载力，但存在破坏木构件、影响外观、不易检修等问题。传统方法的改进以及现代高科技材料如高性能结构胶、碳纤维布等在古建保护领域中的应用，可望弥补传统加固方法的不足，使古建筑得到更有效、合理的加固，达到延年益寿的效果。

参考文献

[1] 林洙．梁思成先生（1901—1972）[J]．南方建筑，1995（01）：35-46.

[2] 罗哲文．梁思成先生简历[J]．古建园林技术，2001（03）：22.

[3] 梁思成．中国建筑史[M]．北京：三联书店，2013：268-269.

[4] 萧默．重读梁思成先生《中国建筑史》感怀[J]．古建园林技术，1999（01）：15-17.

[5] 梁思成．梁思成全集（第一卷）[M]．北京：中国建筑工业出版社，2001：287-292.

[6] 梁思成．梁思成全集（第三卷）[M]．北京：中国建筑工业出版社，2001：109-125.

[7] 梁思成. 北京——都市计划的无比杰作 [J]. 书摘，2013 (03)：4-6.
[8] 王军. 城记 [M]. 北京：三联书店，2003：97-101.
[9] 佚名. 何祚庥批判梁思成 [EB/OL]. (2015-06-11) [2017-01-12]. http://news.sina.com.cn/c/2005-12-15/12568591199.shtml.
[10] 佚名. 梁思成保护故宫天安门的努力 [N]. 文汇读书周报，2013-01-11 (16).
[11] 路德. 陆定一保护了故宫 [J]. 炎黄春秋，2006 (01)：64-65.
[12] 梁思成. 闲话文物建筑的重修与维护 [J]. 文物，1963 (07)：5-10.
[13] 佚名. "故宫学"第一大家单士元 [EB/OL]. (2015-06-09) [2017-01-12]. http://www.gmw.cn/01gmrb/1998-08/05/GB/17775%5EGM2-0514.htm.
[14] 单士元. 北京故宫进行修护保养的状况 [J]. 紫禁城，1998 (03)：61-63.
[15] 郑欣淼. 故宫博物院 80 年 [J]. 故宫博物院院刊，2005 (06)：6-20.
[16] 佚名. 故宫副院长晋宏逵：百年大修将再现盛世风貌 [EB/OL]. (2015-06-09) [2017-01-12]. http://www.china.com.cn/chinese/TR-c/438343.htm.
[17] 郑欣淼. 故宫维修五年 [G] // 郑欣淼，晋宏逵. 中国紫禁城学会论文集（第六辑）. 北京：紫禁城出版社，2011：1-23.
[18] 单霁翔. 平安故宫，千秋大计——故宫博物院"平安故宫"概述 [J]. 故宫学刊，2014 (02)：8-21.
[19] 梁思成. 为什么要研究中国建筑 [N]. 中华建筑报，2011-04-23 (001).
[20] 单士元. 中国紫禁城学会成立大会暨首届学术讨论会开幕辞 [G] //单士元，于倬云. 中国紫禁城学会论文集（第一辑）. 北京：紫禁城出版社，1997：431-433.
[21] 郑欣淼. 紫禁城与故宫学 [J]. 故宫博物院院刊，2004 (05)：6-13.
[22] 晋宏逵. 故宫的建筑特征和维修技术选择 [J]. 古建园林技术，2009 (02)：33-40.
[23] 佚名. 故宫博物院院长单霁翔 2014 年全国政协提案十：关于建设国家明清官式建筑保护技术研究中心的提案 [EB/OL]. (2015-06-09) [2017-01-12]. http://news.artron.net/20140304/n574625.html.
[24] 单士元. 我国的古建筑及其保护 [J]. 文物世界，2001 (03)：68-69.
[25] 于倬云. 紫禁城宫殿修建历程——兼论保护古建原状 [M] // 于倬云. 紫禁城建筑与保护——故宫博物院建院 70 周年回顾. 北京：紫禁城出版社，1995：449-454.
[26] 于倬云. 斗拱的运用是我国古代建筑技术的重要贡献 [G] // 于倬云. 中国宫殿建筑论文集. 北京：紫禁城出版社，2002：165-193.
[27] 于倬云，周苏琴. 中国古建筑抗震性能初探 [J]. 故宫博物院院刊，1999 (02)：1-8.
[28] 蒋博光. 故宫古建筑历经地震状况及防震措施 [J]. 故宫博物院院刊，1983 (04)：78-91.
[29] 茹競华. 保护好紫禁城宫殿，弘扬民族文化 [M] // 于倬云. 紫禁城建筑与保护——故宫博物院建院 70 周年回顾. 北京：紫禁城出版社，1995：455-462.
[30] 傅连兴，常欣. 文物建筑维修的规模控制与防微杜渐——兼谈午门、畅音阁的维修加固工程 [M] // 于倬云. 紫禁城建筑与保护——故宫博物院建院 70 周年回顾. 北京：紫禁城出版社，1995：449-454.

[31] 傅连兴. 古建修缮技术中的几个问题 [J]. 故宫博物院院刊，1990 (03)：23-30.
[32] 白丽娟. 浅谈故宫古建筑基础 [J]. 故宫博物院院刊，1993 (03)：26-33.
[33] 白丽娟. 故宫的基础工程 [J]. 古建园林技术，1996 (02)：38-44.
[34] 李诫. 营造法式 [M]. 北京：商务印书馆，1950.
[35] 晋宏逵. 古建筑保护中的科技问题 [N]. 中国文物报，2006-12-22 (008).
[36] 石志敏，周乾，晋宏逵，等. 故宫太和殿木构件现状分析及加固方法研究 [J]. 文物保护与考古科学，2009，21 (1)：15-21.

周乾，1975年生，湖南茶陵县人。2013年1月毕业于北京工业大学，获土木工程专业工学博士学位。2015年1月由北京工业大学交通运输工程博士后流动站出站。现为故宫博物院故宫学研究所高级工程师/研究馆员，山西大同大学兼职教授，主要从事不可移动文物和可移动文物的结构安全评估及抗震保护研究。承担并完成古建筑力学评估30余项，发表专业论文100余篇，获国家专利6项。